化学与人类文明

唐玉海　张　雯　主编

化学工业出版社

·北京·

《化学与人类文明》主要以普通高等学校各专业本科生为读者对象，以化学基础知识和化学发展历史为依托，围绕能源、环境、材料、文物保护、生命科学等社会普遍关注的问题展开讨论。全书由绪论、化学入门知识、化学与能源、化学与健康、化学与生命科学、化学与环境、化学与材料科学、化学与文物保护、化学与司法侦查、化学与国防军事以及化学与哲学组成，共11章。

　　《化学与人类文明》既可作大学本科生科学素养教育课程的教材使用，也可作为科普读物，对社会管理工作者、在职继续教育工作者及对自然科学知识感兴趣的学习者提供参考。同时，本书配有MOOC课程（网址：https://www.icourse163.org/course/XJTU-1002124003），在中国大学爱课程网上线，可辅助学习。

图书在版编目（CIP）数据

化学与人类文明/唐玉海，张雯主编. —北京：
化学工业出版社，2019.12（2023.2重印）
　ISBN 978-7-122-35253-8

　Ⅰ．①化…　Ⅱ．①唐…　②张…　Ⅲ．①化学-
关系-社会生活　Ⅳ．①O6-05

　中国版本图书馆 CIP 数据核字（2019）第 206369 号

责任编辑：褚红喜　宋林青　　　　　　　　　　　装帧设计：关　飞
责任校对：王素芹

出版发行：化学工业出版社（北京市东城区青年湖南街13号　邮政编码100011）
印　　装：天津盛通数码科技有限公司
787mm×1092mm　1/16　印张16¼　字数403千字　2023年2月北京第1版第4次印刷

购书咨询：010-64518888　　售后服务：010-64518899
网　　址：http://www.cip.com.cn
凡购买本书，如有缺损质量问题，本社销售中心负责调换。

定　　价：39.80元　　　　　　　　　　　　　　　　版权所有　违者必究

《化学与人类文明》编写人员

（以姓氏笔画为序）

于姝燕　王丽娟　卞　伟
许　昭　李亚鹏　张　雯
陈　麒　徐四龙　高瑞霞
唐玉海

21 世纪，世界各国都在经历着深刻的变革，这就需要新的教育形式与之相适应，以培养当今和未来社会所需要的人才。我国的高等教育正在由专业型教育向知识、能力、素质三位一体的教育模式转变，高校的通识核心课程建设越来越受到重视。

化学作为一门实用性和创造性的科学，在人类发展的进程中可以说是无处不在。从衣食住行的变迁，到能源、环境、材料、医药等前沿科学领域的革新，化学无时无刻不在彰显着它对人类社会的改造能力。

《化学与人类文明》以人类进化的宏大空间为背景，以化学发展的典型事件为主线，展现了人类从茹毛饮血的原始社会到近代文明社会的化学发展历程。它不仅关注化学的常识，描绘化学的历史和现状，也试图利用科学思维方式剖析问题，用化学思维方式处理当今世界出现的热点问题，从而帮助读者更深层次了解这个世界的本源，体会科学精神。

本教材主要以普通高等学校各专业本科生为读者对象，以当代人们共同关注的能源、环境、材料、生命科学、国防军事等热门话题为经线，以化学的基本概念、化学的基础知识为纬线编写而成的。全书由绪论（第 1 章）、化学入门知识（第 2 章）、化学与能源（第 3 章）、化学与健康（第 4 章）、化学与生命科学（第 5 章）、化学与环境（第 6 章）、化学与材料科学（第 7 章）、化学与文物保护（第 8 章）、化学与司法侦查（第 9 章）、化学与国防军事（第 10 章）以及化学与哲学（第 11 章）组成。

《化学与人类文明》的内容具有以下特点：

- 精心选取素材，内容编写深入浅出，适合本科生不同专业学生。
- 融合化学与社会问题，突出热点，增加知识性和趣味性。
- 直面社会现实问题，努力培养学生的社会责任感。
- 注重科学知识普及，提高科学素养，增强科学思维和决策能力。

本书由西安交通大学（以姓氏笔画为序）王丽娟、许昭、李亚鹏、张雯、徐四龙、高瑞霞、唐玉海，山西医科大学卞伟，内蒙古医科大学于姝燕，兰州大学陈麒等共同编写；西安交通大学唐玉海、张雯任主编。本书在编写过程中得到西安交通大学、兰州大学、内蒙古医科大学、山西医科大学的大力支持，得到同行的热情帮助；天津大学理学院杨秋华教授仔细审阅了全书，并提出了很多宝贵意见，在此表示衷心的感谢！

由于编者水平有限，书中难免有不足之处，恳请读者和同行批评指正。

编者
2019 年 10 月

目 录

第4章　化学与健康　　　　　　　　44

第8章 化学与文物保护   155

第 9 章 化学与司法侦查 187

第10章　化学与国防军事　218

第1章

绪　论

化学是在原子、分子层次上研究物质组成、结构、性质及其变化规律的一门科学。它涉及自然界的物质及其变化，以及化学家创造的新物质及其变化。茫茫宇宙中浩瀚的物质世界，在化学家看来不过是千百万种化合物的组合，而且是由常见的几十种元素组成。它们之间的差别仅在于元素的种类、原子的数目和原子构成分子（或晶体等）的方式不同。丰富多彩的物质世界尽管其外表形形色色、变化无穷，但其内部是统一的。一切物质都有相同的、最简单的组成部分或单元，那就是原子和分子。原子是由电子、质子和中子三种粒子组成的，其中质子和中子靠核力组成原子核，核靠静电引力将电子束缚在核外的一定空间中运动。元素是具有相同质子数（即核电荷）的同一类原子的总称。化学变化的实质是旧键的断裂和新键的形成，化学变化过程是原子重新排列组合的过程。

1.1　化学的起源与人类文明进步

几百万年以前，人类过着极其原始和简单的生活，他们以狩猎和采集为生，吃的是野果和生肉，住的是洞穴，当时的人类根本没有意识到自己与自然界其他动物有什么不同之处。直至人类学会了使用火，才算是真正和野兽区分开来。火的应用标志着人类有了利用自然和改变生存环境的能力，开创了人类进一步征服自然的新纪元。根据考古证实，在距今 50 万年以前，在北京猿人生活过的地方，发现了经火烧过的动物骨骼化石，找到了人类持续用火的证据。有了火，原始猿人从此就告别了茹毛饮血的生活。吃烤熟的食物有利于增进人类的健康和智力，火的使用本身就是人类生存能力提高的一个重要标志。后来，人们又学会了摩擦生火和钻木取火，这样的技术使火成为可以随身携带的东西。人类学会了驾驭火，意味着化学的序幕正式拉开。

有了火，人类便可以开展制造陶器、冶炼金属和提取染料等一系列实践活动，远离了原始单调的生活方式，逐步进入文明社会。在这个进程中，化学活动始终伴随着人类前进的步伐。可以说，自始至终，化学都与人类的生产实践活动密切相关。正是这些应用，极大地促进了当时社会生产力的发展，成为人类文明进步的重要标志。在人类文明的历程中，化学的起源和发展来源于人类生活和生存的需求。人类从最初的制陶、金属冶炼、草本药物的提取、金丹术，到造纸术的发明、火药的应用及几乎一切手工业作坊的建立，都可以体会到化学与人类最基本的生产活动的密切关系。考古证实 5000～10000 年前，我们的祖先已会制作陶器，3000 多年前的商朝已有了高度精美的青铜器，造纸和火药同样是化学史上的伟大发明。在中国，造纸术发明以前，人们常用竹木简或帛作书写材料，书写的不便可想而知。当封建社会发展到一定阶段，生产力有了较大提高的时候，统治阶级对物质享受的需求随之提高。在当时，皇帝和贵族们是追逐时尚和奢侈的主体，他们的欲望不外乎表现在两个方面：首先是希望拥有更多的财富，那是他们享乐的物质基础；其次，当他们拥有了巨大的财富以后，就希望永远地享用下去，对长生不老的追求似乎也是自然而然的事。

公元前 221 年，秦始皇统一六国，这意味着他从此拥有了天下，财富对他来说不再是个问题。唯一困扰他的就是如何能够长生不老。因此，寻求长生不老药就成为当时社会所面临的最紧迫的问题，这样的大事毫无疑问要列入皇帝的议事日程中。这才有了徐福的故事和对神仙幻境的向往。那时候的秦朝皇宫里就有很多方士（炼丹家）日日夜夜为统治者炼制丹砂，即所谓的长生不老药。欧洲大陆和阿拉伯世界的炼金术士也在丹炉旁孜孜不倦地工作着，他们的目的也很明确，那就是点石成金，即用人工方法制造黄金。他们认为，可以通过某种手段把铜、铅、锡、铁等贱金属转变为金、银等贵金属。希腊的炼金术，把铁熔化成一种合金，然后把它放入多硫化钙溶液中浸泡，于是，在合金表面便形成了一层硫化锡，它的颜色酷似黄金。

今天，我们也把金黄色的硫化锡叫作金粉，它可用作古建筑的金色涂料。而当时的炼金术士误以为"黄金"已经炼成了。实际上，颜色的变化仅仅是一种表象，并不意味着黄金真的就可以这样炼成。"点石成金"从来都是一个古老而充满魅力的传说。尽管如此，他们长年辛勤的劳作并非都付诸东流。他们为化学学科的创立积累了丰富的素材，也提供了许多成功的经验和失败的教训，总结出了一些化学反应的规律。在这个过程中，他们发明了蒸馏器、熔化炉、加热锅、烧杯及过滤装置等，还根据当时社会的需要，制造出很多治病的药、有用的合金或其他东西，把实验方法和实验结果整理成文，即成为后来出版的著作。正是这些理论、实验方法、仪器以及著作，为化学作为一门科学奠定了基础。按今天的标准看，他们的行为是有些荒谬，但在历史的层面上，他们是早期开拓化学科学的先驱。

在对化学历史的追溯中我们发现，从古至今，伴随着人类社会的发展和文明的进步，化学也经历了以下几个重要的发展阶段：

① 萌芽时期　远古时代，人类社会有制陶、冶金、酿酒、染色等工艺，这些工艺主要是在实践经验的直接启发下经过漫长时间摸索出来的，化学知识还没有形成，但化学从那时就开始萌芽了，这是化学的萌芽时期。

② 金丹术和医药化学时期　在 2000 多年的时间里，炼丹术士和炼金术士们，在皇宫、在教堂、在自己的家里、在深山老林的烟熏火燎中，为求得长生不老的仙丹，为求得荣华富贵的黄金，开始了最早的化学实验。记载、总结炼丹术和炼金术的书籍，在中国、阿拉伯、埃及、希腊以及后来的欧洲大陆都有很多。这一时期积累了许多化学知识，人们也知道了许多物质间的化学变化，为化学的进一步发展准备了丰富的素材。在化学发展史上，这是非常

重要的时期。历史上，炼丹术和炼金术几经盛衰，到了后期，化学方法转而在医药和冶金方面得到了正当发挥。在欧洲文艺复兴时期，出版了一些有关化学的书籍，第一次有了"化学"这个名词。英语单词"chemistry"起源于"alchemy"，后者意为炼金术，可见化学与炼金术之间的渊源有多深了。"chemist"至今还保留着两个相关的含义：化学家和药剂师。语言文字上的这种衍生关系可说是化学脱胎于炼金术和制药业的文化遗迹了。

　　③ 17世纪到18世纪中的100多年间，随着冶金工业和实验室经验的积累，人们总结了大量的感性知识，提出了"燃素"学说。

　　④ 18世纪后期，拉瓦锡（A. L. Lavoisier）提出了"氧化"学说。这一时期建立了不少化学基本定律，提出了原子学说，发现了元素周期律，发展了有机结构理论。所有这一切都为现代化学的发展奠定了坚实的基础。这就是我们常说的近代化学时期。

　　⑤ 20世纪初，量子论的发展使化学和物理学之间找到了更多的共同语言，这一理论解决了许多悬而未决的化学结构问题。另外，化学又向生命科学渗透，解决了蛋白质、酶等生命物质的结构。此时，化学和其他科学的相互渗透和交叉更加突出，这一切工作开创了现代化学时期。

　　在近代化学发展史上，以波义耳（R. Boyle）为代表的一些化学家提出了元素概念，波义耳的元素概念虽然与今天的元素概念还有差距，但在当时却是最先进的。他认为，不应该单纯把化学看作是一种制造金属、药物等物质的经验性技艺，而应把它看成是一门科学。因此，以波义耳为代表的那些人就是最先把化学确立为科学的人。我们在追溯化学发展史的时候，不应该忘记他们。这样的人还有近代原子学说的创立者道尔顿（J. Dalton）和分子学说的创立者阿伏伽德罗（A. Avogadro）。从那以后，化学就由宏观领域进入了微观领域，对化学的研究也就进入了原子和分子的层次上。19世纪末，物理学上出现的三大发现（即X射线、放射性和电子）打开了原子和原子核内部结构的大门，揭露了微观世界更深层次的奥秘。直到热力学理论引入化学以后，利用化学平衡和反应速率的概念，就可以判断化学反应的方向和限度，并将平衡态和非平衡态进行关联，物理化学的创立把理论化学提高到了一个新的水平。

　　基于量子力学建立的化学键理论着重于分子中原子间结合方式的研究，这一理论使人类进一步了解了分子结构与物质性能的关系，极大地促进了化学与生命科学和材料科学的发展。在人类文明的历史进程中，化学领域的每项成就，都是一群人集体智慧的结晶，都是他们执着奉献的结果。几千年来，他们或许会淡出我们的视野，但他们所创造的成果却没有被湮没，他们是创造历史的真正的无名英雄。这正应了哲学家马克思的那句话，只有那些在崎岖的道路上不畏艰险、勇于攀登的人，才有可能到达科学的顶峰。他们的事迹带给我们的不仅是一种知识的进化和思维的启发，还有一种力量的支撑、精神的鞭策和创造的信念。

1.2　化学在现代社会发展中的作用和地位

　　在进入21世纪以来，化学已渗透到了人类社会生活的各个方面。从人们生活的衣、食、住、行来看，人们穿着的色泽鲜艳的衣料都是经过化学处理和印染制得的，丰富的合成纤维是化学家对人类的又一大贡献；要装满粮袋子、丰富菜篮子，关键之一是促进化肥和农药的发展；饮食行业要加工制造色香味俱佳的食品、保持食品在一段时间内不发生腐败，就离不开各种食品添加剂，如甜味剂、调味剂、香料、色素和防腐剂等，这些添加剂大多是用化学方法合成或用化学方法从天然产物中提取分离出来的；现代建筑所用的水泥、石灰、油漆、玻璃和塑料等材料都是化学产品；现代各种交通工具，不仅需要汽油、柴油作动力，还需各种添加剂、防冻剂和润滑剂，这些无一不是石油化学产品；此外，人们需要的药品、洗涤剂、美容化妆品等日常生活必不可少的用品也都是化学制品。由此可见，我们的衣、食、住、行无不与化学有关，人人都需要用化学制品，可以说我们生活在化学产品的世界里。

再从社会发展来看，化学对于实现农业、工业、国防和科学技术现代化具有重要的作用。在中国要解决"三农"问题，首先要解决农业大幅度的增产问题，农、林、牧、副、渔各业要全面发展，在很大程度上依赖于化学科学的成就。在工业现代化和国防现代化方面，急需研制各种性能迥异的金属材料、非金属材料和高分子材料。在煤、石油和天然气的开发、炼制和综合利用中包含着极为丰富的化学知识，并已形成煤化学、石油化学等专门领域。导弹的生产、人造卫星和我国神舟系列宇宙飞船的发射，都需要很多具有特殊性能的化学产品，如高能燃料、高能电池、高敏胶片及耐高温、耐辐射的化学材料等。

随着科学技术和生产水平的提高以及新的实验手段和电子计算机的广泛应用，不仅化学科学本身有了突飞猛进的发展，而且由于化学与其他科学的相互渗透、相互交叉，也大大促进了其他基础科学和应用科学的发展和交叉学科的形成，如化学物理学、计算化学、生物化学、分子生物学和大气化学等。如今世界最关心的环境的保护、能源的开发利用、功能材料的研制、生命过程奥秘的探索等都与化学密切相关。随着工业生产的发展，工业废气、废水和废渣越来越威胁环境。全球温室效应、臭氧层破坏和酸雨已成为当今三大环境问题，正在危胁着人类的生存和发展。随着人们生活条件的改善，人口的增加，各种生活垃圾、电子垃圾越来越多，如何处理这些垃圾是化学工作者正面临的问题。在能源开发和利用方面，化学工作者曾为人类使用煤和石油做出了重大贡献，现在又在为开发新能源积极努力，合理利用太阳能和氢能的研究工作都是化学科学研究的前沿课题。材料科学是以化学、物理和生物学等为基础的交叉学科，它主要是研究和开发具有电、磁、光和催化等各种性能的新材料，如高温超导体、非线性光学材料和功能性高分子合成材料等。生命过程中充满着各种生物化学反应，当今化学家和生物学家正在通力合作，探索生命现象的奥秘，从原子、分子水平上对生命过程做出化学的说明则是化学家的优势。人类基因的破译，各种疾病发病机制的研究，癌症、糖尿病、艾滋病等疾病的防治是化学工作者面临的又一挑战。

总之，化学作为一门中心性的、实用性和创造性的科学，与国民经济各个部门、尖端科学技术各个领域以及人民生活各个方面都有密切联系。每一位生活在21世纪的公民，都应具备基本的化学知识，并以更开阔的视野从整体上认识化学学科。了解化学在人类社会漫长的发展过程中所起的促进作用；了解化学在知识经济为主导的当代文明中不可替代的地位和机遇；了解化学相关最新的和最热门的科学技术成果。这是社会发展的需要，也是提高公民科学素质的需要。

1.3　化学学科分类

化学的研究范围极其广泛，按其研究对象和研究目的不同，在 20 世纪初，化学已逐渐形成无机化学、分析化学、有机化学和物理化学等分支学科。

(1) 无机化学

无机化学是化学学科的鼻祖。人类自古以来就开始了制陶、炼铜、冶铁等与无机化学相关的活动。中国古代的黄帝为了寻求长生不老之药，令术士炼制仙丹。东晋的葛洪（公元 284—364 年）是炼丹家中的代表，葛洪经反复研究，得到了物质可以相互转化的规律，并记入他的著作《抱朴子》中。"丹砂烧之成水银，积变又还成丹砂"，即对丹砂加热可炼出水银，水银和硫黄化合又变成丹砂。事实上，这就是化学上的可逆反应：$HgS \rightleftharpoons Hg + S$。他还记载了用铁还原硫酸铜制铜的反应："以曾青涂铁，铁赤色如铜"，曾青就是胆矾，主要成分是五水硫酸铜（$CuSO_4 \cdot 5H_2O$）。到 18 世纪末，由于冶金工业的发展，人们逐步掌握了无机矿物的冶炼、提取和合成技术，同时也发现了很多新元素。19 世纪 70 年代无机化学的形成，以俄国科学家门捷列夫（D. I. Mendeleev）和德国化学家迈耶尔（J. L. Meyer）发现元素周期律和公布元素周期表为标志。他们把当时已知的 63 种元素及其化合物的零散知识，归纳成为一个统一整体。一个多世纪以来，化学研究的成果还在不断丰富，元素周期律的发现是科学史上的一个勋业。20 世纪以来，由于化学工业及其他相关产业的兴起，无机化学又有了更广阔的舞台。如航空航天、能源石化、信息科学以及生命科学等领域的出现和发展，推动了无机化学的革新步伐。

在过去的近 50 年中，人们对于新方法、新理论、新领域（如金属在生物体中的作用）、新材料、新催化剂、高产出和低污染等的追求，强力促进了无机化学的发展。新兴的无机化学领域有无机材料化学、生物无机化学、理论无机化学等等。这些新兴领域的出现，使传统的无机化学再次焕发出勃勃生机。现代无机化学研究的范围极广，几乎包括除碳及其衍生物外的百余种元素及其化合物，它是以现代科学理论为依据，采用先进的实验技术，将无机物的性质和反应与结构相联系的学科。

(2) 分析化学

分析化学分支形成最早在 19 世纪初，原子量的准确测定促进了分析化学的发展，这对原子量数据的积累和元素周期律的发现具有很重要的作用。分析化学作为一门学科，很多分析化学家认为是 1894 年以著名的德国物理化学家奥斯特瓦尔德（W. Ostwald）出版的《分析化学的科学基础》为新纪元的。20 世纪初，沉淀反应、酸碱反应、氧化-还原反应及络合物形成反应的四个平衡理论的建立，使分析化学的检测技术一跃成为分析化学学科，称为经典分析化学。因此，20 世纪初是分析化学发展史上的第一次革命。

20 世纪以来，原有的各种经典方法不断充实、完善。直到现在，分析试样中的常量元素或常量组分的测定，基本上仍普遍采用经典的化学分析方法。20 世纪中叶，由于生产和科研的发展，分析的样品越来越复杂，要求对试样中的微量及痕量组分进行测定，对分析的灵敏度、准确度、速度的要求不断提高，一些以化学反应和物理特性为基础的仪器分析方法逐步创立和发展起来。这些新的分析方法都是采用了电学、电子学和光学等仪器设备，因而称为"仪器分析"。仪器分析所涉及的学科领域远较 19 世纪时的经典分析化学广泛得多。光度分析法、电化学分析法、色谱法相继产生并迅速发展。这一时期的分析化学的发展要受到物理、数学等学科的广泛影响，同时也开始对其他学科做出显著贡献，这是分析化学史上的第二次革命。

20 世纪 70 年代以后，分析化学已不仅仅局限于测定样品的成分及含量，而是着眼于降低测定下限、提高分析准确度上，并且打破了化学与其他学科的界限，利用化学、物理、生物、数学等其他学科一切可以利用的理论、方法、技术对待测物质的组成、组分、状态、结构、形态、分布等性质进行全面的分析。由于这些非化学方法的建立和发展，有人认为分析化学已不只是化学的一部分，而是正逐步转化成为一门边缘学科——分析科学，并认为这是分析化学发展史上的第三次革命。

目前，分析化学处于日新月异的变化之中，它的发展同现代科学技术总的发展是密不可分的。一方面，现代科学技术对分析化学的要求越来越高；另一方面，又不断地向分析化学输送新的理论、方法和手段，使分析化学迅速发展。特别是近年来电子计算机与各类化学分析仪器的结合，更使分析化学的发展如虎添翼，不仅使仪器的自动控制和操作实现了高速、准确、自动化，而且促进数据处理的软件系统和计算机终端设备日益完善。现代分析化学已逐渐发展成为获取形形色色物质尽可能全面的信息，进一步认识自然、改造自然的科学。

(3) 有机化学

"有机化学"这一名词于 1806 年首次由瑞典化学家贝采里乌斯（J. J. Berzelius）提出，当时是作为"无机化学"的对立物而命名的。由于科学条件的限制，当时有机化学研究的对象只能是从天然动植物有机体中提取的有机物。因而许多化学家都认为在生物体内由于存在所谓"生命力"才能产生有机化合物，而在实验室里是不能由无机化合物合成的。1824 年，德国化学家维勒（F. Wöhler）从氰经水解制得草酸；1828 年他无意中用加热的方法又使氰酸铵转化为尿素。氰和氰酸铵都是无机化合物，而草酸和尿素都是有机化合物。维勒的实验结果给予"生命力"学说第一次冲击。此后，乙酸等有机化合物相继由碳、氢等元素合成，"生命力"学说才逐渐被人们抛弃。由于合成方法的不断改进和发展，越来越多的有机化合物相继在实验室中合成出来，其中，绝大部分是在与生物体内迥然不同的条件下合成出来的。"生命力"学说渐渐被抛弃了，"有机化学"这一名词却沿用至今。

有机化学形成于 19 世纪 50 年代。1861 年，德国化学家凯库勒（F. A. Kekulé）提出碳的四价概念，1874 年荷兰化学家范特霍夫（J. H. van't Hoff）和法国化学家勒贝尔（J. A. Le Bel）的四面体学说，至今仍是有机化学最基本的概念之一。世界著名的有机化学权威杂志就是用"Tetrahedron"（四面体）命名的。有机化学是最大的化学分支学科，它以碳氢化合物及其衍生物为研究对象，也可以说有机化学就是"碳的化学"。医药、农药、炸药、染料、化妆品等无不与有机化学有关。在有机物中有些小分子，如乙烯、丙烯、丁二烯，在一定温度、压力和催化剂的条件下可以聚合成分子量为几万、几十万的高分子材料，例如塑料、人造纤维、人造橡胶等，它们已经走进千家万户、各行各业。目前高分子材料的年产量已超过亿吨，总产量接近各种金属总产量之和。若按使用材料的主要种类来划分历史时代，人类经历了石器时代、烧炼时代和高分子时代，即将进入可设计材料时代。

(4) 物理化学

"物理化学"这个概念是 1752 年俄国科学家罗蒙索诺夫（M. V. Lomonosov）在圣彼得堡大学的一堂课程 "a course in true physical chemistry" 上首次提出。1877 年，德国化学家奥斯特瓦尔德和荷兰化学家范特霍夫合作创办了《物理化学杂志》，标志着这个分支学科的形成。从这一时期到 20 世纪初，物理化学以化学热力学的蓬勃发展为其特征。热力学第一定律和热力学第二定律被广泛应用于各种化学体系，特别是溶液体系的研究。吉布斯（J. W. Gibbs）对多相平衡体系的研究和范特霍夫对化学平衡的研究；阿伦尼乌斯（S. A. Arrhenius）提出电离学说；能斯特（W. H. Nernst）发现热定理，这些都是对化学热力学的重要贡献。当 1906 年路易斯（G. N. Lewis）提出处理非理想体系的逸度和活度概念以及它们的测定方法之后，化学热力学的全部基础已经具备。劳厄（M. von Laue）和布拉格（W. H. Bragg）对 X 射线晶体结构分析的创造性研究，为经典的晶体学向近代结晶化学的发展奠定了基础。阿伦尼乌斯关于化学反应活化能的概念，以及博登施坦（M. Bodenstein）和能斯特关于链反应的概念，对后来化学动力学的发展也都做出了重要贡献。

20 世纪 20～40 年代是结构化学领先发展的时期，这时的物理化学研究已深入到微观的原子和分子世界，改变了对分子内部结构的复杂性茫然无知的状况。1926 年，量子力学研究的兴起，不但在物理学中掀起了高潮，对物理化学的研究也给予很大的冲击。尤其是在 1927 年，海特勒（W. H. Heitler）和伦敦（F. London）对氢分子问题进行量子力学处理，为 1916 年路易斯提出的共享电子对的共价键概念提供了理论基础。1931 年鲍林（L. C. Pauling）和斯莱特（J. C. Slater）把这种处理方法推广到其他双原子分子和多原子分子，形成了化学键的价键方法。1932 年，马利肯（R. S. Mulliken）和洪德（F. Hund）在处理氢分子的问题时，根据不同的物理模型，采用不同的试探波函数，从而发展了分子轨道方法。价键理论和分子轨道理论已成为近代化学键理论的基础。鲍林等提出的轨道杂化理论以及氢键和电负性等概念对结构化学的发展也起了重要作用。

从第二次世界大战到 20 世纪 60 年代期间，物理化学以实验研究手段和测量技术，特别是各种谱学技术的飞跃发展和由此而产生的丰硕成果为其特点。电子学、高真空和计算机技术的突飞猛进，不但使物理化学的传统实验方法及测量技术的准确度、精密度和时间分辨率有很大提高，而且还出现了许多新的谱学技术。物理化学还在不断吸收物理和数学的研究成果，从化学变化与物理变化的联系入手，研究化学反应的方向和限度、化学反应的速率和机理以及物质的微观结构与宏观性质的关系等重大问题，物理化学是化学学科的理论核心。随着电子技术、计算机、微波技术等的发展，化学研究突飞猛进，空间分辨率已达 10^{-10} m，这是原子半径的数量级，时间分辨率已达飞秒级（1fs＝10^{-15} s），这和原子世界里电子运动速度差不多。肉眼看不见的原子借助于仪器的延伸已经变成可以看得见的实物，微观世界的原子和分子不再那么神秘莫测了。

在研究各类物质的性质和变化规律的过程中，化学逐渐发展成为若干分支学科，但在探索和处理具体课题时，这些分支学科又相互联系、相互渗透。无机物和有机物的合成总是研究的起点，在进行过程中必定要靠分析化学的测定结果来指示合成工作中原料、中间体、产物的组成和结构，这一切当然都离不开物理化学的理论指导。

化学学科在其发展过程中还与其他学科交叉结合形成多种边缘学科，例如生物化学、环境化学、农业化学、医学化学、材料化学、地球化学、放射化学、激光化学、计算化学、星际化学等。化学在与各学科的交叉中得到升华，与各种学科技术交相辉映，为人类深入理解自然现象甚至操控原子排列，自底而上地构筑新药、新材料等领域展现出无比绚烂的蓝图。在21世纪的今天，社会需要化学科学做什么？化学工作者能为社会做哪些贡献？这是人们关心的热门话题。

1.4 化学变化遵循的基本规律

化学变化以化学反应为基础。参与化学反应的反应物性质和状态可以千差万别，控制化学反应的外界条件（如温度、压强等）也可以是各种各样，但所有的化学反应都遵循以下基本规律：

（1）化学反应遵守质量守恒定律

化学变化是指相互接触的分子间发生原子或电子的转换或转移，生成新的分子并伴有能量变化的过程，其实质是旧键的断裂和新键的生成。例如氢气在氯气中燃烧生成氯化氢气体，在燃烧过程中氢分子的 H—H 键和氯分子的 Cl—Cl 键断裂，氢原子和氯原子通过形成新的 H—Cl 键而重新组合生成氯化氢分子。在化学反应过程中，原子核不发生变化，电子总数也不改变。因此，在化学反应前后，反应体系中物质的总质量不会改变，即遵守质量守恒定律。这条定律是组成化学反应方程式和进行化学计算时的依据。氢气在氯气中的燃烧反应，可表示为

$$H_2(g)+Cl_2(g) \xrightarrow{燃烧} 2HCl(g)$$

在日常生活中，物质的质量单位通常采用千克（kg）或克（g）表示。由于化学中涉及原子、分子等微粒，质量大都在 10^{-26} kg 数量级，即使是蛋白质、核酸等大分子，一个分子的质量也大都在 10^{-20} kg 以下，目前在一般条件还不能直接进行称量。为此，在化学中采用大量微粒的集合体为基本量的方法来解决这个问题，"物质的量"就是化学中常用的一个物理量。国际单位制（SI）中规定的物质的量的基本单位为摩［尔］，其符号为 mol。它的定义为：摩尔是一系统的物质的量，该系统中所包含的微粒数目与 12g 碳（$_6^{12}C$）的原子数目相等，这个系统物质的量为 1 摩尔（1mol）。根据实验测定 12g $_6^{12}C$ 中含有的原子数目是 6.022×10^{23} 个，这个数称为阿伏伽德罗常数（N_A）。

摩尔（mol）是物质的量的单位，而不是质量单位。物质的量、物质的质量与摩尔质量之间的关系可用下式表示：

$$\frac{物质的质量}{摩尔质量}=物质的量$$

摩尔这个单位的应用为化学计算带来了很大方便。化学反应方程式中，反应物和生成物之间的质量关系比较复杂，而从摩尔单位看则很简单。例如：

	$CaCO_3$	$\xrightarrow{加热}$	CaO	+	$CO_2\uparrow$
摩尔质量/g·mol^{-1}	100		56		44
	$1t$		$0.56t$		$0.44t$

通过上面化学反应方程式和有关化合物的摩尔质量就很容易看到：$1t$ 碳酸钙在完全分解时应得到 $0.56t$ 氧化钙和 $0.44t$ 二氧化碳。

(2) 化学变化都伴随着能量变化

在化学反应中，断裂化学键需要吸收能量，形成化学键则放出能量。由于各种化学键的键能不同，当化学键改变时，必然伴随有能量变化。在化学反应中，如果放出的能量大于吸收的能量，则此反应为放热反应；反之则为吸热反应。

$$H_2(g) + \frac{1}{2}O_2(g) =\!=\!= H_2O(l) \quad +286kJ \qquad\qquad ①$$

或
$$H_2(g) + \frac{1}{2}O_2(g) =\!=\!= H_2O(l) \quad \Delta H = -286kJ \cdot mol^{-1} \qquad ②$$

式中，g 和 l 分别代表物质处于气态和液态，若是固态，则用 s 代表。式①在右边写 $+286kJ$，表示在生成 $1mol\ H_2O$（l）时有 $286kJ$ 热产生，这是放热反应。这种写法直观，容易理解。但化学专业书刊中都按式②书写，因为化学反应方程式的着眼点是质量守恒，一般不把原子结合的变化和热量变化用加号连在一起；其次对一个化学反应而言还有其他的物理量需要注明，而 ΔH 的数值又随温度、压力的不同而不同，因此用式②表示为宜。请注意，式①和式②中的 $+$、$-$ 号恰相反，ΔH 代表生成物的 H 值与反应物的 H 值之差，ΔH 为负值，即生成物的 H 值小于反应物，那么体系就是放热；反之 ΔH 为正值，即生成物的 H 值大于反应物，所以体系要吸热。还有 ΔH 的单位不是 kJ，而是 $kJ \cdot mol^{-1}$，在此 mol^{-1} 是代表"每摩尔这样的反应"而不是指每摩尔 H_2O 或每摩尔 H_2 或每摩尔 O_2，所以若有 $2mol\ H_2$ 和 $1mol\ O_2$ 起反应，其 ΔH 值则为 $-572kJ \cdot mol^{-1}$。

思 考 题

1-1 简述伴随着人类社会的发展和文明的进步，化学经历了哪些重要的发展阶段。

1-2 下列几种变化，哪些属于化学变化？哪些属于物理变化？

(1) 铁的生锈 　　　　(2) 从海水晒盐

(3) 蜡烛燃烧 　　　　(4) 蔗糖溶于水中

1-3 下列说法是否合理？请举例说明。

(1) 发展农业最需要的化学产品有化肥、农药和塑料薄膜等。

(2) 化学是污染环境的祸首，所以必须限制发展。

(3) 化学在科技发展中，处于中心位置。

(4) 我们生活在"化学世界"里。

1-4 门捷列夫发现元素周期律时知道多少种元素？迄今为止人们发现了多少种元素？以后是否还能发现新元素？

1-5 判断下列几种说法是否正确，并说明理由。

(1) 原子是化学变化中最小的微粒，它由原子核和核外电子组成。

(2) 原子量就是一个原子的质量。

(3) $4g\ H_2$ 和 $4g\ O_2$ 所含分子数目相等。

(4) $0.5mol$ 铁和 $0.5mol$ 铜所含原子数相等。

(5) 物质的量就是物质的质量。

(6) 化合物的性质是元素性质的加和。

1-6 硫酸铵 $(NH_4)_2SO_4$、碳酸铵 $(NH_4)_2CO_3$ 和尿素 $CO(NH_2)_2$ 三种化肥的含氮量各是多少？哪种肥效最高？

1-7 将 10g NaOH 配制成 1L 溶液，求该溶液的浓度（单位：$mol \cdot L^{-1}$）；若从中取出 25mL，其浓度是多少？其中有多少摩尔的 Na^+？

1-8 实验室常用 36.5% 的盐酸溶液密度为 $1.19g \cdot mL^{-1}$，该溶液的浓度（单位：$mol \cdot L^{-1}$）是多少？

1-9 H_2 和 O_2 化合生成 H_2O 的过程中，哪些化学键断裂？哪些化学键生成？

1-10 碳酸钠 (Na_2CO_3) 俗称纯碱，也叫苏打，它是一种用途甚广的化工原料，在国民经济和社会发展的统计公报中，常用 Na_2CO_3 的产量作为工业生产发展的指标之一。Na_2CO_3 可以用 NaCl、$NH_3 \cdot H_2O$ 和 CO_2 为原料，按下列化学反应方程式制造。那么每生产 100t 纯碱，理论上需要多少吨 NaCl？同时还能得到多少吨 NH_4Cl？

$$NaCl + NH_3 \cdot H_2O + CO_2 \Longrightarrow NaHCO_3 + NH_4Cl$$

$$2NaHCO_3 \Longrightarrow Na_2CO_3 + CO_2 + H_2O$$

1-11 绿色植物在太阳光作用下，借叶绿素可以将空气中的 CO_2 和 H_2O 转变为葡萄糖，同时放出 O_2，这个过程叫光合作用，可以用下列化学方程式表示：

$$6CO_2(g) + 6H_2O(l) \xrightarrow{\text{叶绿素}} C_6H_{12}O_6(s) + 6O_2(g), \quad \Delta H = +289kJ \cdot mol^{-1}$$

这是生命世界最重要的最基本的化学反应之一。按此化学方程式计算，每生成 100kg 葡萄糖，需要吸收多少千焦太阳能？

（西安交通大学 唐玉海）

第2章
化学入门知识

每当我们仰望美丽的星空，常常会产生无限的遐想，宇宙是由什么组成的？人类居住的地球又是由什么组成的？

丰富多彩的物质世界尽管外表形形色色，变化无穷，但其内部组成都是统一的。一切物质都具有相同的、最简单的组成部分或单元，那就是元素、原子和分子。正确地掌握这三个化学中最基本概念，是迈进化学大门的基础。

2.1 元素的起源与合成

自古以来，人们就力求了解世间万物的起源。我国古代流传的许多美丽动人的神话，诸如盘古开天辟地、女娲补天、后羿射日、精卫填海等，都是在描述地球的起源和物质的来源。公元前4世纪或更早诞生于中国的阴阳五行学说，认为万物是由金、木、水、火、土这五种要素组合而成的，并且五行可以由阴、阳两气相互作用结合。而古希腊的恩培多克勒（Empedokles）提出了与"五行说"相似的"四元素说"，认为万物都是由水、火、土、气四种元素按不同比例组成的，通过"爱"和"憎"两种成分（相当于中国的"阴"和"阳"）互相结合或分离，从而引起物质的变化。亚里士多德（A. G. P. Aristotle）继承了"四元素说"，但他认为还必须增加第五种元素，即"精英元素"，或称"第五原质"（意为无处不在的元素），而且他还认为元素能按任何比例结合，构成了各种各样的微粒，从而组成世间万物。

"近代化学之父"拉瓦锡通过大量科学实验，抓住了元素在化学反应中不能分解和转化的客观特征，首次给元素下了一个科学的定义：元素是用任何方法都不能再分解的简单物质。

他认为各种复杂的物质（化合物）都是由多种元素组成的，但并不包含所有元素。近代科学元素学说的建立，结束了自古以来关于元素概念的混乱状态，元素学说以一种崭新的面貌进入了科学的殿堂，成为现代化学理论的起点，完成了人类元素认识史上的一次质的飞跃。

2.1.1　元素的起源

化学起源于古代，各种元素是随着时间的推移而逐步被发现的。1750 年之前，对化学发展起到促进作用的国家主要为中国和印度，这期间化学的发展十分缓慢。1750 年之后，由于进行了大量有目的的科学研究，现代化学的基本理念逐渐形成。元素的发现史见表 2-1。

表 2-1　元素的发现史

时间	发现元素数目	发现的元素
史前	2	C, S
公元前 3000 年前	4	Ag, Sb, Au, Pb
公元前 1000 年前	4	Fe, Cu, Sn, Hg
公元前 1000～1649 年	3	As, Zn, Bi
1650～1699 年	1	P
1700～1749 年	2	Co, Pt
1750～1774 年	6	H, N, O, Cl, Ni, Mn
1775～1799 年	9	Be, Ti, Cr, Y, Zr, Mo, Te, W, U
1800～1824 年	23	Li, B, F, Na, Mg, Si, K, Ga, V, Se, Br, Sr, Nb, Rh, Pd, Cd, I, Ba, Ce, Lu, Ta, Os, Ir
1825～1849 年	6	Al, Ru, La, Tb, Er, Th
1850～1874 年	4	Rb, Cs, In, Tl
1875～1899 年	21	Ga, Sc, Sm, Ho, Tm, Yb, Gd, Pr, Nd, Dy, Ge, Ar, He, Eu, Xe, Kr, Ne, Po, Rn, Ra, Ac
1900～1924 年	2	Hf, Pa
1925～1949 年	10	Tc, Pm, Re, At, Fr, Np, Pu, Am, Cm, Bk
1950～1974 年	9	Cf, Es, Fm, Md, No, Ly, Rf, Db, Sg
1975～2016 年	6	Bh, Hs, Mt, Ds, Rg, Cn

英国化学家波义耳相信："宇宙中由普遍物质组成的混合物体的最初产物实际上是可以分成大小不同且形状千变万化的微小粒子。"在《怀疑的化学家》（1661 年）一书中，他提出："猜测世界可能由哪些基质组成是毫无用处的，人们必须通过实验来确定它们究竟是什么。"他把任何不能通过化学方法而分解成更简单组分的物质称为元素。在他看来，元素是指某种原始的、简单的、没有任何掺杂的物质；元素不能用任何其他物质造成，也不能彼此相互造成；元素是直接合成所谓完全混合物的成分，也是完全混合物最终分解成的要素。后来化学家拉瓦锡也把"元素或要素"定义为"分析所能达到的终点"。

对元素起源学说的科学探索始于 20 世纪初，可以说原子核科学的发展奠定了元素是在星际演化过程中由核合成反应形成的科学理论。

为了说明宇宙中元素的起源，伽莫夫（G. Gamow）等将宇宙膨胀和元素形成联系起来，提出了元素的大爆炸形成理论。按照这一理论，宇宙大爆炸初期生成的氦丰度为 30%，而由恒星内部核合成的氦丰度只有 3‰～5‰，其余的氦丰度只能来自宇宙大爆炸时的核合成，从而证实了热大爆炸宇宙学的理论预言。

热大爆炸宇宙学认为，宇宙膨胀是按"绝热"的方式进行的，宇宙是从热到冷演变的。在宇宙早期，辐射和物质的密度都很高，光子经过很短的路程就会被物质吸收或散射，然后物质再发射出光子，辐射和物质频繁地相互作用。宇宙对辐射是不透明的，达到热平衡状态，辐射符合黑体辐射的规律，当宇宙温度下降到大约 3000K 时，质子与电子结合成为氢原子，物质对辐射的连续吸收大大减少，物质跟辐射几乎不再相互作用了，宇宙对辐射变得透明，光子可以在空间自由地穿行。宇宙的热辐射主要是可见光和红外线。时至今日，由于宇宙膨胀带来的红移，使绝对温度为 3000K 的宇宙辐射的最大强度移到微波波段，称为宇宙微波背景辐射。阿尔弗等计算出与微波背景辐射相对应的绝对温度为 5K 左右。1965 年，美国科学家彭齐亚斯（A. Penzias）和威尔逊（R. Wilson）在 7.35cm 波长上接收到了各方向的来自宇宙的微波噪声，噪声的信号强度等效于绝对温度为 3.5K 的黑体辐射。微波背景辐射的发现，有力地支持了热爆炸宇宙模型（大爆炸宇宙模型）。因此，热爆炸宇宙学得到了大多数科学家的认同。

2.1.2 人造元素的合成

有这么一个神话，说有一位国王，虽然已经从老百姓那里搜刮了许多黄金，可是他仍然贪得无厌地想得到更多的黄金，于是他向神仙祈求，神仙给了他一个"点石成金"的手指头，只要是他用这根手指头摸过的东西都会变成黄金，从此王宫里到处金光灿灿的，他高兴极了，这时，他心爱的小女儿朝他跑来，他兴高采烈地抱起女儿，谁知那"点石成金"的手指头一碰到女儿，女儿也变成金人一动不动了。直到这时，国王才明白，他虽然变成了世界上最富有的人，但也同时变成了世界上最孤寂的人！

当然，世界上并不存在什么"点石成金"的手指头。可是，自古以来，不论中外，许许多多的人都在寻找"点金石"（或叫"哲人石"），做着"点石成金"的美梦，探索种种"点石成金"的方法。如今，科学家真正实现了古人"点石成金"的梦想，这就是人造元素的合成。

1919 年，英国科学家卢瑟福（D. Rutherford）发现，用 α 粒子（氦核 $_2^4$He）轰击氮时，氮原子核变成氧原子核，同时放出高速质子（$_1^1$H），第一次实现了人工核反应，反应式如下：

$$_2^4He + _7^{14}N \longrightarrow _8^{17}O + _1^1H$$

这是一件非常了不起的壮举，把一种元素转变成另一种元素，不仅实现了古人的梦想，同时也加深了人们对元素本质的认识。在此之后，人们不但寻找自然界存在的元素，而且还设法合成自然界不存在的新元素——人造元素。

1934 年，劳伦斯（E. O. Rawrence）在回旋加速器中，用含有 1 个质子的氘原子核（$_1^2$H）去轰击 42 号元素——钼（$_{42}$Mo），结果得到了 43 号新元素——锝（$_{43}$Tc）。这是当时第一个未在自然界发现的人造新元素，后来人们从铀的裂变产物中发现了极微量的锝。用同样的方法，科学家合成了一个又一个人造元素，填充着元素周期表。到目前为止，得到世界各国科学家公认的元素已达 118 种。

1999 年 7 月，从美国传出了一个震动整个科学界的消息，美国劳伦斯-利弗莫尔国家实验所的一个俄美联合科研小组成功合成了第 114 号元素，并设法使它存在了整整 30s！此外他们还声称合成了 3 个第 118 号元素的原子，每个原子的原子核中带有 118 个质子和 175 个中子。这个新合成的超重元素几乎在顷刻之间就衰变成了本身也存在不了多久的第 116 号元素。不过，就是这短暂的瞬间，使它们成为迄今为止在地球上存在过的绝无仅有的 3 个新原子。

2016 年 11 月，国际纯粹与应用化学联合会（IUPAC）核准并发布了 4 种人工合成元素的英文名称和元素符号，分别是：2003 年发现的镆（moscovium，Mc）、2004 年发现的鉨（nihonium，Nh）、2006 年发现的鿫（oganesson，Og）和 2010 年发现的鿬（tennessine，Ts）。至此，元素周期表中第 7 周期被全部填满。

2019 年距门捷列夫发布第一张元素周期表已整整 150 年了，现代的元素周期表与当时第一张元素周期表也有了显著不同。其间，无数科学家为探索新的化学元素不断努力。为了庆祝元素周期表诞生 150 周年，联合国宣布将 2019 年定为国际化学元素周期表年。

2.2　原子论

虽然原子说和元素说的历史同样悠久，但自公元前 5 世纪以来的 2000 多年间，它们却始终互相隔离，以至于人们对原子的认识一直含糊不清。

伟大的物理学家牛顿（I. Newton）是原子学说的拥护者。他在《光学》中阐述了他的原子思想："在我看来，上帝在最初造物时，可能使用的是固态的、有质量的、坚硬的、不可穿透的和可运动的微粒；这些微粒的大小、形状、所具有的性质、在空间中的比例等都最适合于他造物的目的；这些固态的初始粒子无比坚硬，坚硬到绝不会磨损，不会破碎成小块；任何普通的力量都不可能把上帝第一次创造的初始粒子破开。"

18 世纪，物理学家博斯科维奇（R. J. Boscovich）在牛顿力学的框架中，以没有大小、只有力学作用的原子模型来说明已知的物理现象。伯努利（D. Bernoull）则在 1738 年首先于现在意义上提出了物质的原子结构的思想，并从分子运动推导出压强公式，由此揭开分子运动论的序幕。不过，直到 19 世纪，气体分子运动论才获得真正发展。在这一世纪，伟大的物理学家麦克斯韦（J. C. Maxwell）与玻尔兹曼（L. E. Boltzmann）采用当时的原子模型，把气体看作由原子组成的分子的集合来处理，说明了气体的温度、压力等构成了气体分子的一般表现，并由此创建了"统计力学"的分支。

2.2.1　近代原子论的创立与发展

拉瓦锡化学革命以后，人类不仅揭示了燃烧之谜，建立了科学的元素说，而且在思想方法和研究方法上也发生了根本性的变革，这给化学的迅猛发展注入了新的活力。化学开始从收集材料为特征的定性描述阶段，逐渐过渡到以整理材料、寻找化学变化规律为特征的理论概括阶段。定量分析方法的广泛应用，使化学家搞清了很多物质的组成和反应中各物质之间量的关系，进而陆续归纳出一些基本的实验规律，如质量守恒定律、当量定律、定组成定律、气体分压定律等。这些规律的建立促使化学家进一步思考：为什么在化学反应中，物质的种类和性质都发生了变化，而反应前后物质的质量却不改变？为什么反应物间总是严格按照一定的比例形成新的化合物，而且各种物质的组成严格不变？是否由于反应前后存在着等量不变的微粒？为了揭示这些定律的内在本质和联系，必须用一种新的化学理论给予解释。

道尔顿

1803 年，英国化学家道尔顿提出了原子论，其基本要点是：元素是由极其微小的、看不见的、不可再分割的原子组成；原子既不能创造和毁灭，也不能转化，所以在一切化学反应中都保持自己原有的性质；同一种元素的原子形状、质量及性质相同；而不同元素的原子形状、质量及性质则各不相同，原子的质量（而不是形状）是元素最基本的特征；不同元素的原子以整数比例相结合形成化合物。化合物的原子称为复杂原子，它的质量为所含各种元素原子质量之总和。同种化合物的复杂原子，其性质和质量也必然相同。1808 年他正式发表了《化学哲学的新体系》一书，由此近代原子理论得以建立。同时，道尔顿以氢的原子量为 1 作标准，发表了包括 20 种元素的原子量表，还设计了一套符号来表示简单原子和复杂原子。

道尔顿的原子论为近代科学原子论的创立构建了新的框架，是继拉瓦锡化学革命之后，化学发展史中又一座光辉灿烂的里程碑。它结束了元素说与原子说旷日持久的隔离状态，第一次把它们融合为一个统一的理论体系。

卢瑟福

19 世纪末，放射性、电子以及 X 射线的发现，向道尔顿"原子不可再分"的思想提出了挑战。1903 年，英国著名的物理学家卢瑟福（D. Rutherford）和化学家索迪（F. Soddy）合作研究了铀、钍和镭等元素的放射性现象，发现了镭发出的 α 射线（后来发现 α 粒子就是带正电的氦离子）、β 射线和 γ 射线，并发现镭放射出 α 粒子以后，变成了另一种元素氡，于是，他们大胆地提出了具有革命意义的元素蜕变理论，从而彻底推翻了道尔顿原子学说中关于原子和元素是不可分割和不可转化的观念。

那么，一种元素是怎样变成另一种元素的呢？1911 年，卢瑟福在进行了著名的 α 粒子散射实验以后，提出了"行星式"的原子结构模型：在原子的中心有一个带正电的原子核，它的质量几乎等于原子的全部质量，电子在它的周围沿着不同的轨道运转，就像行星环绕太阳运转一样。由于电子在运转时产生的离心力和原子核对电子的吸引力达到平衡，因此电子能够与原子核保持一定的距离，正像行星和太阳保持一定的距离一样。原子越重，带正电的原子核越大，电子数也越多。

这一模型对于认识原子结构有着十分重要的意义，它第一次打开了原子世界的神秘大门。卢瑟福因在放射性元素和原子结构方面的研究中所做出的卓越贡献荣获了 1908 年的诺贝尔化学奖。在发表获奖演说时，卢瑟福幽默地说："我一生中经历过不同的变化，但最快的变化要算这一次了——竟从一个物理学家一下子变成了化学家。"正是在这两个学科互相渗透的交叉点上，物理学和化学碰撞出创造性的火花，开辟了更加广阔的研究领域。

玻 尔

在行星式原子模型的基础上，1913 年，玻尔（N. Bohr）将当时物理学上的量子理论、光子学说等重大成果应用于原子结构的研究，提出了新的原子结构模型——玻尔模型，其要点为：原子核外的电子只能在某些特定的轨道上运动，这些轨道应该符合量子论推导出来的量子化条件，这些符合量子化条件的轨道称为稳定轨道，它具有固定的能量；电子在稳定轨道上运动时，并不发射也不吸收能量，只有当电子从一个轨道到另外一个轨道时才发射或吸收能量；电子在离核越远的轨道上运动，能量越大。

玻尔理论成功地解释了原子的发光现象及氢原子光谱的规律性。但因无法解释这种光谱的精细结构，也不能解释多电子原子、分子或固体的光谱，因而仍有待完善。

2.2.2　现代原子结构理论

薛定谔

20 世纪 20～30 年代，伴随着质子、中子等一系列重大的发现，人们对原子的组成有了新的认识。原子是由电子、质子和中子三种基本粒子组成的，其中质子和中子靠核力组成原子核，原子核靠静电引力将电子束缚在核外的一定空间中运动。在一个中性原子中：

核内质子数＝核电荷数＝核外电子数＝原子序数

原子结构的近代研究发现，核外电子的运动与宏观物体运动有着完全不同的特征和规律。电子和光一样，除有粒子性外还有波动性（即波粒二象性）。因此，电子不会有确定的轨道。那么怎样来描述电子等微粒的运动状态呢？1926 年，奥地利物理学家薛定谔（E. Schrö-dinger）建立了著名的微观粒子的波动方程——薛定谔波动方程：

$$\frac{\partial^2 \psi}{\partial x^2}+\frac{\partial^2 \psi}{\partial y^2}+\frac{\partial^2 \psi}{\partial z^2}+\frac{8\pi^2 m}{h^2}(E-V)\psi=0$$

式中，ψ 是波函数；E 是总能量，等于势能与动能之和；V 是势能；m 是电子的质量；h 是普朗克常量；x、y 和 z 是空间坐标。这个偏微分方程的数学解很多，但从物理意义上看，这些数学解不一定都是合理的。为了得到电子运动状态合理的解，必须引用只能取某些整数值的三个参数——量子数。这三个量子数可取的数值及它们的关系如下：

主量子数　$n=1$，2，3，4，…

角量子　$l=0$，1，2，…，$n-1$

磁量子数　$m=0$，±1，±2，…，$\pm l$

每一组特定的 n、l、m 得出一个相应的波函数 $\psi_{n,l,m}$，它表示了原子中核外电子的一种运动状态，习惯上称为原子轨道。还有一个量子数即自旋量子数 m_s（$m_s=\pm1/2$）是根据后来的理论和实验的要求引入的。因为电子在核外运动时，除绕核做高速运动之外，还有自身的旋转运动（通常用"↑"和"↓"表示自旋方向相反的两种运动状态）。有了这样四个量子数，就可以确定电子在原子核外的运动状态了。

薛定谔方程解决了电子在原子核外可能存在的各种运动状态的问题，那么，原子中的电子是如何分配在这些运动状态（原子轨道）中，即电子在原子核外是怎样排布的呢？20 世纪 30 年代，著名化学家鲍林根据光谱实验的结果，提出了多电子原子中原子轨道的近似能级组（表 2-2）。表中的能级顺序表示价电子层填入电子时对应的各能级的能量，能量相近的能级划为一组，称为能级组。通常分为七个能级组（相对应于元素周期表中的七个周期），依 1，2，3，…能级组的顺序，能量逐渐增加。能级组之间的原子轨道能量差较大，而能级组内各原子轨道能级间的能量差较小。由表 2-2 能级组中的原子轨道可知，对于多电子的原子，由于受到轨道形状和电子之间相互的影响，能量相近的原子轨道可能发生能级交错的现象。同一能级组中的原子轨道不一定非要属于同一个电子层。

表 2-2　原子轨道近似能级组与元素周期的关系

周期	能级组	能级组中的原子轨道
1	第一能级组	1s
2	第二能级组	2s, 2p
3	第三能级组	3s, 3p
4	第四能级组	4s, 3d, 4p
5	第五能级组	5s, 4d, 5p
6	第六能级组	6s, 4f, 5d, 6p
7	第七能级组	7s, 5f, 6d, 7p

此后，人们根据对光谱实验结果和元素周期系的分析，归纳出电子在原子核外排布的三条原则，即泡利不相容原理、能量最低原理和洪特规则。根据这三条原则，就可以确定各元素基态原子的电子排布情况。

电子在核外的排布情况，通常称为电子层构型（或电子层结构），简称电子构型。化学上表示原子的电子层构型通常有两种方法：一种是轨道表示式，是用一个小框格代表一个原子轨道，在框格下注明该轨道的能级，框格内用向上（↑）和向下（↓）的箭头表示电子的自旋状态，这种方法形象而直观。例如氮原子的电子层结构见图 2-1。另一种简明的方法是电子排布式。它是在亚层（能级）符号的右上角用数字注明所排列的电子数。例如氮原子的电子层结构可表示为 $1s^2 2s^2 2p^3$。

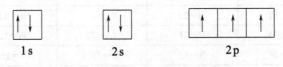

图 2-1　氮原子的电子层结构示意

2.3　元素周期表

道尔顿近代原子论的确立，使化学家对元素的概念有了更科学的认识。通过实验手段，人们弄清了许多化合物的组成，发现了一大批新的元素，积累了大量关于元素及其化合物的感性材料。但这些材料庞杂零乱，必须加以归纳整理。同时，化学家也在思考：地球上到底有多少种元素？如何去寻找新元素？如何把众多的元素按照化学性质进行分类整理？时代向化学家提出了发展新理论的要求。

2.3.1　元素周期律

19 世纪 60 年代，化学家已经发现了 60 多种元素，并积累了这些元素的原子量数据，为寻找元素间的内在联系创造了必要条件。俄国著名化学家门捷列夫和德国化学家迈耶尔等分别根据原子量的大小，将元素进行分类排队，发现元素性质随原子量的递增呈明显的周期性变化的规律。1868 年，门捷列夫经过多年艰苦探索，发现了自然界中一个极其重要的规律——元素周期律。这个规律的发现是继原子-分子论之后，近代化学史上的又一座光彩夺目的里程碑，它所蕴藏的丰富而深刻的内涵，对以后整个化学和自然科学的发展都具有普遍的指导意义。1869 年，门捷列夫提出了第一张元素周期表（表 2-3），根据周期律修正了铟（In）、铀（U）、钍（Th）、铯（Cs）等 9 种元素的原子量。他还预言了三种新元素及其特性，并暂取

门捷列夫

名为类铝、类硼、类硅，这就是后来在 1875 年发现的镓（Ga）、1880 年发现的钪（Sc）和 1886 年发现的锗（Ge）。这些新元素的原子量、密度和物理化学性质都与门捷列夫的预言惊人地相符，元素周期律的正确性由此得到了举世公认。

表 2-3　门捷列夫第一张元素周期表（1869 年）

				Ti=50	Zr=90	?=180
				V=51	Nb=94	Ta=182
				Cr=52	Mo=96	W=186
				Mn=55	Rh=104.4	Pt=197.4
				Fe=56	Ru=104.4	Ir=198
				Ni=Co=59	Pd=106.6	Os=199
	H=1			Cu=63.4	Ag=108	Hg=200
		Be=9.4	Mg=24	Zn=65.2	Cd=112	
		B=11	Al=27	?=68	U=116	Au=197?
		C=12	Si=28	?=70	Sn=118	
		N=14	P=31	As=75	Sb=122	Bi=210?
		O=16	S=32	Se=79.4	Te=128?	
		F=19	Cl=35.5	Br=80	I=127	
	Li=7	Na=23	K=39	Rb=85.4	Cs=133	Tl=204
			Ca=40	Sr=87.6	Ba=137	Pb=207
			?=45	Ce=92		
			? Er=56	La=94		
			? Yt=60	Di=95		
			? In=75.6	Th=118?		

2.3.2　现代元素周期表

直到 20 世纪 30 年代，随着量子力学的发展及弄清了各元素的核外电子排布之后，人们才认识到元素在周期表中的位置取决于原子的核外电子构型，特别是与最外层电子的排布密切相关。本书末附有目前常用的化学元素周期表，其中注明了外层电子结构，虽然形式与当年门捷列夫的周期表有所不同，但关于周期、主族、副族等基本概念是一脉相承的。

现在已知的 118 种元素在周期表里各就各位，有条不紊，横向分为 7 个周期，纵向分为 18 列，其中 1～2 列、13～17 列（即 Ⅰ A～Ⅶ A）为主族元素，3～12 列（即 Ⅲ B～Ⅱ B）为

副族元素。注意最后一族稀有气体元素称为零族元素，不包含在主族中；副族中第Ⅷ族包含3列共12种元素。

由原子核外电子排布的规律可知，随着原子核电荷数（即原子序数）的递增，最外层电子（即价电子）数目总是由 s^1 至 s^2p^6 重复变化，一个周期相应于一个能级组，它所包含的元素数目恰好等于该能级组所能容纳的最多电子数目。

根据价电子构型的不同，周期表可分为 s，p，d，ds 和 f 五个区。s 区元素包括ⅠA 和 ⅡA 族（第 1~2 列），价电子构型为 $ns^{1\sim2}$；p 区元素包括ⅢA~ⅦA 族和零族（第 13~18 列），价电子构型为 $ns^2np^{1\sim6}$；d 区元素包括ⅢB~Ⅷ族（第 3~10 列），价电子构型为 $(n-1)d^{1\sim9}ns^{1\sim2}$，常称为过渡元素；ds 区元素包括ⅠB~ⅡB 族（第 11~12 列），价电子构型为 $(n-1)d^{10}ns^{1\sim2}$；f 区元素包括镧系和锕系元素，价电子构型为 $(n-2)f^{1\sim14}(n-1)d^{0\sim2}ns^2$，这些元素本应插入主表相应位置中，为了便于按正常篇幅安排，才将它们取出放在周期表下方。

元素的化学性质在很大程度上取决于其价电子数，在同一族中，不同元素虽然电子层数不同，但都有相同数目的价电子数。例如碱金属最外层都是 ns^1，卤族元素都是 ns^2np^5。因此，同一族元素性质非常相似，如碱金属都容易失去一个 s 电子，成为正一价离子，表现出很强的金属性质；卤素最外层有 7 个电子（s^2p^5），有夺取一个电子形成负离子的倾向，是活泼的非金属。因此，碱金属可与卤素形成典型的离子型化合物。

过渡元素都是金属元素，它们的特征是：随着原子序数增大而增加的电子排在较内层的 d 或 f 轨道上，而最外层只有 1~2 个电子。例如钛（Ti）电子构型为 $3d^24s^2$，它可以失去 1 个或 2 个 4s 电子，也还可以再失去 1 个或 2 个 3d 电子，即最多能失去 4 个电子，因此，钛的化合价变化较多，可以是 +1，+2，+3 或 +4 价。过渡元素的特点是可以形成多种价态的化合物，这些化合物常呈现美丽多彩的颜色。

元素周期表是一个概括元素化学知识的宝库，其内容随着化学知识的增加而不断丰富。对某种元素，可以从周期表中直接获得下列信息：元素的名称、符号、原子序数、原子量、电子结构、族数和周期数；从元素在元素周期表中的位置可以判断元素是金属元素还是非金属元素；并可估计其电离能、密度、原子半径、原子体积和化合价等等。

元素周期律是自然科学的一个基本定律，这个定律使人们对化学元素的认识形成了一个完整的体系，使化学成为一门系统的科学。

2.4　化学键与分子结构

物质是由原子组成的，但在通常情况下，原子本身并不稳定，即不能孤立存在，而是通过某种结合力形成稳定的分子形式。分子中原子之间这种结合力称为化学键。化学变化的实质是原子的重新排列组合，化学变化过程是旧化学键断裂和新化学键形成的过程。人们经过一个世纪的探讨，对化学键本质的认识逐步深化。现在认为，最基本的化学键类型有三种：离子键、共价键和金属键；相应地组成了最常见的三类物质：离子型化合物、共价型化合物和金属晶体。

2.4.1 离子键和离子型化合物

氯化钠（NaCl）是最典型的离子型化合物，是食盐的主要成分。它易溶于水，熔点较高（801℃）。熔融状态的氯化钠能导电，电解产物是金属钠和氯气：

$$2NaCl(熔融) \xrightarrow{电解} 2Na+Cl_2$$

当金属钠在氯气中燃烧时，Na 和 Cl_2 就化合成 NaCl。那么钠原子和氯原子之间是靠什么样的作用力相结合的呢？1916 年，德国化学家柯塞尔（W. Kossel）从稀有气体元素的性质与原子结构的关系中得到启发，提出了离子键理论。他认为：稀有气体元素的原子，除了氦只有 1 个电子层含有 2 个电子外，其他原子的最外层都含有 8 个电子，这种结构为稳定的结构。化学键的形成都是由原子的外层电子结构决定的，当原子的外层电子不具有这种稳定的结构时，可以通过在化学反应中失去电子或夺取电子的方式使自己的外层电子排布达到稳定状态的结构，这种趋势就形成了阴、阳离子。夺取电子则成为阴离子，失去电子则成为阳离子，阴、阳离子之间由于存在着库仑引力而相互吸引，随着阴、阳离子的相互接近，离子的核外电子之间、核与核之间就会产生斥力。当吸引力与排斥力达到平衡时，体系的能量达到了最低值，体系最稳定，这时候阴、阳离子之间的距离将保持恒定，从而形成了相对稳定的化学键，这种靠阴、阳离子的静电作用而形成的化学键叫作离子键。由离子键形成的化合物叫离子型化合物。氯化钠晶体由 Na^+ 和 Cl^- 相间而组成，见图 2-2，将这些正负离子近似看成球体，则每个离子都尽可能多地吸引异号离子而紧密堆积。

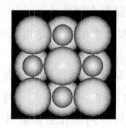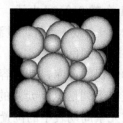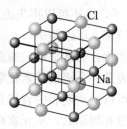

图 2-2　NaCl 晶体中 Na^+ 和 Cl^- 的排列和紧密堆积

在 NaCl 晶体中，每个离子都被几个异号离子所包围，因此在这种晶体中根本不存在独立的小分子，只能把整个晶体看成一个巨大的分子。

在离子晶体中，离子间具有较强的静电引力，所以离子型化合物的晶格能一般比较大，这就是它具有较高的熔点和硬度的根本原因，可以说，这是离子型化合物的一个显著特性。离子型化合物虽然较硬，但又比较脆，这是因为晶体在受到冲击时，各层离子较易发生错动，从而大大减弱了它们之间的引力。大多数离子型化合物可溶于极性溶剂，难溶于非极性溶剂，这是离子型化合物的第二个特性。离子型化合物的第三个特性是不论在熔融状态还是在水溶液中，它都是电的良导体，然而当它处于固体状态时，由于离子只能在晶格的结点上振动，故固体状态时它几乎不导电。

2.4.2 共价键与苯环结构

离子键理论很好地解释了离子型化合物（如 NaCl）的结构和性质，但不能说明如氧气

（O_2）、氢气（H_2）、氯气（Cl_2）及水（H_2O）等共价型化合物的成键情况。1916 年，美国化学家路易斯提出了共价键理论，他认为：同种或不同种非金属原子之间可以通过共用一对或几对电子而各自达到稳定的电子结构（八隅体）并形成分子。例如当两个氯原子相遇时，各提供一个电子共用，从而使最外层电子层都具有 8 个电子而呈稳定状态。一对共用电子通过与原子核的引力将两个原子拉在一起形成分子，这种靠共享电子对而形成的化学键，叫作共价键。氯气分子的路易斯电子结构模型可以形象地用图 2-3 表示。在氯气分子中，每个氯原子的外层都享有 8 个电子，从而形成类似稀有气体氩原子（Ar）的八电子稳定结构。

路易斯理论和柯塞尔理论是互为补充的，它们虽然各有侧重，但有一个共同之处，即都是用电子行为来解释物质的化学变化，这使得始于 19 世纪中叶的"在化合物各原子之间划一短线以表示两者的结合"有了实际意义。由于这两种理论简明易懂，很快为人们所接受。

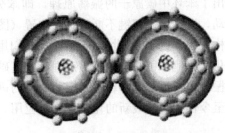

图 2-3　氯气分子的电子结构模型（示意图）

在表 2-4 所示的结构式中，既可以用"·"代表一个原子的外层电子，"×"代表另一个原子的外层电子；也可以用短线代表共用电子对。2 个原子间若共用 2 对电子，则形成双键；若共用 3 对电子则形成三键。C_2H_4 分子内含有碳碳双键，C_2H_2 分子则含有碳碳三键。

表 2-4　一些常见共价型物质的路易斯电子结构式

分子式	电子结构式	分子结构式	分子式	电子结构式	分子结构式
Cl_2	:Cl × Cl ×	Cl—Cl	CH_4	H:C:H (上下各一H)	H—C—H (上下各一H)
HCl	H:Cl×	H—Cl	C_2H_4	H:C::C:H	H—C=C—H
H_2O	H:O:H	H—O—H	C_2H_2	H:C:::C:H	H—C≡C—H

苯的分子式为 C_6H_6，分子量为 78，苯分子中碳氢的比例说明它是一个高度不饱和的化合物，但却又不显示一般不饱和化合物所具有的那种易于发生加成反应的特征。甲苯、二甲苯、硝基苯、苯胺等一系列芳香族化合物的出现，引起了化学家们浓厚的兴趣，而如何说明这类化合物中碳原子的位置和结合方式成了当时的一大难题。

富有科学想象力的化学家凯库勒认为，解决这一难题的关键是弄清最简单的芳香族化合物苯的结构，因此凯库勒反复琢磨苯的结构式。在满足碳四价和氢一价的前提下，怎样才能把 6 个碳原子和 6 个氢原子合理地安排在一起呢？经过长时间的思索，仍然不得要领。据他自己说，带着沮丧的情绪，某天他在书房里打起了瞌睡，梦中看见碳原子的长链像蛇一样盘绕卷曲，旋转飞舞，忽然蛇一口咬住了自己的尾巴，这副图像在他眼前炫耀般地旋转不已。他猛然惊醒，根据梦中的启示，写出了苯的封闭式结构（图 2-4）：在苯分子中 6 个碳原子连成环状，碳碳之间以单双键交替结合，每一个碳原子都再与一个氢原子相连，形成一个平面六角形的封闭结构。这样既满足了碳四价，又符合分子式 C_6H_6。

苯环结构学说是化学结构理论发展史上一项辉煌的成就，如果把有机结构理论比喻为一座大厦,那么苯环结构学说则起到了奠基石的作用。它引导人们把组成分子的原子数目、结合方式和排列次序联系在一起,自觉地运用结构式来认识分子的性质,不仅合理地说明了苯、甲苯、二甲苯、酚类、苯胺类等众多芳香族化合物的结构和某些化学性质,而且可以根据其他原子或基团取代苯环上的氢原子数及其在苯环上的相对位置,推知各种异构体的存在,成为人们研究和制备芳香族化合物的指路明灯,也为煤焦油综合利用和有机合成打下了理论基础。

为了解释苯的二元取代物异构体的数目和高度不饱和性的特点,1872 年,凯库勒又提出了苯环中碳原子的振荡原理,即苯分子中碳原子以平衡位置为中心,不停地进行振荡运动,造成单、双键不断地更换位置(图 2-5),从而比较满意地解释了苯的二元取代物的异构现象。到了 20 世纪 30 年代,人们用 X 射线衍射法证明了苯环的平面六角形结构。著名化学家鲍林则在现代化学键理论的基础上,进一步用共振论解释了苯分子的结构和性质。共振论可以说是凯库勒互变振荡假说的进一步发展。苯环结构学说经过 100 多年的严峻考验,至今仍为现代最新的化学理论所应用。

图 2-4　苯分子的凯库勒结构

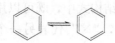

图 2-5　苯环的共振结构式

2.4.3　碳四面体学说与立体化学

1848 年,法国著名生物学家巴斯德(L. Pasteur)发现酒石酸盐的晶体呈半晶面,其中一些面朝左方,另一些则向右方,他用手工方法将这两种具有不同取向的半晶面的晶体分开,再用旋光仪分别测定其溶液的旋光度,发现一个是右旋酒石酸,另一个是左旋酒石酸,若将它们等量混合就得到无旋光的酒石酸。元素组成相同的酒石酸的两种异构体具有完全相反的旋光方向,这种现象称为旋光异构现象,所涉及的两种异构体称为旋光异构体(或立体异构体)。1869 年,德国化学家威利森努斯(J. Wislicenus)发现从酸牛乳中得到的发酵乳酸和从肌肉中提取的肌肉乳酸具有相同的元素组成和结构,即 $CH_3—CH(OH)—COOH$,但却是一对旋光异构体。据此他认为,如果分子在结构上是等同的,可是却具有完全不同的性质,那么这种差别就只能是由原子在三维空间有不同的排布造成的。由此,威利森努斯等进一步提出了空间化学的思想,唤起了人们研究原子的空间排布与性质关系的兴趣。

在巴斯德、威利森努斯等对旋光异构现象研究的基础上,1874 年,荷兰化学家范特霍夫和法国化学家勒贝尔各自独立地提出了碳四面体学说。当碳原子的四个价键被四个不同的基团饱和时,假定碳原子的四个价键指向四面体的顶点,碳原子占据四面体的中心,就可以得到两个并只能得到两个异构体,这两种异构体在空间上不能重叠,其中一个与另一个呈镜像关系,因此称为对映体。它们都具有旋光性,且大小相同,但旋光方向相反。

范特霍夫把这种与四个不同原子或基团相连的碳原子称为"不对称碳原子",现在也称"手性碳原子"。

左旋乳酸和右旋乳酸的立体结构如图 2-6 所示。

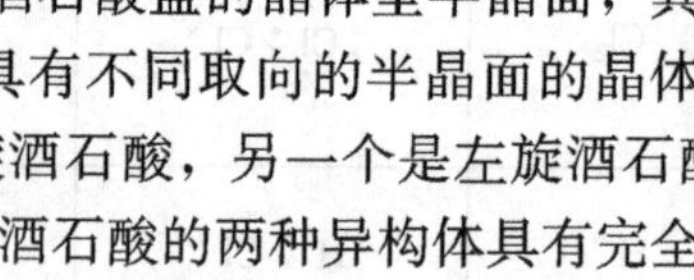

碳四面体学说的提出再一次开阔了人们的视野,把

图 2-6　乳酸对映体的立体异构
(图中实线键表示在纸平面上,楔线键表示在纸平面前方,虚线键则表示在纸平面后方)

化学家引向了三维空间的新领域，开创了立体化学的新时代。为此，范特霍夫获得了1901年的首届诺贝尔化学奖。

2.4.4　金属键

在已知的118种元素中，金属元素占80%以上。金属与非金属之间通过离子键或配位键结合，非金属之间则通过共价键结合，那么，金属原子之间的结合力有何特征呢？我们知道，金属单质或合金有许多共性，如导热、导电、富有展延性、有金属光泽等。这些特性是由它们的内部结构所决定的。从金属是电的良导体可以猜测到，金属原子的外层价电子一般与原子核的结合比较松散，它们易脱离原子核的束缚而成为自由电子在整个金属晶体中自由运动，金属原子也因为失去电子而成为金属离子。整个金属晶体是由金属原子、金属离子和自由电子所组成的，金属原子与金属离子则由于不断地交换电子而互相转变，自由电子即为金属原子、金属离子所共享，通过这种共享就把金属原子和金属离子黏合在一起，金属原子和金属离子犹如沉浸在"电子的海洋"中。这种由多个原子或离子共享自由电子所构成的键就是金属键，这种理论叫作改性共价键理论，应用这一理论可以解释上述的金属特性。例如金属中的自由电子可以吸收可见光，然后又把各种波长的光大部分发射出去，故大多数金属呈银色光泽；自由电子在外加电场影响下定向流动形成电流，这就是它的导电性的缘由；当金属的某一部分受热而加强原子或离子的振动时，通过自由电子能把热能传递给临近的原子或离子，这就是它的导热性的根源；金属晶体在外力影响下能使一层原子在临近的一层原子上滑动而不破坏金属键，这就是它具有良好的机械加工性能的原因所在。

关于金属键的另一种理论叫能带理论，这种理论认为，金属晶体的晶格里有比较高的配位数，金属晶格里原子很密集，它们的原子轨道能组成许多分子轨道，相邻的分子轨道之间的能量差很小，可近似地认为各个能级之间的能量基本上是连续的，故可形象地称为能带。能带属于整个晶体，填满电子的分子轨道叫满带，未填满电子的分子轨道叫导带，满带和导带之间的能量空隙叫禁带。能带理论同样能很好地说明金属所具有的特性，能带中的电子可吸收光能，并将吸收的能量发射出去，从而使金属具有光泽和成为辐射性能良好的发射体；当向金属施加电场时，导带中的电子会在能带中沿着外加电场方向通过晶格运动，这就说明了金属具有导电性；由于金属中电子是离域的，当对晶体施加机械力时，一个地方的金属键被破坏了，另一个地方又可生成新的金属键，因此金属具有延展性和可塑性。金属晶体是靠金属键结合的，金属键没有方向性，金属的自由电子在整个晶体内运动，故金属键也没有饱和性，它可以在任意方向与尽可能多的临近原子相结合，从而使金属晶体内有较高的配位数，故金属晶体一般都是以紧密堆积的排列方式构成的。

金属键、共价键、离子键是三类不同的化学键，它们之间既有联系，又有区别。掌握化学键的基本知识，有助于了解化学变化的本质和规律，以便更有效地应用这些化学变化。

2.4.5　分子间作用力

(1) 范德华力

分子内相邻原子间的强烈作用力称为化学键，而分子与分子之间也存在一些比较弱的作用力。例如，二氧化碳晶体（干冰）直接升华成气态，冰融化进而再汽化，都需要从环境吸热，在这些变化过程中，分子组成（CO_2 或 H_2O）并不改变，而只是改变分子间的距离和相互作用状况。既然分子型物质的物态变化也伴随有热效应（如蒸发热、升华热、熔化热等），说明分子间是有作用力的。

荷兰化学家范德华（van der Waals）最早研究了这一问题，因而这种分子间的作用力就称为范德华力。同一种物质，固态时分子间引力最大，熔化成液态时，因需要克服分子间的部分引力而消耗能量，物质气化成气态时则需吸收更多的能量，因而气态时分子间的范德华力最小。另外，不同物质分子之间作用力的性质或强度也可能不同。例如，通常状况下，卤素中氟和氯都是气体，溴是液体，碘是固体，这说明 F_2 或 Cl_2 的分子间引力都很小，分子运动最为自由；液态 Br_2 分子间引力较大些，分子排列稍受约束，占有一定体积；固态 I_2 分子间引力最大，排列成有序晶体。

范德华力存在于所有的分子（极性分子和非极性分子）之间，它是由分子之间很弱的静电引力所产生的。极性分子是一种偶极子，具有正负两极，当它们靠近到一定距离时，就有同极相斥、异极相吸的静电引力，但这种引力比离子键弱得多。极性分子与非极性分子之间的作用力则是由极性分子偶极电场使邻近的非极性分子发生电子云变形（或电荷位移）而相互作用产生的，如 O_2（或 N_2）溶于水中，O_2 和 H_2O 分子间的作用力就是这种情况。非极性分子与非极性分子之间的作用力来自原子核外电子在不停运动瞬间总会偏于这一端或那一端而产生的瞬间静电引力，原子半径越大越容易产生瞬间静电引力。稀有气体是单原子分子，这是典型的非极性分子，它们的液化过程就是靠这种瞬间静电引力产生的。由氦（He）到氙（Xe）半径依次递增，瞬间的静电作用力也依次递增，沸点依次升高，见表2-5。

表 2-5　稀有气体的沸点

项目	氦（He）	氖（Ne）	氩（Ar）	氪（Kr）	氙（Xe）
沸点/℃	−269	−246	−186	−153	−107
沸点/K	4	27	87	120	166

(2) 氢键

与电负性（在分子中原子对成键电子的吸引能力）大的原子 X 以共价键结合的氢原子（X—H）带有部分正电荷，导致它能再与另一个电负性大的原子（如 Y）结合，形成一个聚集体：

$$X—H\cdots Y$$

这种化学结合作用叫作氢键。氢键是化学家在研究 KHF_2 的晶体结构时首先发现的，F—H⋯F 氢键的存在表明它们的结合是以氢为中心的氟原子之间的键合。后来通过对冰的晶体结构和液态水的异常性质的研究，证实氢键的确存在，因为利用氢键能满意地解释水和冰密度的反常变化。我们都知道，冰在水中漂浮而不是下沉，这说明冰的密度小于水，冰融化时密度反而变大，而绝大多数固体熔化时密度都是变小的，这一反常现象和冰的结构有关。图 2-7（a）是冰结构的一部分，图 2-7（b）则是其中的一个四面体部分，在这种结构中，每个 O 原子都处于以邻近 4 个 H 原子为顶点的四面体的中心，但 4 个 H 原子与 O 原子的结合有所不同。其中，2 个 H 与该中心 O 原子以共价键相连（较近），另外 2 个 H 与该中心 O 原子以氢键相连（较远），同时还可以看出，每个 O 原子又处于由相邻 4 个 O 原子形成的四面体的中心。由于冰的这种晶体结构特点使其内部空隙较大，故而冰的密度较小。当冰融化时，部分地破坏了这种敞空结构，液态水中分子排列趋于紧密，密度反而增加。

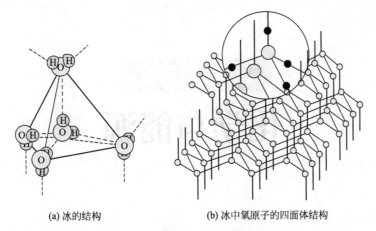

(a) 冰的结构　　　　　　　　　　(b) 冰中氧原子的四面体结构

图 2-7　冰与冰中氧原子的结构

　　氢键不同于通常的化学键，它是一种特殊的分子间作用力。以 HF 为例，氟的电负性很大，HF 键是强极性共价键，氟原子强烈地吸引氢原子的电子云，使氢核几乎成为"裸体"的质子，它允许带部分负电荷的氟原子充分接近它，并产生静电引力，这就形成了 F—H…F 氢键。X、Y 原子的电负性越大，半径越小，则形成的氢键越强，例如 F—H…F 就是最强的氢键。分子间的氢键可使很多分子结合起来，形成链状、环状、层状、螺旋状或立体的网状结构。氢键的键能比较小，但是氢键的形成对物质的性质却有显著的影响。例如，氢键使熔点、沸点升高；溶质与溶剂之间形成氢键，则会使溶解度增大。

　　氢键在生物体内也起着重要的作用，在 DNA 的双螺旋结构中，正是通过氢键把两条多核苷酸组成的长链巧妙地连接起来，同时氢键的形成也决定了蛋白质分子的构象（详见第 5 章化学与生命科学）。

思 考 题

2-1　写出下列原子的原子序数、电子数、质子数、中子数和质量数。

$$^{2}_{1}H \qquad ^{3}_{1}H \qquad ^{19}_{9}F \qquad ^{117}_{50}Sn \qquad ^{235}_{92}U$$

2-2　写出决定原子结构的 n、l、m、m_s 四个量子数的取值规定及物理意义。

2-3　当 $n=4$ 时，角量子数可以取哪些值？

2-4　什么是元素的电负性？周期表中电负性有何变化规律？

2-5　何为氢键？如何解释分子量相同的甲醚和乙醇的沸点相差很大？

2-6　何为离子键？何为共价键？两者区别在哪里？

2-7　如何解释冰的密度小于水？

（兰州大学　陈麒）

第3章
化学与能源

　　能源就是自然界能够提供能量的资源，也称能量资源或能源资源，如热能、电能、光能、机械能、化学能等。国内外多部百科全书均对能源有一定的记载：能源是可从其获得热、光和动力之类能量的资源，出自《科学技术百科全书》；能源是一个包括所有燃料、流水、阳光和风的术语，人类用适当的转换手段便可让它为自己提供所需的能量，出自《大英百科全书》；能源是可以直接或经转换提供人类所需的光、热、动力等任一形式能量的载能体资源，出自《能源百科全书》。

　　进入 21 世纪后，能源、材料、信息已成为人类文明进步的先决条件，被称为现代社会繁荣和发展的三大支柱。国际上往往以能源的人均占有量、能源构成、能源使用效率和对环境的影响因素来衡量一个国家现代化的程度。从人类利用能源的历史中可以清楚地看到，每一种能源的发现和利用，都把人类支配自然的能力提高到一个新的水平，能源科学技术的每一次重大突破，都引起一场生产技术的革命。化学在能源的开发和利用方面扮演着重要的角色，无论从煤的充分燃烧和洁净技术到核反应的控制利用，还是从研制新型绿色化学电源到开发生物能源，都离不开化学这一基础学科的参与。可以说，能源科学发展的每一个重要环节都与化学息息相关。因此，在 20 世纪末，化学学科中应运而生了一个新的分支——能源化学。

　　国际能源机构（International Energy Agency，IEA）又称国际能源署、国际能源组织，该机构是世界上最重要的国家间能源经济合作发展组织，拥有 30 个成员国。该组织长期致力于协调国际能源政策、加强各国间能源信息交流、开展国际技术合作与提高全球能源安全性。有关能源的国际组织还有：世界能源理事会（世界能源委员会）（World Energy Council，WEC）；国际原子能机构（International Atomic Energy Agency，IAEA）；世界石油大会（世界石油理事会）（World Petroleum Congress，WPC）；石油输出国组织（Organization of the Petroleum Exporting Countries），简称欧佩克（OPEC）或油组；政府间气候变化专业委员会（Intergovernmental Panel on Climate Change，IPCC）；经济合作与发展组织（Organization for Economic Co-operation and Development，OECD）。

3.1　全球能源结构和发展趋势

煤炭、天然气、地热、水能和风能等是自然界现成存在的能源，不必改变其基本形态就可直接利用，常被称为一次能源。那些由一次能源经过加工或转化成另一种形态的能源产品是二次能源，如电力、焦炭、汽油、柴油、煤气等。通常人们把目前技术上比较成熟并已大规模生产和广泛利用的能源称为常规能源，如煤炭、石油、天然气、核裂变燃料、水能等，其中煤炭、石油、天然气等是古代动、植物遗骸经地壳变化埋藏地下多年转化而成的可燃矿物，因此也称为矿物能源与常规能源；把以新技术为基础，新近才利用或正在开发研究的能源称为新能源，如太阳能、核聚变能、氢能、生物能等。

有些能源是不会随本身的能量转换或者人类利用而日益减少的，它们具有天然的自我恢复能力，如水能、太阳能、风能、生物能等，因此又被称为可再生能源；而非可再生能源正好相反，它们越用越少，不能再生，如矿物燃料、核裂（聚）变燃料等。另外，从能源消费后是否造成环境污染的角度出发，能源又可分为污染型能源（如煤炭、石油等）和清洁型能源（如水能、氢能、太阳能等）。

3.1.1　世界能源结构的发展与变迁

近代世界能源结构经历了三次大的转变。18世纪60年代，英国的产业革命促使全世界的能源结构发生了第一次大的转变，这是因为蒸汽机的推广、冶金工业的兴起以及铁路和航运的发达，无一不需要大量的煤炭。以1920年为例，煤炭在当时世界商品能源构成中占到87%。第二次世界大战以后，世界能源结构发生了第二次大的转变，几乎所有工业化国家都转向石油和天然气。石油和天然气热值比煤炭高，加工、转化、运输、储存和使用方便，且效率高，是理想的化工原料；另外，社会和政府部门的环境保护意识的提高也有助于推动这一转变。1950年，世界石油能源消费已近5亿吨。能源结构从单一的煤炭转向石油和天然气，标志着能源结构的进步，这对社会经济的发展起到了重要作用。在20世纪50~60年代，西方一些发达国家正是依靠充足的石油供应，实现了经济的高速增长。20世纪70年代初，第四次中东战争引发了资本主义世界第一次石油危机。20世纪70年代末，伊朗爆发伊斯兰革命，国际石油供应再度紧张。20世纪90年代初，海湾战争爆发，又使世界能源市场受到巨大冲击。

以矿物燃料为主体的能源系统对全球环境污染严重，说明原有的能源体系不可能长久地维持下去。联合国1994年《能源统计年鉴》数据表明，1993年世界能源储量的情况是：煤的可开采总量为10633.68亿吨；原油和液化天然气的储量为1407.66亿吨；天然气的可开采储量为214.203万亿吨；铀矿的理论储量为3 643 542吨，水电理论装机容量为33 989 264万亿焦［耳］。1993年固体燃料（主要指煤）的消费量为320 671.9万吨标准煤，液体燃料的消费量为407 425.3万吨标准煤。目前，在世界一次能源总消费结构中，石油占39.7%，天然气占24.1%，煤炭占26.1%，水电和核电占10.2%。从目前的发展趋势看，煤炭的比例仍会有所下降，而石油、天然气、水电和核电都将有不同程度的增长。按1993年的统计数据来推算，如果煤炭和石油的消费量按平均每年 3% 的速度递增，那么可以预计再过 100 多年它们就将消耗殆尽。到 20 世纪末，世界能源结构开始了第三次大转变，即从石油、天然气为主的能源系统转向以生物能、风能、太阳能等可再生能源为基础的可持续发展的能源系统。据 2018 年最新的一份能源报告指出，未来能源结构的重心将转移至太阳能、风能、核能三个主要能源上。到 2070 年，这三种能源总占比将达到 56%，石油、煤炭、天然气等非可再生能源将减至 30%。在未来，太阳能将发挥非常强大的作用，预计到 2035 年，太阳能装机容量将达到 6500 万千瓦，从那时到 2070 年，每年将增加近 1000 吉瓦（1 吉瓦 $= 1 \times 10^9$ 瓦）。

3.1.2 中国能源供需现状及特点

中国能源行业在过去一直保持较快发展，能源生产总量稳居世界第一，中国也是全球最大的能源消费国。纵观我国历年来能源生产总量变化情况，从 2010～2017 年，我国能源产量整体保持稳中有升趋势。我国 2016 年全年能源消费总量约为 43.6 亿吨标准煤，占全球能源消费总量的 23%，中国超越美国成为全球最大的可再生能源消费国。2017 年，全国能源消费总量比上年增长约 2.9%。能源消费结构明显优化，天然气、水电、核电、风电等清洁能源消费占能源消费总量比重比上年提高约 1.5%，煤炭所占比重下降约 1.7%（表 3-1）。

表 3-1 中国能源生产、消费总量及消费构成

年份	能源总量/万吨标准煤		能源消费构成比重/%			
	生产	消费	煤炭	石油	天然气	水电、核电、风电
1990	103 922	98 703	76.2	16.6	2.1	5.1
1995	129 034	131 176	74.6	17.5	1.8	6.1
2000	138 570	146 964	68.5	22.0	2.2	7.3
2005	229 037	261 369	72.4	17.8	2.4	7.4
2010	312 125	360 648	69.2	17.4	4.0	9.4
2011	340 178	387 043	70.2	16.8	4.6	8.4
2012	351 041	402 138	68.5	17.0	4.8	9.7
2013	358 784	416 913	67.4	17.1	5.3	10.2
2014	361 866	425 806	65.6	17.4	5.7	11.3
2015	361 476	429 905	63.7	18.3	5.9	12.1
2016	346 037	435 819	62.0	18.5	6.2	13.3
2017	359 000	449 000	60.4	18.8	7.0	13.8

注：《中国统计摘要 2018》。

在能源消费总量中，煤炭是我国的主要能源。然而，中国煤炭消费量三年来连续降低，煤炭消费比重在 2016 年已降到 62.0%，2018 年中国煤炭消费占比下降到 60% 以下。近年来，中国对天然气的需求高速增长，我国"西气东输"的战略加快了对天然气的开发利用。2016 年，中国天然气表观消费量约为 2084 亿立方米。到 2017 年，中国天然气需求达到 2300 亿立方米。另外，随着三峡大坝的建成和秦山核电站二期工程，大亚湾、连云港等核电站的建设，也将使水电和核电在我国的能源结构中有较大的增长。

总的来看，我国能源有以下特点：

（1）能源资源总量丰富

中国煤炭的探明储量已约 1 万亿吨，约占世界总储量的 12.6%，居第三位；我国目前石油资源储量约为 1072.7 亿吨，在世界排第六位、亚洲排第一位；我国淡水资源总量为 2.8 万亿立方米，占全球水资源的 6%，世界第四位；我国天然气可采资源量为 14 万亿立方米左右，居世界第十五位，占世界总量的 0.9%。

（2）人均能源资源占有量较低、分布不均

我国人均能源资源占有量不到世界平均水平的一半；我国可利用石油资源人均占有量仅为世界平均水平的 1/6～1/5；水资源人均占有量仅为世界平均水平的 1/4；天然气资源人均占有量仅为世界人均水平的 4.5%。

（3）能源消费系数高、效率低

能源消费系数高、效率低主要表现为生产耗能高。据有关专家预测，我国主要耗能产品的单位产品能耗比国际先进水平高 30% 以上。目前中国能源效率约为 37%，比国际先进水平低 10% 左右。

（4）能源安全面临威胁

2018 年我国石油对外依存度已接近 70%，能源安全存在风险。能源需求持续增长对能源供给形成很大压力，资源相对短缺制约了能源产业发展。

中国能源发展战略：坚持节约优先、立足国内、多元发展、依靠科技、保护环境、加强国际互利合作，努力构筑稳定、经济、清洁、安全的能源供应体系，以能源的可持续发展支持经济社会的可持续发展。

我国能源的现状和特点是由国内生产力水平决定的，国情决定了我国能源产业结构的发展战略是：以煤炭为基础，以电力为中心，积极开发石油、天然气，适当发展核电，因地制宜开发新能源和可再生资源，走优质、高效、低耗的能源可持续发展之路。

3.2 能量产生和转化的化学原理

化学变化的过程中都伴随着能量的变化。在化学反应中，如果反应放出的能量大于吸收的能量，则此反应为放热反应。燃烧反应所放出的能量通常叫作燃烧热，化学上把它定义为 1mol 纯物质完全燃烧所放出的热量。理论上可以根据某种反应物已知的热力学常数计算出它的燃烧热。各种能源形式都可以互相转化。在一次能源中，风、水、洋流和波浪等是以机械能（动能和重力势能）的形式提供能量的，可以利用各种风力机械（如风力机）和水力机械（如水轮机）将其转化为动力或电力。煤、石油和天然气等常规能源的燃烧可以将化学能转化为热能，热能可以直接利用，但多是将热能通过各种类型的热力机械（如内燃机、汽轮机和燃气轮机等）转换为动力，然后带动各类机械和交通运输工具工作，或是带动发电机送出电力，以满足人们生活和工农业生产的需要。

化学反应的能量变化可以用热化学方程式表示，如甲烷燃烧反应的热化学方程式为：

$$CH_4(g) + 2O_2(g) \longrightarrow CO_2(g) + 2H_2O(l) \quad \Delta_r H_m^{\ominus} = -607.5 kJ \cdot mol^{-1}$$

式中，ΔH 表示恒压反应热，又称反应焓变，负值表示放热，正值表示吸热。由于其数值随温度、压力的不同而变化，因此为建立统一的标准，热力学上把压力为 100kPa 规定为标准态，并在"ΔH"的右上角加"$\ominus$"来表示。反应的热效应除了与温度、压力相关外，还与反应物和生成物的状态有关，因此热化学方程式中必须标明物质的聚集状态。对于工业上用的燃料，如煤和石油，由于它们不可能是纯物质，所以反应热值常常笼统地用发热量（热值）来表示。表 3-2 列出了几种不同能源的发热量值，从表中可见常规能源的发热量大大低于新能源的发热量。裂变能和聚变能来源于核能的变化，在以下 3.4 节中将做系统的介绍。目前，国际上能源统计中常用吨标准煤（即发热量为 $29.26 kJ \cdot g^{-1}$ 的煤）作为统计单位，其他不同类型的能源就按其热值进行折算。

表 3-2　几种不同能源发热量的比较

能源	石油	煤炭	天然气	氢能	U 核变	H 聚变
发热量/$kJ \cdot g^{-1}$	48	30	56	143	8×10^7	60×10^7

能量的转化和利用有两条基本的规律要遵循，那就是热力学第一、第二定律。热力学第一定律即能量守恒及转化定律是大家已经熟悉的一条基本物理定律。依据这条定律，在体系和周围的环境之间发生能量交换时，总能量保持恒定不变。因此，不消耗外加能量而能够连续做功的永动机是不可能存在的。但是，在不违背热力学第一定律的前提下，热量能否全部转化为功？或者说热量是否可以从低温热源不断地流向高温热源而制造出第二类永动机？科学家通过对热机效率的研究，发现热机的效率 η 是由以下关系所决定的：

$$\eta = \frac{T_2 - T_1}{T_2}$$

即热机工作时，为了使热能够自发地流动，从而使一部分热转化为功，必须要有温度不同的两个热源：一个温度较低（T_1），另一个温度较高（T_2）。从上式可见，若 $T_1 = T_2$，$\eta = 0$，因为在两个温度相同的热源间，不可能发生恒定的单方向的热传递过程，所以无法使热机工作，其效率为 0；若 $T_1 = 0K$，$\eta = 1$，但绝对零度的热源在现实生活中是不能提供的，因此一般情况下 $\eta < 1$，这就是著名的"卡诺定理"。由此引出了热力学第二定律：一个自行运作的机器，不可能把热从低温物体传递到高温物体中去，或者说功可以全部转化为热，但任何循环工作的热机都不能从单一热源取出热能使之全部转化为有用功，而不产生其他影响。

热电厂是利用热机发电的典型例子，热机的效率一般都低于 40%，即燃料燃烧释放出的化学能只有不到 40% 被转化为电能，其余的能量则以不可避免的方式被损耗，如在活动部件之间摩擦所消耗或作为废热在烟囱和冷却塔上排出等。

3.3　化学与煤、石油和天然气

煤炭、石油和天然气作为主要的常规能源，为人类文明和进步做出了重要贡献。在这三大能源的开发利用方面，化学发挥了十分重要的作用。无论是煤的高效、洁净燃烧技术还是天然气的化学转化技术，都与化学密切相关。石油化工从炼油开始到每一种分子量较小的烃类化合物（如汽油、煤油、柴油、乙烯、丙烯等）的生产均离不开催化技术，化学家研制的催化剂已成为石油化工的核心技术。

3.3.1 化学在煤开发中的应用

随着蒸汽机的发明和推广应用，煤逐渐成为能源的"主角"。最先大量用煤作能源的是英国，英国三岛森林资源有限而又是产业革命的发源地，对煤有着迫切的需要。世界各地虽然都有煤炭资源，但分布并不均匀，绝大部分都埋藏在北纬30°以上地区。煤炭资源储藏最丰富的国家有美国、俄罗斯、中国、印度、澳大利亚、南非。这六个国家的煤炭储藏量之和占全世界煤炭储藏量的80%以上。煤炭是中国工业的主要能源，中国能源资源的基本特点是富煤、贫油、少气。煤炭是中国的第一能源，其在一次性能源的构成中占70%左右。煤炭作为化石燃料是非可再生能源，按现在的开采速度估计，煤只能用几百年。煤炭可直接燃烧，但这样仅利用了煤炭应有价值的一半，对环境污染也比较严重。

煤是由远古时代的植物经过复杂的生物化学、物理化学和地球化学作用转变而成的固体可燃物。人们在煤层及其附近发现大量保存完好的古代植物化石；在煤层中发现碳化了的树干；在煤层顶部岩石中发现植物根、茎、叶的遗迹；把煤磨成薄片，于显微镜下可以看到植物细胞的残留痕迹。这些现象都说明成煤的原始物质是植物。

这些古代植物是怎样变成煤的呢？按生物演化过程，地球的历史可分为古生代、中生代和新生代三大时期。温湿植物茂盛始于古生代中期，距今已有3亿年之久。植物从生长到死亡，其残骸堆积埋藏演变成煤的过程当然是非常复杂的。经地质学家、煤田地质学家、化学家们的共同努力，现代的成煤理论认为煤化过程为：植物—泥炭—褐煤—无烟煤。

煤的化学组成虽然各有差别，目前公认的平均组成是碳、氢、氧、氮、硫，将其平均组成折算成原子比，一般可用 $C_{135}H_{96}O_9NS$ 代表；灰的成分为各种矿物质，如 SiO_2、Al_2O_3、Fe_2O_3、CaO、MgO、K_2O、Na_2O 等。按碳化程度的不同，一般可将煤分为无烟煤、烟煤、次烟煤和褐煤。无烟煤的固定碳含量最高，而挥发分含量最低，由于灰分和水分较低，一般发热量很高；其缺点是着火困难，不容易燃尽。烟煤的碳化程度较无烟煤低，挥发成分含量较高，而固定碳和发热量都较无烟煤低，但烟煤较易着火和燃尽。次烟煤的挥发分含量和发热量都低于烟煤，着火比较困难。褐煤的碳化程度次于烟煤，挥发成分含量很高，且挥发成分的析出温度较低，所以着火和燃烧比较容易，但水分和灰分很高，而且发热量低。

至于煤的化学结构，至今已有几十种模型。现代公认的模型如图3-1所示。

由图3-1所见，煤炭中含有大量的环状芳烃，缩合交联在一起，并且夹着含S和含N的杂环，通过各种桥键相连，所以煤可以成为芳烃的主要来源。同时在煤燃烧过程中有S或N的氧化物产生，污染空气。

煤在我国能源消费结构中位居榜首（约占70%），煤的年消费量达10亿吨以上，其中30%用于发电和炼焦，50%用于各种工业锅炉、窑炉，只有20%用于人类生活。也就是说煤的大部分是直接燃烧的，其中C、H、S及N分别变成 CO_2、H_2O、SO_2 及 NO_x。这样热效率的利用并不高，如煤球的热效率只有20%～30%；蜂窝煤的热效率高一点，可达50%，而碎煤则不到20%。

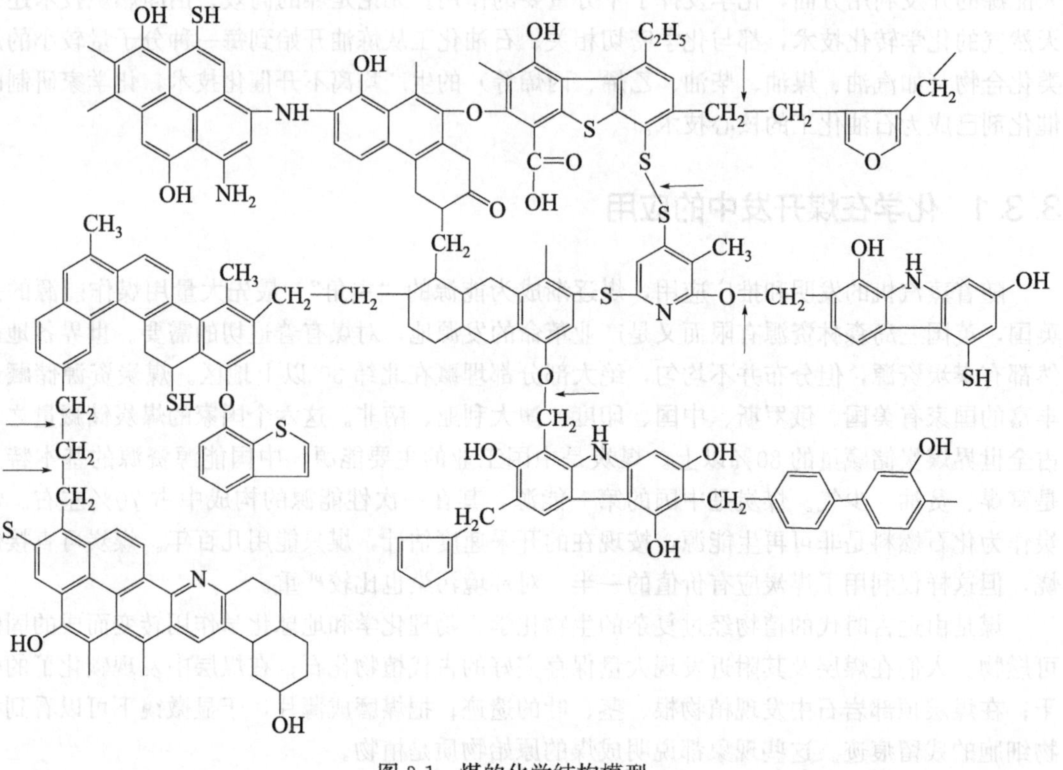

图 3-1 煤的化学结构模型

目前燃煤锅炉广泛应用于工厂、食堂、发电厂等，它能为人类提供蒸汽、电力。这类设备直接利用煤作燃料。当煤直接燃烧时，其中的 S、N 分别变成了 SO_x 和 NO_x；当大量的废气排放到大气中，就会造成酸雨，从而严重污染环境。因此，如何实现粉煤的高效、清洁燃烧是一个非常重要而实际的课题。为了尽可能减少燃煤所产生的二氧化硫，常常需进行必要的预处理，如在粉煤中加入石灰石作脱硫剂，当煤在锅炉中燃烧时，其产生的热量会使石灰石分解成氧化钙，氧化钙则易于和二氧化硫反应生成 $CaSO_3$，再被氧化为比较稳定的 $CaSO_4$，从而达到脱硫的目的。我国政府非常重视煤炭洁净技术的开发和利用，限制直接燃烧原煤，在烟气脱硫、循环流化床锅炉、低 NO_x 燃烧技术和火电厂粉煤灰综合利用等方面都取得了较大成绩。

除了直接燃烧以外，还可以通过化学转化使烟煤转化为洁净的燃料。化学转化主要是指煤的焦化、液化和气化。

煤的焦化也叫煤的干馏，是把煤置于隔绝空气的密闭炼焦炉内加热，使煤分解，生成固态的焦炭、液态的煤焦油和气态的焦炉气。随着加热温度的不同，产品的数量和质量都不同，有低温（500~600℃）、中温（750~800℃）和高温（1000~1100℃）干馏之分。中温湿法的主要产品是城市煤气。煤经过焦化加工，可使其中各种成分都能得到有效利用，而且用煤气作燃料要比直接烧煤干净得多。

液化煤炭也叫人造石油，是将煤加热裂解，使大分子变小，然后在催化剂的作用下加氢（450~480℃，12~30MPa），从而得到多种燃料油。其实际工艺相当复杂，涉及多种化学反应。除了这种直接液化，还可以进行间接液化，即把煤气化得到 CO 和 H_2 等气体后，在一定温度、压力和金属催化剂的作用下合成各种烷烃、烯烃和含氧化合物。这种合成过程就是著名的 F-T 合成。1925 年 Fischer 和 Tropsch 曾首先在铁和钴等催化剂下，于 $0.1 \sim 0.7MPa$ 和 $250 \sim 300℃$ 条件下由 CO 和 H_2 来合成烃类及含氧化合物，这一合成方法又重新引起了化学家的兴趣。

让煤在氧气不足的情况下进行部分氧化，可使煤中的有机物转化为可燃气体，再以气体燃料的方式经管道输送到车间、实验室、厨房等，也可作为原料气体送进反应塔，这就是煤的气化。例如，将空气通过装有灼热焦炭（将煤隔绝空气加热而成）的塔柱，则焦炭氧化放出的大量热可使焦炭温度上升到 $1500℃$ 左右；然后切断空气，将水蒸气通过热焦炭，即可生成占总体积分数 86% 的 CO 和 H_2，这就是通常所说的水煤气。水煤气的最大缺点是其中的 CO 有毒，而且这种制备方法只能间歇制气，操作复杂。

如果将纯氧和水蒸气在加压下通过灼热的煤，可使煤中的苯酚等挥发出来，并生成一种气态燃料混合物，按体积分数约含 40% H_2、15% CO、15% CH_4、30% CO_2，称为合成气。此法不但可直接用煤而不用焦炭，而且可进行连续生产。合成气可用作天然气的代用品，其完全燃烧所产生的热量约为甲烷的三分之一。

3.3.2 化学在石油开发中的应用

石油有"工业血液""黑色的黄金"等美誉。自美国人德莱克于 1859 年在宾夕法尼亚打出世界第一口油井后，直到 1953 年，美国的石油产量一直位居世界第一，占石油产量的 50% 以上。1917 年首次用炼厂气中的丙烯合成异丙醇，公认为第一个石油化学产品，标志着石油化工的诞生。

石油和天然气的成因有过多种论点。现在认为石油是由远古海洋或湖泊中的动植物遗体在地下经过漫长的复杂变化而形成的棕黑色黏稠液态混合物，其沸点范围从室温到 $500℃$ 以上。未经处理的石油叫原油，它分布很广，世界各大洲都有石油的开采和炼制。就目前已查明的储量看，重要的含油带集中在北纬 $20° \sim 48°$ 之间。世界上两个最大的产油带：一个是长科迪勒地带北起阿拉斯加到加拿大，经过美国西海岸海湾区至委内瑞拉，再往南美洲广大区域直至阿根廷；另一个是特提斯区，自西向东延伸，从地中海经中东到印度尼西亚。这两个地带在地质变化过程中都是海槽，因此曾有"海相成油"学说，即生源物的来源主要是在海洋中生活的生物。另外还有"陆相成油"，即生源物的来源主要是非海相生物，即生活于湖沼的生物。

石油的主要元素组成为：碳（C）、氢（H）、氧（O）、硫（S）、氮（N）。C 占 $84\% \sim 87\%$，H 占 $11\% \sim 14\%$；微量元素有 Fe、Mg、V、Ni 等 30 多种，其中以 V、Ni 为主。碳、氢占绝对优势，总量达 $95\% \sim 99\%$，主要以烃类形式存在，是组成石油的主体。石油中的硫含量：海相石油高硫（一般大于 1%），陆相石油低硫（一般小于 1%）；钒和镍含量与比值：海相石油中 V、Ni 含量高，且 V/Ni 大于 1；陆相石油中 V、Ni 含量较低，且 V/Ni 小于 1。

我国石油资源 90% 以上分布在四大油区，即以大庆、吉林油田为代表的松辽油区，以胜利、辽河、华北、大港、中原油田为代表的渤海湾油区，海口油区，和以新疆塔里木、吐哈、青海、长庆等油田为代表的西部油区。

原油必须经过处理后才能使用，处理的方法主要有分馏、裂化、重整、精制等。涉及原油后处理的工业称为石油化工工业。

在石油化工中,通常采用化学中的分馏技术对沸点不同的化合物进行分离。在30～180℃沸点范围内收集的 C_5～C_6 馏分是工业常用溶剂,也叫溶剂油(石油醚);在40～180℃沸点可收集 C_6～C_{10} 馏分,这是需要量很大的汽油馏分,按其中各种烃组成的不同又可分为航空汽油、车用汽油、溶剂汽油等。提高蒸馏温度,依次可以获得煤油(C_{10}～C_{16})和柴油(C_{17}～C_{20})。在350℃以上的各馏分则属重油部分,在 C_{18}～C_{40} 之间,其中有润滑油、凡士林、石蜡、沥青等。

汽油的质量是用辛烷值(octane number)表示的。辛烷值是衡量汽油在气缸内抗爆震能力的一个数字指标,其值高表示抗爆性好。异辛烷(2,2,4-三甲基戊烷)的抗爆性较好,辛烷值定为100。正庚烷的抗爆性差,辛烷值为0。若汽油的辛烷值为90,即表示它的抗爆震能力与90%异辛烷和10%正庚烷的混合物相当(并非一定含有90%的异辛烷),商品上称为90号汽油。1L汽油中若加入1mL四乙基铅[$Pb(C_2H_5)_4$],它的辛烷值可以提高10～12个标号。四乙基铅是具有香味的无色液体,易溶于有机溶剂和油脂中,挥发性强,有毒,对环境污染严重。为了提醒人们注意这是含铅汽油,有时在其中适当加一些色料。众所周知,铅是一种有毒的重金属,随汽车尾气排放,被人体吸入后会对健康造成危害,尤其是儿童,可影响他们的智力发育。目前正努力通过改进汽油组成的办法来改善汽油的抗爆性,如加入一些含氧化合物(甲基叔丁基醚、乙醇等辛烷值的促进剂)取代四乙基铅,即所谓的无铅汽油。

在石油化工中,催化裂化和催化重整是两种经常用到的提炼方法。前者可以使碳原子数较多的碳氢化合物裂解成各种小分子的烃类,裂解产物很复杂,从 C_1～C_{10} 都有。经催化裂化,可从重油中获得更多的乙烯、丙烯、丁烯等化工原料,还能获得高辛烷值的汽油。催化重整则是在一定的温度和压力下,将汽油中的直链烃在催化剂表面进行结构的"重新调整",使之转化为带支链的烷烃异构体,从而有效地提高汽油的辛烷值;与此同时还可以得到一部分芳香烃,这是在原油中含量很少只靠从煤焦油中提取,不能满足生产需要的化工原料。

分馏和裂解所得的汽油、煤油、柴油中都混有少量含N或含S的杂环有机物,在燃烧过程中会生成 NO_x 及 SO_x 等酸性氧化物污染空气。但在一定的温度压力下,采用催化剂可使 H_2 和这些杂环有机物起反应生成 NH_3 或 H_2S 而将其分离出来,从而使留在油品中的只是碳氢化物。这种提高油品质量的过程称为加氢精制。显然,在整个炼油过程中,无论是裂解、重整还是加氢,都离不开高效的催化剂。催化技术已成为石化工业的核心技术。

3.3.3 化学在天然气开发中的应用

广义的天然气是指自然界中一切天然生成的气体(包括大气、岩石中的气体、海洋中的气体、地幔气、宇宙气等)。狭义的天然气是指在地质条件下生成、运移并聚集在地下岩层中以烃类为主的气体。天然气的元素组成主要为C、H、O、S、N及微量元素,其中C占65%～80%,H占12%～20%。天然气的化合物组成为:烃类(CH_4)为主,以及非烃类 CO_2、N_2、H_2S,多数气藏以烃类为主。气藏和油气藏中天然气,无论是气藏类型,还是气体中化合物组成,都是以烃类气体为主。

天然气的主要成分是甲烷,也有少量的乙烷和丙烷。天然气是一种优质能源,和前面提到的城市煤气相比,它不含有毒的CO,燃烧产物是 CO_2 和 H_2O,且燃烧热值很高。为了避免燃煤所产生的严重污染,天然气将成为未来发电的首选燃料,天然气的需求量将会不断增加。有专家预测，到 2040 年，天然气将超过石油和煤炭成为世界"第一能源"。我国的"西气东输"工程就是要将西部储存丰富的天然气通过管道运送到东部地区，可以为东部许多大城市提供源源不断的优质能源。

21 世纪初，我国在内蒙古鄂尔多斯（原伊克昭盟）地区发现了一个储量达 5000 亿立方米以上的天然气田——苏里格气田，天然气储量相当于一个 5 亿吨的特大油田。另外，在我国南海地区海底又发现了储量可观的甲烷水合物，也就是通常所说的"可燃冰"。它是甲烷分子藏在冰晶体的空隙中形成的，甲烷分子和水分子之间以范德华力相互作用，高压是形成甲烷水合物的必要条件，因此，自然界中的甲烷水合物主要存在于深度达 300m 以上的深海海底。在"可燃冰"中甲烷分子与水分子之比约为 1/5.74，所以若将它从海底提升到海平面，$1m^3$ 固体可释放出 $164m^3$ 的甲烷气体。据估计，甲烷水合物中甲烷的总量按碳计算，至少为已经发现的所有矿物燃料中碳的 2 倍。在未来的几十年中，甲烷在我国能源结构中的比例将会得到不断的提高。除了直接作为燃料以外，天然气还可以通过化学转化而成为重要的化工原料和其他形式的能源。由于 CH_4 中 C—H 离解能为 $435kJ \cdot mol^{-1}$，高于一般 C—H 键平均键能（$414kJ \cdot mol^{-1}$），因此如何对甲烷进行有效的化学转化一直是化学家们急于攻克的难题。

目前，化学家已经提出了几种天然气转化的主要途径，如图 3-2 所示，其中之一是直接化学转化，即可以将甲烷在不同的催化剂作用和不同的反应条件下，直接转化为烯烃、甲醇和二甲醚等；另一种途径就是进行间接转化，即利用天然气通过水蒸气或二氧化碳催化重整转化为合成气，反应方程式分别为：

$$CH_4(g) + H_2O(g) \longrightarrow CO(g) + 3H_2(g)$$
$$CH_4(g) + CO_2(g) \longrightarrow 2CO(g) + 2H_2(g)$$

然后利用合成气中的 CO 和 H_2 再合成其他有用的化工产品，如通过 F-T 合成（费托合成，Fischer-Tropsch synthesis）方法进一步合成汽油、柴油等烃类化合物。

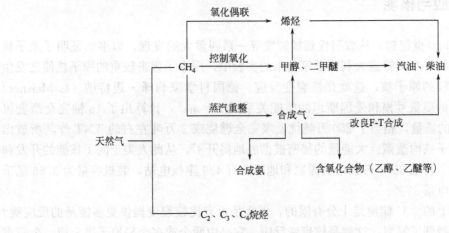

图 3-2　天然气转化的主要途径

由于 CH_4 和 CO、CO_2、CH_3OH 等分子中均只含有一个碳原子，把它们通过化学方法转化为多元碳分子是化学家普遍感兴趣的问题。因此学术上把它们归成一类并称为 C_1 化学。将 C_1 转化为多元碳分子的过程大多涉及催化过程，因此 C_1 化学已成为催化研究的一个重要领域。

3.4 化学与核能

20 世纪核能的释放和可控利用是人类在利用能源方面的一个重大突破。从 19 世纪末到 20 世纪初，化学家居里夫妇发现了放射性比铀强 400 倍的钋和比铀放射性更强的镭，这项研究打开了 20 世纪原子物理学的大门，也因此荣获 1903 年诺贝尔物理学奖。此后，居里夫人继续专心于镭的研究和应用，测定了镭的原子量，建立了镭的放射性标准；同时积极地提倡把镭用于医疗，使放射治疗得到了广泛应用，从而获 1911 年诺贝尔化学奖。20 世纪初，卢瑟福从事关于元素的衰变理论，研究了人工核反应从而获 1908 年诺贝尔化学奖。之后，约里奥·居里夫妇第一次用人工方法创造出了放射性元素，从而获 1935 年诺贝尔化学奖。在此基础上，费米 (E. F. Ermi) 用慢中子轰击各种元素获得了 60 种新的放射性核素，并发现了 β 衰变，使人工放射性元素的研究迅速成为当时的热点，从而获 1938 年诺贝尔物理学奖。1939 年，哈恩 (O. Hahn) 发现的核裂变现象震撼了当时的科学界，成为原子能利用的基础，从而获 1944 年诺贝尔化学奖。

1939 年，费里施在裂变现象中观察到伴随着碎片有巨大的能量，同时约里奥·居里夫妇和费米都测定了铀裂变时还放出中子，这使链式反应成为可能。至此，释放原子能的前期基础研究已经完成。从放射性的发现开始，陆续发现了人工放射性，铀裂变伴随能量和中子的释放，以至核裂变的可控链式反应。于是，1942 年，在费米领导下，人类成功地建造了第一座原子核反应堆。核裂变和原子能的利用是 20 世纪初至中叶，化学和物理学界具有里程碑意义的重大突破。

3.4.1 核反应与核能

19 世纪末和 20 世纪初，从放射性到核裂变等一系列重大的发现，以事实证明了原子核是可以发生变化的。在美籍意大利科学家费米的实验中，用中子轰击较重的原子核使之发生了分裂，成为较轻的原子核，这就是核裂变反应。德国科学家莉泽·迈特纳 (L. Meitner) 根据铀核裂变后的质量亏损和爱因斯坦的质能关系式 $E = mc^2$，计算出了 1g 铀完全裂变可释放出 8×10^7J 的能量，相当于 250 万吨优质煤完全燃烧或 2 万吨左右的 TNT 炸药所放出的能量。这使原子核内蕴藏巨大能量的秘密被彻底地揭开了，从此人类走向了核能的开发和利用之路。例如，目前 32 个有核电的国家和地区共有 439 座核电站，装机容量为 3.66 亿千瓦，占世界总发电量 17%。

然而，地球上的 $^{235}_{92}$U 储量是十分有限的，那么是否有比核裂变提供更多能量的反应呢？人类从太阳那里找到了答案，这就是核聚变反应。它是由两个或多个轻原子聚合成一个较重原子的过程，也称热核聚变反应。如：

$$^2_1H + ^6_3Li = 2^4_2He \tag{1}$$

$$^2_1H + ^3_1H = ^4_2He + ^1_0n \tag{2}$$

据计算，反应 (2) 每克氘聚变可以得到 7×10^8J 的能量。根据海水中的氘、氚储量计算，它们可供人类使用几亿年，因此，如果能将可控聚变反应用于发电，那么人类将不再为能源问题困扰。

3.4.2 核反应堆的安全性

核能的和平利用始于 20 世纪 50 年代。1951 年，美国利用一座产钚的反应堆的余热试验发电，电功率仅为 200kW。1954 年，苏联建成了世界上第一座核电站，电功率为 5000kW。我国第一座自行设计建设的核电站是秦山核电站，第一期 30 万千瓦已于 1991 年并网发电，第二期工程两台 60 万千瓦级的压水堆核电机组 2000 年底投入使用。我国从法国成套进口的广东大亚湾两台 90 万千瓦的核电机组也分别于 1993 年和 1994 年并网发电；我国江苏省连云港市的田湾核电站于 2007 年 5 月正式投入商业运行。中国自主创新的第三代核电项目正在浙江三门和山东海阳进行建设，中国第三代核电站将装备有蓄水池，这样的"大水箱"在紧急情况下能释放出大量的水，从而达到降温等应急需求。

核电站（nuclear power plant）是利用核裂变（nuclear fission）反应所释放的能量产生电能的发电厂。目前商业运转中的核能发电厂都是利用核裂变反应而发电。核电站一般分为两部分：利用原子核裂变生产蒸汽的核岛（包括反应堆装置和一回路系统）和利用蒸汽发电的常规岛（包括汽轮发电机系统），使用的燃料一般是放射性重金属（铀、钚）。核电站的工作原理如图 3-3 所示。

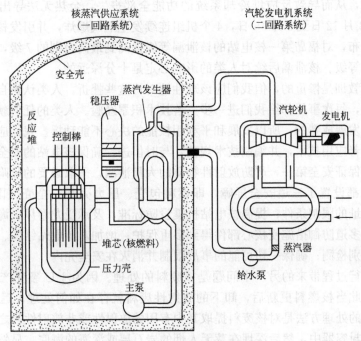

图 3-3　核电站的工作原理示意

核电站的中心是核燃料和控制棒组成的反应堆，控制棒主要由镉（Cd）、硼（B）、铪（Hf）制成，它本身不会发生裂变且吸收中子的截面积很大，可通过控制裂变反应过程产生的中子数来控制裂变的链式反应。因为裂变产生的中子一部分被核裂变物质和反应堆内件吸收，另一部分留在堆内有可能与其他重核再次产生裂变反应，留下的中子必须大于一定的比率，才能使反应继续而成为链式反应。若中子不足，则链式反应越弱，直至根本不能进行。

反之则反应越强，甚至形成核爆炸。

原子弹爆炸就是利用这一原理。在核反应堆中，通过控制棒控制使幸存中子平均恰为1，这使链式反应可以经久不息地进行下去。在设计核反应堆时，大多采用低浓度核裂变物质作燃料，而且这些核燃料在反应堆芯被合理地分散隔开，因此在任何情况下都不可能达到爆炸式链式反应所需要的最低样品质量（临界质量）；同时，反应堆内还装有控制铀裂变速率的减速剂，由此保证了反应堆在任何情况下都不会发生像原子弹那样的核爆炸。

必须强调指出，核反应堆在遭遇自然灾害、工作人员误操作等情况发生核泄漏的风险，是安全利用核能必须重点解决的问题。苏联切尔诺贝利核电站事故是人类历史上最严重的一次核灾难。1986 年 4 月 26 日，切尔诺贝利核电站第 4 号机组在停机检测时发生事故，引起爆炸和大火，致使 8 吨多强辐射物泄漏，造成大面积的放射性物质的污染，甚至影响到周边国家。2000 年底，切尔诺贝利核电站被永久关闭，曾经风景如画的地方如今成了一座"核坟墓"。2011 年 4 月 11 日，日本发生 9.0 级地震并引发高达 10 多米的强烈海啸，导致东京电力公司下属的福岛核电站一、二、三号运行机组紧急停运，反应堆控制棒插入，机组进入次临界的停堆状态。福岛第一核电站是 20 世纪 60 年代设计建造的首批商业核电站，其设计和安全标准反映了当时的认识和水平，抗震级别设计为 8 级。此外，福岛核电厂机组运行已超过其设计寿期 40 年，其很多系统部件可能存在老化现象，在后续的事故过程当中，因地震的原因，导致其失去场外交流电源，紧接着因海啸的原因导致其内部应急交流电源（柴油发电机组）失效，从而导致反应堆冷却系统的功能全部丧失，余热无法导出而导致堆芯裸露，从 2011 年 3 月 12 日到 3 月 15 日，4 个机组连续发生氢气爆炸，并引发核泄漏。一个月后，日本政府宣布，对福岛第一核电站的核泄漏等级提高到最高级别的 7 级，即与切尔诺贝利核事故同样的等级。核泄漏后续对人类的影响必定是十分深远的。

这些历史的教训是惨重的，但我们应该理性地对待这些挫折。人类认识自然的历史过程是漫长而曲折的，每次事故都给我们进一步完善技术积累经验。人类的任何新技术都是在这样的反复研究中发展成熟的，所以发展和平利用核能的决心不能动摇。我们应当及时总结经验教训，不断完善应用技术，并编制技术规范，与时俱进，确保核电站的安全。在核能的开发方面，首先要保证安全第一，严防放射性物质的大量泄漏，采取必要的风险防范措施。今天的核电站一般都设置了三道安全屏障，即燃料包壳、压力壳和安全壳（图 3-3），同时，加强对核电站选址的限制条件；提高核电站抗震设防标准，及承受龙卷风、海啸等自然灾害的袭击能力；设多道防御措施使核心部件得到多重保护；增加对核电站结构、设备、部件应用震动损伤的判别检测；确保一切可能的事故限制并消灭在安全壳内。

核反应堆运行过程带来的另一个问题是核废料的处理。因为 $^{235}_{92}\text{U}$ 裂变产生的核碎片都具有放射性，因此当核燃料更新后，卸下的放射性废料就存在如何处理、运输、掩埋的问题。目前，一般的处理方法是对核废料提取其中有用的放射性或非放射性物之后，将放射性废料装入特制密封容器中，然后深埋在荒无人烟的岩石层或深海的海底。显然，从环境保护的角度看，核废料的处理还有许多难题，需要化学家在 21 世纪来解决。

3.4.3 核能开发利用的前景

目前世界上投入实际应用的核反应堆都属于热中子反应堆，即堆芯内有慢化剂，可以将中子慢化为热中子反应堆（热中子较易使 $^{235}_{92}\text{U}$ 原子核分裂）。压水堆、沸水堆、重水堆、石墨堆都属于热中子反应堆。热中子反应堆的主要缺点是核燃料的利用率很低。在开采、精炼出来的铀中，包含 0.0055% $^{234}_{92}U$、0.72% $^{235}_{92}U$、99.2745% $^{238}_{92}U$ 三种同位素，其中 $^{238}_{92}U$ 不能直接用作核裂变燃料，只有 $^{235}_{92}U$ 才能在热中子堆内裂变产生核能，其他约 99% 都将作为贫铀（其中含 $^{235}_{92}U$ 约 0.2%，其余 99% 以上都是 $^{238}_{92}U$）积压起来。

现代技术已开创了将 $^{238}_{92}U$ 转变为 $^{239}_{94}Pu$ 的技术，其核反应为：

$$^{238}_{92}U + ^{1}_{0}n = ^{239}_{94}Pu + 2^{0}_{-1}e$$

$^{239}_{94}Pu$ 能进行核裂变反应。也就是说，在反应堆里，每个 $^{235}_{92}U$ 或 $^{239}_{94}Pu$ 裂变时放出的中子，除维持裂变反应外，还有少量可以使难裂变的 $^{238}_{92}U$ 转变为易裂变的 $^{239}_{94}Pu$。这种反应堆称为快中子增殖堆，简称快堆。快堆在消耗裂变燃料以产生核能的同时，还能生成相当于消耗量 $1.2\sim1.6$ 倍的裂变燃料。因此，快堆的最大优点是可以充分利用 $^{238}_{92}U$，在克服了工艺上的困难以及提高经济性之后，快堆会逐渐取代热堆，成为 21 世纪核能利用的主力堆型。

前面提到的可控核聚变堆的实现将彻底解决人类的能源问题，如此诱人的前景吸引着许多科学家为之努力奋斗。然而，这一课题难度非常大。在地球上实现可控聚变的关键问题是要把氘、氚原子核加温到至少几千万摄氏度，并把它们约束在一起。目前主要研究通过磁约束、激光惯性约束和介质催化等途径实现可控核聚变，在向可控核聚变目标探索的过程中，虽然已露出胜利的曙光，但还处于基础研究阶段。有专家预测，2050 年能实现原型示范的可控核聚变堆，要发展到经济实用阶段还有一段艰辛的道路。

3.5　化学与新能源

在 20 世纪，人类主要以煤、石油和天然气等生物质矿物作为主要能源和有机化工原料，但是使用这些矿物资源不仅容易造成严重的环境污染，而且它们不可再生。因此，研究和开发清洁而又用之不竭的新能源将是 21 世纪能源发展的首要任务。在此领域，化学作为基础的和中心的学科，将会起到十分重要的作用。

3.5.1　生物质能

生物质能包括植物及其加工品和粪肥等，是人类最早利用的能源。植物每年储存的能量相当于全球能源消耗量的十几倍。由于光合作用，各类植物不同程度地含有葡萄糖、油、淀粉和木质素等，并在它们的分子里储存能量。因此，利用生物质能就是间接地利用太阳能。生物质能除了可再生和储量大之外，发展生物质能本身就意味着要扩大地球上的绿化面积，而这样做不仅有利于改善环境，调节气温，还可以减少污染。

(1) 利用生物质能的转化技术提高能源利用率

利用生物质能的传统方式是直接燃烧法。当生物质燃料时，上述分子储存的能量即以热能的形式放出，与此同时，二氧化碳又被重新放到大气中。此法对于生物质能的利用效率很低，且造成温室效应加剧。因此，必须改变传统的用能方式，利用生物质的转化技术提高能源利用率。目前，利用生物质能源主要有以下几种方式：

①用甘蔗、甜菜和玉米等制取甲醇、乙醇，用作汽车燃料。

②从"石油植物"中提取石油。世界之大，无奇不有，在植物乐园中也存在着石油资源。如巴西的橡胶树、美国的黄鼠草等。这些植物利用光合作用生成类似石油的物质，经简单加工即可制成汽油和柴油。种植这些植物无异于增产石油。

③利用废木屑、农业废料及城市垃圾制造燃料油。首先，让生物废料（如细木屑）通过一个反应器——热解装置，变换成初级气化物，再让气化物通过沸石催化剂，此时约有60%转变成石油，同时还会生成一定量的木炭和CO、CO_2及水蒸气等气体。

④利用人畜粪便、工农业的有机废物或海藻等生产沼气。沼气是生物质在厌氧条件下通过微生物分解而成的一种可燃性气体，其主要组分为甲烷（占55%～65%）和二氧化碳（占35%～45%）。沼气是一种高效、廉价、清洁的能源。发酵的残余物作为肥料、饲料等还可以综合利用。与发展中国家不同，工业发达的国家生产沼气主要与垃圾处理结合起来，而且规模较大。

（2）用新的技术分析手段研究生物化学过程的机理

绿色植物通过光合作用把二氧化碳和水转化成单糖，并把太阳能储存于其中，然后又把单糖聚合成多糖、淀粉、纤维和其他大分子物质。其中占绝大多数的纤维构成了细胞壁的主体，它们的主要成分是纤维素、半纤维素和木质素等。纤维素是由葡萄糖基组成的线型大分子；半纤维素是一群复合聚糖的总称，植物种类不同，复合聚糖的组分也不同；木质素是自然界最复杂的天然聚合物之一，它的结构中重复单元间缺乏规则性和有序性。木质素的黏结力把纤维素凝聚在一起。它们都是极为有用的资源。例如纤维素可以转化为葡萄糖和酒精，木质素是可再生的植物纤维组分中蕴藏太阳能最高的，也是地球上含量最丰富的可再生资源，初步估计全世界每年产生600万亿吨，因此它可能是石油的最佳替代品。但是目前遇到的最大困难是，迄今还没有办法把木质素成分从植物的细胞壁中分离出来，其根本原因在于人们对这些生物大分子在植物细胞壁中的排列顺序和联结方式了解甚少，对自然界中广泛存在的酶降解等生物化学过程的机理仍不完全清楚。

近年来，化学家利用电子显微镜、扫描隧道电镜（STM）等先进技术来研究细胞壁内部的超分子结构信息，已经取得了初步成果。可以预期，随着化学家对植物细胞壁的化学结构和交联方式的研究取得突破，必将为开发和利用生物质能源做出新的贡献。

3.5.2 氢能

氢能是一种理想的、极有前途的二次能源。氢能优点诸多，如其原料是水，资源不受限制；燃烧时反应速率快，单位质量的氢气完全燃烧所放出的热量是汽油的三倍多；燃烧的产物是水，不会污染环境，是最干净的燃料。所以，氢能被人们视为理想的"绿色能源"。另外，氢能的应用范围广，适应性强。这种能源的开发利用有三个关键技术需要解决：一是如何制氢；二是如何储氢；三是制造燃料电池。

目前工业上制取氢的方法主要是水煤气法和电解水法。由于这两种方法都要消耗能量，还是离不开矿物燃料，所以不理想。随着对太阳能开发利用的不断深入，科学家们已开始用阳光分解水来制取氢气，这种利用氢能的设想如图3-4所示。通过光电解水制取氢气的关键技术在于解决催化剂问题。第一个通过光电化学电池本身分解水的报道是 1972 年由日本研究人员提出的，但是其效率仅为 1%。因为电极材料 TiO_2 吸收不了太多的光能。目前，美国国家能源部可再生能源实验室（NREL）的 Taurner 和 Kbaslev 创造了一种光致电压-电化学结合的装置可将水分解为氢和氧，效率达到 12.4%。它是磷化镓铟光化学电池与砷化镓光致电池的特殊组合。光致电压组件提供了有效电解水所需的电压。还有其他的一些物质，如金属氧化物催化剂、半导体电极、蓝-绿藻等低等植物对光解也有一定效果，不过还未达到实际应用的要求。但如果找到了更有效的催化剂，那么，水中取"火"——通过电解水来制取氢，就将成为日常生活中一件极为平常的事。

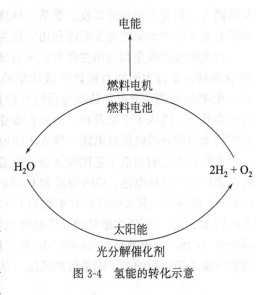

图 3-4　氢能的转化示意

氢气密度小，不利于储存。在 15MPa 的压力下，40L 的钢瓶只能装 0.5kg 的氢气。若将氢气液化，则需耗费很大能量，且容器需绝热，很不安全，因此很难在一般的动力设备上推广使用。于是人们设想：如果能像海绵吸水那样将氢吸收起来并长期储存，等到需要时再将氢释放出来，就可以解决氢的储存、运输和使用问题了。但要实现这个过程需要有一种特殊功能的材料，即储氢材料。科学家已经找到了这种材料，如镧镍合金 $LaNi_5$。$1m^3$ $LaNi_5$ 在室温和 250kPa 压力下能吸收 15kg 以上的氢气形成金属化合物 $LaNi_5H_6$，而当加热时 $LaNi_5H_6$ 又可以放出氢。除此之外，还有许多种合金能够储氢。目前正在研究的是如何进一步提高这些材料的储氢性能，使其成为既安全、方便又经济的储氢工具。

氢作为燃料可被应用于汽车上。1976 年，美国研制成功了世界上第一辆以氢气为动力的汽车，我国则于 1980 年成功地研制出第一辆氢能汽车。用氢作汽车燃料，即使在低温条件下也容易发动，不仅干净，而且对发动机的腐蚀作用小，有利于延长发动机的寿命。由于氢气与空气能均匀混合，因此可以省去一般汽车上所使用的汽化器。另外，实践表明，如果在汽油中加入 4% 的氢作为汽车发动机的燃料，就能节油 40%，并且无需对汽车发动机做多大的改进。液态的氢既可以用作汽车、飞机的燃料，也可以用作火箭、导弹的燃料。美国发射的"阿波罗"宇宙飞船以及我国用来发射人造卫星的"长征"运载火箭，都是用液态氢作燃料的。

氢气燃料电池是将氢气燃烧的化学能直接转化为电能，氢气分子首先在电极催化剂作用下离子化，再与 O_2 反应生成 H_2O，氢电池能量利用率可高达 80%，反应产物无污染。一种 10~20kW 的碱性 H_2-O_2 燃料电池已成功地用于航天飞机。但目前由于电极成本高、气体净化要求高，短期内还难以普及。

3.5.3　太阳能电池

地球上最根本的能源是太阳能。太阳能每年辐射到地球表面的能量为 50×10^{18} kJ，相当于目前全世界能量消耗的 1.3 万倍，可谓"取之不尽，用之不竭"，因此太阳能的利用前景非常诱人。但是太阳能受日夜、季节、地理和气候的影响较大，它的能量密度又低，因此，如何有效地收集太阳能是太阳能利用中极为关键的问题。

对太阳能的收集和利用主要有三种方式：光-化学转换，光-热转换和光-电转换。其中，光-化学转换是将太阳能直接转换成化学能。绿色植物的光合作用就是一个光-化学转换过程。光-热转换则是通过集热器进行能量转化的方式，如太阳能热水器。目前太阳能热水器已经商品化，进入了千家万户，为人们提供生活用热水或用于取暖。光-电转换是利用光电效应将太阳能直接转换成电能，即太阳能电池。

太阳能电池的制造工艺比较复杂，制造成本也较高，而且还受到半导体材料的限制。目前主要应用的有硅电池、CdS电池和GaAs电池等。最近国际上推出了一种铜-铟-镓-硒合金（CIGS）的薄膜，其光电转化效率达到18%，每发1kW·h电所需的成本仅为0.5美元（约人民币3.5元），而以往最好的晶体硅电池需要3~4美元（折合人民币21~28元）。铜-铟-硒合金（CIS）光电池早在20世纪70年代就已开发出来，而如今把镓加入其中，使得合金的能带跟太阳辐射的光子能量更加匹配，从而大大提高了转化效率。

3.5.4 页岩气

页岩气作为一种清洁、非常规天然气资源现已成为全球油气勘探开发的新宠。页岩气是指主体位于暗色泥页岩或高碳泥页岩中连续生成的生物化学成因气、热成因气或两者的混合气，成分以甲烷为主，是一种优质的非常规天然气资源。页岩气成藏模式为典型的"原地成藏"，一般要经过吸附、解吸、扩散等过程，独特的成藏机制决定了页岩气不同于常规天然气的气藏特征。页岩气分布在盆地内厚度较大、分布广的页岩烃源岩地层中，较常规天然气相比，页岩气开发具有开采寿命长和生产周期长的优点，大部分页岩气分布范围广、厚度大，且普遍含气，这使得页岩气井能够长期地以稳定的速率产气。

2013年6月，美国能源信息署发布的最新世界页岩气储量报告显示，全球页岩气技术可采储量为$207 \times 10^{12} \mathrm{m}^3$，占全球天然气技术可采储量的32%。全球页岩气技术可采储量最高的3个国家分别是中国、美国、阿根廷，其中我国页岩气技术可采储量是美国的1.68倍。

从1821年首次获得页岩气，美国便开始页岩气的基础理论探索。21世纪初主流技术的成熟使页岩气具备商业化开发可行性，2009年美国页岩气生产企业达到近百家，投入超过千亿美元，预测到2035年页岩气产量将占美国天然气总产量的45%。我国学者、高校和科研部门对页岩气的研究开始较早，成立了页岩气相关的国家级实验中心、重大专项和若干国家级试验区，目前已有初步成果。2010年，我国建立了第一条中国页岩气数字化标准剖面、页岩气研发（实验）中心和油气资源与探测国家重点实验室重庆页岩气研究中心。2011年，在国家科技重大专项中正式设立了"页岩气勘探开发关键技术"项目。中国页岩气开发起步虽晚，却是继美国、加拿大之后第三个形成规模和产业的国家，产量近期可达百亿立方米能级。我国石油企业在页岩气勘探、开发及技术研发等方面均开展了大量工作，已经分别在海相、陆相和海陆过渡相页岩层系中实现了突破。2018年12月，中石油川南页岩气基地页岩气日产量已达2011万立方米，约占全国天然气日产量的4.2%。至此，川南已成为我国最大的页岩气生产基地。

除了上述几种不同类型能源的利用之外，世界上一些地理位置比较特殊的地方还可以不同程度地利用风能、海洋能、地热能等可再生能源，这无疑可以进一步丰富世界能源的结构。因此，可以预计，未来能源的发展之路，必将是一条在稳步发展和高效利用常规能源的基础上，综合化学、材料、物理等多学科的优势，不断开发新技术、利用新能源、注重洁净能源和可再生能源的可持续发展之路。

思 考 题

3-1 我国能源消费结构与国际相比有何特点？

3-2 什么是一次能源？什么是可再生能源？

3-3 能源的利用和能量守恒定律有何联系？

3-4 何为"可燃冰"？为什么能形成"可燃冰"？

3-5 简述我国实施"西气东输"的战略意义。

3-6 美、日等发达国家把节约能源列为继煤、石油、自然能和核能之后的"第五常规能源"，这对我国能源建设有何启示？

3-7 谈一谈你对我国实行节约经济和节约社会的看法。

3-8 如何发扬我国老一辈科学工作者的"二弹一星"精神？为祖国科学事业做出新的贡献？

3-9 为什么说一个自行动作的机器不可能把热从低温物体传递到高温物体中去？

3-10 某种天然气热量为 $38.9MJ \cdot m^{-3}$，那么 $100m^3$ 的这种天然气相当于多少千克标准煤？

3-11 页岩气是如何形成的，其主要成分是什么？

（内蒙古医科大学　于姝燕）

第4章

化学与健康

如何促进身心健康，预防、治疗疾病，延缓衰老是近年来人们越来越关注的热点问题。中华人民共和国成立之前，我国人民的平均寿命为 35 岁左右。1978 年我国人口普查统计，人民的平均寿命，男性为 66.9 岁，女性为 69 岁。2015 年，世界卫生组织（WHO）发布的《世界卫生统计》报告中指出，截止到 2013 年，中国的人口平均寿命男性为 74 岁，女性为 77 岁。多年来，由于人民生活水平逐年提高、医疗卫生条件明显改善和全民健身运动的蓬勃开展，中国人均预期寿命一直在稳步增长之中。2018 年 10 月，《柳叶刀》杂志发布了华盛顿大学健康计量与评价研究所主导的全球 2040 年平均寿命预测性研究，涵盖 195 个国家和地区。研究显示，到 2040 年中国人的平均寿命将超过 80 岁。中国人曾经的"人生七十古来稀"，现已变得普通寻常了，而这一变化在很大程度上得益于化学及相关学科的迅速发展。人体的很多生理功能实际上是人体内发生的化学反应，通过对相关化学知识越来越深入地了解，人们更加了解人体的组成及生理变化过程，也更加清楚地知道吃什么、如何吃才能更有利于自己的健康、延缓衰老、预防疾病。其次，化学是医学和药学研究发展的基础。以现代分析化学技术为基础的临床检验学的发展极大地提高了疾病诊断的准确性和时效性。以有机化学和现代有机合成技术为基础的药物合成的发展给人类提供了种类繁多、安全有效的各类药物，为人们治疗疾病提供了有力的保障，也使过去长期危害人类健康的常见病与多发病得到了有效的预防和控制。因此，化学学科的发展与进步为保障人类健康、延长人类寿命发挥了重要作用。

4.1 生命中的化学基础

《黄帝内经》指出，人体是和自然统一的有机整体，是通过各种反应与环境进行物质和能量交换的"开放体系"。研究生命并不仅仅是对未知的探索，也是为了更好地保障人类的生命健康。人虽然有个体差异，但其基本组成却大体相同。细胞中的物质除蛋白质、核酸、多糖和脂肪以外，还有水、无机盐及其他矿物元素。水占 60%～75%，蛋白质占 10%～16%，脂质占 10% 左右，核酸及糖类占 1% 左右，无机盐（钠、钾、钙、铁等）占 1%～1.5%。这些物质成分都是由生命基本元素组成，它们的存在、缺乏或过量必定会影响人体生理功能。人体的基本化学组成见表 4-1。

表 4-1　人体（体重 65kg 的男子）的基本化学组成

化学物质	蛋白质	脂质	糖类化合物	矿物质	水
质量/kg	11	9	1	4	40
占比/%	17.0	13.8	1.5	6.1	61.6

4.1.1　生命的基本元素组成

人体内的各种化学元素在人和生物中与自然环境处于一种动态的代谢、变换，而又相对平衡的状态之中。迄今为止，科学家发现约有 30 种元素是生命元素。这些生命元素缺乏或过量都会导致人类患病、寿命缩短，严重甚至导致死亡。

在生命体中，氢（H）、氧（O）、碳（C）、氮（N）4 种元素是最丰富的，它们构成大多数细胞质量的 99% 以上。碳占细胞干重的 50% 以上，生命化学也可以看作是碳化合物的化学，这是生物起源和生物进化期间自然选择的结果，这也是由碳的成键多样性和稳定性决定的。碳元素与氧元素可形成生物碳循环中的重要物质二氧化碳（CO_2）。硅在生物圈中较为丰富，但很难参与生物循环，在生命物质中仅微量存在。

钙（Ca）、磷（P）、氯（Cl）、钠（Na）、钾（K）、镁（Mg）、硫（S）是次丰富的生命元素。P 和 S 在生命中发挥着极其重要的作用。如含 P 化合物腺苷三磷酸（ATP）和含 S 化合物乙酰辅酶 A 是生命系统中重要的能量载体。Ca、K、Mg、Cl、Na 常以离子形式存在于生物体内，具有维持渗透压平衡等生物学功能。

其他在体内含量低于万分之一的生命元素，称为微量元素（trace element）。目前已知人体必需的微量元素有铁（Fe）、锌（Zn）、碘（I）、铜（Cu）、硒（Se）、氟（F）、钼（Mo）、钴（Co）、铬（Cr）、锰（Mn）、镍（Ni）、锡（Sn）、钒（V）和硅（Si）14 种。微量元素是机体维持正常生命活动所必需的，通常存在于具有特异生物功能的生物大分子中。微量元素一般必须通过食物摄取。人对铁、铜、锌的要求，每日以毫克计，对其他微量元素的需要量更少。

为了保持人体健康，人类必须摄入生命活动所需的含有各种必需元素的多样性食物。人体从外界获取食物满足自身生理需要的过程称为补充营养。营养素是保证人体生长、发育、繁衍和维持健康生活的物质，迄今已有 40 多种人体必需的营养素，其中最主要的有蛋白质、糖类、脂肪、矿物质、维生素和水。

4.1.2　氨基酸与蛋白质

蛋白质种类繁多、结构复杂、功能各异。但与生命活动相关的蛋白质，主要是由 20 种 α-氨基酸（α-amino acid）相互间通过肽键连接，并在空间盘绕折叠而构成的。这 20 种 α-氨基酸在生物体内均有各自的遗传密码，故又称编码氨基酸。它们的结构式通常表示如下：

$$R-\overset{\underset{|}{NH_3^+}}{CH}-COO^-$$

它们在化学结构上具有共同点：①氨基连接在羧酸的 α-碳原子上。除脯氨酸的 α-位是仲氨基以外，其余 19 种 α-氨基酸的 α-位均为伯氨基。②20 种编码氨基酸中除甘氨酸外，其余氨基酸分子中的 α-碳原子都是手性碳原子，均为 L 型。③由于氨基酸分子内同时存在的酸性基团—COOH 和碱性基团—NH_2，可相互作用形成内盐，所以氨基酸通常是以偶极离子的形式存在。

$$\begin{array}{cc} COO^- & COO^- \\ {}^+H_3N\!-\!|\!-\!H & H\!-\!|\!-\!NH_3^+ \\ R & R \\ \text{L-氨基酸} & \text{D-氨基酸} \end{array}$$

不同的氨基酸只是侧链 R 基不同。根据侧链 R 基团的化学结构，α-氨基酸可分为脂肪族氨基酸（如丙氨酸、亮氨酸等）、芳香族氨基酸（如苯丙氨酸、酪氨酸等）和杂环氨基酸（如组氨酸、色氨酸等），其中脂肪族氨基酸最多。

α-氨基酸也可根据氨基酸中侧链的结构特点以及在生理 pH 范围内侧链 R 基团的极性及其所带电荷，将 20 种 α-氨基酸分为以下四大类。

第一类是 R 基团为非极性或疏水性的氨基酸，如甘氨酸、丙氨酸、缬氨酸、亮氨酸、异亮氨酸、脯氨酸、苯丙氨酸、蛋氨酸、色氨酸；在 9 种非极性氨基酸中，苯丙氨酸、色氨酸含有芳烃基侧链，具有芳烃的性质。这些氨基酸因含有非极性侧链而具有疏水性，一般常处于蛋白质分子内部。

第二类是 R 基团具有极性但不带电荷的氨基酸（6 种）：酪氨酸、丝氨酸、苏氨酸、半胱氨酸、天冬酰胺、谷氨酰胺。这些氨基酸的侧链中含有羟基、巯基、酰胺基等极性基团，但它们在生理条件下不带电荷，具有一定的亲水性，往往分布在蛋白质分子的表面。

因第一类和第二类氨基酸分子中只含有一个碱性基团—NH_2 和一个酸性基团—COOH，所以习惯上又称为中性氨基酸。

第三类是 R 基团带负电荷的氨基酸（酸性氨基酸，2 种）：天冬氨酸、谷氨酸。此类氨基酸结构中酸性基团的数目多于碱性基团，其侧链中的羧基在中性或碱性条件下带负电荷。

第四类是 R 基团带正电荷的氨基酸（碱性氨基酸，3 种）：赖氨酸、精氨酸、组氨酸。碱性氨基酸结构中的碱性基团数目多于酸性基团，其侧链中含有易接受质子的氨基、胍基、咪唑基等，这些碱性基团在中性或酸性条件下带正电荷。

20 种标准氨基酸的中英文名称和简写符号见表 4-2。

表 4-2 20 种标准氨基酸的中英文名称和简写符号

中文名称/名称缩写	英文名称	三字母缩写	单字母缩写	等电点 pI
甘氨酸/甘	glycine	Gly	G	5.97
丙氨酸/丙	alanine	Ala	A	6.00
缬氨酸/缬[①]	valine	Val	V	5.96
亮氨酸/亮[①]	leucine	Leu	L	5.98
异亮氨酸/异亮[①]	isoleucine	Ile	I	6.02

中文名称/名称缩写	英文名称	三字母缩写	单字母缩写	等电点 pI
脯氨酸/脯	proline	Pro	P	6.30
苯丙氨酸/苯丙①	phenylalanine	Phe	F	5.48
色氨酸/色①	tryptophan	Trp	W	5.89
蛋氨酸/蛋①	methionine	Met	M	5.75
酪氨酸/酪	tyrosine	Tyr	Y	5.66
丝氨酸/丝	serine	Ser	S	5.68
苏氨酸/苏①	threonine	Thr	T	5.60
半胱氨酸/半胱	cystine	Cys	C	5.07
天冬酰胺/天胺	asparagine	Asn	N	5.41
谷氨酰胺/谷胺	glutamine	Gln	Q	5.65
天冬氨酸/天	aspartic acid	Asp	D	2.77
谷氨酸/谷	glutamic acid	Glu	E	3.22
赖氨酸/赖①	lysine	Lys	K	9.74
精氨酸/精	arginine	Arg	R	10.76
组氨酸/组	histidine	His	H	7.59

① 为必需氨基酸。

必需氨基酸有 8 种，它们是在人体内不能合成或合成数量不足，而必须由食物中补充，才能维持机体正常生长发育的氨基酸。

除上述在蛋白质中广泛存在的 20 种编码氨基酸外，还有几种氨基酸只在少数蛋白质中存在，这些氨基酸都是由相应的编码氨基酸衍生而来，它们在生物体内没有相应的遗传密码，如 4-羟基脯氨酸、5-羟基赖氨酸、胱氨酸和 L-甲状腺素等，称为修饰氨基酸。

另外，有一些氨基酸能以游离或结合的形式存在于生物界，但不是蛋白质的结构单元，这些氨基酸统称为非蛋白质氨基酸。它们中有些是生物体内氨基酸的中间代谢产物。如 L-瓜氨酸和 L-鸟氨酸是精氨酸的代谢产物：

$$H_2NCH_2CH_2CH_2CHCOOH$$
$$NH_2$$
L-鸟氨酸

$$H_2N-C-NHCH_2CH_2CH_2CHCOOH$$
$$O \qquad\qquad\qquad NH_2$$
L-瓜氨酸

精氨酸参与鸟氨酸循环，具有促使血氨转化为尿素的作用，是专用于治疗因血氨升高引起肝昏迷的药物。

氨基酸的种类、数目和排列顺序决定了每一种蛋白质的空间结构，从而也决定了蛋白质的各种生理功能。蛋白质是由 20 种 α-氨基酸以肽键结合而成的高聚物。通常将分子量在 1 万以上的称为蛋白质，1 万以下的称为多肽。人体内约有 10 万种以上的蛋白质，其质量约占人体干重的 45%，某些组织含量更高，例如脾、肺及横纹肌等高达 80%。蛋白质的种类繁多，结构复杂。

蛋白质根据形状，可分为球状蛋白质（globular protein）和纤维状蛋白质（fibrous protein）。球状蛋白质通常分子对称，外形接近球状或不规则椭圆形，溶解性好，能结晶，大多数蛋白质属此类，如血红蛋白、肌红蛋白、卵清蛋白和大多数的酶。而纤维状蛋白质通常对称性差，分子类似纤维束状。

蛋白质根据化学组成，可分为单纯蛋白质（simple protein）和结合蛋白质（conjugated protein）。单纯蛋白质的分子中只含氨基酸残基，根据溶解性质及来源其又分为清蛋白（又名白蛋白）、球蛋白、谷蛋白、醇溶谷蛋白、鱼精蛋白、组蛋白、硬蛋白等。结合蛋白质分子中除氨基酸外，还有非氨基酸物质，后者称为辅基。根据其辅基的不同，结合蛋白质又分为核蛋白、磷蛋白、糖蛋白、色蛋白等。

蛋白质按照功能，可分为结构蛋白质（structural protein）和活性蛋白质（active protein）。结构蛋白质是指一类担负着生物保护或支持作用的蛋白质，如角蛋白、弹性蛋白和胶原蛋白等。活性蛋白质是指在生命运动中具有生物活性的蛋白质和它们的前体，如酶蛋白、转运蛋白、保护和防御蛋白、激素蛋白、受体蛋白、营养和储存蛋白及毒蛋白等。

牛胰岛素是牛胰脏中胰岛 β 细胞所分泌的一种调节糖代谢的激素蛋白质。它含有 51 个氨基酸残基，由 A 和 B 两条多肽链组成。其中，A 链含有 21 个氨基酸残基，B 链含有 30 个氨基酸残基。A 链和 B 链之间通过两个链间二硫键相互连接，而且 A 链内还有一个链内二硫键。

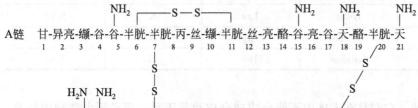

牛胰岛素在医学上有抗炎、抗动脉硬化、抗血小板聚集、治疗骨质增生、治疗精神疾病等作用。蛋白质中的氨基酸序列与生物功能密切相关。由于牛胰岛素分子结构中有三个氨基酸与人胰岛素不同，导致其疗效稍差，容易发生过敏或胰岛素抵抗。

肌红蛋白（myoglobin）是哺乳动物肌肉中负责储存和输送氧的蛋白质。它由一条含有 153 个氨基酸残基的多肽链和一个血红素辅基组成。肽链中几乎 80% 的氨基酸残基处于 α-螺旋区内。由于肌红蛋白的侧链 R 基团的相互作用，多肽链缠绕，形成紧密球形构象。肌红蛋白呈紧密球形构象。多肽链中氨基酸残基上的极性侧链（具有亲水性）多分布于分子表面，因此其水溶性较好；而疏水侧链的氨基酸残基大都分布在分子内部，形成一个大小正好和血红素分子匹配的空穴，可容纳血红素辅基。因为肌红蛋白含血红素辅基，所以具有储存 O_2 的功能。由于肌肉中的肌红蛋白与氧的亲和力总是高于血红蛋白，因此，当血液流经肌肉时，其中氧合血红蛋白的 O_2 可被肌红蛋白夺取，储存在肌肉中以供利用。

蛋白质在高温、高压、X 射线、紫外线、超声波、剧烈搅拌等物理因素作用下或强酸、强碱、重金属盐、胍、尿素、生物碱试剂和其他一些有机溶剂如乙醇、丙酮等化学因素作用下可发生变性。蛋白质一旦发生变性，其特定的空间结构就会被改变，从而导致其相应的理化性质改变和生物活性丧失。

在临床医学上，变性因素常被应用于消毒及灭菌（如用酒精、紫外线照射、高温灭菌等）。在急救重金属盐中毒患者时，常给患者吃大量乳制品或蛋清，其目的是通过蛋白质和重金属离子结合成不溶性的盐（变性蛋白质），从而阻止重金属离子被吸入体内，最后再将沉淀从肠胃中洗出。临床所用蛋白质制剂必须合理地保存（适宜的温度、湿度及 pH 条件等），以防止蛋白质变性。

4.1.3 糖类

糖类（saccharide）化合物是自然界中存在最多的一类有机化合物。如葡萄糖、果糖、蔗糖、淀粉、纤维素等都是糖类化合物。它们是生命活动必需的四大类有机化合物之一，是一切生物体维持生命活动所需能量的主要来源。植物通过光合作用将二氧化碳和水转变成糖类化合物，并放出氧气，同时将太阳能转化为化学能储存于糖类化合物中。而当糖类化合物经过一系列反应氧化为二氧化碳和水时，就可将储存的能量放出，以供机体生长及活动。

$$6\,CO_2 + 6H_2O \xrightarrow{h\nu} C_6H_{12}O_6 + 6O_2$$

糖代谢，能量释放

糖类化合物除作为生物体内的能量物质和结构物质外，同时也是生命活动中起重要作用的遗传物质、酶、抗体等分子的组成部分，具有许多重要的生物学功能。人们对糖的结构与其生物功能的研究已成为有机化学及生物学中最令人感兴趣的领域之一。

糖类化合物一般可用通式 $C_m(H_2O)_n$（m、n 为正整数）表示，因其都是由碳、氢、氧三种元素组成，且氢原子和氧原子数之比为 2∶1。如葡萄糖可用 $C_6(H_2O)_6$ 表示。所以，糖类化合物又经常被称为"碳水化合物"（carbohydrate）。但随着对糖类化合物的深入研究，发现鼠李糖的分子式为 $C_6H_{12}O_5$，2-脱氧核糖的分子式为 $C_5H_{10}O_4$，它们的结构特点和性质与碳水化合物非常相似，而其分子组成显然并不符合 $C_m(H_2O)_n$；而分子组成符合 $C_m(H_2O)_n$ 的乙酸 $[C_2(H_2O)_2]$、甲醛 $[CH_2O]$ 等化合物的结构和性质却与碳水化合物也迥然不同。因此，"碳水化合物"这个名称虽然延用至今，但其内涵早已发生变化。严格来说，糖类化合物是指化学结构为多羟基醛或多羟基酮的一类化合物。

根据糖类化合物能否水解和其水解后含有单糖的数目分为单糖、寡糖和多糖。

① 单糖（monosaccharide） 单糖为不能水解的糖，如葡萄糖、果糖、核糖等。单糖分子中除丙酮糖以外，都含有一定数目的手性碳原子，具有旋光性。如己醛糖分子中有 4 个手性碳原子，因此有 16 个旋光异构体，其中 8 个为 D-型糖，8 个为 L-型糖。生物体内存在的单糖大多数是 D-型糖，如 D-葡萄糖、D-核糖等。最常见的己酮糖就是 D-果糖。

D-(+)-甘油醛 D-(+)-葡萄糖 L-(−)-葡萄糖 L-(−)-甘油醛

② 寡糖（oligosaccharide） 又称低聚糖，可水解生成 2～10 个单糖分子的糖。低聚糖一般为结晶体，有甜味，易溶于水。其中可水解生成两分子单糖的为双糖（disaccharide），

这两个单糖分子可以相同，也可以不同，如蔗糖、麦芽糖、乳糖等。

③ 多糖（polysaccharide）　又称多聚糖，可水解生成 10 个以上单糖分子的糖。多糖一般为无定形粉末，不溶于水或在水中形成胶体溶液，没有甜味。多糖又可分为均多糖和杂多糖两种类型。均多糖是由同一种单糖组成的多糖，如淀粉、纤维素、糖原等。杂多糖是由非单一类型单糖或单糖衍生物组成的多糖，如透明质酸、硫酸软骨素、肝素等。

葡萄糖、果糖、半乳糖、蔗糖、乳糖、淀粉、糖原等糖类化合物是重要的营养素。

D-葡萄糖（Glucose）广泛存在于自然界中，为无色晶体，易溶于水，微溶于乙醇，甜度约为蔗糖的 70%。实验证明葡萄糖溶液中含有环状的 α-D-葡萄糖、β-D-葡萄糖和链式葡萄糖三种结构存在，其中 β-D-葡萄糖最多（64%），α-D-葡萄糖较少（36%），链式葡萄糖极少。它们在溶液中相互转化，最后达到动态平衡：

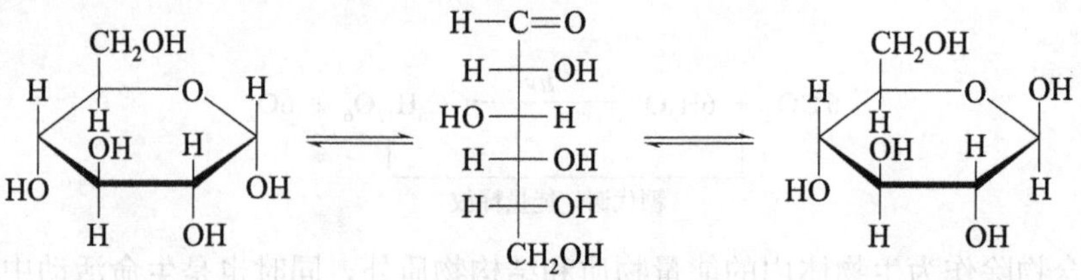

α-D-葡萄糖　　　　　直链式D-葡萄糖　　　　　β-D-葡萄糖

血液中含有的葡萄糖称为血糖，空腹血糖<6.0mmol·L^{-1}（110mg·dL^{-1}）为正常。D-葡萄糖在医药上用作营养剂，并有强心、利尿、解毒等作用，也是制备维生素 C 等药物的原料。

D-果糖（fructose）存在于水果及蜂蜜中，为无色晶体，易溶于水，可溶于乙醇和乙醚中，是最甜的单糖，甜度约为蔗糖的133%。其结构如下所示：

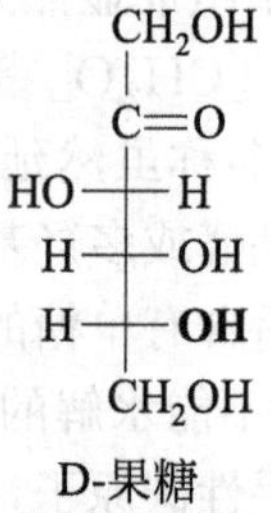

D-果糖
(D-fructose)

D-半乳糖（galactose）为无色晶体，有甜味，能溶于水及乙醇，比旋光度为+83.8°。D-半乳糖是己醛糖，也存在环状结构：α-D-吡喃半乳糖和 β-D-吡喃半乳糖。其结构如下：

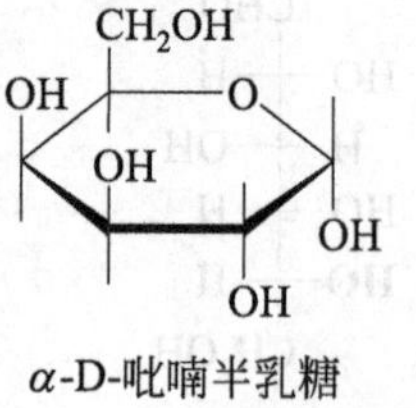

α-D-吡喃半乳糖 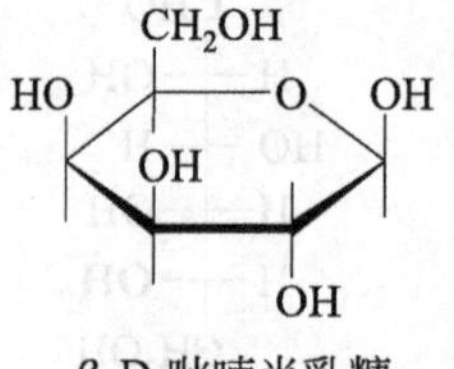　　　　　β-D-吡喃半乳糖

D-半乳糖与葡萄糖结合成乳糖，存在于哺乳动物的乳汁中。人体中的半乳糖是食物中乳糖的水解产物。在酶的催化下，D-半乳糖可转化为 D-葡萄糖。半乳糖还以多糖的形式存在于许多植物中，如黄豆、咖啡、豌豆等种子中都含有这一类多糖。

(+)-乳糖（lactose）存在于哺乳动物的乳汁中，人乳中约含7%～8%，牛、羊乳中约含4%～5%。乳糖是由β-D-半乳糖和D-葡萄糖通过β-1,4-糖苷键连接而形成的双糖。其结构式如下：

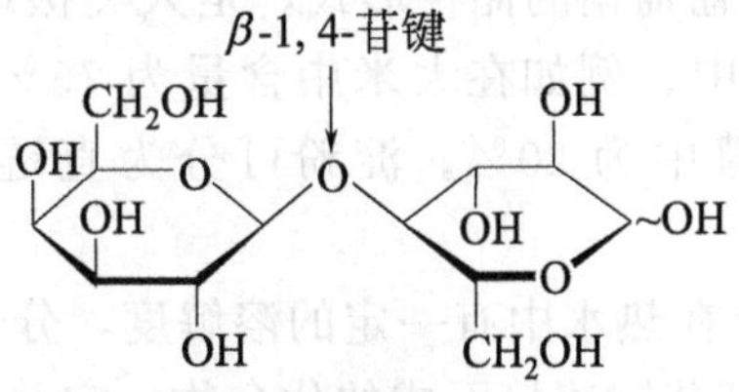
β-1, 4-苷键

(+)-乳糖

4-O-(β-D-吡喃半乳糖基)-D-吡喃葡萄糖

乳糖是白色结晶性粉末，比旋光度为+53.5°，甜度约为蔗糖的70%。用酸或乳糖酶水解乳糖后，可以得到一分子D-半乳糖和一分子D-葡萄糖。有些人由于体内缺乏乳糖酶，所以在食用牛奶后，因乳糖消化吸收产生障碍，而往往导致腹泻、腹胀等症状。

蔗糖（sucrose）是白色晶体，熔点为186℃，易溶于水，难溶于乙醇。蔗糖是由α-D-吡喃葡萄糖和β-D-呋喃果糖脱水形成的，其结构式如下：

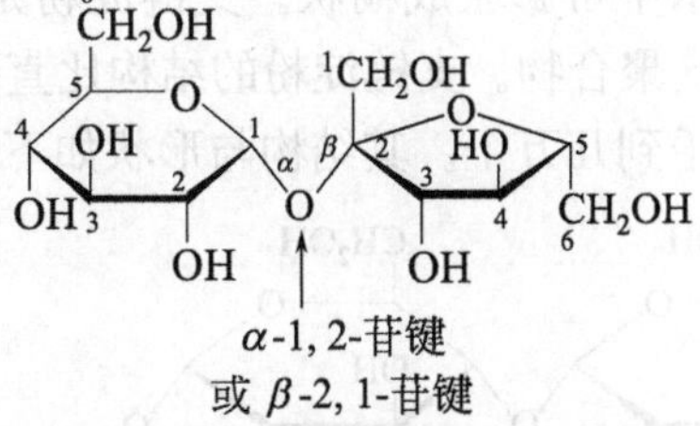
α-1, 2-苷键
或 β-2, 1-苷键

(+)-蔗糖

α-D-吡喃葡萄糖基-β-D-呋喃果糖苷(或称β-D-呋喃果糖基-α-D-吡喃葡萄糖苷)

蔗糖在自然界中分布广泛，尤其是甘蔗和甜菜中含量最多。蔗糖甜味仅次于果糖。蔗糖在口腔中易于发酵，可与牙垢中的某些细菌和酵母作用，在牙齿上形成一层黏着力很强的不溶性葡聚糖，同时产生能溶解牙齿珐琅质和矿物质的酸性物质而产生龋齿。蔗糖在医药上常用作矫味剂。常把蔗糖加热至200℃以上，变成褐色焦糖后，可用作饮料和食品的着色剂。

麦芽糖（maltose）存在于麦芽中，麦芽中的淀粉酶可将淀粉部分水解成麦芽糖。研究证明：麦芽糖是由一分子α-D-吡喃葡萄糖与另一分子D-吡喃葡萄糖脱水而成的糖苷。其结构式如下：

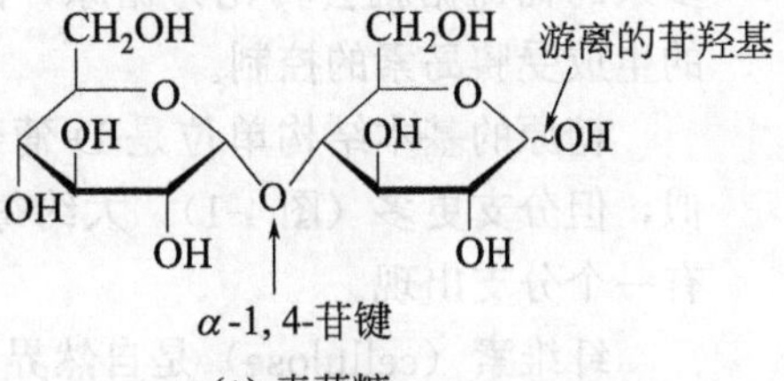
游离的苷羟基
α-1, 4-苷键

(+)-麦芽糖

4-O-(α-D-吡喃葡萄糖基)-D-吡喃葡萄糖

麦芽糖易溶于水，比旋光度为＋136°，甜度约为蔗糖的40％，在酸性溶液中水解，可生成两分子D-葡萄糖。人和哺乳动物的消化道中有麦芽糖酶（maltase），它可专一性水解食物中的麦芽糖，使其成为葡萄糖而易被消化吸收。

淀粉（starch）是植物中葡萄糖的储存形式，是人类摄取能量的主要来源，广泛存在于植物的种子、果实和块茎中。例如在大米中含量为75％～80％，玉米中为65％，小麦中为60％～65％，马铃薯中为20％。淀粉可分为直链淀粉（amylose）和支链淀粉（amylopectin）。

直链淀粉不易溶于冷水，在热水中有一定的溶解度，分子量为150000～600000。直链淀粉是由D-葡萄糖以α-1,4-糖苷键连接而成的化合物。它并不是直线形分子，而是借助分子内羟基间形成的氢键，卷曲成螺旋状空间排列，每一圈螺旋有六个葡萄糖单位。

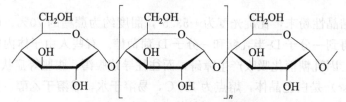

直链淀粉（α-1,4-糖苷键）的结构

支链淀粉不溶于水，在热水中可膨胀成糊状。支链淀粉是由D-葡萄糖以α-1,4-糖苷键和α-1,6-糖苷键连接而成的分支聚合物。支链淀粉的结构比直链淀粉复杂。支链淀粉的葡萄糖单元数目变化多样，可有几千到几万个。其结构与形状如下：

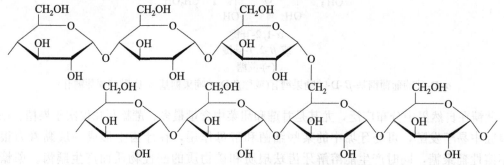

支链淀粉结构（α-1,4-糖苷键，α-1,6-糖苷键）

淀粉在人体内经淀粉酶、麦芽糖酶等酶的水解，最终成为葡萄糖被人体所吸收利用。

糖原（glycogen）也称动物淀粉，是动物体内葡萄糖的储存形式，主要存在于肝脏和骨骼肌中。当血糖浓度低于正常水平或急需能量时，糖原会在酶的催化下分解为葡萄糖，供机体利用；但当血糖浓度高时，多余的葡萄糖就会转化为糖原，储存于肝脏和肌肉中。糖原的生成受胰岛素的控制。

糖原的基本结构单位是D-葡萄糖，其结构与支链淀粉相似，但分支更多（图4-1），大约每隔8～10个葡萄糖残基，就有一个分支出现。

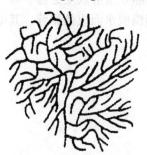

图4-1　糖原的分支状结构示意

纤维素（cellulose）是自然界分布最广的有机物。它是植物细胞的主要结构组分。棉花中纤维素含量高达90％以上，

木材中纤维素含 $30\%\sim40\%$。纤维素是由 $7000\sim12000$ 个 D-葡萄糖单元以 β-1,4-糖苷键连接而成的聚合物。纤维素分子结构上无分支，主要借助分子间氢键拧在一起形成绳索状分子。纤维素的结构式如下：

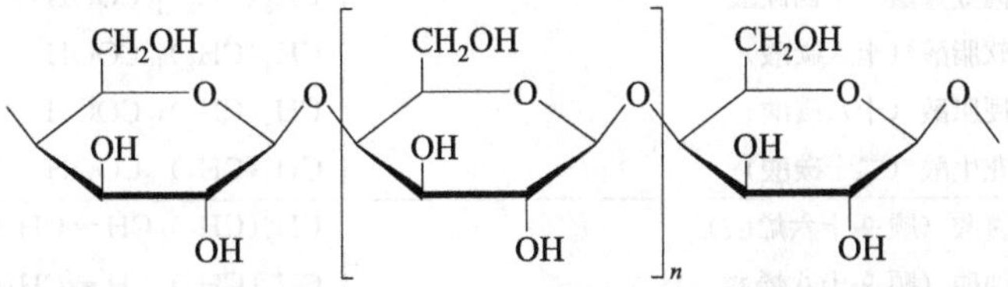

纤维素不溶于水，但能吸水膨胀。纤维素的水解要比淀粉困难得多，需加酸在高压下长时间加热才能水解成葡萄糖。人体内没有能水解纤维素的 β-1,4-纤维素酶，因而不能消化纤维素。但是纤维素对人体也有极为重要的作用。研究表明，每日摄入一定量的纤维素能降低肠道疾病、心脏疾病、糖尿病及肥胖症等疾病的发病率。纤维素被列为除蛋白质、糖、脂肪、维生素、无机盐和水之外的第七种营养素。在常见的食物中，大麦、燕麦、豆类等食物都含有丰富的水溶性纤维素，而小麦糠、玉米糠等粮食麸皮以及芹菜、韭菜等茎叶蔬菜则含有丰富的非水溶性纤维素。

4.1.4 脂质

脂质（lipid）也称脂类，是一大类不溶于水而溶于有机溶剂的生物有机分子。脂质的元素组成主要是碳、氢、氧，少量还有氮、磷、硫。脂质可分为油脂和类脂。

油脂是油（oil）和脂肪（fat）的总称。常温下呈液态的称为油，呈固态或半固态的称为脂肪。油脂是动物体生命活动所必需的物质。脂肪的氧化是机体新陈代谢重要的能量来源，脏器周围的脂肪对内脏具有保护作用，皮下脂肪还起到良好的保持体温作用。油脂还是许多脂溶性生物活性物质的良好溶剂，对于脂溶性维生素的吸收具有重要作用。

从化学组成上看，油脂是一分子甘油和三分子高级脂肪酸形成的酯，称为三酰甘油（triacylglycerol），或称为甘油三酯（triglyceride）。如果三个脂肪酸相同，则属于单甘油酯，如果两个或三个脂肪酸各不相同，则属于混甘油酯。天然油脂是各种混甘油酯的混合物，天然油脂绝大多数是手性分子，相对构型一般是 L 型。

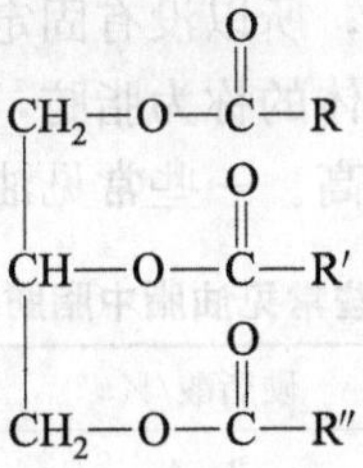

天然油脂中已发现的脂肪酸有几十种，一般都是含偶数碳原子的直链饱和脂肪酸和不饱和脂肪酸。饱和脂肪酸最多含 $12\sim18$ 个碳原子，其中以十六碳酸（软脂酸）分布最广，几乎所有的油脂都含有十六碳酸；十八碳酸（硬脂酸）在动物脂肪中含量较多。不饱和脂肪酸中双键大部分是顺式结构，极少为反式结构，如油酸、亚油酸和亚麻酸等。油脂中常见的脂肪酸见表 4-3。

表 4-3 油脂中常见的脂肪酸

类型	名称	结构式
饱和脂肪酸	月桂酸（十二碳酸）	$CH_3(CH_2)_{10}COOH$
	肉豆蔻酸（十四碳酸）	$CH_3(CH_2)_{12}COOH$
	软脂酸（十六碳酸）	$CH_3(CH_2)_{14}COOH$
	硬脂酸（十八碳酸）	$CH_3(CH_2)_{16}COOH$
	花生酸（二十碳酸）	$CH_3(CH_2)_{18}COOH$
不饱和脂肪酸	鳖酸（顺-9-十六烯酸）	$CH_3(CH_2)_5CH=CH(CH_2)_7COOH$
	油酸（顺-9-十八烯酸＋）	$CH_3(CH_2)_7CH=CH(CH_2)_7COOH$
	亚油酸（顺,顺-9,12-十八碳二烯酸）	$CH_3(CH_2)_4(CH=CHCH_2)_2(CH_2)_6COOH$
	α-亚麻酸（顺,顺,顺-9,12,15-十八碳三烯酸）	$CH_3CH_2(CH=CHCH_2)_3(CH_2)_6COOH$
	γ-亚麻酸（顺,顺,顺-6,9,12-十八碳三烯酸）	$CH_3(CH_2)_4(CH=CHCH_2)_3(CH_2)_3COOH$
	花生四烯酸（顺,顺,顺,顺-5,8,11,14-二十碳四烯酸）	$CH_3(CH_2)_4(CH=CHCH_2)_4(CH_2)_2COOH$
	顺,顺,顺,顺,顺-5,8,11,14,17-二十碳五烯酸（EPA）	$CH_3CH_2(CH=CHCH_2)_5(CH_2)_2COOH$
	顺,顺,顺,顺,顺,顺-4,7,10,13,16,19-二十二碳六烯酸（DHA）	$CH_3CH_2(CH=CHCH_2)_6CH_2COOH$

人体可以合成大多数脂肪酸，但少数不饱和脂肪酸（必需脂肪酸，essential fatty acid）在人体内不能合成或合成数量不足，而必须从食物中摄取，才能满足人体正常需求。如亚油酸、亚麻酸、花生四烯酸等。必需脂肪酸既是组织细胞的组成成分，又可保护皮肤细胞免受损伤，同时还可降低胆固醇含量、减少血小板的黏附性以防止动脉粥样硬化等。当人体缺乏必需的脂肪酸时，可能出现皮炎、抵抗力减弱，甚至生长停滞等症状。

多不饱和脂肪酸（polyunsaturated fatty acids，PUFAs）指含有两个或两个以上双键的长链不饱和脂肪酸。二十碳五烯酸（EPA）和二十二碳六烯酸（DHA）等 PUFAs 独特的生物活性，引起了人们高度关注和深入研究。在生物体内，DHA 占大脑总脂肪酸的 95%，占视网膜总脂肪酸的 60%。若视网膜和神经膜中的 DHA 含量减少，则对光的视觉敏感性、记忆能力和神经膜酶的活性均会有所改变。研究发现 EPA 和 DHA 进入肾细胞磷脂中可以改善衰老器官并发症，并用于防治某些炎性疾病（如类风湿性关节炎，牛皮癣和哮喘等）已取得一定效果。

天然油脂是各种混甘油酯的混合物，所以没有固定的熔点和沸点。室温下为液体的称为油，多来自植物；室温下为固体或半固体的称为脂肪，多来自动物。油中不饱和脂肪酸的含量较高，而脂肪中饱和脂肪酸的含量较高。一些常见油脂中脂肪酸的含量见表 4-4。

表 4-4 一些常见油脂中脂肪酸的含量

油脂名称	软脂酸/%	硬脂酸/%	油酸/%	亚麻酸/%
大豆油	6～10	2～4	21～29	50～59
花生油	6～9	2～6	50～57	13～26
棉籽油	19～24	1～2	23～32	40～48
猪油	28～30	12～18	41～48	6～7
牛油	24～32	14～32	35～48	2～4

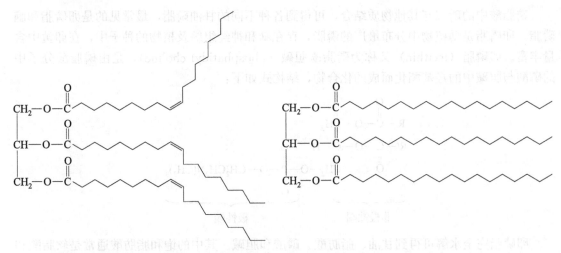

　　油脂中的不饱和脂肪酸因含有碳碳不饱和键可发生加成反应，使不饱和脂肪酸变为饱和脂肪酸，这样得到的油脂称为氢化油。油脂发生氢化后，可使其状态由液态变为半固态或固态，所以又称为油脂的硬化。氢化油熔点高，性质稳定不易变质，而且也便于储藏和运输，可用于制造肥皂或人造黄油、人造奶油等。然而，在油脂的氢化过程中，油脂中的顺式双键会发生部分异构，产生反式脂肪酸。已有研究显示，反式脂肪酸的摄入，除了增加罹患心血管疾病的危险性外，还会干扰必需脂肪酸的代谢，影响儿童生长发育及神经系统健康，增加Ⅱ型糖尿病的患病风险等，给人类健康造成一定的威胁。目前，许多国家都在积极控制食品中反式脂肪酸的含量。

　　在生活中我们常会发现，油脂在空气中放置过久，常会变质，产生难闻的气味，这种变化称为酸败（rancidity）。酸败的主要原因是油脂中的不饱和脂肪酸在空气中的氧、水分、微生物及某些金属的作用下，氧化生成过氧化物，这些过氧化物继续分解或氧化生成有臭味的低级醛和羧酸等化合物。光或潮湿可加速油脂的酸败。油脂一旦发生酸败，就会失去营养价值。长期食用酸败的油脂会诱发癌症。植物油中虽然含有较多不饱和脂肪酸的成分，但因含有较多的天然抗氧化剂维生素 E，所以不会像动物脂肪那样容易变质。为防止油脂酸败，应将其存放于密闭的容器中，且置于干燥阴冷处，注意不宜使用金属容器储存。另外，也可以通过加少量抗氧化剂如维生素 E、卵磷脂等来防止油脂酸败。

　　类脂是一类结构和性质类似于油脂的物质，包括磷脂、甾醇、脂蛋白及甾体激素等化合物。磷脂（phospholipid）是分子中含有磷酸基团的高级脂肪酸酯。按照分子中醇的不同，磷脂有多种。由甘油构成的磷脂称为甘油磷脂；由鞘氨醇构成的磷脂称为鞘磷脂（又称神经磷脂）。磷脂是构成生物膜的重要成分，其分子中的不饱和脂肪酸是影响生物膜流动性的重要因素。另外，磷脂分子中因同时具有亲水性基团和亲脂性基团，所以，常用作表面活性剂和乳化剂。

　　甘油磷脂（phosphoglyceride）又称为磷酸甘油酯，其母体结构是一分子甘油、两分子脂肪酸和一分子磷酸通过酯键结合而形成的磷脂酸，结构如下所示：

$$
\begin{array}{c}
\quad\quad\quad\quad\quad CH_2\!-\!O\!-\!\overset{\displaystyle O}{\overset{\|}{C}}\!-\!R_1 \\
R_2\!-\!\overset{\displaystyle O}{\overset{\|}{C}}\!-\!O\!-\!\overset{\displaystyle |}{\underset{\displaystyle |}{C}}\!-\!H \\
\quad\quad\quad\quad\quad CH_2\!-\!O\!-\!\overset{\displaystyle O}{\overset{\|}{\underset{\underset{\displaystyle OH}{\displaystyle |}}{P}}}\!-\!OH
\end{array}
$$

磷脂酸中的磷酸与其他物质结合，可得到各种不同的甘油磷脂，最常见的是卵磷脂和脑磷脂。卵磷脂是动植物中分布最广的磷脂，存在脑和神经组织及植物的种子中，在卵黄中含量丰富。卵磷脂（lecithin）又称为磷脂酰胆碱（phosphatidyl choline），是由磷脂酸分子中的磷酸与胆碱中的羟基酯化而成的化合物，结构式如下：

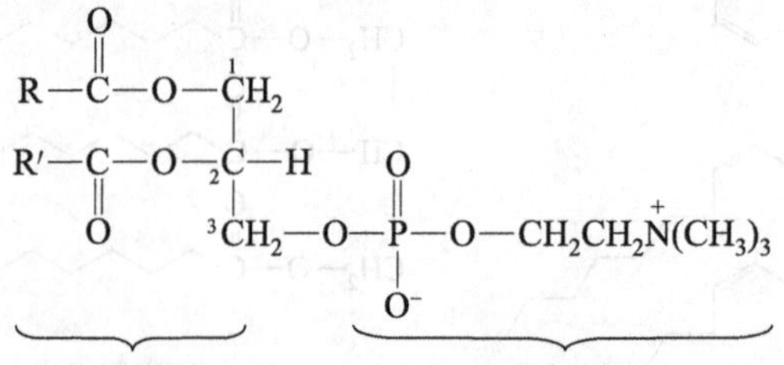

卵磷脂完全水解可得到甘油、脂肪酸、磷酸和胆碱。其中的饱和脂肪酸通常是软脂酸和硬脂酸，连在 C^1、C^2 上通常是油酸、亚油酸、亚麻酸和花生四烯酸等不饱和脂肪酸。卵磷脂为白色蜡状固体，吸水性强。在空气中放置，分子中的不饱和脂肪酸被氧化，将生成黄色或棕色的过氧化物。

脑磷脂（cephalin）又称为磷酯酰胆胺，是由磷脂酸分子中的磷酸与胆胺（乙醇胺）中的羟基酯化而成的化合物，结构式如下：

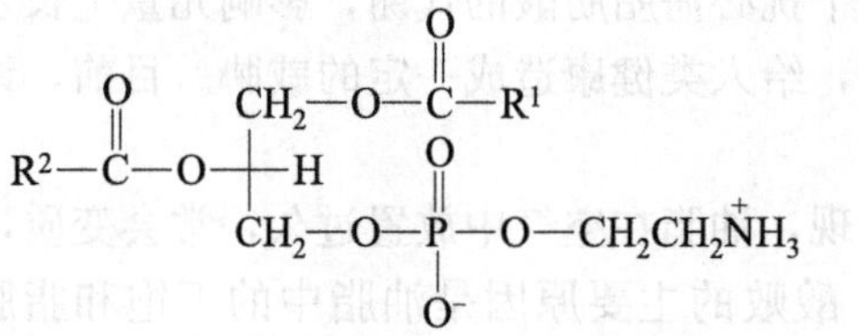

天然脑磷脂完全水解时，可得到甘油、脂肪酸、磷酸和胆胺。脑磷脂通常与卵磷脂共存于脑、神经组织和许多组织器官中，在蛋黄和大豆中含量也较丰富。

甾醇（sterol）又称为固醇。甾醇常以游离状态或以酯、苷的形式广泛存在于动物和植物的体内，可依照来源分为动物甾醇及植物甾醇两大类。

胆固醇（cholesterol）是一种动物甾醇，最初在胆结石中发现，为固体醇，其结构式如下：

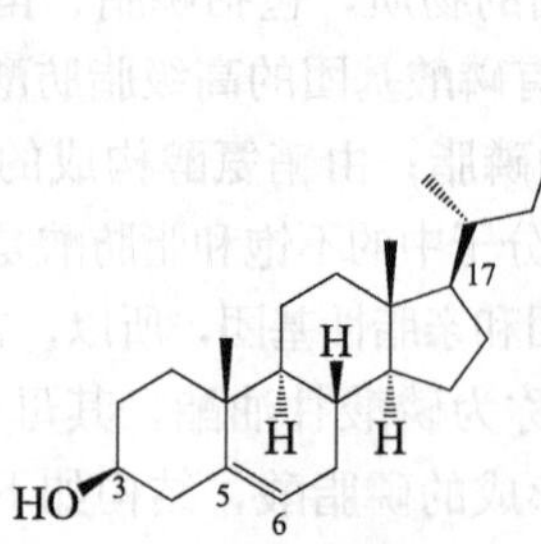

胆固醇

胆固醇在体内起着重要作用，广泛分布于动物所有细胞中。它是细胞膜脂质中的重要组分，生物膜的流动性和通透性与它有着密切关系，同时它还是生物合成胆甾酸和甾体激素等的前体。但当胆固醇摄取过多或代谢发生障碍时，胆固醇就会沉积在动脉血管壁上，导致冠心病和动脉粥样硬化症；过饱和胆固醇从胆汁中析出沉淀则是形成结石的基础。另外，也有研究发现，体内胆固醇量长期偏低会诱发癌症。所以，不同个体需依据个人健康状况，摄入适量的胆固醇。

7-脱氢胆固醇（7-dehydrocholesterol）也是一种动物甾醇，与胆固醇在结构上的差异是环中多了一个碳碳双键。

在肠黏膜细胞内，胆固醇经酶催化氧化成 7-脱氢胆固醇后，经血液循环输送到皮肤组织中，若再经紫外线照射，7-脱氢胆固醇可转化为维生素 D_3。因此常做日光浴是获得维生素 D_3 的最简易方法。

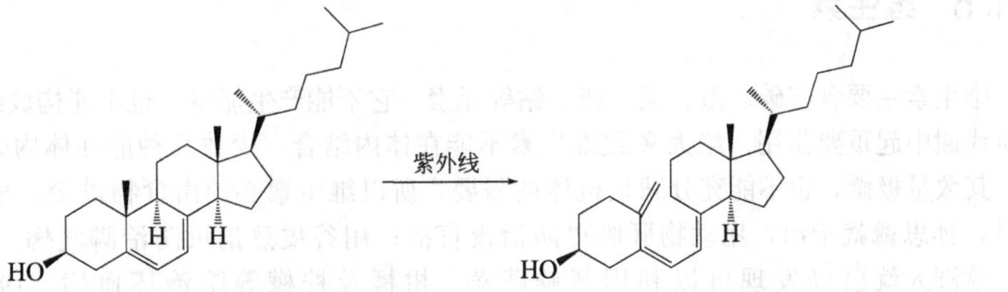

7-脱氢胆固醇
(7-dehydrocholesterol)

维生素 D_3

脂蛋白是血液中脂类的主要运输工具，分为高密度脂蛋白（HDL）和低密度脂蛋白（LDL），都具有携带和运输胆固醇的功能。其中高密度脂蛋白负责把血液中或血管壁上的胆固醇等脂质垃圾运送到肝脏，经分解处理后排出体外，因而能显著降低心脑血管病的风险，常被称为"好"胆固醇；而低密度脂蛋白能够进入动脉壁细胞，并带入胆固醇。低密度脂蛋白含量过高能致动脉粥样硬化，会增加患冠心病的危险性，常被称为"坏"胆固醇。

甾体激素根据来源又分为肾上腺皮质素和性激素两类。

肾上腺皮质分泌的激素减少，会导致人体极度虚弱，出现贫血、恶心、低血压、低血糖、皮肤呈青铜色等症状。肾上腺皮质分泌的激素按照它们的生理功能又可分为两类：一类是主要影响糖、蛋白质与脂质代谢的糖代谢皮质激素（glucocorticoids），如皮质酮（corticosterone）、可的松（cortisone）、氢化可的松（hydrocortisone）等；另一类是主要影响组织中电解质的转运和水的分布的盐代谢皮质激素（mineralocorticoids），如醛固酮（aldosterone）等。糖代谢皮质激素是一种具有重要生理和药理作用的甾族激素，在临床治疗中占有相当重要的地位，如氢化可的松、强的松、地塞米松等都是较好的抗炎、抗过敏药物。

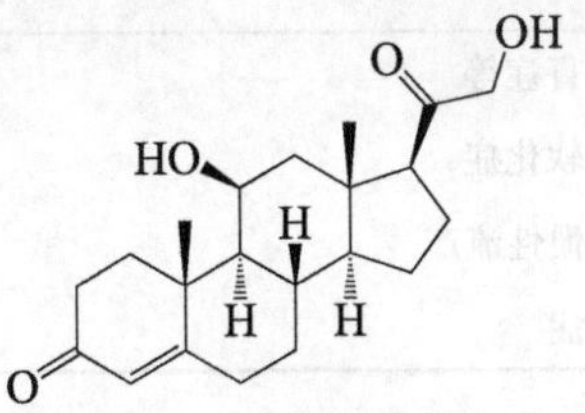

皮质酮
(corticosterone)

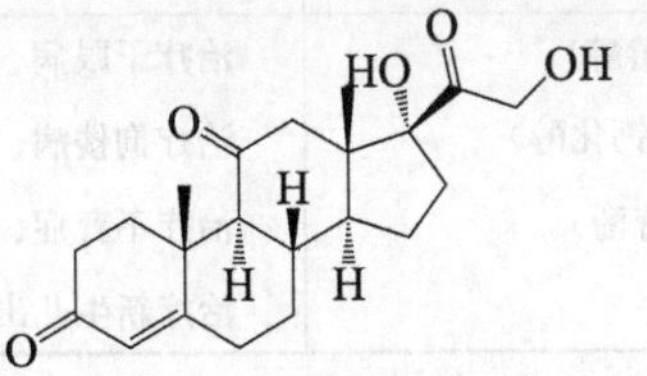

可的松
(cortisone)

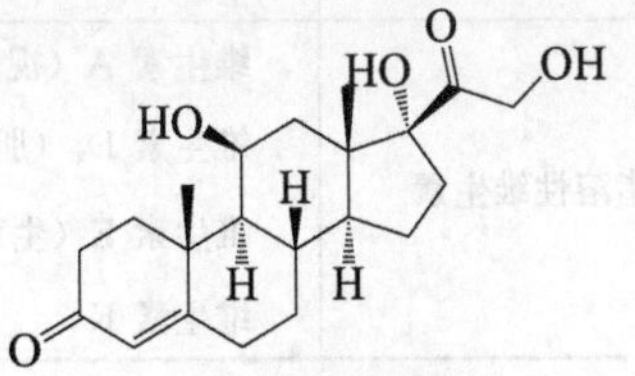

氢化可的松
(hydrocortisone)

性激素（sex hormone）是性腺（睾丸、卵巢、黄体）所分泌的甾族激素，它们具有促进动物发育、生长及维持性特征的生理功能。性激素分为雄性激素和雌性激素两类。雄性激素具有促进蛋白质的合成、抑制蛋白质代谢的同化作用，能使雄性变得肌肉发达，骨骼粗壮。雌激素是引起哺乳动物动情的物质，并能促进雌性生殖器官的发育和维持雌性第二性征。雌激素在临床上的主要用途是治疗绝经症状和骨质疏松，最广泛的用途是生育控制。人工合成的炔雌醇（ethinyl estradiol）为口服高效、长效的雌激素，活性比雌二醇高 7～8 倍，临床上用于月经紊乱、子宫发育不全、前列腺癌等的治疗。炔雌醇对排卵有抑制作用，可用作口服避孕药。

值得注意的是，美国卫生与人类服务部（HHS）2002 年 12 月报道了一组控制性别特征和生长特征的相关甾体雌激素，会增加子宫内膜癌和乳腺癌发病的危险。

4.1.5　维生素

维生素主要含有碳、氮、氧、硫、钴等元素。它不能产生能量，也不能构成组织，但在物质代谢中起重要作用。绝大多数维生素不能在体内结合，少数几种能在体内合成的维生素，其数量极微，也不能充分满足机体的需要，所以维生素必须由食物供给。早在我国唐代时，孙思邈就指出，用动物肝脏可防治夜盲症；用谷皮熬粥可防治脚气病。17～18 世纪，欧洲人就已经发现可以利用新鲜蔬菜、柑橘及柠檬等防治坏血病。1906 年英国 F. G. Hopkins 发现，用只含蛋白质、脂肪、糖类和矿物质的饲料喂养的大鼠不能存活；但若在上述饲料中添加微量牛奶后，大鼠就能正常生长。于是 F. G. Hopkins 根据对照实验，得出结论：健康饮食不仅应提供蛋白质、脂肪、糖和矿物质等营养素外，还需提供微量的必需食物辅助因子，即维生素。机体对各种维生素的需要量很小，但差别很大，并且不同个体对同一种维生素的需要量也不同。常见维生素的主要功能归纳于表 4-5 中。

表 4-5　常见维生素的主要功能

维生素名称		主要功能
水溶性维生素	维生素 B_1（硫胺素）	治疗脚气病、周围神经炎
	维生素 B_2（核黄素）	治疗口腔溃疡、皮炎、口角炎、角膜炎
	维生素 B_3（烟酸）	治疗糙皮病、失眠、口腔溃疡
	维生素 B_6（吡哆醇）	治疗贫血、先天性代谢障碍病
	维生素 B_9（叶酸）	预防婴儿出生缺陷
	维生素 B_{12}（钴胺素）	治疗恶性贫血、神经系统疾病
	维生素 H（生物素）	治疗皮肤炎、肠炎
	维生素 C（抗坏血酸）	治疗坏血病等
脂溶性维生素	维生素 A（视黄醇）	治疗干眼病、夜盲症等
	维生素 D_3（胆钙化醇）	治疗佝偻病、骨软化症
	维生素 E（生育酚）	治疗不育症、习惯性流产
	维生素 K	治疗新生儿出血症

维生素种类繁杂，结构差别很大，通常人们将维生素分为水溶性和脂溶性两大类。脂溶性维生素主要包括维生素 A、维生素 D、维生素 E、维生素 K。B 族维生素和维生素 C（抗坏血酸）属于水溶性维生素。脂溶性维生素必须溶于脂肪，才能被机体吸收。若膳食中缺乏脂肪，就会引起脂溶性维生素缺乏症。

1913 年 E. McCollum 等发现在脂溶性食物如蛋黄和肝中，似乎有某种保持正常发育所需要的脂溶性物质；后来的研究还发现，若缺乏这种物质时，就会患上"夜盲症"。

E. McCollum 将其命名为维生素 A。维生素 A 是一种具有脂环的不饱和一元醇，包括维生素 A_1 和维生素 A_2 两种，它们均来自动物性食物。维生素 A_1 多存在于哺乳动物及咸水鱼的肝脏中，而维生素 A_2 多存在于淡水鱼的肝脏中。维生素 A_2 的活性较低，仅为维生素 A_1 活性的 40%。

维生素 A 重要功能之一是维持上皮组织的完整性，若缺乏维生素 A 时，则易导致正常的上皮干燥和角质化，易引发干眼病，严重可发展至失明。维生素 A 还能维护正常视觉功能，若缺乏时会影响体内视紫红质的合成，对暗光适应能力减弱，引起夜盲症；此外，维生素 A 还能促进骨骼和牙釉质的正常生长。但维生素 A 摄取过量时，易导致脱发和骨痛等症状。

1931 年，瑞士 P. Karrer 首次确定了维生素 A 的化学结构，发现 β-胡萝卜素是维生素 A 原。实际上，β-胡萝卜素在体内的活性仅相当于维生素 A 活性的 1/6。

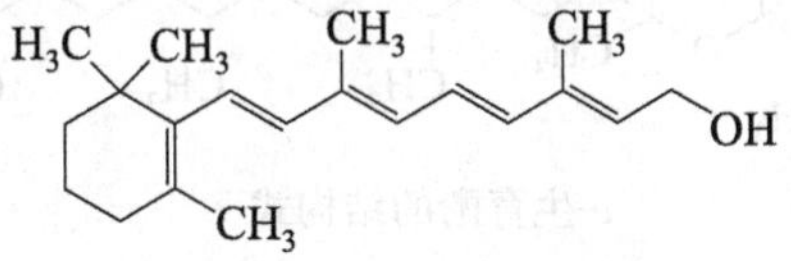

维生素A

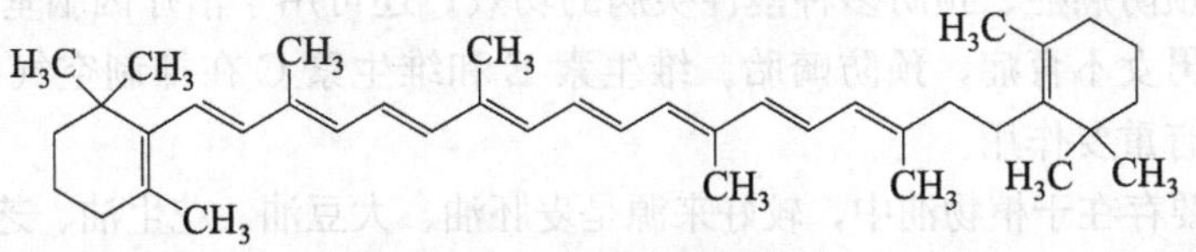

β-胡萝卜素

1921 年 E. McCollum 使用维生素 A 被破坏掉的鱼肝油做抗佝偻病实验，发现了维生素 D。维生素 D 存在于自然界中，是类固醇衍生物。在维生素 D 家族中，具有重要活性的是维生素 D_2 和维生素 D_3。维生素 D_2 和维生素 D_3 也分别叫麦角钙化醇和胆钙化醇。

植物中的麦角固醇被日光或紫外线照射下，可转化为维生素 D_2。7-脱氢胆固醇是存在于天然食物中的维生素 D_3 原形式，在长波紫外线照射下，可转变为有活性的维生素 D_3。

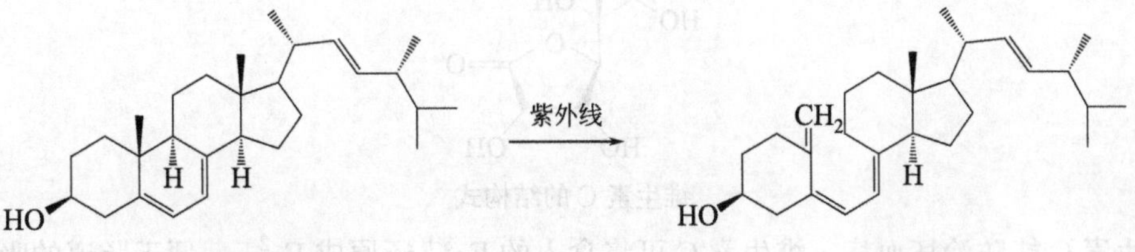

麦角固醇　紫外线　维生素D_2

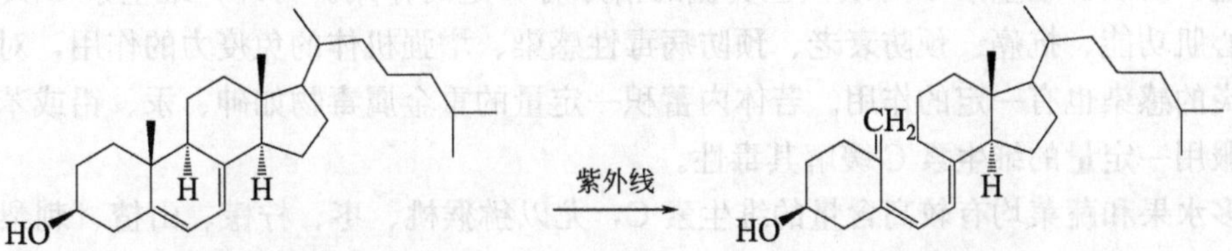

7-脱氢胆固醇　紫外线　维生素D_3

维生素 D 的主要作用是增加肠道对钙、磷的吸收，有利于新骨的生成和钙化。维生素 D 缺乏会导致少儿佝偻病和成年人骨质软化病。人和哺乳动物可以在体内合成维生素 D_3

原，其经紫外线照射而活化，并运输至全身，以供器官利用或储存。佝偻病、骨软化症是膳食缺乏维生素D或人体缺乏日光照射的结果。

活性形式的维生素D的丰富来源是肝、奶及蛋黄，而以鱼肝油中含量最丰富。但若摄取维生素D过量时，可导致钙质沉着症，严重会危及生命。注意，从天然食物中获得维生素D，是不会造成维生素D过多而中毒。

天然维生素E共有8种，均为苯骈二氢吡喃的衍生物。从化学结构上可分为生育酚（tocopherol，T）和生育三烯酚（tocotrienol，T-3）两类。维生素E中α-生育酚生理活性最高。

α-生育酚的结构式

维生素E作为一种天然生物抗氧化剂，可明显提高细胞对恶劣环境的抵抗力。维生素E具有延缓衰老、预防癌症、预防多种慢性疾病的功效；还可用于治疗因脑垂体功能紊乱而引起的妇科疾病及男女不育症，预防畸胎。维生素E和维生素C在抑制空气中氧化剂对肺组织的损害方面具有重要作用。

维生素E主要存在于植物油中，较好来源是麦胚油、大豆油、花生油、芝麻油，在豆类及蔬菜中含量也较多。长期服用大剂量维生素E也可引起各种疾病，导致激素代谢紊乱，血液中胆固醇和甘油三酯含量升高，血压升高，血小板聚集，严重时形成血栓性静脉炎或肺栓塞。

维生素C又称为抗坏血酸，属于水溶性维生素。维生素C具有烯二醇的结构，具有一定的酸性和强还原性，易脱氢生成脱氢抗坏血酸。抗坏血酸和脱氢抗坏血酸组成一种有效的氧化还原系统。1932年美国匹兹堡大学的C. G. King和W. A. Wangh从柠檬汁中分离出结晶状维生素C。

维生素C的结构式

维生素C能防治坏血病。维生素C可将食入的Fe^{3+}还原成Fe^{2+}，便于肠道的吸收，有助于造血，所以，维生素C对缺铁性贫血的治疗有一定的作用。另外，维生素C具有一定的改善心肌功能、抗癌、预防衰老、预防病毒性感染、增强机体的免疫力的作用，对预防流感、肝炎的感染也有一定的作用。若体内蓄积一定量的重金属毒物如砷、汞、铅或苯等物质时，可服用一定量的维生素C缓解其毒性。

许多水果和蔬菜均有较高含量的维生素C，尤以猕猴桃、枣、柠檬、山楂、刺梨和辣椒中含量丰富。注意经常多食水果、蔬菜和薯类的食物，可以防止坏血病的发生；但也需注意维生素C容易在加热过程中被破坏，而且微量铜和其他金属的存在也会促使其被破坏。另外，若长期大量摄取维生素C，会减弱肝素和双香豆素的抗凝血作用，也可能会引起腹泻、腹痛等其他症状。

4.1.6 矿物质

（1）钙

钙是人体必需的常量元素，约占人体成分的 2%。一个体重 65kg 的正常人体内含钙总量约为 1.3kg。成人体内约 99% 钙量主要集中于骨骼和牙齿中。在牙釉质和牙本质中，钙主要以无机物羟磷灰石的结晶形式存在，其分子式为：$[Ca_3(PO_4)_2]_3 \cdot Ca(OH)_2$。在体液和软组织中，有少量的离子钙分布。在人的一生中，骨骼始终不断地重吸收钙。据估计，成年男性每天出入骨的钙约有 700mg。正常人的血钙水平维持在 $2.1 \sim 2.6$ mmol·L^{-1}，如果低于这个范围，则认定为缺钙。当人体缺钙时，会导致佝偻病和骨质疏松症。除此之外，还会影响到血液凝固、细胞膜完整和通透性、心肌的正常收缩和舒张以及神经的正常兴奋活动。

食物中，牛奶和乳酪是钙的丰富来源。粗粮、豆腐、虾皮、雪里蕻、芥菜、瓜子、核桃及山楂等食物的含钙量也较多。酸奶中钙质有利于老年人吸收利用，可防止骨质疏松症。维生素 D、乳糖和蛋白质可促进钙吸收。煮排骨时，加点醋可促使钙从食物中溶解出来，以利于机体的吸收。注意，食物中的植酸和草酸不利于钙离子的吸收，因它们易在肠内形成不溶性钙盐。

（2）铁

铁是人体必需的微量元素，也是必需微量元素中含量最多的过渡元素。铁是血红素的核心元素。在血红素中，铁是以离子的形式与卟啉环结合。人体内 65%～70% 的铁用于构成血红素，主要以血红蛋白、肌红蛋白及细胞色素 C 的分子形式存在。其余 25%～30% 的铁几乎全部和蛋白质结合，以储备铁的形式存在于肝脏、脾脏和骨髓的网状内皮系统中。血红蛋白及肌红蛋白参与组织中氧气、二氧化碳的转运和交换过程或在肌肉中转运和储存氧。细胞色素通过电子传导作用，参与呼吸和能量代谢。

成人体内含铁约 4～5g。铁在体内可以循环利用。在正常情况下，人体是可以从膳食中补充铁的。膳食中铁的最好来源是肝、蛋黄、全麦、牡蛎、坚果等食品。但由于营养不良或长期偏食，会造成缺铁性贫血，严重时免疫功能下降。亚砷酸铁可用于治疗贫血病。碘化亚铁为抗结核药。注意：避免使用铁器类锅具熬煮海棠、山里红等酸性食品。因为果品中的果酸可溶解铁锅中的铁而形成低铁化合物，人食用后会出现恶心、呕吐等中毒症状。

（3）锌

锌是人体内含量最多的必需微量元素。它可促进人类正常生长、生殖、组织修补和创伤愈合等生理过程。目前，已发现锌是 300 多种不同酶的必需成分。锌一般以 Zn^{2+} 的形式配位于酶的结构中。成人体内的含锌量约为 2g，90% 的锌存在于肌肉与骨骼中，其余 10% 在血液中。

成人的锌需要量约为 2.2mg。缺锌可导致儿童生长发育缓慢；锌能促进性器官正常发育，保持正常的性功能，因此缺锌可导致不育症；此外，锌对皮肤、骨骼和牙齿都有保护作用，还可促进大脑正常发育，提高免疫力及味觉灵敏性。严重缺锌，还可造成原发性口腔炎及视力障碍等症状。

医学上常用碳酸锌（炉甘石）明目去翳、止血或止痒；乙酸锌用作催吐剂；硫酸锌用于补充锌剂。食品中，动物性蛋白中的含锌量较多，尤其是贝壳类食品含锌量丰富，而且所含锌极易被人体吸收利用。新鲜牡蛎中的含锌量超过 $1000mg \cdot kg^{-1}$。豆类和小麦含锌 $15 \sim 20mg \cdot kg^{-1}$，但经碾磨后的谷类，其可食部分的含锌量明显下降。注意，应适当摄取一定量的粗粮。

(4) 碘

碘是人体必需的微量元素，它分布于各组织内。成人体内含碘量约 $25 \sim 50mg$，其中一半存在于甲状腺（甲状腺素和三碘甲状腺原氨酸）中。碘在血液中能以无机和有机两种状态存在，无机碘的含量较低。甲状腺素的结构如下：

碘是构成甲状腺素的核心成员，也是参与钙、磷等元素代谢的调节者。甲状腺素能促进机体的生长和发育。孕妇缺碘，会导致婴儿发育不正常，生长迟缓，智力低下，甚至痴呆。成年人缺碘，会引起水肿、心搏减慢、性机能减退。若体内碘量高，则会引起甲状腺亢进，而导致人的机体代谢率高，身体消瘦，神经紧张，心跳加快、出汗并伴有眼球突出的症状。

水和食物中的碘主要是以无机碘化物的形式存在，很容易被小肠吸收并转运至血液中，吸收后的碘主要为蛋白质结合碘。海产品中含碘量较高。常用碘化钠（NaI）治疗甲状腺缺碘。

(5) 硒

硒是生命活动所必需的微量元素，对人的健康长寿有很多益处。成年人体内大约含有15mg 硒，广泛分布于肾皮质、胰腺、垂体和肝中。体内的硒大多数很不稳定，主要存在于谷胱甘肽过氧化物酶中。

硒可预防多种疾病，有保护心肌、防癌、抗癌、抗衰老等作用。缺硒是导致心肌病、冠心病等高发的重要因素，而补硒则有利于预防多种心脑血管疾病的发生。缺硒会引发体内自由基的大量产生，从而损伤人体内各种生物膜导致多系统损伤，出现多种并发症。患者补硒有利于营养、修复胰岛细胞，恢复胰岛正常的分泌功能。硒是强效免疫调节剂，会刺激体液免疫系统和细胞免疫系统，增强机体的免疫功能，提高肝脏自身的抗病能力，同时能拮抗多种重金属物质等有毒物质对肝脏的伤害。

为了维持人体正常的生理活动，每天的硒摄入量为 $150 \sim 200\mu g$。各种食物中，动物肝脏含硒最丰富，其次是海产品、肉类、坚果、谷类等。食品加工越精，含硒量越少。口服亚硒酸钠可补充硒。

(6) 氟

氟是人体必需微量元素之一。成年人体内含氟量约为 2.9g，主要分布于骨骼和牙齿中。

氟可以预防龋齿。为了预防龋齿，通常使用含氟化钠或氟化锶的牙膏。海产品、蔬菜、茶叶等食品中氟含量较高。但是，人类若摄入氟量过多，可引起氟中毒，造成牙齿珐琅质的破坏，出现灰色斑点。此外，氟量过多，还可干扰体内钙与磷的代谢，从而影响骨骼的生长。

4.2　化学与检验学

人体的生理、病理改变通常会引起血液、体液、尿液及粪便中化学成分的变化。临床检验的重要组成部分就是应用化学方法检测血液及体液中相关生理指标的变化，以此来指导疾病的预防、临床诊断等方面。以化学为基础的临床医学检验结果极大地提高了疾病诊断的准确性，为人们拥有健康的身体提供了有力的保障。下面以临床上常见的血液检查和尿液检查为例说明化学与疾病诊断的关系。

4.2.1　血液检查

血液是一种红色、不透明、黏稠的液体，由血细胞和血浆组成。血细胞包括红细胞、白细胞和血小板。白细胞又包括中性粒细胞、嗜酸性粒细胞、嗜碱性粒细胞、淋巴细胞、单核细胞。血液检验可分为血液常规检验和血液生物化学检验两大类。血液常规检验简称血常规，是通过检测各种细胞数量与形态的改变，为医生对疾病的诊断、疾病的治疗效果及预后观察提供重要的参考依据。

以贫血的诊断为例，贫血是指在单位容积循环血液中红细胞数、血红蛋白量及血细胞比容低于同地区、同年龄、同性别参考值低限。国内以平原地区成年男性低于$120g \cdot L^{-1}$、成年女性低于$110g \cdot L^{-1}$、孕妇低于$100g \cdot L^{-1}$作为贫血诊断标准。贫血可分为：缺铁性贫血、溶血性贫血、急性失血性贫血、巨幼细胞性贫血及再生障碍性贫血。诊断贫血时，需确定贫血发生的原因。因这五类贫血均表现为红细胞与血红蛋白减少，需通过其他指标和变化来进一步确诊。比如，缺铁性贫血是因体内储存铁缺乏而使血红蛋白合成不足，严重时红细胞可呈环状等现象。所以，医生需检测血液中的铁含量及红细胞形态来确诊。而巨幼细胞性贫血是由缺乏叶酸或维生素B_{12}使DNA合成障碍所引起的贫血，红细胞大小不均，较易见椭圆形巨红细胞等现象。所以，医生需检测体内血液中的叶酸含量以及红细胞形态来进一步确诊。表4-6为血常规的主要检验项目和正常参考值。

表4-6　血常规的主要检验项目和正常参考值

项目名称	正常参考值	
血红蛋白（HGB）	男性	$120\sim160g \cdot L^{-1}$
	女性	$110\sim150g \cdot L^{-1}$
红细胞计数（RBC）	男性	$(4.0\sim5.5)\times10^{12}L^{-1}$
	女性	$(3.5\sim5.5)\times10^{12}L^{-1}$
白细胞计数（WBC）	成人	$(4.0\sim10.0)\times10^{9}L^{-1}$
	儿童	$(5.0\sim12.0)\times10^{9}L^{-1}$

项目名称	正常参考值
白细胞分类	
中性粒细胞（N）	50%～70%
嗜酸性粒细胞（E）	0.5%～5%
嗜碱性粒细胞（B）	0～1%
淋巴细胞（L）	20%～40%
单核细胞（M）	3%～8%
血小板计数（PLT）	$(100～300)×10^9 L^{-1}$

血液生物化学检验内容包括很多，如血钾、血钠、血氯、血钙、血铁、血脂及血脂代谢产物、脂蛋白、血糖及其相关代谢产物以及酶等指标。临床医生一般根据病人的临床症状，选择相关重要指标进行检验。

例如，糖尿病是一种由于胰岛素分泌不足或胰岛素作用低下而引起的代谢性疾病，其特征是患糖尿病时长期存在高血糖，导致各种器官，特别是眼、肾、心脏、血管、神经的慢性损害和功能障碍。糖尿病患者经常会出现多饮、多尿、多食和消瘦、疲乏无力等症状。所以，医生会根据患者出现的上述症状，再通过测定患者血糖和血胰岛素的量来进一步确诊。血糖是指血液中的葡萄糖，其主要来源为肠道吸收、肝糖原分解或肝内糖异生。空腹血糖检查是常用的检测项目之一，是了解体内糖代谢情况的最基本检查，可为糖代谢紊乱引起的疾病提供诊断依据。血糖即血中的葡萄糖，正常人在清晨空腹时血糖浓度参考值为 $3.9～6.1 mmol \cdot L^{-1}$。在正常情况下，血糖浓度受到神经系统和体液激素的调节，使其代谢达到动态平衡。当血糖的内稳态被破坏时，就会出现高血糖或低血糖。血糖浓度的测定，可用于糖尿病的诊断、昏迷鉴别诊断及糖代谢研究。两次空腹血糖≥$7.8 mmol \cdot L^{-1}$，餐后 2h 血糖≥$11.1 mmol \cdot L^{-1}$，伴有尿糖阳性或糖尿病症状，可确诊为糖尿病。若血糖低于 $2.8 mmol \cdot L^{-1}$，其临床症状称为"低血糖"。

血糖含量主要受胰岛素、肾上腺素、胰高血糖、糖皮质激素等激素的调控。胰岛素是胰岛 β 细胞分泌的多肽类激素，血糖升高可反馈性地使胰岛素分泌。血清胰岛素正常参考值：$5～25 \mu U \cdot mL^{-1}$，服糖后 $0.5～1h$，升高 $7～10$ 倍，3h 降至正常；胰岛素（$\mu U \cdot mL^{-1}$）/血糖（$mg \cdot dL^{-1}$）< 0.3。糖尿病分Ⅰ型和Ⅱ型，Ⅰ型糖尿病主要是因为胰岛素分泌减少，表现为空腹与进糖后胰岛素含量均明显降低，胰岛素与血糖比值降低。Ⅱ型胰岛素主要是胰岛素释放缓缓，表现为空腹胰岛素基本正常，进糖后，胰岛素释放延迟，胰岛素与血糖比值也降低。医生通过血胰岛素的量以及胰岛素与血糖的比值进一步确诊患者的糖尿病类型，进行针对性治疗。

许多疾病常伴有某些酶活性的改变。测定酶活性的变化有助于了解机体的机能状态和某些疾病的发展，协助诊断。1954 年 Karmen 氏发现心肌梗死时，血清谷草转氨酶（GOT）活性升高。GOT 酶可逆地催化谷氨酸与草酰乙酸之间的氨基转移。正常情况下，GOT 酶存在于细胞内，所以血清中转氨酶活性很低。而当发生心肌梗死时，细胞膜通透性增加或组织细胞受损，转氨酶就会被释放，进入血中，从而造成血清 GOT 酶活性升高。另外，当人体发生有机磷农药中毒后，体内胆碱酯酶受到抑制，血清中该酶的活性就会下降。

人类血脂包括总胆固醇、甘油三酯、磷脂和游离脂肪酸。总胆固醇（cholesterol）的成分包括70％胆固醇酯，30％脂类代谢的中间产物，即游离胆固醇。成人正常总胆固醇参考值≤5.17mmol·L⁻¹。当人体发生阻塞性黄疸、肝细胞受损或其他原因而导致总胆固醇偏高时，总胆固醇会沉积在动脉血管的内壁上（图4-2），从而引发高脂血症、冠心病、糖尿病及中风等疾病的发生。血清总胆固醇的测定对高脂血症和冠心病的诊断具有重要意义。据统计，60岁以下的人，冠心病患病率随血浆胆固醇的浓度增高而直线上升。首乌、山楂等均有明显降低血浆胆固醇的功效。

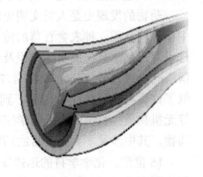

图 4-2　胆固醇在血管壁沉积
形成粥样硬化

4.2.2　尿液检查

人体为了维持机体内环境的相对稳定，需要将分解代谢的终产物和体内不吸收的物质排出体外。尿液是人体排泄的主要途径。尿液的成分和形态反映了机体的代谢状况，对疾病的观察、诊断具有重要的参考意义。健康人排出的新鲜尿液呈淡黄色，成人每日排尿量约为1～2L，尿液的 pH 值在 5.0～8.0 范围内波动。尿量增多或减少、尿液气味的改变或尿液某些成分的增加或减少，都可能是病理性改变导致的。

比如，糖尿病酮症酸中毒患者的尿液中会有酮体出现，并伴随有烂苹果气味。酮体是脂肪代谢的中间产物，由肝脏产生，是乙酰乙酸、β-羟丁酸、丙酮三者的总称。在正常情况下，尿酮体检测应为阴性。但在某些病理条件下，由于脂肪动员增加，肝对脂肪酸氧化不全，酮体生成增加，血中酮体含量增加，引起尿酮。尿中酮体（以丙酮计）为 0.34～0.85mmol·24h⁻¹。糖尿病患者一旦出现尿酮，则有可能发生酮症酸中毒而危及生命。表4-7为尿常规的主要检验项目和正常参考值。

表 4-7　尿常规的主要检验项目和正常参考值

项目名称	正常参考值
尿胆原（UBG）	定性为阴性或弱阳性，定量≤10mg·L⁻¹
胆红素（BIL）	定性为阴性，定量 1.7～22.2μmol·L⁻¹
酮体（KET）	阴性
蛋白质（PRO）	定性为阴性，定量 60～83g·L⁻¹
亚硝酸盐（NIT）	阴性
葡萄糖（GLU）	阴性
红细胞（RBC）	0～11 个·μL⁻¹
白细胞（WBC）	阴性

4.3　化学与药物

药物是人类长期生产实践中不断积累起来的一些对疾病具有预防、治疗和诊断作用的物质。药物化学是化学与生命科学相互交叉渗透的一门综合性学科，它主要研究化学药物的化学结构、理化性质、化学制备、药效关系、体内代谢以及研发新药的途径和方法。

　　药物的发现史是人类文明史的重要组成部分。我国作为四大文明古国之一，就有璀璨的中华医药文明。神农尝百草的传说、炼丹术等无疑都是我国古代药物发展的印记，尤其是炼丹术对于化学反应的实际知识及化学实验操作技术等方面的发展具有重要的贡献。此外，我国医药学家雷敩（公元420—477年）著有《雷公炮炙论》。虽然它主要涉及药剂学，但也贡献了许多有价值的化学知识。到汉代，人们已能制备汞、朱砂（硫化汞）、雄黄（硫化砷）等无机物质。我国的伟大药学家李时珍撰写的《本草纲目》，共收载了1892种动植物和矿物药物，其中涉及了大量丰富的药物化学知识。

　　18世纪，化学学科的迅速发展推动了药物研究。化学分离技术的发展使得人们对天然药物研究进入了新的阶段。科学家们可利用化学知识和技术分离和纯化天然药物中的有效成分。1805年，从罂粟中分离出了镇痛药吗啡；1823年，从金鸡纳树皮分离出了抗疟疾药奎宁；1831年，从颠茄等茄科植物中分离得到抗胆碱药物阿托品；1855年，从古柯中分离出了局部麻醉药可卡因。

　　由于天然植物中药用成分含量低，很难满足人们对药物的需求，所以，化学家们发展了各种有机合成方法来制备药物。1897年，德国化学家F. Hoffmann以水杨酸为原料合成了解热镇痛药乙酰水杨酸（阿司匹林，aspirin）。1921年，德国化学家G. Domagk合成了磺胺药。1938年，瑞士化学家P. Karrer首次合成了维生素。化学合成和生产技术上带来了新方法、新技术、新原料和新试剂，为药物化学的进一步发展打下了更为丰富的物质基础。

　　随着分子生物学和计算机等各种新技术和新方法在药物研究中的应用。人们已经可以从细胞和分子水平认识疾病的发病机制和药物的作用机理，提高了药物分子设计的合理性和特异性。例如：采用计算机辅助药物设计方法，以艾滋病病毒HIV-1蛋白酶的结构为靶向，通过比较与受体活性区域中心匹配度和计算其相互作用能，并不断优化先导化合物的结构，寻找与HIV-1蛋白酶靶标大分子作用的化合物分子的最佳构象，最终得到了与HIV-1蛋白酶相匹配（图4-3）的抗艾滋病药物——沙奎那韦。

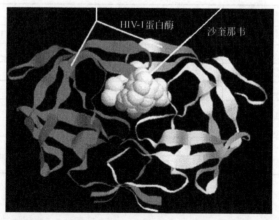

图4-3　艾滋病病毒HIV-1蛋白酶与沙奎那韦复合物的计算机分子模拟图

　　药物化学发展史贯穿着研制新药的发展过程，而药物生产发展的过程和应用药物的过程也影响着新药的创制，彼此相互促进，相互发展。迄今为止，人类已合成了成千上万种药物。药物的发明，使过去严重危害人类生命和健康的细菌感染、病毒感染以及寄生虫类疾病得到了有效的控制，保障了人类的健康。但是，现代人们仍然面临着艾滋病、癌症、糖尿病、心脑血管病及老年性疾病等严重危害人类健康疾病的挑战。新药研究任重道远。

4.3.1 阿司匹林

阿司匹林（aspirin）为医药史上三大经典药物之一，又称乙酰水杨酸，化学名为 2-乙酰氧基苯甲酸，是非甾体解热镇痛药。阿司匹林已应用百余年，至今仍是世界上应用最广泛的解热镇痛和抗炎药，临床上用于治疗感冒发烧、头痛、牙痛、神经痛等，是治疗风湿热及活动性风湿性关节炎的首选药物。由于阿司匹林具有抗血小板聚集和血栓形成的作用，所以，现在临床上常用阿司匹林预防和治疗心肌梗死及动脉血栓。

$$水杨酸：R=H$$
$$阿司匹林：R=-\overset{O}{\underset{}{C}}-CH_3$$

阿司匹林的结构式

早在 2300 多年前，西方医学奠基人、希腊生理和医学家希波拉克底就已发现，水杨柳树的树叶具有镇痛退热作用，但并不清楚它的有效成分。1763 年，伦敦皇家学会发表了爱德华·斯通的《关于柳树皮治疗寒热成功的记述》。中国古人也很早就发现了柳树的药用价值。据《神农本草经》记载，柳之根、皮、枝、叶均可入药，有祛痰明目，清热解毒，利尿防风之效，外敷可治牙痛。

1827 年，英国科学家拉罗科斯首先发现柳树皮里的有效成分是一种味苦的黄色结晶体水杨苷。1838 年，从柳树皮中提取得到水杨酸。1853 年，德国化学家杰尔赫首次合成水杨酸，它具有退热镇痛作用，但毒性大，对胃有强烈的刺激作用。1897 年，德国化学家霍夫曼的父亲身患风湿病，霍夫曼为给父亲治病，经过多次试验，成功地合成了乙酰水杨酸，这就是沿用至今的阿司匹林。乙酰水杨酸的酸性较弱，其解热镇痛效果优于水杨酸，且副作用较低，1899 年，德国化学家拜耳创建了批量生产阿司匹林的工艺，把阿司匹林真正引入了医疗领域。

乙酰水杨酸为弱酸性药物，在酸性条件下不易解离，因此易于在胃及小肠上部吸收。被吸收的乙酰水杨酸在酯酶的作用下，水解为水杨酸和乙酸。水杨酸代谢时主要与葡萄醛酸或甘氨酸结合后排出体外，仅小部分进一步氧化为 2,3-二羟基苯甲酸和 2,5-二羟基苯甲酸和 2,3,5-三羟基苯甲酸。

由于阿司匹林和水杨酸均有胃肠道副作用，甚至引起胃出血，人们为了改善该药的缺点，对水杨酸结构进行了一系列修饰工作，寻找疗效高、毒副反应小的水杨酸类衍生物。水杨酸中的活性基团羧基和酚羟基可改造成酰胺、酯等化合物。临床上已应用的水杨酸类衍生物有：乙酰水杨酸铝、乙酰水杨酸赖氨酸盐、水杨酸胆碱、双水杨酸酯、贝诺酯等。乙酰水杨酸铝在胃内几乎不分解，进入小肠才分解成两分子乙酰水杨酸而被吸收，故对胃几乎无刺激。水杨酸胆碱的解热镇痛作用比乙酰水杨酸强 5 倍。

4.3.2 青霉素

青霉素又称苄基青霉素、青霉素 G，它由青霉菌的培养液中提取得到。由这些培养液中可提取到青霉素 F、青霉素 G、青霉素 X、青霉素 K 和青霉素 F 等多种代谢物。其中青霉素 G 因较稳定，抗菌作用较强，且产量也较高而最常用于临床。青霉素是人类历史上第一个用于临床的抗生素。青霉素的发现开创了抗生素研究的新纪元，将临床治疗推动到了一个新的水平。青霉素的三位发现者 Alexander Fleming、Howard Florey、Ernest Boris Chain 于 1945 年共同获得了诺贝尔生理学或医学奖。

青霉素最初是由英国细菌学家 Alexander Fleming 于 1928 年发现。在第一次世界大战初期得到纯化。第二次世界大战爆发后，抗菌药品成了医药界关注的热点。牛津大学病理学家 Florey 和他的两个助手 Leslie Falk 和 Ernest Chain 决定再研究 Alexander Fleming 发现的青霉菌。在完成青霉素的提纯、药理及毒理试验后，因当时英国战时条件所限，1941 年 Florey 和 Hentley 前往美国，与美国的研究机构和企业合作，开始研究制造治疗用的青霉素。1942 年，Alexander Fleming 第一次用浓青霉素治疗了一个患链球菌脑膜炎重症患者，治疗成功。美国与英国分别在 1943 年、1944 年建立了发酵工厂，开始大量生产青霉素，并提得纯品供临床使用。于是，人类才有充足的青霉素供临床应用。

1942 年初，青霉素可达到 $200U \cdot mL^{-1}$，很昂贵，10 万单位要 20 美金；1945 年，10 万单位就只要 2.25 美金。1957 年，青霉素的全合成才获得成功。

青霉素 G 是一种不稳定的有机酸（$pK_a = 2.65 \sim 2.70$），难溶于水，可溶于有机溶剂。临床上常用其钠盐或钾盐，以增强其水溶性。青霉素 G 盐的水溶液在室温下不稳定易分解。因此，在临床上制成粉针剂，注射前现配现用。青霉素的基本化学结构如下：

青霉素F：R= CH₃CH₂CH=CHCH₂—

青霉素G：R= ⬡—CH₂—

青霉素X：R= HO—⬡—CH₂—

青霉素K：R= CH₃(CH₂)₅CH₂—

二氢青霉素F：R= CH₃(CH₂)₃CH₂—

青霉素V：R= ⬡—OCH₂—

青霉素 G 具有抗菌作用强的特点，特别是对各种球菌和革兰氏阳性菌都有较好的效果。然而大多数革兰氏阴性菌对青霉素 G 的敏感性很低。青霉素类药物是通过阻止细菌细胞壁的合成发挥作用的。人体细胞没有细胞壁，所以青霉素对人体没有毒性。

由于在生产、储存和使用青霉素过程中，可能会有过敏原的存在，对某些病人易引起过敏反应，严重时会导致死亡。在临床应用中需严格按要求进行皮试后再进行使用。

青霉素类化合物是由 β-内酰胺和五元氢化噻唑环骈合而成，两个环的张力比较大，内酰胺环中羰基和氮原子的孤对电子不能共轭，易开环。β-内酰胺酶是细菌体内能够催化 β-内酰胺环水解反应的一种酶，它可使青霉素失去活性。所以，体内有这种酶的细菌就可以抵抗青霉素，导致耐药性。如今，随着青霉素的大规模使用，越来越多的致病菌对它产生了耐药性。解决耐药性的有效办法就是研制新药物，使药物更新换代。

化学家利用化学合成的方法，将青霉素 G 的 R 侧链改造成其他基团，从而得到了许多疗效更好的衍生物，比如目前临床上使用得更广泛的半合成青霉素氨苄青霉素（氨苄西林，ampicillin）和羟氨苄青霉素（羟基氨苄西林，商品名阿莫西林，amoxicillinum）等，不仅比天然的青霉素 G 疗效高，而且耐酸性强，可以口服。

4.3.3 青蒿素

自1820年从金鸡纳树皮中提取出奎宁以来，奎宁类药物就一直是临床常用抗疟药。但后来在长期使用过程中发现，恶性疟原虫对奎宁类药物具有抗药性以及奎宁类药物对我国某些患者具有较强的药理副作用，所以，我国科学家们将目光转向开发新型抗疟药。

青蒿素是我国科学家于1972年首次从菊科植物青蒿或黄花蒿中分离的一种含过氧基的新型倍半萜内酯，对各种疟疾都有很高疗效，且起效快。该药于1994年开发上市，1995年被WHO（世界卫生组织）列入国际药典，这是我国第一个具有自主知识产权的创新药物。在青蒿素的研究过程中，屠呦呦领导的课题组通过不断改进提取方法，终于在1972年获得了青蒿素结晶。2011年，屠呦呦获得了拉斯克奖。2015年，中国药学家屠呦呦、爱尔兰医学家威廉·坎贝尔与日本科学家大村智共同获得了诺贝尔生理学或医学奖。

青蒿素在抗疟药中开创了一个无氮原子的新结构类型。自1972年我国发现青蒿素以来，国内外合成了大量青蒿素衍生物，如二氢青蒿素、蒿甲醚、蒿乙醚、青蒿琥酯。蒿甲醚、蒿乙醚是通过对青蒿素的化学结构进行改造，将青蒿素结构中的酮还原成醇，再制成甲醚或乙醚，其抗疟作用增强数倍，且毒性更低。在对青蒿素的结构改造中发现青蒿素结构中的过氧基团是抗疟活性所必需的，C—O键的交替排列与抗疟活性也有一定的关系。1983年，青蒿素化学全合成试验成功。

青蒿素   蒿甲醚

4.3.4 磺胺类药物

19世纪后半叶，许多医学家、药理学家、化学家将研究方向转为从人工合成化合物中寻找可用于治疗传染性疾病的药物，并取得了巨大的成功。百浪多息是人类发现的第一个有效的抗菌药，在历史上被称为神药，它的发现无疑地推动了化学治疗的发展。G. Domagk也因发现百浪多息而获得1939年诺贝尔生理学或医学奖。

百浪多息是一种红色的偶氮染料。1932年，G. Domagk在研究偶氮染料的抗菌作用时发现：百浪多息可使鼠、兔免受链球菌和葡萄球菌的感染。同年，G. Domagk的小女儿，由于偶然的针刺发展成为严重的链球菌感染，医生用常规的治疗方法没能阻止感染的发展，他的女儿面临死亡的威胁。G. Domagk大胆地使用大剂量百浪多息治疗，女儿最终得救。此事引起医学界的极大振奋。百浪多息的结构式如下：

进一步研究发现，百浪多息在试管内无效，但在动物和人体内却显示抑菌作用。1935年，法国 Pastear 研究院 Trěfouěls、Nitti、Bovet 以及 Fournean 报道了重要发现：在机体组织中，百浪多息的偶氮基断裂产物对氨基苯磺酰胺才是其产生抗菌作用的原因。1936年，Colebrook、Kenng 和 Buttle 报道了他们用对氨基苯磺酰胺和百浪多息治疗产褥热、败血症及脑膜炎球菌感染，取得了很好的临床效果。后来，研究者从服用百浪多息患者的尿中分离出对乙酰氨基苯磺酰胺，从而更加确认了对氨基苯磺酰胺才是这类化合物的基本有效结构。到1946年为止，共合成出了5500余种磺胺类化合物，并进行了筛选。最终，筛选出约20余种磺胺类药物。

磺胺类药物是指一类具有对氨基苯磺酰胺结构的合成抗菌药物。它是通过阻断细菌细胞内叶酸的合成来阻止细菌生长的一类合成药。因为人的细胞自身不能合成叶酸，而必须从食物中摄取，所以，磺胺类药物对人体无毒副作用。这类药物的抗菌谱广，可用于治疗流行性脑膜炎、脊髓炎及呼吸道、尿道感染。

近年来，大多数磺胺类药物已不再在临床上使用，主要是因为磺胺类药物只能抑制细菌繁殖，而不能彻底杀死细菌。目前临床上仍在使用的磺胺类药物有：磺胺醋酰钠、磺胺嘧啶、磺胺甲噁唑。磺胺嘧啶是活性较好的磺胺类药物，可用于治疗脑膜炎双球菌、肺炎球菌及溶血性链球菌的感染。

4.3.5 吗啡

阿片在民间又称鸦片，是取罂粟科植物罂粟蒴果的浆汁干燥而得。公元一世纪，罗马学者 Celsus 所撰《百科全书》中曾记载阿片为止痛剂。药物学家 Diokorides 在当时已完全熟悉阿片的制备方法，并推荐将阿片用于安眠和止咳。1817年德国年轻药师 Sertürner 从阿片中提炼出吗啡。1923年 Gulland 和 Robinson 确定了吗啡的化学结构。1952年 Gazte 和 Tschudi 完成了吗啡的化学全合成。吗啡的结构如下：

吗啡（morphine）是阿片中含量最高的生物碱，含量超过 10%。吗啡的盐酸盐（盐酸吗啡）是临床上常用的麻醉剂，有极强的镇痛作用，多用于创伤、手术、烧伤等引起的剧痛，也可用于心肌梗死引起的心绞痛。但是，吗啡也与阿片一样，具有成瘾性和呼吸抑制等毒副作用。正因为吗啡具有这种毒副作用，所以，它原本是用以治病的药品，但常以毒品的面目出现。

毒品一般是指使人形成瘾癖的药物。依照《中华人民共和国刑法》规定"毒品是指鸦片、海洛因、甲基苯丙胺（冰毒）、吗啡、大麻、可卡因以及国家规定管制的其他能够使人形成瘾癖的麻醉药品和精神药品"。吸食毒品严重危害人的身心健康，能损害人的大脑、心脏功能、呼吸系统功能等，并使免疫力下降，吸毒者极易感染各种疾病，吸毒成瘾者还会因吸毒过量导致死亡。

现今吸毒已经演变成严重的社会问题。根据联合国毒品和犯罪问题办公室发布的《2014年世界毒品报告》，2012年全球因毒品死亡的人数估计超过18万，而根据世界卫生组织统计，全世界每年大约有10万人死于吸毒过量，有100万人因吸毒而丧失劳动力。为了解决人类长期存在的毒品问题，研究创新出无吗啡样副作用的新型镇痛药是科学家们责无旁贷的重任。

4.3.6 达菲

近年来，高流行性甲型H1N1和高致死性H7N9流感感染人数快速增加，给人民的生命健康带来了严重的威胁。达菲是一种非常有效的流感治疗用药，于1999年在瑞士上市，同年被美国FDA批准上市。

达菲的通用名为磷酸奥司他韦（oseltamivir phosphate），其化学名称为（$3R$,$4R$,$5S$)-4-乙酰胺-5-氨基-3(1-乙基丙氧基)-1-环己烯-1-羧酸乙酯。达菲可以大大减少气管炎、支气管炎、肺炎和咽炎等并发症的发生和抗生素的使用量，是公认的控制甲型H1N1和H7N9病毒最有效的药物之一。

达菲的结构式

达菲口服后经肝脏和肠道酯酶迅速转化为活性代谢物奥司他韦羧酸，因后者的构型与流感病毒神经氨酸相似，故能竞争性地与神经氨酸酶的活性位点结合，阻断流感病毒的合成，是一种高效的流感病毒神经氨酸酶抑制剂，它能减少流感病毒的传播。口服给药后，达菲很容易被胃肠道吸收，经肝、肠的酯酶转化为活性代谢产物，后者可以到达所有被流感病毒侵犯的靶组织。活性代谢产物不再被进一步代谢，而是由尿排泄，故肾功能不全患者用药时要慎重。

达菲的不良反应包括恶心、呕吐、支气管炎、咳嗽、眩晕、头痛等。美国食品药品管理局（FDA）曾警告说，达菲可能会在儿童患者中引起精神错乱和幻觉等严重的副作用，甚至造成死亡，故孕妇和儿童慎用。

2009年5月我国卫生部已批准了达菲的进口许可，该药已在中国上市。鉴于达菲的主要原料——莽草酸的90%来自中国内地，罗氏公司同意授权两家中国企业生产达菲。

4.4 化学与生活习惯

4.4.1 吸烟

吸烟是一种不良的生活习惯，其危害健康已是不争的事实。2015年，中国疾病预防控制中心在北京发布了《2015中国成人烟草调查报告》。报告指出：我国每年有超过100万人死于烟草导致的相关疾病，中国现在吸烟人数比五年前增长了 1500 万，已高达 3.16 亿。美国一位医生对 36～54 岁的 4 万名吸烟者和不吸烟者进行连续 11 年的追踪观察，发现吸烟者的死亡率是不吸烟者的 2.5 倍。据统计，在肺癌患者中，吸烟者占 90％左右；慢性支气管炎患者中，吸烟者占 75％左右。另外，研究发现吸烟也是冠心病的三大发病因素之一。

烟草里含有尼古丁。尼古丁又称烟碱，是一种无色透明的油状挥发性液体，具有刺激的烟臭味。尼古丁的毒性很大。实验证明，1 支香烟中的尼古丁可以毒死一只小白鼠，25 支香烟中的尼古丁可以毒死一头牛。烟草燃烧时释放的烟雾中含有 3800 多种已知的化学物质，其中有毒物质多达几百种，如尼古丁、一氧化碳、多环芳烃、苯并芘及 β-萘胺等。多环芳烃、β-萘胺和苯并芘等化合物均为致癌物质。吸烟者肺癌、喉癌死亡率比不吸烟者高十几倍。所以，长期吸烟的人易患肺癌和食道癌等疾病。此外，吸烟还可诱发口腔癌、食道癌、胃癌、结肠癌、胰腺癌、肾癌、乳腺癌和宫颈癌等疾病。孕妇吸烟，不仅影响自己，还会影响胎儿，使孩子出生后发育差。

据统计，每天吸一盒烟以上的人，不仅本人深受其害，而且也会造成家庭成员被动吸烟而影响身体健康。被动吸烟就是指生活和工作在吸烟者周围的人们，不自觉和无奈地吸进香烟燃烧产生的烟雾尘粒和各种有毒物质。研究发现，经常在工作场所被动吸烟的妇女，其冠心病发病率显著高于工作场所没有或很少被动吸烟者；丈夫吸烟的妻子患肺癌的概率为丈夫不吸烟者的 1.6～3.4 倍。因此，为了你和他人的健康，请远离香烟。

4.4.2　酗酒

中国古代劳动人民在长期的生活实践中，很早就掌握了酿酒的方法。汉代刘安在《淮南子》中提到"清盎之美，始于耒耜"。《凉州词》中写道："葡萄美酒夜光杯，欲饮琵琶马上催。醉卧沙场君莫笑，古来征战几人回？"在中华文明中，酒文化源远流长。饮酒成了许多人生活中重要的生活习惯。

酒的主要成分是乙醇（ethanol）。乙醇又俗称酒精，是无色、透明的挥发性液体，易燃，能与水、乙醚、丙酮等以任意比例混溶。在传统的酿酒过程中，粮食中的淀粉在酶的作用下，逐步分解成糖和酒精，于是，产生了香味浓郁的酒。不同种类酒的酒精含量也各异。啤酒中含乙醇 2％～6％，葡萄酒等果酒中含乙醇为 10％～30％，白酒中的乙醇含量为 35％～65％。

乙醇被人体中的胃和小肠上部迅速吸收，90％以上的乙醇在肝内代谢，其余随尿及呼气而被排泄。乙醇在人体内的分解代谢主要靠乙醇脱氢酶和乙醛脱氢酶两种酶，它们能将酒精彻底代谢为二氧化碳和水。乙醇的体内代谢一般因人而异，因状况而异。这主要是由人体内的乙醇代谢酶活性不同而导致乙醇体内代谢速度的差异。如果饮酒过多，超过了酶的分解能力，就会发生醉酒。醉酒的人先是处于兴奋状态，表现为情绪激昂、夸夸其谈，然后行动变迟缓、笨拙，甚至进入昏睡状态。醉酒后常出现呕吐，这是由于酒精损害胃黏膜所致。

因为乙醇代谢主要发生在肝脏，所以长期饮酒对肝脏的损害特别大。大量的临床实验证实，长期饮酒会造成酒精中毒，一般表现为智力、理解力和记忆力下降，手指颤抖，甚至丧失劳动和工作能力；严重会导致肝功能减退以及肝硬化，甚至死亡。据统计，人群中肝硬化的发病率，嗜酒者是不饮酒者的 8 倍。肝癌的发病也与长期酗酒有直接关系。酗酒也是诱发 Ⅱ 型糖尿病、高血压、血脂异常、痛风等疾病的元凶。由于酒精对人的精子和卵子也有毒副作用，故酗酒不仅会导致生殖腺功能降低，而且会使精子和卵子中染色体异常，从而导致胎儿畸形、发育不良及智力低下等。表4-8列出了血液中乙醇浓度、相应症状和酒后交通事故间的相应关系。

表 4-8　血液中乙醇浓度与症状、酩酊度的关系

乙醇浓度/mg·100mL^{-1}（以每100mL血液计）	症状	酩酊度
50	精神愉快，飘然感	无影响
100	兴奋、脸红、语无伦次，喜怒无常	无明显影响
150	激动，吵闹	高度受影响
200	动作不协调，意识紊乱，舌重口吃	酩酊
300	麻醉状态，进入昏迷	重度酩酊
400	昏迷，呼吸有鼾音，体温下降	
500	深度昏迷，死亡	

　　一次大量饮用高浓度的酒，会造成急性酒精中毒，严重者会导致死亡。急性酒精中毒主要是因为乙醇对中枢神经系统的抑制。中毒的程度通常以血液中乙醇浓度作为标准。一般情况下，血液中乙醇浓度在 50mg·100mL^{-1} 以下时无明显影响；当血液中乙醇浓度达 100mg·100mL^{-1} 以上时，可出现明显的中毒症状；当血液中乙醇浓度达 400～500mg·100mL^{-1} 时，可导致呼吸抑制等症状而引起死亡。

　　酗酒还可能构成一定的社会问题。酗酒者通常把酗酒作为一种宣泄内心冲突、心理矛盾的重要方式和途径。酗酒者希望通过酗酒来消除烦恼，减轻空虚、胆怯、内疚、失败等不良心理感受，如不合理疏导，可能会危害社会治安。我国每年因酗酒肇事立案高达 400 万起；三分之一以上交通事故的发生与酗酒及酒后驾车有关。因此，戒除不良的生活习惯，无论是对自身还是社会都是非常必要的。

思 考 题

　　4-1　简述化学对人类健康的作用。

　　4-2　什么是营养素？一般人体需要哪几类营养素？

　　4-3　什么是维生素？它包括哪些类别？请介绍两种常见维生素的功能和补充途径。

　　4-4　什么是必需微量元素？请介绍两种必需微量元素及其主要生理功能。

　　4-5　为什么碘是维持人体健康的明星元素？

　　4-6　纤维素是维持人体健康所需的营养素吗？为什么人不能以纤维素为主食？但又为什么提倡人要适当吃一些富含纤维素的食物？

　　4-7　请说明血液和尿液的常规检验指标是如何反映机体是否处于健康状态的？

　　4-8　请简单阐述一下化学在现代医学中的作用。

　　4-9　简述中药与西药的差异？试谈一下如何推进中药的发展？

　　4-10　请试谈一下如何引导人们放弃抽烟和酗酒的不良生活习惯。

（西安交通大学　王丽娟）

第5章
化学与生命科学

化学与生命科学相结合已成为现代化学发展的一大趋势，化学在生命科学中越来越重要。20 世纪生物学取得的巨大进展是以无数化学家基础研究成果为前提的，其中以基因重组技术为代表的一批新成果标志着生命科学进入了一个崭新的时代，这项技术实现了从分子水平了解生命现象的本质，同时从更新的高度去揭示生命的奥秘。生命科学的研究是从宏观向微观发展，从最简单的体系了解基本规律，从最复杂的体系探索相互关系的。

早在 20 世纪初，化学家就开始研究单糖、血红素、叶绿素、维生素等生物小分子的化学结构，接着又向蛋白质和核酸等生物大分子进军，建立了蛋白质结晶和分离纯化方法，在此基础上用研究小分子结构的理论和方法研究生物大分子的结构，进而从 20 世纪 50 年代起取得了一系列重大突破。蛋白质（包括酶）和核酸的研究成果不仅使生物化学迅速发展，由此也诞生了结构生物学和分子生物学，从而导致了后来围绕基因的一系列研究。20 世纪中期，由于化学和生物学协力攻克了遗传信息分子结构与功能关系的难题，使生命科学的研究轨迹进入以基因组成、结构、功能为核心的新阶段。可以说在生命科学发展过程中，化学家从对构成生命物质分子的解析和合成到对生命中化学现象的模拟进行了全方位的研究。

生物学从描述性科学发展成为 20 世纪末的前沿科学，在很大程度上是依靠化学所提供的理论、概念、方法，甚至试剂和材料。许许多多的化学家为生物学的发展做出了重大贡献，20 世纪至今的 110 多年间，由于从事与生命科学相关的化学基础研究工作，其中获得诺贝尔奖的有 42 项。这也促使了一门新颖的学科——化学生物学于 20 世纪 90 年代诞生了。化学生物学的核心任务是运用小分子生物活性物质作为化学探针，发现其在生物体中的靶分子，研究这些物质与生物体靶分子的相互作用，创造具有某种特异性质的新颖生物活性物质，阐明病理过程的发生、发展与调控机制，从中发展出新的诊断和治疗方法。

5.1 构成生命的最基本物质

构成生命的物质种类很多，不仅包括糖、脂肪、蛋白质、核酸等生物大分子，而且还包括维生素、激素、神经递质、细胞因子等生物小分子，其中最重要的是蛋白质和核酸。在约200余万种的自然界生物中，据估计总共约有 $10^{10} \sim 10^{12}$ 种蛋白质及核酸。为了揭示生命现象的本质，化学家花费了将近一个世纪的时间，基本清楚了这两大类生物大分子的组成、结构和功能，同时建立了有关的研究方法和技术。

5.1.1 蛋白质

蛋白质（protein）是生命现象的物质基础之一，是构成一切细胞和组织最重要的组成成分，是生命活动的主要承担者，一切生命活动均与蛋白质有关。新陈代谢是生命活动的主要特征，新陈代谢中所有化学变化都是在酶（enzyme）催化下才能进行的。除最近发现的极少数具有催化功能的核酸以外，所有的酶都是蛋白质。生物的生长、运动、呼吸、免疫、消化、光合作用及其对外界环境变化的感觉和做出的必要反应等，都必须依靠蛋白质来实现。虽然遗传信息的携带者是核酸，但遗传信息的传递、表达不仅需要蛋白质酶的催化，而且还需要蛋白质的调节控制。一些蛋白质是生物体的重要结构成分，如在高等动物体内，作为身体的支架参与结缔组织和骨骼构成的胶原纤维是主要的细胞外结构蛋白；细胞壁、细胞膜、线粒体和叶绿素等等都是有蛋白质参与构成的。此外，有些蛋白质是激素，如胰岛素参与血糖的代谢调节，能降低血液中葡萄糖的含量；有些蛋白质被称为抗体或免疫蛋白，能够通过免疫反应构成生命体的一种自我防御机能。

在所有的生命分子中，蛋白质功能最具多样性，结构也最具多样性。正如4.1.2所述，几乎所有的蛋白质都是由不同数目的20种氨基酸（amino acid）组成的。这20种氨基酸分子的共同特点是同时含有氨基（—NH_2 或—NH—）和羧基（—COOH），而且氨基均连在羧基相邻的 α-碳上，因此称为 α-氨基酸，结构通式如图5-1所示。式中，R是每种氨基酸的特征基团，最简单的氨基酸是甘氨酸，其R为氢原子（H）。然而，上述平面结构式并不能代表氨基酸的真实结构，因为氨基酸分子结构不是平面的，而是立体的。由于 α-氨基酸是手性分子（手性中心为 α-碳原子），其立体构型应有两种，一种为L-构型，另一种为D-构型，它们互为对映异构体关系（图5-2），但迄今发现的天然氨基酸几乎都是L-构型的氨基酸。如前所述，组成蛋白质的氨基酸一般为L-构型，为什么生物体选择了L-氨基酸参与蛋白质的组成，是自然界留给人类的难解之谜。

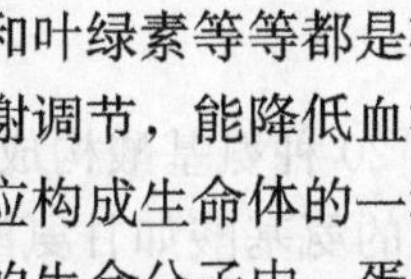

图 5-1　氨基酸的结构通式　　　　图 5-2　L-构型和D-构型的 α-氨基酸

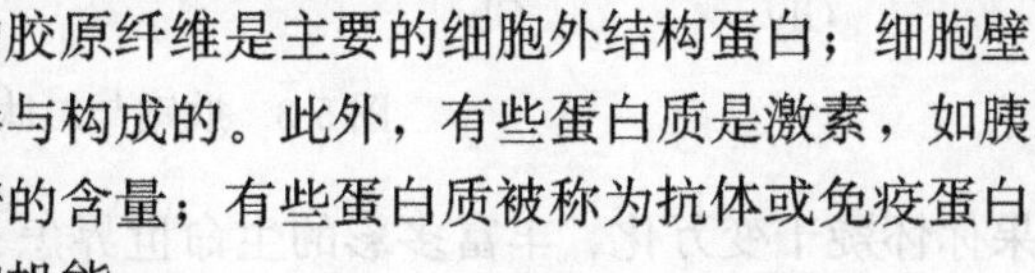

(a) L-构型　　(b) D-构型

在 4.1.2 中提到，生物体的 20 种氨基酸中有 8 种是必需氨基酸，此外，人们在自然界还发现了 300 多种氨基酸，这些氨基酸不参与蛋白质的组成，是以游离态或结合态存在于有机体中，称为非蛋白氨基酸。

那么，氨基酸是怎样组成蛋白质的？1902 年，化学家 H. Fischer 提出了蛋白质结构的肽链理论。在蛋白质分子中，氨基酸是通过肽键（酰胺键）连接起来形成了肽（peptide）。例如，一个甘氨酸分子的羧基与另一个甘氨酸分子的氨基反应，两者脱去一分子水，形成一个肽键，得到甘氨酰-甘氨酸分子（用 Gly-Gly 表示），如图 5-3 所示。如此，由 2 个氨基酸连接成的肽叫作二肽，由 3 个氨基酸连成的肽称为三肽，依次类推，由几个氨基酸连成的肽就叫几肽，所形成的链称为多肽链。由于肽链中氨基酸已不是氨基酸的原形，所以通常称为氨基酸残基。一个肽的表示可以用结构式或用氨基酸中文名称的字头，或用氨基酸英文名称的三字符表示。肽中的氨基酸与氨基酸之间用连字符相连，连字符表示肽键。自然界中存在的肽有开链式结构和环状结构。对开链式肽，含有自由氨基的一端为起始端，也称 N-端；含有自由羧基的一端称为 C-端。许多肽具有特殊的生物活性，如短杆菌肽 S 对革兰氏阳性菌有强大抑制作用；鹅膏蕈碱是一个环状八肽，存在于毒蘑菇中，它能抑制真核生物 RNA 聚合酶的活性，从而抑制核糖核酸的合成，导致机体死亡。

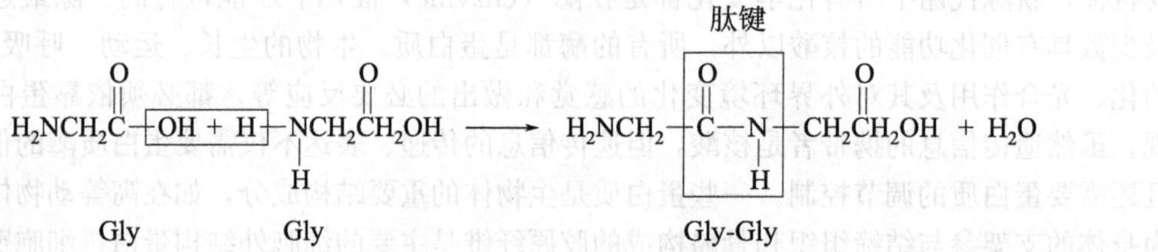

图 5-3 肽键与二肽的形成

如果你怀疑千变万化、丰富多彩的生命世界怎么可能仅由 20 种氨基酸构成的蛋白质所体现，下面的简单计算就可以使你明白这个道理。由 2 种不同的氨基酸如甘氨酸（Gly）和丙氨酸（Ala）形成二肽时，可形成 2 种不同的二肽，见图 5-4。由 3 种不同的氨基酸组成的三肽则有 6 种。一个仅含 100 个氨基酸残基的蛋白质几乎是最小的蛋白质，然而就是在这样小的蛋白质中，20 种氨基酸也有 20^{100} 或 10^{130} 种不同的排列方式。也就是说，可以构成 10^{130} 种不同的蛋白质，这是一个极其巨大的数字。即使每一种蛋白质只有一个分子，它们的总质量也将达到 10^{100} 吨。这个质量是地球质量的 10^{78} 倍，是太阳系总质量的 10^{72} 倍。何况这里只考虑了最小的蛋白质。在自然界中，虽然由一组氨基酸可能形成许多种不同的蛋白质，但活细胞只选择性地制造相对少数的特殊种类蛋白质。正如前面提到的生物界蛋白质的种类估计在 $10^{10} \sim 10^{12}$ 数量级。

(a) 甘氨酰-丙氨酸(Gly-Ala)　　　　　(b) 丙氨酰-甘氨酸(Ala-Gly)

图 5-4 由甘氨酸和丙氨酸组成的两种二肽的结构

每种蛋白质分子可以由一条或多条肽链构成。肽链中氨基酸的数目、种类和连接顺序称为蛋白质的一级结构。然而，蛋白质分子中的肽链并不是一条直链，而是卷曲、堆积成一定的三维结构（图5-5）。在肽链中，C—C、C—N键可以绕键轴自由旋转，因此可以设想每个蛋白质分子存在着几乎无穷多个可能的二维结构（这种由于分子中的原子或基团绕键轴旋转而导致的立体异构体为构象），但实际上由于一些弱的化学键（如氢键、配位键等）的作用，使得某些构象更稳定，因而存在的可能性更大。例如，在蛋白质的肽链中，一些氨基酸残基上的羰基（C＝O）能与另一些氨基酸残基上的氨基（N—H）形成氢键$\left(\diagdown C{=}O{\cdots}H{-}N\right)$。如果同一条肽链的第$n$个氨基酸残基的N—H基团能够与第$n-4$个氨基酸残基的C＝O基团之间形成氢键，则这段肽链就可以卷曲成一个螺旋状结构，其上下内径大小相等，被称为α-螺旋。沿着该螺旋每上升1.5×10^{-10} m，可旋转$100°$。α-螺旋是蛋白质的二级结构。此外，还有一种二级结构是由一段肽链与另一段肽链之间形成氢键引起的，称为β-折叠。

　　构象是指分子内各原子或基团之间的立体关系，构象的改变是由于单键的旋转而产生的，不需要共价键的断裂，只涉及氢键等次级键的改变。天然蛋白质都具有独特而稳定的构象。复杂的蛋白质分子结构可分为四个层次，即一级、二级、三级和四级，后三者统称为高级结构或空间构象（图5-5）。在蛋白质分子中，从N-端至C-端的氨基酸排列顺序称为蛋白质的一级结构。蛋白质的二级结构是指多肽链借助氢键排列成一维方向具有周期性结构的构象。蛋白质的三级结构是指整条肽链中全部氨基酸残基的相对空间位置。蛋白质的四级结构是由两条或两条以上具有特定构象的肽链（称为蛋白质的亚基）组成的，各个亚基之间通过特定的方式相互结合。因此根据构象的不同，蛋白质可分为纤维状蛋白和球状蛋白，前者一般是结构蛋白，后者则执行着多种多样的生理功能。对于球状蛋白，肽链在二级结构的基础上进一步沿着多个方向盘旋成近似球状的三级结构。通常只有那些具有高级结构的蛋白质才有生物活性。

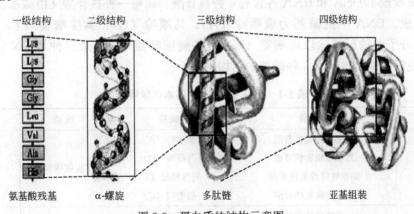

图5-5　蛋白质的结构示意图

　　化学家不仅研究多肽和蛋白质的结构，而且还人工合成了多肽和蛋白质，这是化学具有创造性的一个具体表现。在多肽和蛋白质结构与合成的研究方面，1946年美国科学家萨姆纳（J. B. Sumner）等因发明蛋白质类结晶法并分离得到纯的酶和病毒蛋白而获得诺贝尔化学奖；1948年，瑞典科学家蒂塞利乌斯（W. K. Tiselius）因发明蛋白质电泳分离技术而获诺贝尔化学奖。1955年，V. Vigneaud因首次合成八肽激素催产素和加压素而荣获诺贝尔化学奖；F. Sanger由于对蛋白质，特别是由51个氨基酸组成的牛胰岛素分子结构测定的贡献而获得 1958 年诺贝尔化学奖。J. C. Kendrew 和 M. F. Perutz 二人共同获得 1962 年诺贝尔化学奖，这是由于他们自 1960 年以来利用 X 射线衍射成功地测定鲸肌红蛋白和马血红蛋白的空间结构，揭示了蛋白质分子的肽链螺旋区和非螺旋区之间存在三维空间的不同排布方式，阐明了二硫键在这种三维排布方式中所起的作用。1965 年 9 月 17 日，中国科学院生物化学研究所、北京大学、中科院有机化学研究所成功协作合成了世界上第一种人工合成的蛋白质——牛胰岛素。这是世界上第一次人工合成与天然胰岛素分子相同化学结构并具有完整生物活性的蛋白质，标志着人类在揭示生命本质的征途上实现了里程碑式的飞跃。1969 年，R. B. Merrifield 发明了多肽固相合成技术，利用该技术合成出由 124 个氨基酸组成的蛋白质，因此获得了 1984 年诺贝尔化学奖。目前，化学家能够用自动合成仪来合成更大的蛋白质。这些化学基础研究的成果对人类从分子水平上揭示生命现象的奥秘起到了非常重要的作用。

5.1.2　核酸

核酸是另一类重要的生物大分子，是信息分子，担负着遗传信息的储存、传递及表达功能。早在 1869 年，瑞士化学家 F. Miescher 从脓细胞中提取到一种富含磷元素的酸性化合物，因存在于细胞核中而将它命名为“核质”（nuclein）。但“核酸”（nucleic acids）这一名词在 Miescher 发现“核质”20 年后才被正式启用，当时已能提取不含蛋白质的核酸制品。早期的研究仅将核酸看成是细胞中的一般化学成分，没人注意到它在生物体内有什么功能这样的重要问题。

1911 年，美国化学家 P. A. Levene 进一步发现有两种不同的核酸，一种含戊糖为脱氧核糖，称为脱氧核糖核酸（DNA）；另一种则含核糖，称为核糖核酸（RNA）。1934 年，P. A. Levene 发现了 DNA 和 RNA 各含有 4 种核苷酸，而每一种核苷酸又由碱基、戊糖和磷酸三部分组成。DNA 中的碱基为腺嘌呤（A）、鸟嘌呤（G）、胸腺嘧啶（T）和胞嘧啶（C）；RNA 分子中的碱基除以尿嘧啶（U）代替胸腺嘧啶外，其余三种与 DNA 中的相同（表 5-1）。脱氧核糖、核糖和 5 种碱基的结构见图 5-6。

表 5-1　DNA 和 RNA 的基本化学组成

核酸	核苷酸	碱基	戊糖	酸
DNA	腺嘌呤脱氧核苷酸 鸟嘌呤脱氧核苷酸 胸腺嘧啶脱氧核苷酸 胞嘧啶脱氧核苷酸	腺嘌呤（A） 鸟嘧啶（G） 胸腺嘧啶（T） 胞嘧啶（C）	脱氧核糖	磷酸
RNA	腺嘌呤核苷酸 鸟嘌呤核苷酸 尿嘧啶核苷酸 胞嘧啶核苷酸	腺嘌呤（A） 鸟嘧啶（G） 尿嘧啶（U） 胞嘧啶（C）	核糖	磷酸

核苷酸是 DNA 和 RNA 的基本结构单位，分为两大类：脱氧核糖核苷酸与核糖核苷酸。在核苷酸中，首先戊糖和碱基缩合以糖苷键相连形成核苷，核苷中的戊糖羟基被磷酸酯化形成核苷酸。其中的磷酸基可以在戊糖 $3'$-位或 $5'$-位。例如，$3'$-胞嘧啶脱氧核苷酸（$3'$-dCMP）

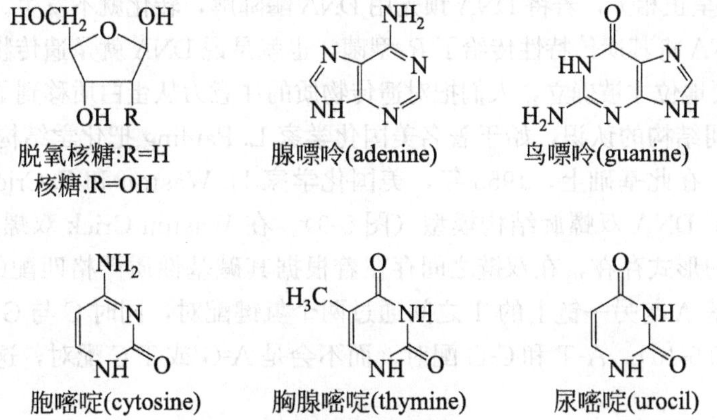

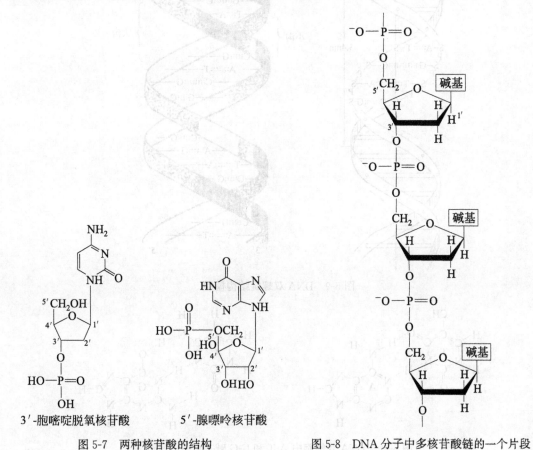

脱氧核糖:R=H
核糖:R=OH

腺嘌呤(adenine)

鸟嘌呤(guanine)

胞嘧啶(cytosine)

胸腺嘧啶(thymine)

尿嘧啶(urocil)

图 5-6 组成核酸的戊糖与碱基的结构

和 5′-腺嘌呤核苷酸（5′-AMP），如图 5-7 所示。核酸的一级结构指的是组成核酸的诸核苷酸之间键的性质及核苷酸排列顺序。DNA 的一级结构是由数量极其庞大的 4 种脱氧核糖核苷酸通过 3′,5′-磷酸二酯键依次连接起来的直线形或环状分子（图 5-8）。RNA 的一级结构与 DNA 相似。

3′-胞嘧啶脱氧核苷酸

5′-腺嘌呤核苷酸

图 5-7 两种核苷酸的结构

图 5-8 DNA 分子中多核苷酸链的一个片段

1944 年，Avery 等为了寻找导致细菌转化的原因，他们发现从 S-型肺炎球菌（S-型菌）中提取的 DNA 与 R-型肺炎球菌（R-型菌）混合后，能使某些 R-型菌转化为 S-型菌，且转化率与 DNA 纯度呈正相关，若将 DNA 预先用 DNA 酶降解，转化就不发生。这个发现让他意识到 S-型菌的 DNA 将其遗传特性传给了 R-型菌，也就是说 DNA 就是遗传物质。从此，核酸是遗传物质的重要地位才被确立，人们把对遗传物质的注意力从蛋白质移到了核酸上。

对于核酸空间结构的认识，始于著名美国化学家 L. Pauling 把化学结构理论引入生物大分子结构的研究。在此基础上，1953 年，美国化学家 H. Waston 和 F. Crick 根据 X 射线结构分析数据提出了 DNA 双螺旋结构模型（图 5-9）。在 Waston Crick 双螺旋模型中，DNA 以双股核苷酸链的形式存在，在双链之间存在着根据其碱基性质严格匹配的两两配对关系，即一条链上的碱基 A 与另一链上的 T 之间通过两个氢键配对，同时 C 与 G 之间通过三个氢键配对（图 5-9 和 5-10），A-T 和 C-G 配对，而不会是 A-G 或 T-C 配对，这称为碱基互补配对原则。

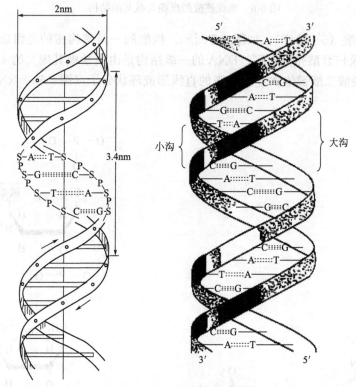

图 5-9　DNA 双螺旋结构模型

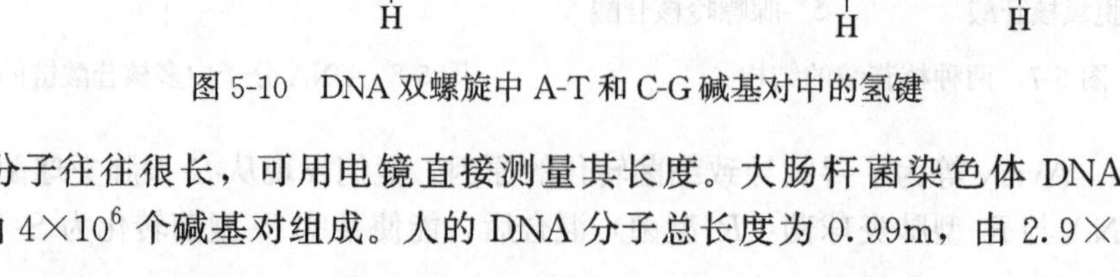

图 5-10　DNA 双螺旋中 A-T 和 C-G 碱基对中的氢键

DNA 分子往往很长，可用电镜直接测量其长度。大肠杆菌染色体 DNA 的长度为 1.4mm，由 4×10^6 个碱基对组成。人的 DNA 分子总长度为 0.99m，由 2.9×10^9（约 30

亿）个碱基对组成。有人做过一个有趣的统计，组成人体的约3×10^{14}个细胞中 DNA 总长度可绕地球来回 100 次以上。这是多么惊人的数字，而当这么长的 DNA 云梯在一个人体的几千亿个细胞中时，不借助电镜是无法找到它们的。

目前，化学家已经研究和确定了许多生物大分子的结构。1998 年 4 月，在国际生物大分子精细结构数据库中，蛋白质、肽、病毒有 6617 个，核酸有 536 个，糖只有 12 个。但生物体中存在的大量未知的蛋白质、核酸、糖分子仍然很多，因此，研究和发现新的生物大分子，还需要化学家继续做大量的研究工作。

5.2 分子遗传学的化学基础

20 世纪通过化学家和分子生物学家共同努力，先后揭秘了 DNA 双螺旋结构、遗传密码、核酸复制、遗传信息传递的中心法则等，使生命科学向前迈进了一大步。

5.2.1 基因的本质

从分子层次上研究遗传，必须首先明确一个重要的概念——基因（gene）。1925 年，摩尔根的果蝇实验证明，基因是染色体上呈直线排列的遗传单位。实际上，一个基因不仅包括编码一条多肽链或功能 RNA 所必需的全部核苷酸序列（即一个特定的 DNA 片段），还包括保证转录正常进行所必需的调控序列、位于编码区上游的非编码序列和位于编码区下游的编码序列。一个基因通常有 1000～1500 个碱基对，一个 DNA 分子可以含有多达上万个基因。人有 46 条染色体，大约含有 30 亿个碱基对，相当于 100 万个基因。

1928 年，英国细菌学家 F. Griffith 利用肺类光滑型（S-型，毒性强）和粗糙型（R-型，无致病能力）双球菌分别给小鼠注射，发现 S-型菌可致小鼠死亡，而 R-型菌不能致小鼠致死。如果将 S-型菌加热杀死再注射到小鼠体内，则不能致死小鼠。如果将 R-型菌与加热杀死后的 S-型菌混合后，注射给小鼠，则小鼠死亡，在小鼠体内同时发现活的 S-型菌。他推测可能是死细菌中某一成分（转化源）将无致病能力的细菌转化为病原细菌。1944 年，O. Avery 等不仅重新证实了上述转化现象，并从 S-型菌的抽提物中确认了这个转化源就是 DNA。他发现只有 S-型细菌 DNA 才能把 R-型菌转变为致病的 S-型菌。1952 年，美国的 A. D. Hershey 将噬菌体外壳的蛋白质用 ^{35}S 标记，核酸用 ^{32}P 标记，实验结果表明进入宿主细胞能复制的是 ^{32}P 标记的核酸，而 ^{35}S 标记的蛋白质留在宿主细胞外面。这两个实验可以证明连接亲代和子代的遗传物质是 DNA。

1956 年，德国的 H. Fraenkel-Conrot 将烟草花叶病毒的蛋白质和 RNA 分别提取出来，再分别涂抹在健康烟草叶子上，结果发现只有涂抹 RNA 的叶片得病，而涂抹蛋白质组分的不得病。这证明在不具有 DNA 的病毒中，RNA 是遗传物质。

5.2.2 DNA 的复制过程

DNA 是遗传物质的载体，遗传信息从亲代 DNA 传递到子代 DNA 分子上。复制时，亲代 DNA 必须以自身分子为模板，通过碱基配对的原则，准确地合成出互补链，以完成遗传信息的传递。DAN 的双螺旋结构对于维持这类遗传物质的稳定性和复制的准确性是极为重要的。

1953 年，H. Watson 和 F. Crick 在提出 DNA 双螺旋结构时曾对 DNA 的复制过程进行过推测：DNA 两条链之间的碱基彼此互补，复制时双链解开，每条链都可作为模板，按照 H. Watson 和 F. Crick 碱基配对原则分别合成出一条互补的新链。这样新形成的两个子代 DNA 分子就与原来 DNA 分子的碱基顺序完全一样。在此过程中，每个子代双链 DNA 分子中的一条链来自亲代 DNA，另一条则是新合成的，这种复制方式称作半保留复制（图 5-11）。1958 年，M. Messelson 和 F. W. Stall 用同位素标记的分子生物学实验证实了 DNA 分子是以半保留方式进行自我复制的。

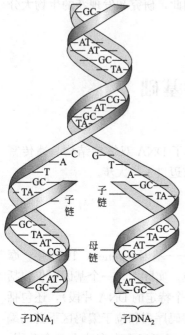

图 5-11　DNA 半保留复制示意

近年来，化学家设计了许多小分子化合物发现它们具有不同程度的自我复制能力。这是对 DNA 复制作用的一种化学模拟。实际上，在细胞增殖周期的一定阶段，整个染色体都将发生精确的复制，接着以染色体为单位把复制的基因组分配到两个子代细胞中。染色体 DNA 的复制与细胞分裂之间存在密切的关系，一旦复制完成，即可发生细胞分裂。细胞分裂结束后，又开始新一轮 DNA 复制。由于 DNA 的半保留复制过程极为可靠，发生错误的可能性只有万分之一，因此保证了生物物种的稳定性和延续性。

尽管发生错误（突变）的可能性只有万分之一，但还是可能发生的。在 DNA 复制中由于细胞不能识别这样的错误，出现的随机突变是不可逆的。若在 DNA 链上的某一点 T 代替了 C，对于细胞来说，这个"外来的" T 本身并无特别之处，所以细胞不会采取措施来处理这个误置的核苷酸。当细胞再次分裂时，它将在这个新的位置上复制这个 T，好像 T 原来就在那里一样。如果这样的突变发生在基因的重要位置，或者在基因中有许多这样的突变，就可能会导致有机体性能的改变。基因的突变能够引起遗传的变异，然而变异又是进化的基础。如果 DNA 的复制是绝对可靠，绝对没有任何错误的，那么生物体的突变就只能靠外界因素实现，生物的进化也就不会是目前的情况了，也就不可能有现今五彩缤纷的生物世界。

通常，一个基因突变在遗传物质结构上是难以觉察的。但有些突变可以引起表型变化，如红花变白花，这类突变称"可见突变"；有些突变对机体生命活动影响很大，往往造成机体死亡，这类突变称为"致死突变"；还有一些突变能够使生物存在的条件发生变化，例如 T4 噬菌体的温度敏感突变，在 42℃ 时致死，在 25℃ 却能存活，这类突变称"条件致死突变"。有利的突变可以帮助有机体生存，一旦它们存在于有机体的生殖细胞中，它们就能够传递给后代。

5.2.3　基因的表达与调控

染色体中的 DNA 分子用来储存和维持有机体生命所必需的信息，诸如在什么部位

（如手、臂、脸、耳、翅、叶、花等）形成什么样的结构，什么样的酶应该被制造出来控制像呼吸和消化这样的功能等，这些信息完全取决于 DNA 分子两条链上碱基的排列顺序，就像用汉字所表达的信息编码在电文的数字串一样。在后代的生长发育过程中，遗传信息以 DNA 转录给 RNA，随后翻译成特异的蛋白质，从而使蛋白质成为遗传信息的体现者或产物，它的结构最终是由 DNA 链上核苷酸的排列顺序决定的。这就是基因的表达（gene expression）。

基因表达的第一步是以 DNA 分子为模板，合成出与 DNA 分子碱基互补的 RNA 分子，这种 RNA 分子从而具有了从 DNA 传递而来的遗传信息。由于 DNA 和 RNA 都是由四种核苷酸组成的，好像同一种文字的两种写法，因此从 DNA 到 RNA 的过程称为基因的转录（transcription）。

生命活动的承担者蛋白质的结构与核酸完全没有相似之处。那么，它是怎样接受遗传信息的呢？后来发现在核酸中的核苷酸序列与蛋白质中的氨基酸序列之间，存在着由三个一定顺序的核苷酸决定一种氨基酸的对应关系，这就是遗传密码。密码问题实际上是 RNA 分子中的 4 种核苷酸如何决定 20 种氨基酸的问题。显然，若 1 种核苷酸决定氨基酸，那就只能决定 4 种氨基酸。若 2 种核苷酸配合起来决定氨基酸，也只有 4^2（即 16）个不同的排列组合，还不够决定 20 种氨基酸。因此，至少要有 3 种核苷酸的组合（4^3）才能决定 20 种氨基酸。三个核苷酸的组合有 64 个，于是以 4 种核苷酸（即 U、C、A、G）为字母，可组成 3 个字母的"字"，这些"字"共有 64 个。如果每个"字"说明一种氨基酸，64 个"字"就应说明 64 种氨基酸。但氨基酸只有 20 种，因此应该有几个不同的"字"说明同一种氨基酸的情况。这种三个核苷酸组合在一起的编码方式，称为三联体密码或密码子。1960 年前后，M. Nirenberg 等首次用实验确定了苯丙氨酸遗传密码为 UUU。这一结果立即震撼了科学界。到了 1964 年左右，编码 20 种天然氨基酸的 64 种遗传密码均被破译，并完成了完整的密码字典，见表 5-2。表中 U、C、A、G 分别代表四种核苷酸，左边的字母代表第一个核苷酸，中间的四个字母代表第二个核苷酸，右边的字母代表第三个核苷酸。表中的三种密码子 UAA、UAG 和 UGA 不编码任何氨基酸，而起着终止密码的作用。此外，AUG 还起到起始密码的作用。这个表在生物学上的意义如元素周期表在化学上一样，具有普遍性。蛋白质生物合成的遗传密码代表着生命现象所具备的基本条件，使生命科学研究又向前推进了一步。因此，遗传密码的破译被认为是 20 世纪生物学中的一个重要发现。

表 5-2 遗传密码表

第一个核苷酸	第二个核苷酸				第三个核苷酸
	U	C	A	G	
U	苯丙氨酸	丝氨酸	酪氨酸	半胱氨酸	U
	苯丙氨酸	丝氨酸	酪氨酸	半胱氨酸	C
	亮氨酸	丝氨酸	终止号	终止号	A
	亮氨酸	丝氨酸	终止号	色氨酸	G
C	亮氨酸	脯氨酸	组氨酸	精氨酸	U
	亮氨酸	脯氨酸	组氨酸	精氨酸	C
	亮氨酸	脯氨酸	谷氨酰胺	精氨酸	A
	亮氨酸	脯氨酸	谷氨酰胺	精氨酸	G

第一个核苷酸	第二个核苷酸				第三个核苷酸
	U	C	A	G	
A	异亮氨酸	苏氨酸	天冬酰胺	丝氨酸	U
	异亮氨酸	苏氨酸	天冬酰胺	丝氨酸	C
	异亮氨酸	苏氨酸	赖氨酸	精氨酸	A
	甲硫氨酸	苏氨酸	赖氨酸	精氨酸	G
G	缬氨酸	丙氨酸	天冬氨酸	甘氨酸	U
	缬氨酸	丙氨酸	天冬氨酸	甘氨酸	C
	缬氨酸	丙氨酸	谷氨酸	甘氨酸	A
	缬氨酸	丙氨	谷氨酸	甘氨酸	G

从 RNA 到蛋白质的过程，由于两者分别由核苷酸与氨基酸构成，好像是从一种语言翻译成另一种语言，因此称为翻译。

DNA 的核苷酸序列是遗传信息的储存者，它能够通过自我复制得以保存，通过转录生成 RNA，进而翻译成蛋白质来控制生命现象，这就是生命科学的中心法则。该法则表明，信息流的方向是 DNA→RNA→蛋白质。在该信息流中，RNA 病毒及某些动物细胞可以用 RNA 为模版复制出 RNA，然后再由 RNA 直接合成出蛋白质。另外，有些 RNA 病毒也可以由 RNA 转录出 DNA（称为逆转录），所以中心法则可如图 5-12 所示。

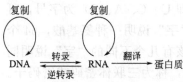

图 5-12　中心法则示意

研究者经过多年的努力已基本弄清楚遗传信息的传递是由 DNA 到 RNA，再到蛋白质。现在的问题是这一过程是怎样得到调控的。这个问题不仅是细胞发育分化的基础，也和生物体与各种环境因素的相互作用有密切关系。搞清了基因表达调控的机理，就等于掌握了一把揭示生命奥秘的钥匙，因此，这是生命化学中的一个重要研究课题。从目前的研究结果初步推断，调节主要发生在转录阶段，DNA 通过与某些特定蛋白（称为调控蛋白）结合，从而控制 RNA 的合成。

另外，人体基因组中有数以亿计的 DNA 核苷酸单元，其中真正用于规定蛋白质中氨基酸序列的密码约占 10%，那么其余 90% 的 DNA 核苷酸单元起什么作用？最近研究结果表明，DNA 核苷酸序列还表达 DNA 构象编码的信息。如人体内组成蛋白质的氨基酸为什么均为 L-构型？虽然与 DNA 有关的空间立体构象的变化是由于围绕着单键的相对自由旋转运动引起的，但不同空间立体构象间有微小的能量差别，或许不同的 DNA 有不同的空间立体结构的选择性。这是否与手性识别有关？当然这个构象信息，也是目前化学研究中的一个构象信息，是化学研究中的一个重要课题。目前有 90% 左右的 DNA 的功能和作用还没有完全了解。这是一个广泛而复杂的研究领域，有待于科学家们的继续努力。

5.3　生物催化与仿生化学

在生命化学领域，化学家不仅研究生物催化的机理，而且还模拟生物催化来制备有用的化学品。模拟生命过程的化学被称为"仿生化学"，它是当今化学的一个重要研究领域。

5.3.1 酶

人类从发明酿酒、制酱、酿醋和发面时，就对生物催化剂有了初步的认识，不过当时不知道存在着酶这类催化剂。生物体内进行的各种生物化学反应，均借助于酶的催化功能。除极少数具有催化功能的核酸外，迄今为止所发现的酶绝大多数都是球状蛋白质。酶是天然的最有效的生物催化剂。没有任何一种人工催化剂能够像酶那样在温和的生理条件下具有那么强的催化效能。酶催化反应的速率一般要比非酶催化反应快 $10^{10}\sim10^{14}$ 倍。一个 β-淀粉酶分子每秒钟可催化断裂直链淀粉中的 4000 个键。酶催化反应的特点是高效率和高专一性。麦芽糖酶只能催化麦芽糖水解为两分子葡萄糖，这是麦芽糖酶的专一功能，而其他的酶不能代替它。酶反应的这种专一性就像一把钥匙开一把锁一样。

此外，环境条件会影响酶的活性，而每一种酶又都有自己最适合的催化条件。人体大多数酶最适宜的温度为 35～40℃，与体温基本一致。离子浓度和 pH 值也是影响酶活性的重要因素。仅有少数酶可以容忍极端高盐的环境，这是因为盐离子不利于维持酶空间结构的某些化学键。大多数酶最适宜的 pH 值是接近生物体液的 pH 值条件，即 6～8 之间。在常温、常压和接近 pH 值中性的生理条件下进行反应是酶催化的第三个特点。

化学家不仅研究酶的结构和作用机理，而且还利用模拟酶进行生物转化或生物合成来制备有用的化学物质（如药物等）。由于对酶的研究做出重大贡献而获得诺贝尔化学奖的研究就有四项：1946 年 J. B. Sumner、J. H. Northrop 和 W. M. Stanley 发明了酶的结晶法和酶的分离纯化技术；1972 年 C. B. Anfinsen、S. Moore 和 W. H. Stein 对核糖核苷酶的分子结构和催化反应活性中心的研究；1975 年 J. Cornforth 和 V. Prelog 对酶催化反应的立体化学进行了研究；1989 年 T. R. Cech 和 S. Altman 发现 RNA 酶。虽然化学家在酶的发现、结构、作用机理方面的研究已经取得很多进展，但是要研究的内容还有很多，即使对已经研究过的酶，了解的也只是其中的一部分。也就是说，在发现新的酶和深入研究已知酶的结构方面，化学家还有许多工作要做。

5.3.2 生物合成与生物转化

酶反应的高效性、专一性和反应条件温和的特点，使得利用酶进行生物合成与生物转化来制造有用的化学物质具有巨大的工业前景，成为当今化学学科的一个重要研究课题。目前，由于固定化酶技术的发展，使酶合成法已在实际应用中取得巨大的经济效益。不少氨基酸、抗生素、有机酸、酒精等重要化工、医药产品都可用固定化酶技术进行生产。

目前，化学家不仅能利用纯化的酶来合成有用的化合物，而且还可直接使用微生物（含酶）来实现生物合成和生物转化，如用发酵法大规模生产抗生素类药物、天然有机酸（如乳酸、酒石酸）、氨基酸等。此外，化学家还创造性地对天然酶进行适当的化学修饰（称为化学修饰酶），从而赋予酶全新的催化功能。

5.3.3 模拟酶

酶作为生物催化剂，具有专一性、高效率和催化条件温和的特点，是很多普通的化学催化剂所望尘莫及的。但从化学家的观点看，酶有两个不可避免的限制因素：一个是酶催化反应往往过于专一，不容许进行有机体不需要的反应；二是只有在生理条件下才表现出好的活性，要在生物体以外的工业化生产中控制这些因素，并非一件容易的事情。这些因素在一定程度上限制了生物酶的应用。另外，天然生物酶一般具有较高的分子量，其化学结构十分复杂，许多酶必须有非蛋白成分的辅酶或辅因子存在才能保持其活性。再有，从生物体系中，单独分析酶的催化能力中的一个有关因素是非常困难的，这是由于必须对酶的总催化能力中每一个组成部分都了解清楚才能做到。以上这些原因对我们研究理解酶的作用机理以及结构和功能的关系设置了障碍，这就促使我们在深入了解生物酶特性的基础上，用化学的手段和方法去设计、合成一些较为简单的非蛋白分子，即建造相应的酶模型（也叫人工酶或模拟酶）。如果用合适的酶模型来代替天然生物酶时，由于这个模型可以将其他因素忽略不计而使问题简化，就可以估计每一个催化因素的相对重要性。所以，合成比酶分子小得多、结构简单得多的酶模型，不仅可以准确而巧妙地研究酶的特异性，研究模拟酶的某些关键性功能，而且还可以将不同类型的酶模型合并起来改善其催化功能。这种通过化学合成得到的无大分子肽链骨架的小分子酶不仅含有酶具有的部分催化活性基团，而且能保持这些活性基团在酶分子的活性部位和相同的空间取向。对于酶的这种仿生化学研究不仅有助于加深对复杂生物分子结构与其生理功能之间关系的认识，而且还能帮助化学家发现新的人工合成催化剂。

5.3.4　生物固氮与化学模拟固氮

植物生长除了靠光合作用外，还需要从土壤中吸收含氮的化合物。氮是构成生命物质的基本元素，也是农业生产的基本肥料。虽然分子态氮占空气的 80%，可惜的是氮分子中的氮氮三键非常牢固，高等植物无法直接利用，只有通过某些微生物把空气中游离的氮固定，转化为含氮化合物后植物才可以利用。这种通过微生物将分子态氮转化为含氮化合物的过程称为生物固氮。自然界有些细菌和藻类可以把空气中的氮转化为氨，它们广泛分布于土壤和水域中，如大豆、三叶草和紫花苜蓿等豆科植物的根瘤菌的固氮菌株就具有这种固氮作用。全球每年生物固定的氮量约 2×10^8 吨（折合尿素约 4×10^8 多吨），其中由植物根瘤菌所固定的氮约有 1.5×10^8 吨，它们为宿主植物提供了大量氮源。但是，对那些不能与固氮微生物共生的植物，特别是非豆科的粮食作物、果树和蔬菜等通过自生固氮菌所提供的氮数量有限，必须人工施氮肥于土壤中来供其利用。固氮作用与固氮酶有关，固氮酶由两种蛋白质组成：一种蛋白质（二氮酶）的分子量约为 220 000，含两个钼原子、32 个铁原子和 32 个活性硫原子；另一种蛋白质（二氮还原酶）是由 2 个分子量为 29 000 的相同亚基构成的，每个亚基含 4 个铁原子和 4 个硫原子。要弄清楚固氮酶的结构和作用机制是一项极为复杂的研究，但固氮酶的蛋白质及其活性中心的结构信息可启发化学模拟固氮的催化研究。蛋白质与钼和铁的配合物及钼、铁、硫的原子簇化合物均被认为是可以模拟固氮酶的活性物质。经过计算发现每收获 1t 小麦将从土壤中吸收 2.0kg 氮，由于氮肥在土壤中大量流失（如反硝化、挥发以及冲洗等），被植物所吸收的氮还不到 40%。随着全球人口不断增长和对粮食需求的增加，农业生产不得不依赖大量化肥。据不完全统计，1990 年全球化学氮肥的用量（折合成氮）已由 1950 年的 3×10^6 吨直线上升到 8×10^7 吨，预计 2020 年将达到 1.6×10^8 吨。化学氮肥的施用是我国农田土壤氮素的主要来源，据不完全统计，其年施用量从 1980 年的

945 万吨逐渐增加到 2016 年的 7004 万吨。生产和施用氮肥不但会消耗不可再生能源，增加农业生产成本，也会对大气和水域造成污染，破坏生态平衡，不利于农业的可持续发展。在农业生产中如何发挥生物固氮的效能从而降低化肥用量，是大自然向人类提出的严峻挑战。可以说无论是生物固氮或是化学模拟固氮已成为 21 世纪的热点研究领域。

5.3.5 光合作用

植物生长依靠光合作用把二氧化碳和水转变成植物细胞需要的原料。在这个过程中，绿色植物、藻类和光合细菌利用太阳能驱动体内的化学反应，合成了糖类，放出氧气，并进一步合成其他生物分子而使植物生长。有机化学家 M. Calvin 因找到了二氧化碳通过光合作用转化为糖和其他重要化合物的途径而获得 1961 年的诺贝尔化学奖。

光合作用是一个典型的氧化还原反应过程（图 5-13）。在植物光合作用过程中，发生了三个重要事件：①CO_2 被还原成糖；②H_2O 被氧化成 O_2；③光能被固定并转化成化学能。

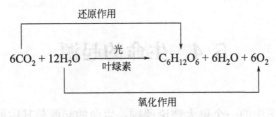

图 5-13 植物的光合作用方程式

每年照射地球表面的太阳能是 5.2×10^{21} kJ，其中 50% 可被植物利用，但真正进入有机分子中的能量又是其中的 0.05%，即 1.3×10^{18} kJ。陆地植物的光合作用每年固定的 CO_2 量可达 1.55×10^{14} kg，占光合作用固定 CO_2 总量的 61%。据统计，全世界每年消耗的矿物燃料相当于 3×10^{13} kg 碳，约为光合作用所固定碳的 2%。由于地球上几乎所有生物的能量都是直接或间接地来自太阳能，那么光合作用的核心问题是太阳能的固定和转化。

在光合作用中，叶绿素是核心化合物。它吸收能量后，一个电子跃迁到高能级，这个电子再转移到光合作用中心的另一个分子中去。在电子转移过程中，无机磷酸根参与合成三磷酸腺苷（ATP），形成高能键。ATP 是推动很多生化过程的化学能源。光合作用中的电子的传递终止于一种由烟酸衍生而成的辅酶，并用于完成其他的生物化学过程。失去电子的叶绿素最后从水中得到电子，水则变成氧气。叶绿素的结构是由 H. Michel、J. Deisenhofer 和 R. Huber 三位化学家用 X 射线单晶测定结构技术测定的。他们还证明，在叶绿素中有序地排列着某些蛋白质和叶绿素组装成的叶绿素聚集体或叶绿素-蛋白质聚集体。他们因这个开创性的研究获得了 1988 年诺贝尔化学奖。在这项重大成果的评语中，诺贝尔奖委员会称光合作用是"地球上最重要的化学反应"。之所以这样评价，是因为当今人类所面临的一系列重大挑战都与光合作用有关。如食品问题，要养活地球上更多的人口，就需要提高光合作用利用太阳能的效率，以便生产出更多的食物。每年地球上的光合作用可把 10^{14} kg 的碳转变成有机化合物，并把太阳能转变成化学能，这是个非常吸引人的研究方向。若能阐明其机理，就有可能人工模拟光合作用来制造农产品。

另外，矿产能源和资源枯竭了怎么办？人类在寻找各种解决途径，其中最切实可行的是加强植物的光合作用来获得更多的可再生能源和资源，这是因为通过植物的光合作用来提供能源和资源的有利条件很多。首先是潜力非常巨大。有人估计，地球上所有植物每年进行光合作用所固定的太阳能大致相当于人类每年生产和生活所消耗的全部能量的 10 倍，而这只不过利用了太阳对地球表面辐射能量的万分之几。其次，植物进行光合作用的原料非常丰富（CO_2 和 H_2O 等无机物几乎到处都有），操作管理简便（植物的生命活动有惊人的繁殖、适应能力），较之其他生产方式成本要低廉得多。更重要的是，进行光合作用的植物是生命圈的组成部分，只要生物圈运转良好，它提供的能源和资源都可再生而不会枯竭。

大气污染、水体污染、全球变暖、大量土地荒漠化等问题使人类深刻感受到生存环境的急剧恶化。其实，这仅仅是一些比较明显的事例，如果继续扩展下去，全球生物圈就会受到严重破坏，其后果更不堪设想。由于光合作用是食物和氧气的基本来源，光合作用进行得不顺利，整个生物圈的运转就会受到影响。所以，为了保证人类食物供应、提供生产和生活所需要的可再生能源和资源以及维护正常的生态环境，就必须努力改善和加强植物的光合作用。然而，目前光合作用的机理还远没有搞清楚，这将是未来化学家的一个重要研究课题。

5.4　生命的起源

生物进化是生命科学中的一个重大理论课题，生命的起源是其中的一个重要领域。化学能够通过分析、研究有关的物质和现象，以及通过化学模拟来揭示生命起源之谜。

5.4.1　地球上最早出现的生命物质

1953 年，美国一位 23 岁的大学生米勒设计了一个有趣的实验，他把甲烷、氨气、氮气和水密闭在一个石英管中，模拟原始地球的大气环境，连续 8 天 8 夜不断地加热、放电，结果发现石英管内生成了多种氨基酸（如甘氨酸、丙氨酸、谷氨酸、天冬氨酸等）、有机酸和尿素。用同样的方法又获得了嘌呤、嘧啶、核糖核苷酸、脱氧核糖核苷酸、脂肪酸等多种重要生物分子。1959 年 9 月，在澳大利亚落下的一颗碳质陨石中也发现了多种氨基酸和有机酸。这些发现震惊了当时整个科学界，人们开始意识到原始生命物质完全可以在没有生命的自然条件中生产出来，并推论可在此基础上进化产生原始的生命。

20 世纪，随着自然科学的进步，人们逐渐把生命的出现和生命现象放在宇宙历史发展的背景中来考察。目前普遍被人们接受的观点是，我们所观察到的宇宙诞生于 150 亿年前的大爆炸，整个宇宙先后经历了物理进化和化学进化的发展阶段，即物质的形态实现了高能物理的逐级演变，从微观粒子（如层子、基本粒子、原子核、原子）和从各种元素（如氢、氧、碳）、星际小分子（如水、氢气、氮气、甲烷）、生物小分子（如氨基酸、嘧啶、嘌呤）到生物大分子（如多肽、DNA）的变化过程。在宇宙膨胀的过程中，生物小分子和大分子的种类在一定的条件下可能急剧增加，而在此基础上，宇宙的发展又进入生命进化的阶段。尽管化学进化中各种物质特别是生物大分子的演化方式和途径有待于进一步研究，但构成生命的基础物质能独立于生命系统的先决条件而出现，以及生命是这些物质演化的继续这一思想的提出，无疑是人类对生命起源认识的重要突破。

5.4.2　核酸酶的发现

　　原始的生命物质可以在非生命环境中产生出来，那么原始的生命物质又是如何精巧地组织起来形成原始生命的呢？随着生命 DNA-RNA-蛋白质中心法则的发现，20 世纪出现了蛋白质起源学说和核酸起源学说的讨论。

　　20 世纪 60 年代，美国的 F. Fox 等学者强调蛋白质在生命起源中的关键作用。他们将干燥的氨基酸粉末混合加热后放在水中形成了"类蛋白微球"（proteinoid），并把它看成"原细胞"的模型。这一假设被称为微球学说。这种实验室模拟出来的"原细胞"具有膜的边界，能与外界溶液进行物质交换，能增大体积（生长），并能出芽、分裂（繁殖），体现出某些生命的特征。20 世纪 90 年代初，我国有机化学家赵玉芬院士研究发现，氨基酸在磷酸化以后，分子的性质变得异常活跃，可以进行自身聚合成肽、酯及进行其他多种生物化学反应。这一发现对生命的蛋白质学说提供了有力支持。

　　而持核酸起源学说观点的学者强调核酸在编码蛋白质序列中的重要作用，提出原始的生命可能发生于核酸工程的首先启动。早在 20 世纪 20 年代，遗传学家 H. J. Muller 就提出过"裸基因说"，认为生命的发生应该是从基因开始的。到了 80 年代，美国生物化学家 J. R. Cech 和 S. Altman 在研究原生动物四膜虫的 rRNA 加工过程中发现，rRNA 可以进行自身剪接加工，分离出一段具有催化活性的内含子，这个小分子 RNA 被称为核糖核苷酸（ribozyme），它能够使单体核苷酸聚合成多聚核苷酸，又能将多聚核苷酸加工成不同长度的片段，而它本身却保持不变。这一重大发现打破了"酶是蛋白质"的经典概念。既然 RNA 具有酶的活性，而 RNA 又可作为模板来合成 DNA（即逆转录），那么，可以设想 RNA 或类似 RNA 的分子是原始生命系统的主体，RNA 通过逆转录途径建立了 DNA 系统，接着蛋白质介入加速了这一系统的发育，从而导致了 DNA-RNA-蛋白质系统的诞生。J. R. Cech 和 S. Altman 由于发现核糖核苷酸酶对生命科学的贡献而获得了 1989 年诺贝尔化学奖。此后，人们相继发现了一些具有催化肽链合成作用的核糖体 RNA，这是对生命核酸起源的又一支持。

　　上述两种不同的观点，虽然都各有其实验的根据和合理性，但是面对生命 DNA、RNA、蛋白质互为存在前提的运作系统，两种假设又都存在着各自的缺陷。由于在这个系统里，蛋白质的信息来自 DNA，而 DNA 的复制、转录又需要蛋白质酶的参与，并且在 RNA 向蛋白质表达的传递过程中，RNA 同时控制着"互不相干"的核酸密码与特定氨基酸的精确对应。这些都很难单独用蛋白质起源学说或核酸起源学说来解释，而从 DNA 经 RNA 到蛋白质再回到 DNA 的复杂、环环相扣的运作机制，更难想象它们当初是来自某种机遇和巧合。实际上，伴随着生命科学的发展，生物学上著名的"先有鸡还是先有蛋"这个古老的问题，将会不断困扰着人们。

5.4.3　手性分子的起源

　　自然界中发现的氨基酸绝大多数是 L-构型，单糖绝大多数是 D-构型；在蛋白质的二级构型中，一般都形成向右旋转的 α-螺旋；DNA 双螺旋也是右手螺旋。那么，为什么手性生物分子的某种对映异构体能够在生物体中占绝对优势呢？目前有许多猜测，如有人认为，在生命起源早期，星际尘埃中的氨基酸受到中子辐射，绝大多数转变为 L-氨基酸，当它们落到地球后通过某种放大机制，逐渐形成了 L-氨基酸在蛋白质中占绝对优势的局面。但对1959 年在澳大利亚落地的亚麦启逊陨石中的氨基酸进行化学分析后发现，它们都是消旋的（即为 D-构型和 L-构型氨基酸的 1∶1 混合物）。据此有人提出，L-氨基酸占绝对优势是与地球上生命进化的历程密切相关的。而物理学家则认为，基本粒子的弱相互作用是宇宙不守恒的，原子核在蜕变中所放射出的 β 电子是左旋的，在 β 电子照射下，L-氨基酸和 D-氨基酸的反应速率不同，尽管它们只有万分之一的差异，但化学反应结果可放大到百分之一。此外，氨基酸间形成肽链需要能量，而形成手性一致的氨基酸排列要比形成手性混乱的排列所需的能量低，同时手性混乱的多肽也无法确保它的二、三级结构的形成，就实现不了正常的生命功能，因此被淘汰。

在研究生命起源的领域中，对"手性均一的生物大分子对于今天地球上的生命是必须的"这一问题基本达成共识，但是对于"先有手性均一性还是先有生命"这一问题却存在着不同的看法，有人认为有了生命才有手性选择；另一些人则认为先有手性均一性，后有生命，即手性分子是生命的先驱，没有手性分子就没有生命。谁是谁非，迄今尚无定论。

5.5　化学对基因工程的贡献

1980 年，P. Berg、F. Sanger 和 G. K. Gilber 三位化学家获得诺贝尔化学奖，这是由于他们在 DNA 重组等方面的研究对现代基因工程有开创性的贡献。1993 年，M. Smith 和 K. B. Mullis 又因发明寡聚核苷酸定点诱变和多聚酶链式反应（polymerase chain reaction, PCR）技术对基因工程有重大贡献而荣获诺贝尔化学奖。从这两项重大基础研究成果看，没有化学的参与，就不可能有现代基因工程。基因工程（gene engineering）是指在基因水平上，采用与工程设计十分类似的方法，按照人类的需要进行设计，按设计方案创建出具有某种新形状的生物新品系，并能使之稳定地遗传给后代。

5.5.1　DNA 重组与基因工程

DNA 重组技术也就是克隆技术，是指将不同生物的 DNA 片段按照人们的需要在体外切割、拼接形成重组 DNA，然后将重组 DNA 与载体的遗传物质重新组合，再将其引入到没有该 DNA 的受体细胞中，进行复制和表达，使受体细胞获得新的遗传特征，从而生产出符合人们需要的产品或创造出生物的新性状。从某种意义上说，DNA 重组技术也可以理解为基因工程。严格地讲，基因工程的涵义更为广泛，它还包括除 DNA 重组技术以外的一些其他可使生物基因组结构得到改造的技术。

1973 年，美国斯坦福大学教授科恩（S. N. Cohen）研究组从大肠杆菌里取出两种不同的质粒。科恩把这两种各自具有一个抗药基因、分别对抗不同的药物质粒上的不同抗药基因"裁剪"下来，再把这两个基因"拼接"成一个叫"杂合质粒"的新质粒。当这种"杂合质粒"进入大肠杆菌体内后，这些大肠杆菌就能抵抗两种药物了，而且这种大肠杆菌的后代都具有双重抗药性，这表示"杂合质粒"在大肠杆菌的细胞分裂时也能自我复制了，标志着基因工程的首次胜利。接着他用高等动物非洲爪蛙体内决定核糖体 RNA 结构的基因与大肠杆菌的质粒重组，引入到大肠杆菌中去，发现爪蛙的基因在细菌细胞中得到复制与表达，产生与爪蛙核糖体 RNA 完全一样的 RNA。科恩的工作证明，人们可以根据自己的意愿和目的，通过对基因的直接操作而达到定向改造生物遗传特性，甚至创造新的生物类型。基因工程带动了生物技术产业的兴起。制药、化工、食品、农业和医疗保健业都得益于基因工程。基因工程不仅帮助人类认识和改造生命，同时也帮助人类认识自己。

5.5.2 基因工程的基本步骤

基因工程一般需要五个步骤（图 5-14）。第一步是目的基因（所需要的 DNA 片段）的分离与制备。其方法主要有：从生物基因组群体中分离、人工合成和 PCR 技术。人工合成是指先通过化学合成方法合成出一个个小的 DNA 片段，然后再用连接酶把这些小片段连接成为一个完整的基因。PCR 技术（也被称为基因扩增技术）则是取微量目的基因样品，经过 DNA 模板高温变形解链、引物退火降温和引物扩增延伸这三步的反复循环，使目的DNA 以指数扩增。PCR 可扩增各种材料的 DNA 且不必分离目的基因，并可在短时间内获得大量目的 DNA 片段。

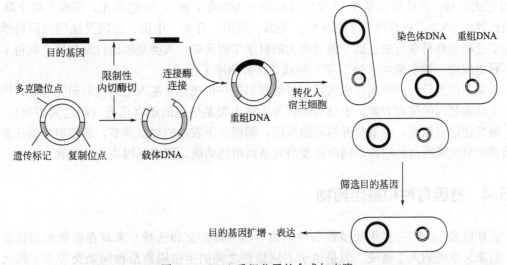

图 5-14　DNA 重组分子的合成与克隆

基因工程的第二步是把目的基因与载体连接起来。虽然直接把目的基因引入变体细胞也不是不可能的，但多数情况下因每种生物经过漫长的进化演变，已具有抗拒异种生物侵害而保护自己的本领，所以，当外源 DNA 赤裸裸地进入细胞后，往往会被一种叫作限制性内切酶的酶类破坏分解。这就需要一种能够把目的基因安全送进受体细胞的运载工具，即载体。这些载体除了能够比较方便地进入受体细胞，还要能够在受体细胞中复制自己以便扩增。基因工程中所应用的载体往往带有一定的选择性标记和特定的酶切位点，这样可以方便地选择和装卸外源 DNA。最常用的载体有质粒（环状 DNA）和噬菌体（双链 DNA）等。

外源 DNA 与载体 DNA 在体外连接，形成重组 DNA。在 DNA 重组过程中常用到两个工具：限制性核酸内切酶（能特异性切断 DNA 链）和 DNA 连接酶。

第三步是将重组 DNA 导入受体细胞。重组 DNA 分子建立之后，还要引入到受体细胞中去，使细胞获得新的遗传特性，此过程称为转化或感染。常用的受体细胞主要是细菌（如大肠杆菌细胞），这是因为细菌具有操作方便、容易培养、繁殖迅速等优点；此外，还有酵母、植物细胞和哺乳动物细胞。

第四步是筛选出含有重组体 DNA 的细胞进行克隆。由于细胞的转化率较低（一般在 10^{-6} 水平），即转化后的带有重组 DNA 的细胞只占其总数的 1‰，因此必须用一些方法检验和筛选，随后将筛选出的含有重组体 DNA 的细胞进行克隆。

第五步是目的基因在受体细胞中得到表达，生产出人类所需要的产品——蛋白质，从而基因工程宣告成功。

迄今为止，利用基因工程技术已成功地将人或动物的某些基因（如胰岛素、人生长激素、牛生长激素、干扰素、乙型肝炎病毒抗原的基因等）导入大肠杆菌中，生产出了相应的产品。

5.5.3 人类基因组计划

1985 年由美国能源部和国立卫生院发起了人类基因组研究计划（human genome project，HGP），这个计划一经提出就得到了全世界的支持和参与。人类基因组计划于 1990 年 10 月正式启动，总体目标是在 15 年内（1990～2005 年）投入 30 亿美元，完成人类全部 24 条染色体的 3×10^9 核苷酸的序列分析。美国、英国、日本、中国、德国及法国六国科学家参与了这项生命科学历史上迄今最为浩大的科学工程研究。人类基因组计划的研究取得了意想不到的成功，提前两年（2003 年）完成了全部测序工作。

人类基因组计划的顺利完成激励了科学家们进一步规划后基因组时代的研究任务，因此提出了功能基因的研究方案。也就是不仅要了解人类基因组的语言信息（测定其序列）；还要了解其他语言信息，弄清全部编码的基因；阐明基因表达的时空调节，基因组学的任务不仅局限于研究基因组的结构，同时还要研究基因组的功能，研究基因表达的产物。

5.5.4 基因育种和基因药物

长期以来，人们一直用动植物和微生物手段（即杂交和选择）来培养植物和动物新品种，后来又发展到人工诱变。但是由于不同物种之间的生殖隔离给种间杂交带来了极大困难，同时人工诱变尚不能定向，所以以往的育种工作盲目性大，且效率非常低。许多育种专家用一生的心血却只能培育出几个优良品种。从理论上讲，基因工程可以把任何不同种类生物的基因组合在一起，从而赋予生物所需要的遗传特性。这样得到的生物称为转基因生物（如转基因动物和转基因植物）。这使人类向育种的自由王国迈进了一大步。

用基因工程技术对马铃薯进行品种改造，人类不但获得了抗病毒基因，而且也得到了高蛋白含量的马铃薯新品种。把一个蛋白质水解酶抑制剂基因引入烟草之后，使以烟叶为食物的害虫因不能消化其中的蛋白质而无法繁殖，从而使这一烟草品种获得了抗虫害的能力。同样，用基因工程技术将外源基因导入动物染色体基因组内，能稳定整合并遗传给后代，目前已完成的有转基因鼠、猪、牛、羊、兔、鱼等。1997 年 2 月，克隆羊"多利"的诞生，引发了全球范围的克隆热潮。我国科学家为了挽救珍贵的濒危动物，也开始了克隆大熊猫的研究。

基因工程不仅为动植物育种提供了一条新途径，而且转基因动植物作为一种新的"生物反应器"能够高效、廉价地生产出各种有用的蛋白质，特别是珍贵的药用蛋白质。把用基因工程克隆出的各种分解纤维素的纤维素酶基因导入酿酒酵母中，不仅能把纤维素分解成葡萄糖，还能把葡萄糖发酵成酒精。在食品工业中，已将小牛的凝乳酶基因克隆，并在酿酒酵母中表达，生产出高产量、具有天然活性的用于凝固牛奶的凝乳酶。

基因工程技术在医药领域中也有着极为广泛的应用前景，最早的应用就是利用转基因植物或转基因动物生产药用蛋白质（称为"基因工程药物"，简称"基因药物"）。如从天然水蛭中提取的一种抗凝血、抗血栓药物水蛭素，它是由 65 个氨基酸组成的多肽。由于天然水蛭来源有限，现在可以利用基因工程来大量生产与天然水蛭素具有基本相同的药理活性的重组水蛭素。组织血栓溶酶活化蛋白（TPA）是一种有助于溶化血栓的蛋白质，但在生物体中含量甚微，不可能通过天然来源制备这种药物，但利用基因工程可以生产这种药物，已用于预防和治疗中风。这些药用蛋白质有效地实现了低成本、高产量的特点，使广大患者均能使用。目前，通过基因工程技术成功地合成了人体活性多肽，包括干扰素、白介素、促红细胞生长素、生长激素以及胰岛素等。

利用转基因动物乳腺生物反应器来生产药物就好比在动物身上建"药厂"，是一种全新的生产方式。我们可以从动物的乳汁中源源不断地获得目的基因产品。用这种方式生产的蛋白质不仅产量高、容易提纯、生物活性高、成本低（作为生物反应器的转基因动物可无限繁殖），而且与化学制药相比，无污染，是绿色化的生产方式。荷兰 GenPharm 公司用转基因牛生产的乳铁蛋白，每年从乳汁中提炼出来的营养奶粉的销售额是 50 亿美元。英国罗斯林研究所研制成功的转基因羊乳汁中含有 α_1-抗胰腺蛋白酶可治疗肺气肿（一种因缺乏 α_1-抗胰腺蛋白酶而导致的遗传病）。肺气肿患者原来只能依靠注射价格极为昂贵的人 α_1-抗胰腺蛋白酶做替代疗法，而现在用转基因羊生产的羊奶，每升售 6000 美元。

此外，人类在基因工程疫苗方面的研究也取得了重大进展。乙肝的防治长期以来困惑医学工作者，且曾一度陷于困境。乙肝病毒（HBV）主要由两部分组成，内部为 DNA，外部有一层外壳蛋白质，称为 HBSAg。把一定量的 HBSAg 注射入人体，就使机体产生对 HBV 抗衡的抗体。机体依靠这种抗体，可以清除入侵机体内的 HBV。最初乙肝疫苗主要来源于从 HBV 携带者的血液中分离出来的 HBSAg，这种血液可能混有其他病原体〔其他型的肝炎病毒，特别是艾滋病病毒（HIV）〕，是不安全的。另外，血液来源也是极有限的，远不能满足民众的需要。基因工程疫苗解决了这一难题。与上述的血源乙肝疫苗相比，基因工程生产的乙肝疫苗，利用资源丰富、繁殖力极强的大肠杆菌或酵母菌，取材方便，借助于高科技手段，大规模生产出质量好、纯度高、免疫原性好、价格便宜的药物。目前相继研发出乙型肝炎病毒、狂犬病毒、霍乱、麻疹、大肠杆菌等实用疫苗。

当然，基因工程的应用远不止这些。实际上它在分子生物学、神经生物学、脑科学、人类基因组计划、临床诊断和治疗等生命科学的各个领域都发挥着越来越重要的作用。

5.5.5　基因治疗

基因治疗是通过将外源正常基因导入靶细胞以纠正或补偿因基因缺陷和异常引起的疾病，它针对的是疾病的根源——异常的基因本身。基因治疗分为两种形式：一为体细胞基因治疗，是指将正常基因转入体细胞以治疗疾病；二为生殖细胞基因治疗，是指将正常基因转入患者生殖细胞（精细胞、卵细胞中早期胚胎）以发育成正常个体。后者因引起遗传物质改变而受到严格限制。随着基因治疗技术的发展，其涵义也在逐渐扩展。目前从广义上讲，将某种遗传物质转移到患者细胞内，使其在患者体内发挥作用，从而达到治疗疾病目的的方法，都称为基因治疗。遗传性疾病、心脑血管疾病、肿瘤、某些神经系统疾病以及感染性疾病等的发生都与基因变异或表达异常密切相关，因此对于上述疾病理想的根治手段应该在基因水平上给予纠正，而基因治疗的兴起为上述疾病的治疗开辟了新的途径。

基因治疗作为一门新兴的学科，它的发展非常迅速，在相当短的时间内就从实验室过渡到临床。1990 年 9 月 14 日，全世界第一例用基因治疗手段尝试治疗腺苷脱氨酶（ADA）基因缺陷和重度免疫缺陷症（SCID）获得成功。此后几十年的时间内，基因治疗在遗传性心脏病、心血管疾病、肿瘤、感染性疾病和神经系统疾病等多种病种中都取得了突破性进展，已被批准的基因治疗方案有上百例，包括肿瘤、艾滋病、遗传病和其他疾病等。在我国，血管内皮生长因子（VEAF）、血友病 IX 因子等基因治疗的临床实施方案也已获得我国有关部门的批准进入临床试验。基因治疗的最新进展是将基因枪技术用于基因治疗，即将特定的DNA 用改进的基因枪技术导入小鼠的肌肉、肝脏、脾、肠道和皮肤中获得成功表达。这一成功预示着人们未来可能利用基因枪传送药物到人体内的特定部位，以取代传统的接种疫苗，并用基因枪技术来治疗遗传病。外科领域的遗传性疾病、多种恶性肿瘤、感染性疾病、器官移植反应等都可以用基因枪技术来加以诊断。21 世纪是基因工程迅速发展和日臻完善的世纪，也是基因工程产生巨大效益的世纪。

总之，化学是自然科学的基础，也是生命科学的语言。生命过程中的大量化学问题亟待化学知识的协助和解决。随着现代科学和技术的发展，生命科学已成为 21 世纪最赋有拓展力和生命力的科学领域之一。化学与生命科学之间的联系日趋紧密，产生了许多分支学科，化学在生命科学中也越来越重要。

思 考 题

5-1　构成生命的基本物质是哪几类？

5-2　构成蛋白质的基本结构单位是什么？

5-3　RNA 和 DNA 在生命体中的作用是什么？

5-4　何为必需氨基酸？

5-5　何为仿生化学？

5-6　生物固氮和化学固氮有何意义？

5-7　为什么说光合作用是地球最重要的化学反应？

5-8　简述基因工程的基本步骤。

（山西医科大学　卞伟）

第6章

化学与环境

人类出现在工业革命前 300 万年左右，在此期间人类活动并未对环境演化产生明显影响。自工业革命以来的 200 多年，特别是在 20 世纪以后，人类社会飞速发展，以惊人的速度和规模开发了自然资源和能源，才对生态环境产生了明显的影响。

科学技术的进步给人类带来了巨大的物质和精神财富，同时也给人类留下了一系列严峻的环境和资源问题。人类利用科学技术将地下矿藏大量地移至地表，把原本固定在岩石中的元素变成了可进入生态系统的形态，将大量工业废物排入大气、水体和土壤环境中，大大加速了化学物质在自然环境中的迁移，各圈层中化学物质的组成和数量被迅速改变。

人们对环境问题严重性的认识始于对环境中的污染物及其对生态环境的危害的发现。美国女作家兼生物学家蕾切尔·卡森（Rachel Carson，1907—1964）较早地提出了环境污染问题，在其著作《寂静的春天》（《Silent Spring》1962 年）中，她列举了大量事实来说明化学污染物进入环境所造成的严重后果。过度使用化学品造成了环境污染和生态破坏，导致鸟类、鱼类和益虫死亡，却使害虫产生抗体而更加猖獗。化学品沿着食物链进入人体，引发癌症和胎儿畸形等疾病，给人类健康带来难以承受的灾难。不仅如此，人们逐渐发现严重的空气污染来自化石燃料燃烧产生的有害气体、汽车尾气和工业废气；水体和土壤的污染源于金属矿山开采利用过程中排放的废水和矿渣。近年来，大面积土地酸化、森林湖泊破坏、高空臭氧减少、温室气体增加、全球变暖、雾霾等环境问题层出不穷，日益严重的全球性环境问题引起了国际社会的广泛关注。

在过去，人类自信于自己的创造力将永远战胜自然。但恩格斯曾说，"对于每一次这样的胜利，自然界都报复了我们。"人类不仅要继续保持自身进步和提高生活质量，而且还应承担起确保生存安全、保护环境的严峻任务。作为化学家，一方面要使用化学技术和方法来研究环境中的物质之间的相互作用，包括物质在环境介质（大气、水、土壤和生物）中的存在状态、化学特性、化学行为和化学效应，并在此基础上研究污染控制的化学原理和方法。该研究领域目前已经发展成为一门交叉学科，称为环境化学。另一方面，化学家更应利用化学原理，从源头消除污染，即采用清洁无污染的化学反应技术，将无毒、无害的原料加工生产成有利于环境保护和人类安全的环境友好的化工产品，如生物可降解塑料、可循环使用的金属和橡胶、不会破坏臭氧层的新型制冷剂、能控制害虫且不危害人类及其他生物的农药等。目前，该领域已经成为一个新兴的化学分支，称为绿色化学。

6.1 环境与生态平衡

自然环境和社会环境（即人工环境）组成了人类赖以生存的环境。自然环境提供了人类生存和发展的必要物质条件。由大气圈、水圈、土壤岩石圈和生物圈组成的自然环境支撑着人类的生活、生产和繁衍。人类依靠自然环境生存，也不断地改造自然环境以寻求发展。但改造自然环境的过程往往对长期形成的稳定平衡的自然环境造成影响或破坏，使环境质量发生变化，导致环境问题。为不断提高物质和精神生活水平，人类在自然环境的基础上，通过长期有计划、有目的地发展，逐渐创造和建立起一种人工环境，被称为社会环境。其中包括生产环境（工业、农业等）、交通环境（机场、港口、高速公路、铁路等）、商业环境（商业区等）、生活环境（村庄、城市等）、文化教育环境（文教区等）、卫生环境（医院、疗养区等）、旅游环境（文物、景点等）。社会环境随着经济和科学技术的发展而不断地变化，是人类物质文明和精神文明发展的标志。社会环境的发展受自然规律制约的同时，也受经济和社会发展的支配和制约。人们的生活、工作以及社会的进步与社会环境的质量息息相关。

生物圈是构成自然环境的四个圈层中最为活跃且最有生命力的圈层。经过数百万年的长期演化，生物圈逐渐形成了当前各种物质流、能量流和信息流的流动和循环，使地球的生命和物质循环而生生不息，形成了一个协调发展的生态系统。例如，一片森林、一片沙漠、一片海洋、一个村落、一座城市都可以看作是一个生态系统。它的主要功能是实现物质和能量的不断循环交换。生态系统群落由生产者、消费者和分解者三部分组成。生产者是通过光合作用吸收利用太阳能合成有机物的绿色植物。生产者吸收的太阳能和合成的有机物构成了生态系统能量流动和物质循环的基础，因此也被称为自养生物。消费者被称为异养生物，依赖于生产者而生存。按照营养方式的不同，消费者可以分为初级消费者和二级消费者。初级消费者是直接以植物为食的食草动物；二级消费者是以食草动物为食的食肉动物。还可以有三级消费者等，后者都是以前者为食。通过这种方式，来自植物的食物能量经过了一系列生物体传递和转移。通过吃与被吃的食物关系，在生物与生物之间形成一条环环相扣的链条，称为食物链。在草原生态系统中，昆虫吃草，青蛙吃昆虫，蛇吃青蛙，鹰吃蛇，……。食物链中的每一个环节都被称为"营养级"。分解者也是存在于生物圈中的异养生物，如微生物（细菌、真菌等），它们可以分解复杂的动植物尸体，并释放出简单的化合物，供生产者再利用。在生态系统循环中，分解者的作用与生产者的作用正好相反，也是生态系统循环机制中不可或缺的一环。没有分解者，地球上就会散落着动植物的遗骸，营养物质也会被困在其中而无法循环利用，所以分解者在生态系统的物质循环中也扮演着重要的角色。

以食物链为基础的食物网是生态系统中能量流动的渠道。生态系统中的食物链极其复杂。在自然界中，一种动物经常以多种有机体为食，没有简单的线性食物链，而是由各种食物链交叉形成一个复杂的、多方向的食物链网络。

在生态系统中，能量沿着食物链和食物链网络从一个机体转移到另一个机体中。食物链中的每一个营养级都从前一个营养级获取一部分能量用于自身的生存和繁殖，然后将剩余的能量传递到下一个营养级。人类处于食物链的终端。

生态系统的初始能量来自太阳，它被绿色植物（生产者）通过光合作用吸收并转化为化学能，储存在物质中。消费者从生产者那里以食物的形式获得用来构成机体的物质和身体活动所需的能量。最后，分解者将消费者体内积累的物质返送到环境中。生态系统中的这种物质循环是自然界中最重要的物质循环，驱动它的总能量是太阳能。生态系统中物质的循环和能量的流动是同时进行的，物质作为能量的载体，使能量沿着食物链逐步转移，成为能量流；能量作为动力，促使物质循环。它们相互依存，不可分割，反映了生态系统的整体功能。

当一个生态系统发展到一定阶段时，其生物物种的组成、种群的数量比例、能量和物质的输入和输出都处于相对稳定的状态，这就是生态平衡。生态平衡是一种动态平衡，可以自动调节和维持自身稳定的结构和正常功能，但其自动调节的能力是有限度的，超过这个限度，生态平衡就会被破坏。

破坏生态平衡的因素包括自然因素和人为因素。自然因素主要是指火山爆发、地震、台风、干旱、洪涝等对生态系统造成严重破坏的自然灾害，往往具有一定的区域局限性，且发生频率普遍不高。人为因素是指人类生产生活活动对生态平衡的破坏，其破坏是大规模的、长期的甚至是多方面的。这些人为因素会使环境质量不断恶化，从而影响人类的正常生活，对人类健康产生直接、间接或潜在的不利影响。造成环境污染的人为因素可分为物理因素（噪声、振动、热、光、辐射、放射性等）、生物因素（微生物、寄生虫等）和化学因素（无机物、有机物等）。其中，化学污染物数量大、来源广、种类多，且在环境中存在的时间和空间位置各不相同，污染物之间或污染物与其他环境因素之间存在相互作用和迁移转化等。造成环境污染的具体因素不仅与工农业生产、能源利用和交通运输有关，还与城市的恶性扩张、自然资源的大规模开发和自然环境的大规模盲目改造有关。人口膨胀和盲目发展已成为威胁人类生存和发展的两大问题。虽然人类赖以生存的地球环境资源丰富，环境容量巨大，但毕竟是有限度的。人口的盲目增长和生产消费的盲目发展必然导致有限资源的短缺甚至枯竭，加剧环境污染和恶化，损害环境质量和生活质量，在生态系统中形成恶性循环。

6.2 自然环境的结构与功能

自然环境的发展经历了地球的形成、生物的形成和人类的出现三个阶段。陨星等对地面的频繁撞击，存在于地壳内部大量的放射性元素发生的裂变和衰变产生大量的能量积聚和迸发等，造成地球火山的剧烈活动，使地球温度升高，出现局部熔融，重物质沉入地心，轻物质上升到地表，逐渐形成地壳（岩石圈）、地幔和地核等层次。同时，被封在地球内部的 H_2O、CO、CO_2、CH_4 和 N_2 等气体不断溢出，形成了原始大气圈。原始的大气中没有氧气，地表水显酸性，缺氧是早期地表环境的显著特征。原始的大气中也没有臭氧层，因此太阳辐射中的高能紫外线可直接辐射到地面。

在地球形成以后，简单的无机化合物和甲烷等化合物在太阳能和地热能的作用下，形成了简单有机化合物（氨基酸、单糖等），并逐步演化为如蛋白质、多糖等生物大分子，为生命的产生创造了条件。大气中 O_2 的产生和积累，主要来自植物的光合作用。首先，无氧呼吸的细菌的形成主要源于原始海洋中的蛋白质和氨基酸，并逐步演化为含有叶绿素的藻类，它们可以在水体中通过光合作用放出游离氧。历经 20 多亿年的进化，早期的海洋生物群于 6 亿年前出现，水陆生物和藻类的生命系统也在 4 亿年前形成，逐渐形成了生物圈。地球在 4 亿年前出现的能屏蔽太阳强烈紫外线辐射的臭氧层主要得益于游离氧的出现，既保护了陆地植物的生长，又促进了生命的进化。土壤层在陆地植物的生长和微生物的作用下逐渐形成，而在岩石与植物的相互作用下逐渐产生了土壤。易于流失的养分在土壤层形成后富集在地表上，从而促使陆地植物更加茂盛，保证了生物圈的发展与繁荣。

根据具有地域结构意义的物质成分及其构成的物质系统，可以把自然环境物质成分概括为气态的空气、液态的水和固态的土壤-岩石三大类。这几类物质普遍存在于自然环境当中，相互联系、相互渗透，并以自己为主体构成了自然环境当中的三个基本圈，即水圈、大气圈和土壤-岩石圈。

大气圈、水圈和土壤-岩石圈是人类和其他生物生存的生物圈的交汇处。各圈层因有其独特的结构而具有特定的功能，在了解了环境的结构与功能的基础上，才能提出相应保护环境的措施。

6.2.1　大气圈

地球周围的大气是由混合气体组成的，大气保护着地面的生命不受外空间有害因素的侵袭。大气的厚度范围从地面直到海拔 800～1000km 处，在赤道附近的大气较厚，近两极处的大气较薄，混合气体的总质量约为 5.5×10^{12} t。在海拔 50km 以下约有 99.9％的气体，而在海拔 50～100km 之间仅有 0.0997％的气体。大气通常分为四层，如图 6-1 所示。

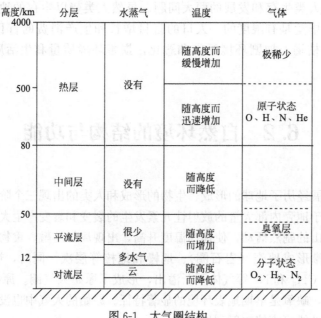

图 6-1　大气圈结构

大气圈的最下层是对流层，也称为低大气层，其高度在赤道大约为 $16\sim18km$，温带大约为 $10\sim12km$，两极大约为 $8\sim9km$。在没有污染的情况下，这一层大气的组成如表 6-1 所示。对流层中还含有大约 $1\%\sim4\%$ 的水分，最高浓度处于 $10\sim15km$ 处。对流层可能存在的形式较为多样，可以为气态，或凝结成为云、雾、冰、雪等。

表 6-1 对流层的气体组成

组成	分子式	含量（按体积分数（%）、ppm、ppb）	组成	分子式	含量（按体积分数（%）、ppm、ppb）
氮	N_2	$(78.084\pm0.004)\%$	氢	H_2	$0.5ppm$
氧	O_2	$(20.948\pm0.002)\%$	氧化二氮	N_2O	$0.3ppm$
氩	Ar	$(0.934\pm0.001)\%$	一氧化碳	CO	$0.05\sim0.2ppm$
水蒸气	H_2O	含量不定	臭氧	O_3	$0.02\sim1ppm$
二氧化碳	CO_2	$325ppm$	氨	NH_3	$4ppb$
氖	Ne	$18ppm$	二氧化氮	NO_2	$1ppb$
氪	Kr	$1ppm$	三氧化硫	SO_3	$1ppb$
氙	Xe	$0.08ppm$	硫化氢	H_2S	$0.05ppb$
甲烷	CH_4	$2ppm$	氦	He	$5ppm$

高度大约离地面 $12\sim50km$ 处是平流层，在对流层之上。平流层的气体组成与对流层相似，但其质量仅占总质量的约 15%。与对流层明显不同的是在约 $15\sim60km$ 的高度，平流层存在着一个臭氧层，其最大浓度为 $0.1\sim0.2ppm$，出现在约 $25km$ 处。

在 $50\sim80km$ 之间是中间层，其中主要是臭氧，极少有其他气体。起始于 $80km$ 处称热层或非均质层，气态均以原子状态存在；在 $80\sim115km$ 处，以氧和氮含量最多；在 $500km$ 处，则以氢和氦含量最多；高于 $500km$，气体会更少；约到 $4000km$ 处，就认为是大气层的极限了。

空气、水蒸气与颗粒物质是组成大气的主要物质。其中，CO_2、O_2、N_2 对生物生存起着重要作用，水蒸气和颗粒物质也是维持环境中生命现象的重要成分。

对流层中的水是通过沉降作用参与水循环的，如图 6-2 所示。

一切绿色植物的碳源主要是二氧化碳，维持动物呼吸的重要气体是氧气，构成一切生物机体的重要元素是氮元素。大气中污染物质的运动规律被这些气体直接影响着，与此同时，这些气体或其反应产物也会对大气产生污染。

漂浮于大气中的固体颗粒物质的来源与种类较多。例如，炉灶及工厂矿物燃烧而放出的烟尘、岩石风化的飞尘、火山爆发喷出的岩浆微粒、微生物、病毒、花粉等。这些固体颗粒物质的粒径不同，化学组成也很复杂。颗粒物质与许多天气现象有直接关系，如没有颗粒物质就不会有降雨之类的天气现象。

6.2.2 水圈

世界上分布最广的自然资源是水，它也是构成地球的重要组成部分。"水圈"是由地球上的各种天然水体，以及水中各种有生命和无生命的物质所构成的综合体。所有生物体的组成都离不开水，在水中进行着绝大多数生物及非生物的变化。水对于维持生命至关重要，没有水参与循环，就没有生态系统的各项功能。地球表面的 70% 都是水，水为物质间的反应提供了适宜的场所，是物质传递的介质。

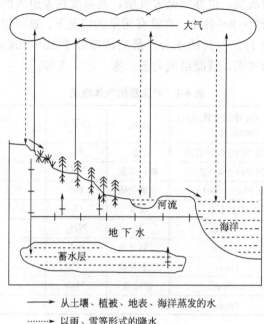

从土壤、植被、地表、海洋蒸发的水

以雨、雪等形式的降水

水在地下运动

图 6-2　水循环

（1）水的理化性质

氢元素和氧元素共同组成了水分子。自然界中的氢元素〔氕（H）、氘（D）、氚（T）〕和氧元素（^{16}O、^{17}O、^{18}O）都有三种同位素。通过上述 6 种同位素排列组合，自然界中的水共计 18 种。其中，$H_2^{16}O$、$H_2^{17}O$、$H_2^{18}O$、$HD^{16}O$、$HD^{17}O$、$HD^{18}O$、$D_2^{16}O$、$D_2^{17}O$、$D_2^{18}O$ 较为稳定。$D_2^{16}O$、$D_2^{17}O$、$D_2^{18}O$ 称为重水。各种纯水的密度不同，是因为不同来源的水所含的水分子比例不完全一样，如表 6-2 所示。

表 6-2　不同来源纯水的密度

水的来源	密度（4℃）/g·cm^{-3}	水的来源	密度（4℃）/g·cm^{-3}
雪水	0.9999977	从动物组织提取的水	1.0000012
雨水	0.9999990	从植物组织提取的水	1.0000017
河水	1.0	矿物结晶水	1.0000024
海洋水	1.0000015		

与周期表中氧族其他元素的氢化物（如 H_2S，H_2Se，H_2Te 等）相比，水的许多物理常数均表现出"异常"，这是由于氢键作用的存在。例如，水在高温下（2000K）的离解度不足 1‰，其热稳定性很高；在 25℃、1atm（1atm＝101325Pa）下，水为液态；相较于其他液体和固体物质，水的比热容最大；水是已知介电常数最高的一种化合物，其数值可达80；水的电导率很小，在温度为 20℃时，目前最纯水的电导率约为 23.8MΩ·cm^{-1}；除汞以外，在液体物质中，水具有最大的表面张力，在 18℃时为 $73×10^{-3}N·m^{-1}$，在 100℃时为 $52.5×10^{-3}N·m^{-1}$。水具有毛细作用，通过水的毛细作用，植物可以获得水分和养分，

土壤可以保持水分；可见光和紫外线能很好地透过水，因此水中的水生生物能够利用太阳光的能量进行光合作用。

随着温度的改变，水的体积变化也不同于其他液体。水在 $0 \sim 4℃$ 范围内，并不遵循"热胀冷缩"的普遍规律。在 $4℃$ 时，水的体积最小而密度（$1.0000\text{g} \cdot \text{cm}^{-3}$）最大。温度高于或低于 $4℃$ 时，水的密度都较小。因此，当水结为冰时，体积变大，质量变轻，这样冰就会浮在水面上，可以很好地保护水下生命。

水是一种应用普遍的良溶剂，多数物质在水中有很大的溶解度和最大的电离度。水本身很容易参与化学反应。此外，水有时还可以作为一种催化剂。

(2) 水循环

通过蒸发与沉降作用，自然界中的水可以形成一个循环过程，如图 6-2 所示。

海洋、河流等水体不断蒸发，生成的水汽进入大气后，遇冷会凝结成雨、雪等，再返回地表、重新流入海洋、渗入土壤成为地下水或被植物吸收。被植物吸收的水，大部分会通过表面蒸发返回大气，只有少量结合在植物体内。因此，由于水的气、液、固三态易于转化，借助于太阳辐射和重力作用所提供的转化和运动能量就能实现水的自然循环。

水循环系统易受到自然因素和人类活动的影响。自然因素包含气象条件（温度、湿度、风向、风速等）和地理条件（地形、地质、土壤等）。人类活动包含构筑水库、开凿河道、开发地下水等，这些会导致水的流经路线、分布和运动状况发生改变；还包含发展农业或砍伐森林等，这些会导致水的蒸发、下渗、径流等发生变化。

6.2.3 土壤-岩石圈

地球主要由地壳、地幔和地核三部分组成。地壳的表面上覆盖着土壤，与地球的直径相比，土壤是非常薄的一层，然而，薄薄的土壤层可以生产出人类和其他生物所需要的食物。土壤的最主要成分是无机组分，是由地球表面的岩石经过长期的风化作用转变而成的。此外，有机物质、水、空气和微生物也是土壤的主要成分。图 6-3 所示的是适宜植物生长的土壤组成。

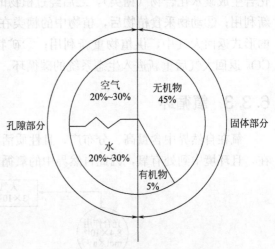

图 6-3　适宜植物生长的土壤组成

6.3　自然界的元素循环

自然界中，不同形式或状态的元素存在于各自的储库里。各种元素从一个储库输送到另一个储库都会伴随着生态系统之内或之间的物质流动，形成物质在环境中的流动。生态系统的物质流动处于动态平衡，由于输入量和输出量相等，对于某一个储库来讲，任何一种元素的储量都是不变的。所谓元素循环就是元素在各储库、各圈层或各生态系统之间处于动态的流动过程。

6.3.1 氮循环

蛋白质在所有生物体内均存在，氮元素是蛋白质的基本组成元素之一，所以生物圈的全部领域都涉及氮的循环。氮元素在空气中含量很高，约占大气总量的78％（体积分数），可通过固氮作用被大多数生物体利用。固氮作用是分子态氮被还原成氨或其他含氮化合物的过程，其主要有两条途径：①氨和硝酸盐通过闪电等高能固氮形式生成，并随降水落到地面；②硝酸盐通过生物固氮形式生成，如豆科植物根部的根瘤菌将氮气转化为硝酸盐等。土壤中的铵离子（铵肥）和硝酸盐被植物吸收，并经过复杂的生物转化形成各种氨基酸，进而合成蛋白质。动物通过食用植物获得氮并转化为动物蛋白质。微生物分解动植物死亡后的遗骸中的蛋白质产生铵离子（NH_4^+）、硝酸根离子（NO_3^-）和氨（NH_3），这些氮元素在土壤和水体中可被植物再次吸收利用。

6.3.2 碳循环

碳是一种常见的元素，它以多种形式广泛存在于大气、地壳和生物体之中。碳的循环主要是通过CO_2进行的，其过程有三种形式：①大气中的CO_2和H_2O通过植物的光合作用化合生成碳水化合物（糖类），之后经过植物的呼吸又以CO_2的形式返回大气中，供植物重新利用；②动物采食植物后，植物中的糖类在动物体内经过呼吸作用生成CO_2，又以CO_2的形式返回大气中，供植物重新利用；③矿物燃料（煤、石油和天然气）燃烧生成CO_2，CO_2返回大气后重新进入生态系统的碳循环。

6.3.3 氧循环

氧在自然界中含量高、分布广，且性质活泼。环境中的氧常以游离态或化合态的形式存在，且环境中到处有氧，因此自然界中的氧循环最复杂。各圈层之间氧的循环过程如图6-4

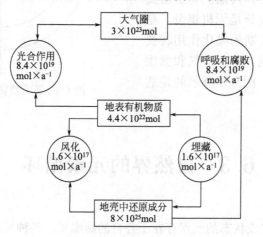

□ 三个含氧化合物的储库；　○ 各储库之间氧的转化

图6-4　氧循环

所示。地球上所有现存的水若经过植物光合作用裂解，再通过动植物细胞的生物氧化而重新形成，据估需要 200 多万年；该过程中产生的 O_2 进入大气约在 2000 年内进行再循环。自然界中各种物质的循环都按一定的过程进行，并由此形成自然界中物质的平衡。

6.4 保护大气环境

M. Molina（墨西哥）、F. S. Rowland（美国）和 P. Crutzen（荷兰）三位化学家因在大气环境研究方面做出了杰出贡献，于 1995 年被授予诺贝尔化学奖。平流层臭氧破坏的化学机制就是他们提出的。1970 年，P. Crutzen 提出了 NO_x 理论；1974 年，F. S. Rowland 和 M. Molina 提出了氟利昂（CFCs）理论。"臭氧层空洞"之谜正是基于这些理论成果而于 1985 年被揭开，引起了全世界的轰动，并促使《蒙特利尔协定书》于 1987 年签订。

氧气是人类赖以生存的先决条件。一般成年人每天必须呼吸约 $10\sim12m^3$ 的空气，相当于一天进食量的 10 倍、饮水量的 3 倍。空气对维持人的生命极为重要，人可以几天不喝水，甚至几周不进食，但断绝空气几分钟生命就难以维持。因此，清洁的空气是人类健康的重要保证。

6.4.1 大气环境污染物

化石燃料的用量随着人类生活、工业和科学技术的现代化而大幅度上升，使化石燃料的燃烧成为大气污染的主要原因之一。另外，汽车尾气的排放对环境造成的污染随着交通运输业的发展日益加重。此外，来自工业生产的其他污染物也是大气污染源。在农业方面，化学农药的大量使用也造成了不容忽视的大气污染。树木、建筑、道路、桥梁和工业设备由于大气污染都受到了极大的损害。人类健康也受到了大气污染的严重威胁，污染物通过诱发呼吸系统疾病损害人体健康，甚至可能进一步引起心脏等器官机能障碍进而导致更为严重的疾病。

大气污染物有两种分类方式。从化学的角度，大气污染物可以分为八类：含硫化合物、碳的氧化物、含氮化合物、烃类化合物、卤素及其化合物、颗粒物质（煤尘、粉尘及金属微粒）、农药和放射性物质。从原发性和继发性的角度，大气污染物可以分为一次污染物（原发性污染物）和二次污染物（继发性污染物）。一次污染物为直接从各类污染源排出的物质，又可分为反应性物质和非反应性物质。反应性物质不稳定，常与其他污染物在大气中发生化学反应，或者作为催化剂促进其他污染物之间发生化学反应；非反应性物质是比较稳定的物质，一般不发生反应，即便发生反应，反应速率也很缓慢。二次污染物是指不稳定的一次污染物与大气中原有成分发生反应，或者污染物之间相互反应而生成的新污染物，如 NO_2 和 HNO_3 就是由 NO 被氧化而生成的二次污染物。大气污染物的分类见表 6-3。

表 6-3 大气中污染物的分类

污染物	一次污染物	二次污染物
含硫化合物	SO_2、H_2S	SO_3、H_2SO_4、MSO_4
碳的化合物	CO、CO_2	无

污染物	一次污染物	二次污染物
含氮化合物	NO、NH_3	NO_2、HNO_3、MNO_3
烃类化合物	$C_1 \sim C_3$ 化合物	醛、酮、酸
卤素化合物	HF、Cl_2、HCl、卤代烃	无
氧化剂		O_3、过氧化物
颗粒物质	煤尘、粉尘、金属微粒	—
放射性物质	铀、钍、镭等	—

注：表中 M 为金属元素。

(1) 悬浮颗粒物

悬浮颗粒物是大气中固态、液态颗粒状物质的总称，一般是指空气动力学当量直径不大于 $100\mu m$ 的颗粒物。由于来源和形成不同，它们的物理性质（形状、密度、粒径大小、光学性质、电学性质、磁学性质等）和化学组成有很大差异。PM_{10}（粒径约为 $10\mu m$）、$PM_{2.5}$（粒径约为 $2.5\mu m$）等都是描述粉尘微粒的同类其他常见概念。悬浮颗粒物的来源可分为天然来源和人为来源。化石燃料燃烧产生的煤烟，工业生产和建筑施工产生的工业粉尘、金属尘、水泥尘等都属于人为来源悬浮颗粒物。土壤尘、火山灰、森林火灾灰、海盐粒等都属于天然来源悬浮颗粒物。悬浮颗粒物的危害主要有以下三个方面：①造成大气能见度降低，浓度大于 $100\mu g \cdot m^{-3}$ 的 $0.1 \sim 1\mu m$ 的微粒对大气能见度影响最大。②具有腐蚀性，会造成材料表面的破坏。由于悬浮颗粒物具有活性或能吸附化学活性物质，会使金属表面腐蚀，使带有油漆、涂料的表面遭到破坏等。③粒径小于 $10\mu m$ 的悬浮颗粒物又称可吸入颗粒物，是空气质量日报中一项重要指标。因为它们可以随着呼吸进入人体肺部，进而引起呼吸道感染、支气管炎、哮喘、肺炎等疾病，影响人体健康。

(2) 硫化物

矿物燃料燃烧时会释放出 SO_2，因其一般都含有一定量的硫元素。SO_2 是无色、有刺激性气味的气体。当 SO_2 的浓度大于 $3\mu g \cdot mL^{-1}$ 时，人的嗅觉器官就可以觉察到；SO_2 常和粉尘一道进入人体内，当其浓度达到 $8\mu g \cdot mL^{-1}$ 时，就会对人体造成危害；当 SO_2 的浓度达到 $400\mu g \cdot mL^{-1}$ 时，人会立即死亡。通常，SO_2 会在空气中停留大约一周，然后会随着降雨或降雪落到地面。SO_2 在高空中被氧化形成 SO_3，SO_3 遇水后会形成硫酸烟雾。硫酸烟雾可以在大气中长期停留，它的毒性比 SO_2 高 10 倍以上，对建筑、森林、湖泊、土壤危害极大。人体能承受的硫酸烟雾浓度最大为 $0.8\mu g \cdot mL^{-1}$，超出这个限度就会对人体造成严重伤害。

(3) 碳的氧化物

城市空气中含量最大的污染物是 CO，其无色、无味，不易察觉。CO 与血红蛋白的结合能力是 O_2 与血红蛋白结合能力的 $200 \sim 300$ 倍，CO 一旦被吸入人体，就会与血红蛋白结合，生成羰基血红蛋白，从而使血红蛋白丧失携氧能力，人体就会因血液中氧气含量不足而产生不适，轻者眩晕、头疼，重者脑细胞受到永久性损伤，甚至窒息死亡。由自然原因形成的 CO 本底浓度约为 $1\mu g \cdot mL^{-1}$。化石燃料的不完全燃烧会产生大量 CO，使其浓度远远超出本底浓度。大气中的 CO 有 80% 由汽车尾气排出，约占汽车常速行驶时排放废气的 3%，空挡行驶时排放废气的 12%。

(4) 氮的氧化物

N_2O、NO、NO_2、NH_3、NO_3^- 等是大气中主要的含氮化合物。其中，NO 和 NO_2 毒性均较大，是 CO 毒性的 5 倍以上，它们会刺激人的眼、鼻、喉和肺，增加病毒感染的发病率。氮的氧化物可引起支气管炎和肺炎，诱发肺细胞癌变等；会形成城市的烟雾，影响大气可见度；会破坏树叶的组织，抑制植物的生长；会在空中形成硝酸小液滴，产生酸雨。NO_2 是棕色气体，具有特殊刺激臭味，当其浓度大于 $1\mu g \cdot mL^{-1}$ 时，人体就能觉察到。根据我国卫生标准规定，$0.15mg \cdot m^{-3}$ 是居民区大气中 NO_x（以 NO_2 计）的允许浓度上限。

(5) 氧化剂

大气中的氧化剂包括臭氧、过氧化物等，其中臭氧的氧化性是最强的，过氧乙酰硝酸酯（PHA）是最为普遍的。氧化剂是通过光化学氧化作用原理产生的物质，而非排入空气中的气体。严格意义上讲，氧化剂不属于空气污染物。臭氧在大气中的本底浓度为 $0.025\mu g \cdot mL^{-1}$，当其浓度接近 $0.1\mu g \cdot mL^{-1}$ 时，人的眼睛就会感到不适。

(6) 放射性污染物

放射性污染物是指由放射性元素（铀、钍、镭等）造成的大气污染物。根据来源不同，放射性源可分为天然来源（矿床中的放射性元素）和人工来源（医用射线源、反应堆和各种放射性废料）两类。放射性物质的主要危害是致癌，诱发白血病等。

6.4.2 光化学烟雾

光化学烟雾现象最早出现于 1940 年的洛杉矶，因其机理不同于煤烟烟雾（伦敦型烟雾），所以它也被称为洛杉矶烟雾。美国科学家 Haggen-Smit 于 1951 年首次提出了洛杉矶烟雾形成的机制。他认为，洛杉矶烟雾是由强烈的阳光引起大气中存在的氮氧化物和烃类化合物之间的化学反应，并由此产生各种二次污染物。光化学烟雾的特点是呈白色烟雾状，可以降低空气能见度；对人眼有很强的刺激性；会破坏植物的茎叶；具有氧化性，可以裂解橡胶。形成光化学烟雾的主要条件是强烈的日光和较低的湿度，同时还需要有氮的氧化物（NO_x）及烃类化合物的排放源（主要来源是汽车尾气）。这种现象主要发生在夏季晴天，而污染高峰主要发生在一天的中午或下午，且光化学烟雾可以向数十乃至数百千米的污染源的下风方向蔓延。

汽车是现代重要的交通工具。随着汽车数量的迅速增加，城市汽车尾气造成的环境污染日益严重。近年来，中国的快速城市化伴随着机动车数量的快速增长。在一些大中城市，已经出现了严重的机动车尾气污染和不同程度的光化学烟雾污染。汽车尾气中的有害成分主要是 CO、NO、NO_2、烃类化合物、颗粒物和臭氧等。

CO 是汽油不完全燃烧的产物，是汽车尾气的主要成分。低浓度的 CO 可导致慢性中毒，高浓度的 CO 可导致死亡。

NO_2 气体为红棕色，具有特殊的刺激性气味，其毒性高于 NO。NO 和 NO_2 主要危害人的呼吸系统。它们首先通过人体呼吸刺激鼻腔、气管和支气管黏膜，然后逐渐侵入肺部，进而与人体内的水结合形成亚硝酸和硝酸，对人体产生强烈的刺激和腐蚀作用，会导致肺水肿。NO 和 NO_2 也会腐蚀建筑物，亦可引起酸雨和光化学烟雾。

洛杉矶烟雾主要是由汽车尾气造成的，日光在其中起着重要作用：

$$2NO(g) + O_2(g) \xrightarrow{h\nu} 2NO_2(g)$$

$$NO_2(g) \xrightarrow{h\nu} NO(g) + O(g)$$

$$O(g) + O_2(g) \xrightarrow{h\nu} O_3(g)$$

首先汽车尾气中的 NO 会和空气中的氧气在日光条件下反应生成 NO_2，接着 NO_2 会分解成 NO 和氧原子，氧原子与氧分子又可以反应形成臭氧（O_3）。O_3 是一种强氧化剂，它可与烃类发生一系列复杂的化学反应，这些化学反应的产物中含有刺激眼睛的物质（如醛类、酮类等）。

烃类化合物对自然的危害主要是破坏生态系统的正常循环，是诱发光化学烟雾的成分之一。汽油不完全燃烧产生的各种烃类衍生物的组成极其复杂，包括饱和烃、不饱和烃和这些烃的含氧衍生物（如醛类、酮类等），不仅产物种类多，而且成分的变化很大。此外，烃类化合物中一些挥发性较低的氧化物能够凝结成气溶胶液滴并降低空气能见度。

汽车尾气中的颗粒物质主要包括含铅化合物、碳颗粒和油雾。铅是大气中毒性最大的金属物质之一。铅尘是一种含铅有机化合物——四乙基铅 $[(C_2H_5)_4Pb]$，其主要来源于汽油中的抗爆添加剂。四乙基铅是一种剧毒物质，它可以在人体内积聚并引起急性神经系统疾病。当血液中的铅含量超过 0.1mg 时，会引起贫血等症状。因此，现在广泛使用的汽油是无铅汽油。汽车尾气中的碳颗粒是燃料不完全燃烧的产物，通常由燃料箱和化油器的泄漏引起。

6.4.3 酸雨

英国化学家 R. A. Smith 最早使用了酸雨这个名词。R. A. Smith 于 1852 年发现曼彻斯特工业化城市的烟尘污染与雨水的酸度有关，在 1872 年编著的科学著作中首先采用了"酸雨"这一术语。酸雨是指 pH 值低于 5.6 的大气降水。1993 年，日本开始建立"东亚酸沉降监测网"（EANET），旨在通过国际合作解决东亚大气污染引起的酸雨问题，并研究酸雨的成因。目前，包括中国和日本在内的十多个国家参加了该网络试运行阶段的活动。各个参与国之间通过交换酸沉降监测数据和技术来评估东亚酸沉降情况，以便在各级做出决策，提高公众意识，从而解决东亚地区大气污染引发的酸雨化问题。

长期以来，中国的能源结构以煤炭为主。大量的煤炭消耗导致严重的煤烟型空气污染，以酸雨、二氧化硫和烟尘最为严重，且污染程度逐年增加。煤烟型空气污染的特征是大气中 SO_2 和颗粒物质的严重污染。北京、沈阳、西安、上海和广州在世界上污染最严重的城市之列。根据《2017 中国生态环境状况公报》，463 个市（区，县）酸雨的平均发生率为 10.8%，比 2016 年下降 1.9 个百分点。酸雨城市比例为 36.1%，比 2016 年下降 2.7 个百分点，酸雨的类型仍然是硫酸型。酸雨面积约 62 万平方公里，约占全国土地面积的 6.4%，比 2016 年下降 0.8 个百分点。酸雨污染主要分布在长江以南、云贵高原以东地区，主要包括浙江和上海的大部分地区、江西中部和北部、福建中北部、湖南中部和东部、广东中部、重庆南部、江苏南部和安徽南部地区。

正常的雨水是弱酸性的，pH 值约为 6～7。这是因为大气中的二氧化碳溶解在雨水中形成部分电离的碳酸：

$$CO_2(g) + H_2O \longrightarrow H_2CO_3 \longrightarrow H^+ + HCO_3^-$$

弱酸性的雨水可以溶解土壤的养分并供给生物吸收，这对于生物环境是有利的。

汽油和柴油中都含有含硫成分，燃烧后有废气 SO_2 生成。金属硫化物矿在冶炼过程中也会释放出大量 SO_2。这些 SO_2 参与复杂的大气化学和大气物理过程，经气相或液相的氧化反应产生硫酸，硫酸溶解于雨水中降落，从而形成酸雨，其化学反应过程可表示为：

气相反应：

$$2SO_2 + O_2 \longrightarrow 2SO_3$$
$$SO_3 + H_2O \longrightarrow H_2SO_4$$

液相反应：

$$SO_2 + H_2O \longrightarrow H_2SO_3$$
$$2H_2SO_3 + O_2 \longrightarrow 2H_2SO_4$$

燃烧过程产生的 NO 和空气中的 O_2 化合为 NO_2，NO_2 遇水则生成硝酸和亚硝酸，其反应过程可表示为：

$$2NO + O_2 \longrightarrow 2NO_2$$
$$2NO_2 + H_2O \longrightarrow HNO_3 + HNO_2$$

酸雨对环境有多方面的危害：①会腐蚀工厂设备和文化古迹等建筑物，同时会加速材料的风化过程。②含酸性物质的空气会使人的呼吸道疾病加重。酸雨可随风漂移而降落到几千千米之外，导致大范围的危害。③会酸化天然水源，影响水环境的生态平衡。当水的 pH 值小于 5.5 时，会影响鱼的繁殖能力，特别是对水的酸度非常敏感的鳟鱼和鲑鱼。pH 值降低也会影响一些浮游生物与底栖生物的生长，进而减少鱼类的食物来源。当水的 pH 值小于 4.8 时，会造成鱼类死亡。④会使土壤酸化。土壤酸化不仅会使其中易于溶解的一些营养物质渗入土壤深层，影响植物吸收，从而减少作物的产量和影响森林的生长，严重的还会造成土壤板结。

6.4.4　温室效应

温室效应的产生是地球上生命存在的必要条件（即保护作用），地球大气层中的二氧化碳和水蒸气允许部分太阳辐射（短波辐射）通过并到达地面，从而增加地球的表面温度。与此同时，大气吸收来自太阳和地球表面的长波辐射，仅让很少的一部分热辐射散失到宇宙空间。

燃料在燃烧过程中会产生 CO_2 和 H_2O，产生的 CO_2 可以溶解在雨水、河流、湖泊和海洋中，也可以被植物吸收进行光合作用。当产生和利用的 CO_2 之间达到平衡时，大气中的 CO_2 浓度就会保持在一定范围内。然而，由于人口激增，人类活动频繁，化石燃料燃烧剧增，森林砍伐频繁等，导致 CO_2 和各种气体微粒不断增加，使 CO_2 的吸收和反射回地面的长波辐射能量增加，地球表面温度上升，温室效应加剧，气候变暖。因此，CO_2 量的增加被认为是产生温室效应的主要原因。

温室效应引起的全球变暖将对气候、生态环境和人类健康等产生多个方面的影响。地球表面温度的升高会使更多的冰雪融化，海平面慢慢上升，中高纬度降水增加，非洲等一些地区降水减少，以及增加某些地区的极端气候事件（厄尔尼诺现象、干旱、洪水、雷暴、冰雹、风暴、炎热天气和沙尘暴等）的频率和强度。降水的变化将对草原和对水敏感的物种产生影响。许多植物会在与以往不同的时间发芽、开花和结果；植物的生长周期将缩短甚至破坏植物的品种；温暖和潮湿的气候条件亦会促进细菌、霉菌和有毒物质的生长，导致食物污染或变质，引起全球疾病蔓延并严重威胁人类健康。

温室气体主要包括《京都议定书》限排的二氧化碳（CO_2）、甲烷（CH_4）、氧化亚氮（N_2O）、六氟化硫（SF_6）、氢氟烃（HFCs）和全氟化碳（PFCs）以及受《蒙特利尔议定书》限排的一些卤化温室气体。2017年10月30日，世界气象组织（WMO）发布了2016年全球大气温室气体公报。公报中使用的大气温室气体浓度数据来自世界气象组织全球大气观测网（GAW）、全球大气气体先进试验（AGAGE）等。公报表明，二氧化碳、甲烷和氧化亚氮的浓度分别达到（403.3±0.1）ppm（ppm为摩尔比浓度10^{-6}，即百万分之一）、（1853±2）ppb（ppb为摩尔比浓度10^{-9}，即十亿分之一）和（328.9±0.1）ppb。其中，二氧化碳浓度相对于2015年出现大幅上升，增幅达3.3ppm，比过去10年平均增长率高50%（约2.2ppm·a^{-1}），这主要与2015～2016年厄尔尼诺事件导致的热带地区干旱及森林大火等有关。根据对全球碳项目的最新评估，这些气体排放的年增长已放缓或已达到稳定水平。2016年，全球大气甲烷和一氧化二氮的浓度分别增加了9ppb和0.9ppb，达到了新的高度。根据美国国家海洋和大气管理局（NOAA）温室气体指数分析，2016年温室气体引起的辐射强度与1990年相比增加了约40%，其中二氧化碳的贡献超过80%。因此，不破坏臭氧层的氢氟烃完全取代了含氯氟烃。不过，氢氟烃却是"杀伤力"很大的温室气体。极小剂量的氢氟碳化物对全球气候造成的损害比等量二氧化碳高出数千倍。各国于2016年对《蒙特利尔议定书》进行了修订，补充了修正案，在原先的基础上新加了一条规定，要求逐步淘汰氢氟烃。

化学家不仅揭示了促使温室效应加剧的原因，而且提出了如减少矿物燃料的使用量、开发新能源、禁止砍伐森林和控制人口增长等途径和措施，通过控制温室气体的排放来减缓温室效应。

6.4.5 臭氧层空洞

氧气吸收太阳紫外线辐射，会在高层大气（距地面约15～24km）中产生大量臭氧（O_3）。这个过程是光子先将氧分子分解成氧原子，然后氧原子再与氧分子反应形成臭氧，即：

$$O_2 \longrightarrow 2O$$
$$O + O_2 \longrightarrow O_3$$

在大气中，当臭氧浓度达到最大值时，会产生厚度约为20km的臭氧层。臭氧在地面易产生烟雾并会对许多物质产生破坏。但是，臭氧在高空中发挥着非常重要的作用，能吸收对地球上的生物有伤害的短波紫外线，使其不会到达地球。

臭氧层逐渐变薄，甚至出现空洞，这些已经被近年来的一些研究数据所证实。这意味着更多的紫外线到达地面，从而给生物体带来伤害。强的紫外线辐射会损害人体皮肤、眼睛甚至免疫系统；会影响水生生物的正常生存；会严重阻碍各种农作物和树木的正常生长；还会进一步加剧温室效应。

氯氟烃（CFCs）的大量使用是臭氧层被破坏的公认原因之一。CFCs 被广泛应用于制冷系统、洗净剂、杀虫剂、头发喷雾剂等领域。虽然 CFCs 在正常的情况下，化学性质稳定，易挥发，不溶于水，但当其进入大气平流层后，由于受紫外线辐射会分解产生大量 Cl 原子，进一步引发破坏 O_3 的循环反应：

$$Cl + O_3 \longrightarrow ClO + O_2$$
$$ClO + O \longrightarrow Cl + O_2$$

从上面反应式可见，在第一个反应中被消耗的 Cl 原子，在第二个反应中再次生成，并可以继续和另外一个 O_3 分子发生反应，从而循环。由于每一个 Cl 原子的参与都发生了上述循环反应，导致大量 O_3 被破坏。这两个反应加起来的总反应为：

$$O_3 + O \longrightarrow 2O_2$$

反应的最终结果是将 O_3 变成了 O_2，而 Cl 原子本身并没有被损耗，只起了催化剂的作用。

当然，CFCs 只是破坏臭氧层的化学物质之一，且破坏臭氧层的也并非全是化学品。大型喷气机的尾气、火山爆发和核爆炸的烟尘等均能到达平流层，其中含有的各种污染物（NO 和某些自由基等）均可与 O_3 发生作用。

随着人口的增长，大量氮肥的使用也会对臭氧层造成破坏。在氮肥的生产过程中向大气释放出了各种含氮化合物，其中包含有害的 N_2O，它会引发下列反应：

$$N_2O + O \longrightarrow N_2 + O_2$$
$$N_2 + O_2 \xrightarrow{\text{闪电}} 2NO$$
$$NO + O_3 \longrightarrow NO_2 + O_2$$
$$NO_2 + O \longrightarrow NO + O_2$$
$$O_3 + O \longrightarrow 2O_2$$

关于臭氧层破坏的机制存在争论。争论的焦点之一是大气的连续运动性质使人们难以确定臭氧含量的变化究竟是由动态涨落引起的，还是由化学物质引起的。由于不同地区对大气臭氧的观测是局部的和有限的，所以科学家们各执一词。因此，对全球范围的臭氧浓度和紫外线强度建立起监测网络是至关重要的。

1974 年，由于人类自身活动及含氯氟烃这种化学物质的消耗和使用，科学家发现臭氧层的厚度正在减小。联合国环境计划署对臭氧消耗所引起的环境效应进行了评估，即每减少 1% 的臭氧，对生理具有破坏力的紫外线就增加 1.3%。因此，臭氧的减少危害着整个地球生态圈。1987 年，世界上 197 个国家一致同意减少含氯氟烃及其他消耗臭氧物质的使用，并于当年 9 月 16 日签署了《蒙特利尔破坏臭氧层物质管制议定书》，该协议于次年 1 月 1 日生效。2016 年，科学家表示，该协议发挥了作用——臭氧层正在逐渐恢复。经过卫星、地面仪器和探空气球的一系列测量，科学家们发现，自 2000 年以来臭氧层空洞的面积减少了 400 万平方公里。据估计，通过国际大合作，并采取各种积极、有效的对策，臭氧层空洞将在 21 世纪中叶彻底消失。

6.4.6 雾霾

雾霾是雾和霾的混合产物。虽然它们都是漂浮在大气中的粒子，但雾和霾是在不同的天气条件下形成的两种不同的天气现象。由大量悬浮在近地面空气中的微小水滴或冰晶形成的天气现象称为雾，其中降温、加湿、具有凝结核是雾形成的重要条件。雾具有空气湿度相对较大、水汽充足、能见度小于 1km 等特征。空中大量极细微的干尘粒、烟粒或盐粒等粒子浮游所形成的天气现象称为霾。霾粒子时时刻刻存在于大气中，霾主要形成于霾粒子浓度累积到一定水平，致使能见度下降至 10km 以下的情况。霾存在时，空气相对湿度较小（<60%），天气较为干燥。在自然界中，当相对湿度增加超过 100% 时，雾与霾可以相互转化。如在辐射降温过程中，霾粒子吸附液态水成为雾滴，降低湿度后，雾滴脱水又形成霾粒子悬浮在大气中。雾霾天气一般是指能见度低于 10km 的浑浊空气现象。

雾霾的组成主要有：氮氧化合物、二氧化硫和可吸入颗粒物。它们与雾结合在一起，会使天空瞬间变得阴沉。其中，可吸入颗粒物（PM）是加重雾霾天气污染最重要的原因。空气动力学当量直径小于等于 $2.5\mu m$ 的污染物颗粒称为 $PM_{2.5}$。$PM_{2.5}$ 既是一种污染物，又是重金属、多环芳烃等有毒物质的载体。由于 $PM_{2.5}$ 直径小，可直接通过呼吸系统进入人体，会对人类健康造成严重危害。同时，雾霾天气的空气流动性差，空气中可吸入颗粒物骤增且有害细菌和病毒扩散速度减慢，导致病毒浓度增高，加剧了疾病的传播。

雾霾天气通常是多种污染源混合作用形成的，产生雾霾的途径有很多种，如工业排放、汽车尾气、建筑扬尘等。2015 年全国环境统计公报提出，通过燃煤和重工业等途径造成的 SO_2 排放量超过 1100 万吨，烟（粉）尘排放量达 1232.6 万吨。近十年来，我国机动车的数量以年均 15% 的速度迅猛增长，与此同时，汽车尾气也逐步成为大中型城市的主要大气污染源。2016 年，《河北省机动车污染防治年报》表明，机动车的尾气污染占本地源污染比例的 10%～27%。雾霾天气已影响到我国大部分地区（邢台、保定、石家庄、邯郸、衡水、德州、荷城、聊城、廊坊、唐山等）。同时，我国正处于城市化快速发展的阶段，大量的农民工从农村涌向城市，房地产行业变得炙手可热，高楼拔地而起的同时伴随着许多扬尘，从而严重影响了城市的空气质量。

雾霾天气会对人的身体、心理健康等多方面带来危害，如容易使人精神抑郁、产生悲观情绪、遇事容易失控等。可吸入颗粒物是雾霾的主要成分，它能直接通过呼吸系统进入人的肺部引发疾病，甚至会诱发肺癌。当雾霾天气出现时，视野能见度较低，易造成交通事故。此外，雾霾还会影响太阳辐射，间接影响农作物的生长，造成农作物减产；其组成成分中的硫酸、二氧化氮、二氧化硫等废气污染物形成的酸雾较多，易形成酸雨。

雾霾天气的危害已经引起了世界各国的高度重视，并采取了应对措施。我国政府印发的《大气污染防治行动计划》提出了"国十条"治霾措施，并修订了《大气污染防治法》；英国出台了《清洁空气法》；欧盟委员会颁布了《环境空气质量指令》；美国环保署率先提出将 $PM_{2.5}$ 纳入全国环境空气质量标准评价指标；意大利米兰市对污染最严重的汽车征税；罗马实行"绿色周日"活动。联合国相关专家最新研究证实，由于生态级负离子（小粒径负离子）具有可以主动出击捕捉小粒微尘，使其凝聚而沉淀的特性，可有效去除空气中 $2.5\mu m$ 及以下的微尘，减少其对人体健康的危害。

我国地方政府也高度重视雾霾问题，从多方面对雾霾天气进行了综合防治，如加大环保支出的投入，完善立法，树立公民生态文明意识，尽量使用清洁无污染、可再生能源，加强雾霾天气的预测预报，治理汽车尾气和加强城市绿化等。我们在平时的生活中也需采取措施应对雾霾天气：①雾霾天气缩短开窗换气的时间。②尽量减少在雾霾天气出门，出门在外要做好防护。③多饮水，多食用水果蔬菜，适量补充维生素D。④避免雾霾天锻炼，可以在室内活动或太阳出来后进行锻炼。⑤行车注意安全。

治理雾霾不是一时的，是要在政府的高度重视和全社会的长久努力下，减少引起雾霾的行为，共同保卫我们的蓝天。

6.5 保护水资源

水是人类生存的宝贵资源，人类生产和生活基本上离不开淡水。然而，地球上的淡水总和仅占总水量的0.63%。随着社会的发展和人们生活水平的提高，生产和生活用水的需求都在不断增加。早在1977年，联合国就发出警告：在石油危机之后，淡水缺乏将很快成为另一个更严重的全球危机。事实上，现有的淡水资源已经满足不了人类的需求，全球陆地面积的60%缺乏淡水供应，近20亿人缺乏饮用水。为了保护和开发水资源，化学家们进行了大量的研究，并在水资源污染，水的净化纯化、软化和海水淡化等各个领域取得了重要成果。

6.5.1 水资源污染

水与人类的生活息息相关。人类各种活动所排放的污染物进入河流、湖泊、海洋或地下水等水体，导致水体的物理和化学性质发生变化，降低水体的使用价值，这种现象称为水体污染。水体污染会严重危害人类的健康，根据世界卫生组织的统计，世界上约80%的疾病，如伤寒、霍乱、胃炎、痢疾、传染性肝炎等的发生和传播都与直接饮用受污染的水有关。

按照污染物来源的不同，水污染可以分为自然污染和人为污染两种类型，其中人为污染是主要污染。自然污染是指由自然因素造成的污染，如特殊的地质条件导致的某些地区某些化学元素的富集、天然植物在腐烂过程中产生的有毒物质、雨水携带各种物质流入水体等产生的污染。人为污染是指由人类生活和生产活动产生的污染，如生活污水、工业废水、农田排水和矿山排水等产生的污染。

冶金和金属加工中的酸液、化工厂的废酸水以及进入水中的酸雨等会使水体的pH值降低，印染、制药、炼油、碱性造纸等工业废水中的碱会使水体的pH值升高，这些酸性或碱性物质进入水体会改变其酸度，以致发生中和反应或与地表物质反应生成无机盐。这种使水体中的酸、碱和盐浓度超过正常水平，导致水质恶化的现象，称为水体酸碱盐污染。水体酸碱盐污染会对农业及渔业产生影响。我国渔业用淡水的标准pH值为6.5~8.5，海水为7.0~8.5，农田灌溉用水为5.1~8.5。当水体受酸碱污染时间较长时，就不能维持正常的pH值范围，会影响水生生物的正常活动，进而引起水生生物种群变化；影响农作物的生长；还会腐蚀船舶、建筑物等。

重金属化合物对人类和生态系统的危害很大，其主要包括重金属（汞、镉、铅等）、砷的化合物、氰根离子、亚硝酸根离子等。铅是目前研究较多的有毒重金属元素之一，因全世界对金属铅的需求逐年增加，其可用于电池（约 40%）、汽油防爆剂（20%）、建筑、电缆、弹药和杀虫剂等。当这些含铅物质通过各种渠道进入天然水体时，就会对水资源造成严重污染。水中的微生物难以分解消除这些重金属，相反，经过"虾吃浮游生物，小鱼吃虾，大鱼吃小鱼"的水中食物链，重金属会被富集起来，浓度逐级加大。因人类处于食物链的终端，通过食物或饮水，极易将有毒物质摄入体内。如果这些有毒物质难以排泄，就会在人体内积蓄，进而引起慢性中毒。微生物可以将生物体内的某些重金属转化为毒性更大的有机化合物，如无机汞可转化为有机汞。重金属污染物的毒害与其摄入机体内的数量及其存在形态均有密切关系，同种重金属化合物因形态不同，其毒性差异会很大。如二价汞离子的无机盐的毒性明显低于烷基汞；砷的化合物中三氧化二砷的毒性最大；钡盐中的硫酸钡因溶解度小而无毒性，而碳酸钡虽然难溶于水，但能溶于胃酸，所以对于人体来说，碳酸钡和氯化钡一样有毒。

水体污染物中存在一类耗氧有机物，它们本身没有毒性，因在分解时需消耗水中的溶解氧，因此被称为耗氧有机物。耗氧有机物一般来自城市生活污水及工业废水中的大量烃类化合物、蛋白质、脂肪、纤维素等有机物质。耗氧有机物对水体的污染程度，可以用生物化学需氧量（BOD）来表示。BOD 是指单位体积水中耗氧有机物生化分解过程所消耗的氧量。耗氧有机物质的含量与水体污染的关系通常以水温 25℃时，5 天的生化需氧量（BOD_5）作为指标来反映。BOD_5 量的高低可以表明溶解氧消耗的多少以及水质的好坏。通常情况下，BOD_5 低于 $3mg \cdot L^{-1}$ 时，说明水质较好；达到 $7.5mg \cdot L^{-1}$ 时，说明水质不好；大于 $10mg \cdot L^{-1}$ 时，说明水质很差，鱼类无法生存。

肥皂和洗涤剂是日常生活中最常用的洗涤用品，它们的使用会对水质产生不可忽视的影响。肥皂是脂肪酸的钠、钾或铵盐的总称。脂肪酸盐（油脂）用氢氧化钠水解时，发生皂化反应形成羧酸钠盐。羧酸钠盐是肥皂或香皂的主要成分：

$$\begin{array}{ccc} CH_2O_2CR & & CH_2OH \quad RCO_2^-Na^+ \\ | & \xrightarrow[H_2O]{NaOH} & | \\ CHO_2CR' & & CHOH \quad + R'CO_2^-Na^+ \\ | & & | \\ CH_2O_2CR'' & & CH_2OH \quad R''CO_2^-Na^+ \end{array}$$

油脂　　　　　　　甘油　　　脂肪酸钠盐

合成洗涤剂的主要成分是表面活性剂，表面活性剂分子中同时具有亲水基团和疏水基团，如烷基苯磺酸钠，它的结构为：

$$R-\!\!\!\bigcirc\!\!\!-SO_3^-Na^+$$

在烷基苯磺酸钠中，R 基通常是一个很长的直链烃。其性能要优于肥皂，因其和硬水中的离子形成的烷基苯磺酸盐能溶于水。但是，若 R 基具有支链，就不能被微生物所降解，也会因形成泡沫而造成水体污染。为消除这种现象，化学家们合成了诸如线型烷基磺酸钠 $\{CH_3(CH_2)_nCH_2SO_3^-Na^+\}$ 等其他能被微生物降解的洗涤剂。

除表面活性剂外，日用洗涤剂中一般还加有辅助剂来改善洗涤剂的功能。在洗涤剂组成中，一般含有 50% 左右的聚磷酸盐（如三聚磷酸钠 $Na_5P_3O_{10}$），此盐可以与水中的钙、镁、铁等离子形成配合物，防止这些离子产生沉淀，使水软化，增强洗涤剂的洗涤效率。含量为 20% 的硫酸钠（Na_2SO_4）会促使污垢从衣物表面脱落于水中且不会再附着；含量为

3%~10%的碳酸钠（Na$_2$CO$_3$）会使洗脱的污垢在水中溶解或悬浮，还可防锈；含量为0.05%~0.1%的羧甲基纤维素钠能使油垢结块并悬浮于水中，还能防止污垢再次沉积；含量为0.1%的荧光增白剂可以增加衣物洁白感；洗涤剂中香料用量通常为0.05%~0.1%。洗涤剂中使用的酶包含蛋白酶、脂肪酶、淀粉酶、纤维素酶等，其作用是分解蛋白质污垢。

洗涤剂的应用虽可以给人带来感观上的清洁，洗涤废水却会影响甚至危害环境。若将洗涤剂排入水中，会对鱼类造成毒害。当洗涤剂在水中浓度大于 $10mg \cdot L^{-1}$ 时，会造成鱼类的死亡和水稻的减产。此外，合成洗涤剂可以被水中的生物降解而分解为 CO_2 和 Na_2SO_4。在这个分解过程中，水中的溶解氧被消耗，导致水中的氧含量降低。与此同时，由于洗涤剂覆盖在水面，水的复氧速度和程度也会被降低，不可避免地会对水生生物和鱼类造成影响。此外，洗涤剂中辅助剂磷酸盐含量较高，洗涤污水与生活污水一起排入水中，会使水中 N、P 等营养元素增加而造成水体富营养化，使藻类丛生而淤塞水体，导致水区环境恶化。目前，水体中约一半含量的磷来自人类生活中使用的合成洗涤剂。因此，降低洗涤剂中的磷含量是防止水体富营养化和保护水质的重要措施。

6.5.2 水的化学净化、纯化和软化

天然水中含有较多杂质，必须经过净化才能达到生活用水的标准。通过泵站将水源中的水输送到交替使用的沉淀池，以沉降一些固体杂质和悬浮物。如果有较多的悬浮物，则可使用化学沉降剂硫酸铝 [Al$_2$(SO$_4$)$_3$] 进行沉淀。然后将澄清的水过滤并泵送到曝气池以除去一些挥发物。同时，在曝气过程中引入的氯气可以消除水中的难闻气味。经氯气消毒后，可将其送至高塔或泵入供水系统供人们使用。目前，城市的自来水大致是由这些程序处理得到的。

硫酸铝是一种常用的沉降剂，其会在水中发生水解反应：
$$Al_2(SO_4)_3 + 6H_2O \longrightarrow 2Al(OH)_3\downarrow + 3H_2SO_4$$
由于氢氧化铝 [Al(OH)$_3$] 在水中的溶解度极小，发生水解反应后会以絮凝的白色沉淀物分散在水中，这种絮凝沉淀物吸附力很强，可以在自沉降过程中将水中的悬浮物吸附。明矾和 Al(OH)$_3$ 具有相同的絮凝效果，其化学组成是十二水合硫酸铝钾，是硫酸钾和硫酸铝的复盐。

氯气消毒的原理是氯气在水中生成次氯酸，次氯酸又分解放出氧气：
$$H_2O + Cl_2 \longrightarrow HClO + HCl$$
$$2HClO \longrightarrow 2HCl + O_2$$
氯气和新产生的氧气都具有强氧化作用，可氧化有机体并杀死细菌。

将氯气通入熟石灰 [Ca(OH)$_2$] 中会生成次氯酸钙 [Ca(ClO)$_2$]。次氯酸钙是漂白粉的主要组成成分，它会因不稳定而分解，释放出新的氧气：
$$Ca(ClO)_2 + 2H_2O \longrightarrow Ca(OH)_2\downarrow + 2HClO$$
$$2HClO \longrightarrow 2HCl + O_2$$
纯水不能由天然水净化得到，因为它含有其他化学物质。

蒸馏是化学中常用的制备纯物质的方法，通常采用蒸馏来获得化学概念的纯水。蒸馏可去除水中的非挥发性物质如钠、钙、镁和铁的盐，但溶解在水中的氨、二氧化碳或其他气体和挥发性物质将与水蒸气一起进入冷凝器并溶解于收集的水中。除去这些气体的有效方法是

使一部分水蒸气冷凝，一部分水蒸气逸出，使得最初溶解在水中的气体和挥发性物质与逸出部分一起被除去。为了获得更高纯度的蒸馏水，可以在普通蒸馏水中加入 3% 的高锰酸钾（$KMnO_4$）溶液，然后蒸馏除去有机物和挥发性酸性气体（如二氧化碳），再向得到的蒸馏水中加入非挥发性酸（如硫酸或磷酸），蒸馏出氨等挥发性碱，由此获得的蒸馏水称为重蒸水。

溶解在水中的盐类的去除是水纯化的关键所在。这些盐类以阳离子和阴离子的形式存在于水中，通过离子交换树脂可以将这些离子从水中取走，也就达到了将水纯化的目的。离子交换树脂是化学家合成的一种不溶于水的高分子化合物，具有酸性或碱性。离子交换树脂可以分为阳离子交换树脂和阴离子交换树脂，其中阳离子交换树脂具有酸性，可以和阳离子发生交换反应并释放出 H^+；阴离子交换树脂具有碱性，可以和阴离子发生交换反应并释放出 OH^-。利用这些性质，可以用阳离子交换树脂和阴离子交换树脂将溶解于水中的阳离子和阴离子交换出来，最终得到的便是纯水。离子交换树脂的交换作用具有可逆性，它可以分别与相应的酸、碱溶液进行反交换，使之恢复之前的状态（该过程被称为树脂的再生）。因此，离子交换树脂具有重复利用性。

"硬水"是指含有较多可溶性钙、镁、铁或锰等离子的水。在某些环境中，硬水具有危害性。水中的 Ca^{2+}、Mg^{2+} 一般来源于如下过程：溶于水中的二氧化碳与周围存在的石灰石和白云石发生作用而生成可溶性的酸式碳酸盐存留在水中。其反应过程是：

$$CaCO_3(石灰石) + CO_2 + H_2O \longrightarrow Ca(HCO_3)_2$$

$$CaCO_3 \cdot MgCO_3(白云石) + 2CO_2 + 2H_2O \longrightarrow Ca(HCO_3)_2 + Mg(HCO_3)_2$$

碳酸是一个二元酸，可在水中发生解离：

$$CO_2 + H_2O \longrightarrow H_2CO_3$$

$$H_2CO_3 \longrightarrow H^+ + HCO_3^-$$

$$HCO_3^- \longrightarrow H^+ + CO_3^{2-}$$

因此在酸性条件下会形成可溶性的酸式碳酸盐。这些酸式碳酸盐在加热时会发生分解反应：

$$Ca(HCO_3)_2 \xrightarrow{\text{加热}} CaCO_3 \downarrow + CO_2 \uparrow + H_2O$$

工业上禁止使用硬水作为锅炉用水。因为硬水在加热过程中会生成 $CaCO_3$ 沉淀，进而形成水垢。这些水垢不但会降低传热效率，而且因水垢产生的裂缝会造成加热不均匀甚至发生爆炸，因此，硬水必须经过处理，除去钙、镁等离子后才能作为锅炉用水使用。通常，我们在水壶或热水瓶底部看到的白色水垢就是 $CaCO_3$ 沉淀。

除此之外，在用肥皂洗衣服时，硬水可以和普通的肥皂作用生成不溶于水的白色凝脂漂浮在水面上，会降低肥皂的去污能力。此外，在用作饮用水时，硬水的口感也欠佳。

为解决上述问题，一个有效的途径就是把硬水软化。软化硬水的方法有蒸馏法、离子交换法等。除此之外，还有一种方法叫作石灰-苏打软化法。这种方法是在水中加入消石灰 [$Ca(OH)_2$] 和纯碱（Na_2CO_3），发生如下反应：

$$HCO_3^- + OH^- \longrightarrow CO_3^{2-} + H_2O$$

$$Ca^{2+} + CO_3^{2-} \longrightarrow CaCO_3 \downarrow$$

$$Mg^{2+} + 2OH^- \longrightarrow Mg(OH)_2 \downarrow$$

通过上述方法可以在除去水中钙、镁离子的同时留下钠离子。与钙、镁离子相比，水中铁、锰离子的含量较低，可以通过曝气氧化使它们成为高价氧化态，然后在碱性条件下以 $Fe(OH)_3$ 和 $MnO_2(H_2O)_x$ 沉淀的形式过滤除去。

6.5.3 海水的淡化

水是人类生存的必需品，是生命之源、万物之基，虽然地球上 72% 的面积被水覆盖，但 97.5% 的水是咸水，能直接被人们利用的水少得可怜。当有限的水资源无法满足人类生产和生活的需要时，寻求更多可使用的水资源成为重中之重，此时丰富的海水资源便引起了科学家们的关注。与淡水相比，海水含有 3.5% 的盐类，因此使用之前需对其净化，但净化成本很高。因此，如何开发出更加优良的技术方法来逐步降低海水淡化的成本仍是化学家们亟待解决的问题。对于一些特殊的环境，如无淡水资源的小岛、长期在海上航行的船只等，海水淡化更为重要。除了海水之外，在干旱沙漠地区钻井取得的地下水中，通常也含有大量的盐分，无法直接利用，也必须经过类似海水淡化的技术后方能用于人们的生产与生活。利用海水淡化技术得到的淡水具有多方面优势，比如可以不受时间和气候等的影响，获得的水质优良等。

目前的海水淡化技术主要有：蒸馏法（多级闪蒸、低温多效、压汽蒸馏等）、冷冻法（天然冷冻法、人工冷冻法等）、膜分离法（反渗透、电渗析等）、离子交换法和吸附法等，其中多级闪蒸、多效蒸馏和反渗透等技术得到了大规模的应用。多级闪蒸是依次在多个压力逐渐降低的闪蒸室中蒸发经过加热的海水，之后将得到的蒸汽冷凝而得到淡水的方法；多效蒸馏是在多个串联的蒸发器中蒸发加热后的海水，前一个蒸发器蒸发得到的蒸汽作为下一个蒸发器的热源，并冷凝而得到淡水的方法。反渗透是利用半透膜将海水中的淡水同盐类等分离的技术，所使用的半透膜只允许溶剂透过、不允许溶质透过。蒸馏淡化海水的方法耗资巨大，需要消耗大量的能源，因为每蒸发 1g 水就要吸收 2.3kJ 的热量，而凝固 1g 水又要设法从水中取走 0.3kJ 的热量。

为克服上述困难，在用蒸馏法淡化海水时常考虑能源的再利用问题，所以在对海水进行预热时，常常利用蒸汽冷凝过程所释放的热量来加热。除此之外，新能源（太阳能、原子能等）的利用也促进了海水淡化的规模生产。

当我们向一个真空室喷入冷的海水时，因为蒸发需要吸收热量，部分海水的蒸发会使其余海水冷却而形成冰晶。任何固体从溶液中析出时，都倾向于排除别的杂质进入到该固体的晶格中，因此，相比较于原溶液，虽不是完全不带入别的杂质，但固体冰晶中的杂质要少得多。之后用适量淡水淋洗得到的冰晶，融化后即得到淡水。若一次过程不能够达到淡化目的，可重复进行几次上述过程。上述技术称为重结晶，简言之，就是使某种物质从溶液中凝固或结晶出来从而达到纯化目的的技术。

电渗析是另一种海水淡化技术。在一个含有离子的溶液中插入两个电极并通入电流后，溶液中的阳离子朝负极迁移，阴离子朝正极迁移的现象，称为电解。在电解池内放入两片半透膜把电解池分为三部分：靠近负极的半透膜只允许阳离子通过；靠近正极的半透膜只允许阴离子通过；当在电极间通入足够长时间的电流之后，中间部分的离子就会全部迁移到两边。当电解池中放入的是海水时，经过电渗析之后，就会在膜的两侧通道内分别形成浓缩的海水和淡水，之后被引出系统。利用这种技术，我国西沙永兴岛上的海水淡化站可以日产淡水 1000 吨，其中 700 吨达到直饮水标准。这些水资源不仅满足了驻岛军民生产生活用水需求，还可以为周边部分岛礁和过往船只补给生活淡水。与蒸馏法相比，这种技术的成本仅为蒸馏法的 1/4，但因其速度较慢，周期较长，不适宜大规模生产。

稀溶液存在渗透压，而海水就可以看作一种稀溶液，如果可以利用某些动物膜或人工制成的多孔膜把纯水和海水隔开，那么在渗透压的作用下，纯水中的水分子就可以自由通过隔膜渗入海水中。由于稀溶液的特性，与纯水相比，海水上方的水蒸气压力要更小。如果想要阻止这种单向渗透，可以在海水上方人为地增压，当所施压力足够大时还可以逆向渗透，这种过程我们称为反渗透。海水中的水可以利用反渗透技术变为淡水。与其他方法相比，反渗透法的能耗仅为电渗析法的 1/2，蒸馏法的 1/40。因为反渗透过程无需加热海水，能耗相对较低，节能效果较明显。此外，反渗透法可以快速地生产大量淡水，且其成本仅为目前城市自来水成本的三倍左右。因此，反渗透技术有可能成为一种有前途的海水淡化方法。

反渗透膜的选择是反渗透技术的关键所在，目前常用的反渗透膜主要有乙酸纤维素、线型聚酰胺和芳香聚酰胺等。其中，聚酰胺反渗透复合膜由于具有通量大、脱盐率高、稳定性好等特点，目前已成为应用相对广泛的反渗透复合膜。同时，随着科学技术的发展，各种新型高性能复合膜被开发出来，如高压聚酰胺复合膜、高脱盐复合膜、耐氧化复合膜和高脱硼复合膜等。但因研发相对滞后、投入不足、性能偏低、种类少、规格低等问题的存在，使得反渗透复合膜的发展受到了制约。为解决这些问题，科学家们仍需深入研究以寻求更理想的渗透膜。对于水中的多氯联苯、酚类化合物、铬和银的化合物的去除，这种渗透法的有效性已被试验证明。因此，将反渗透技术用于解决水污染问题也不失为一个好的选择。日前，利用纳米技术，美国麻省理工学院研究人员开发出了可以手持的海水淡化装置。该装置与传统的海水淡化方法相比具有两大优点：①淡化过程简洁，脱盐效果好，可使一半海水转化为淡水；②设备轻便，可随身携带，使用电池就可以工作。鉴于以上优点，专家认为这种新型装置可普及于沿海干旱地区的海水淡化。将来，太阳能、纳米技术等新技术也将在探索大型化、低成本的海水淡化技术的过程中发挥日趋重要的作用。

6.6 保护土壤资源

土壤是人类赖以生存和发展的物质基础，是人类社会生产活动的根基，也是人类不可或缺的不可再生资源。但随着工业的快速发展以及人类生活水平的提高，土壤污染问题也越来越严重。目前，全球因为土壤污染而导致无法再种植庄稼的农田面积已达法国国土面积大小。自然来源和人类活动是土壤污染的主要来源，但相比于自然来源导致的土壤污染，大多数土壤污染是由人类活动导致的，包括工业活动、采矿、城市和交通基础设施建设、废物和污水的产生和处置、军事活动和战争、农业和畜牧业活动等导致的污染。

6.6.1 土壤污染的主要来源

经过迁移转化之后，绝大多数大气中的污染物质最终都会降落在地面上，或者进入土壤中，或者进入地表水中，因此土壤污染物的一个重要来源就是大气污染物。比如，矿物燃烧会将大量污染物（氮氧化合物、二氧化硫和重金属化合物等）释放到大气中。其中氮氧化合物最后会被转变为硝酸盐沉降在地面上；二氧化硫经过氧化形成硫酸随降水落在地面，或形成硫酸盐被吸附在颗粒物质上降落下来。人类活动也是土壤污染的一大来源，汽车尾气中含有的一定量的铅，也将落到公路两旁的土壤中。此外，为了改善土壤肥沃度而向田地施用的化肥，以及为了控制杂草生长和病虫害而施用的农药也是土壤污染物的一个来源。固体废物，尤其是生活垃圾的堆放，会严重污染附近的土壤地表水，甚至地下水，这也是土壤污染的一个原因。

6.6.2 农药的污染

在施用农药一段时间后，农药本身的性质和结构以及环境条件决定了土壤里农药的残留量和存在的状态。在使用新型农药时，通常需要将以下几个因素纳入考虑范围：土壤对农药的吸附作用，土壤中微生物及其他动物所受农药的毒害作用，农药被淋洗到天然水中后对水体造成的危害以及在环境中降解后是否会产生毒性更大的产物等。对于土壤来说，其本身的物理化学性质决定了它具有一定处理污染物的能力。土壤可以通过有效地吸附农药从而减少土壤中微生物受到的危害，是一个对污染物进行微生物降解和化学降解的优良场所。

目前农药污染物主要有以下两种。

(1) 二噁英

二噁英是在生产 2,4-D 和 2,4,5-T 的过程中所产生的杂质。2,4-D 和 2,4,5-T 是除草剂，在杀死宽叶植物的同时对牧草几乎没有伤害，其结构为：

$$Cl \text{---} \bigcirc \text{---} OCH_2CO_2^- \qquad Cl \text{---} \bigcirc \text{---} OCH_2CO_2^-$$

$$\text{2,4-D} \qquad\qquad \text{2,4,5-T}$$

和植物生长激素吲哚基乙酸类似，此类化合物的大量使用也会导致植物变态生长。纯的 2,4-D 和 2,4,5-T 在环境中可以很快被降解，因此它们对环境的远期影响较小，但它们生产过程中所产生的杂质二噁英对动物是有毒害的。二噁英的结构为：

$$Cl \text{---} \bigcirc\text{---}O\text{---}\bigcirc\text{---} Cl$$

实验证明，若每克土壤中含有的二噁英达到 $32\mu g$，将会对鸟类、猫、狗、马等动物产生致死作用。但人对二噁英并不敏感。

(2) 有机氯化物

有机氯化物广泛用于化学合成品的中间体、溶剂及农药中，其中 DDT、六六六、氯丹、七氯、艾试剂、狄试剂等都是有机氯化物的代表物质。有机氯化物可以在环境中稳定存在，但是由于其具有毒性和不易代谢等特点，成为当今世界环境保护中的一个严重问题。科学家们在观察食物链端点鸟类（雕、鹰、猎鹰、鹈鹕等）数目时，发现这类化合物可使鸟类交配期推迟，并且生下的卵壳很薄。研究发现，有机氯化物广泛存在于全球各地甚至如两极地区的动物体内，海洋上空的空气中等从未使用过农药的地方，也发现了有机氯化物的存在，这是由污染物全球循环导致的。

有机氯农药存在毒性大、环境中停留时间长、难于降解等问题。由于有机氯农药的长期使用和蓄积给环境造成很大压力，目前很多国家已经停止生产和使用有机氯农药。然而，今后的若干年内关于有机氯化物的处理仍然是一个棘手的问题。

6.6.3 多环芳烃的污染

多环芳烃（PAHs）是煤、石油、木材、烟草、有机高分子化合物等有机物不完全燃烧时产生的挥发性烃类化合物，是一类重要的环境和食品污染物。迄今已发现 200 多种 PAHs，其中有相当部分具有致癌性，如苯并 [a] 芘、苯并 [a] 蒽等。PAHs 广泛分布于环境中，任何有有机物加工、废弃、燃烧或使用的地方都有可能产生 PAHs。目前世界各地总 PAHs 的排放量还没有准确的数据。

PAHs 中致癌作用最强的是苯并 [a] 芘（BaP），其结构为：

BaP 属于间接致癌物质，即当 BaP 进入人体后，经过酶的作用，形成的代谢产物即为最终致癌物质（二氢二醇环氧化合物），有致癌作用。

6.6.4 土壤污染防治

土壤污染具有隐蔽性、潜伏期长、治理成本高等特点。诸多因素都会造成土壤污染，但是土壤修复却是一件很困难的事情。近年来，国民环保意识不断提高，土壤污染越来越受重视，土壤修复技术也得到了快速发展。土壤修复技术通常包括物理修复、化学修复和生物修复等。许多物理方法因成本很高，正在被生物学方法（如微生物降解或植物修复）替代。纳米技术正在逐步应用于受污染土壤的修复。目前，将纳米零价铁用于减少有机和无机污染物的影响是在土壤修复中得到最广泛认可的纳米技术。

6.7 绿色化学

化学是一门重要的基础学科，在保证和提高人类生活质量、保护自然环境以及增强化学工业的竞争力等方面发挥着关键的作用。无数的新产品通过化学理论研究成果和知识的应用及发展被创造出来，使人们在衣食住行各方面的生活质量都有所提高。但是，与此同时，生态环境随着化学品的大量生产和广泛应用却遭受了不可逆的破坏，黑臭的污水、讨厌的烟尘、难以处置的废弃物和各种各样的毒物，威胁着人类的健康，也破坏了我们的生存家园。

美国环保局于 1984 年提出"废物最小化",这是绿色化学的最初思想,旨在通过减少产生和回收利用废物以达到废物最少的效果,致力于减轻和消除化学品带来的不良影响。但因其未能将注意力集中在生产过程上而存在一定的局限性。

为保护自然资源,美国环保局于 1989 年又提出了"污染预防"的概念,旨在最大限度地减少生产场地产生的废物,包括减少使用有害物质和更有效地利用资源。这个概念的提出标志着绿色化学思想的初步形成。

美国政府于 1990 年通过了"防止污染行动"的法令。在该法令条文中第一次出现了"绿色化学"一词,其定义为采用最少的资源和能源消耗,并产生最小排放的工艺过程。在该法令中,美国政府将污染的防治确立为国策,所谓污染防治就是使废物不再产生,不再有废物处理的问题。

美国副总统戈尔于 1995 年 4 月宣布了国家环境技术战略:到 2020 年地球日时,废弃物将被减少 40%～50%,每套装置消耗的原材料将被减少 20%～25%。同年,美国政府设立了"总统绿色化学挑战奖",这些活动使绿色化学在美国迅速兴起和发展,并引起了全世界的关注。

英国皇家化学会于 1999 年创办了第一个关于绿色化学的国际性杂志——《Green Chemistry》。日本也制定了"新阳光计划",内容包含环境无害制造技术、减少环境污染技术和二氧化碳固定与利用技术等。绿色化学已经成为国际化学科学的前沿学科。

6.7.1　绿色化学概述

绿色化学是利用化学原理来防治污染的一门学科。绿色技术、环境友好技术或清洁生产技术是在其基础上发展起来的技术。绿色化学以"原子经济性"为基本原则,即充分利用参与反应的每个原料原子,实现"零"排放,在获取新物质的化学反应中不产生污染,以寻找充分利用原材料和能源,且在各个环节都洁净和无污染的反应途径和工艺为目标。生产过程中的绿色化学包括:节约原材料、节约能源、淘汰有毒原料、减少或降低废物的数量和毒性。产品中的绿色化学是指减少从原料的加工到产品的最终处置的全周期所产生的不利影响。绿色化学是与传统污染治理方法不同的解决环境污染问题的一种新方法。绿色化学是通过改变化学品或生产过程的内在本质,来减少或消除有害物质的使用或产生,是一种更为科学的方法。

绿色化学是一门新兴交叉学科,其具有明确的社会需求和科学目标。绿色化学是对传统化学思维方式的更新,是合理利用资源和能源、符合经济可持续发展要求的学科。绿色化学既符合科学的观点也满足环境的要求,能从源头上根除污染,是发展生态经济和工业以及实现可持续发展战略的必经之路。

6.7.2　绿色化学的原则和研究内容

绿色化学的应用原则主要包含 12 项:①防止废物的生成,而不是在其生成后再处理;②在生产过程中,所采用的原料应最大量地进入产品中;③不论原料、中间产物,还是最终产品,均应尽可能对人体健康和环境无毒无害;④化学产品在保持原有功效的同时,应尽量无毒或毒性很小；⑤应尽量避免使用化学助剂，若必须使用，也应选用无毒无害的助剂；⑥应设法降低反应过程中的能耗，最好在常温常压下进行合成；⑦尽量采用可再生资源；⑧尽量不用不必要的衍生物；⑨尽量采用高选择性的催化剂而非助剂；⑩化工产品在终结其使用功能后，尽可能分解成可降解的无害物质；⑪发展在危险物质生成前实行在线监测和控制的分析方法；⑫尽量减小实验事故的潜在危险。

毋庸置疑，这些原则主要体现了环境的友好性和安全性、能源的节约性、生产的安全性等。在实施化学生产的过程中，这些原则应该首先被充分考虑。

绿色化学主要研究原料、催化剂、溶剂、合成方法和产品的绿色化。其重点研究内容为：①设计对人类健康和环境更安全的化合物；②探索寻求新的、更安全的、对环境更友好的化学合成路线和生产工艺；③改善化学反应条件，减少废弃物的产生和排放。简言之，绿色化学更注重"更安全"这个概念，包括对人类的健康和整个生命周期中对生态环境的影响等。

国际绿色化学的发展方兴未艾。英国创刊了《Green Chemistry》，日本实施了"新阳光计划"，美国组建了多种级别的绿色化学研究所，我国绿色化学的发展也取得了令人瞩目的成就。中国科学院化学部于 1995 年确定了"绿色化学与技术"的院士咨询课题。1996 年召开了"工业生产中绿色化学与技术"研讨会，并出版了《绿色化学与技术研讨会学术报告汇编》。国家自然科学基金委员会与中国石油化工集团公司（中国石化集团）于 1997 年联合立项资助了九五重大基础研究项目"环境友好石油化工催化化学与化学反应工程"。1998 年，在我国合肥举办了第一届国际绿色化学高级研讨会。2003 年，国际工程学会提出了绿色工程的 9 条指导原则。同年，中国石化集团有 3 项绿色工艺实现了工业化。2005 年，诺贝尔化学奖授予三位在绿色化学领域有突出成就的科学家。2007 年，我国科学家闵恩泽院士获年度"国家最高科技奖"，以表彰他在"绿色化学"等多个方面的突出贡献。2010 年，世界环境日中国的主题是"低碳减排，绿色生活"。2012 年，世界环境日主题是"绿色经济：你参与了吗?" 2014 年，主题为"化学构筑美好生活（better chemistry for a better life）"的中法绿色化学学术交流会议在华东师范大学举行。2017 年，山东化学化工学会微反应过程专业委员会设立了"绿色化学与微化工技术创新奖"。

6.7.3 绿色化学中的纳米技术

人类利用资源和保护环境的能力随着纳米技术的悄然兴起也得到了很大的拓展。在以前，人们对绿色技术、绿色设计、绿色制造等方面的关注和应用缺乏，往往把环境保护的重点放在污染源的治理上。纳米技术创造了新的技术条件，使人们可能彻底改善环境和从源头上控制新污染源的产生。

纳米技术是一门综合性科学技术，它指的是在 0.1～100nm 尺度范围内，研究电子、原子和分子内在规律和特征，并用于制造各种物质的技术。当物质被"粉碎"到纳米级别并制成"纳米材料"时，不仅很多性质（光、电、热、磁性等）发生变化，而且具有了许多新的特性（吸收、吸附、辐射等），从而使当前产业结构被彻底改变成为可能。纳米技术在未来绿色革命中将发挥重要作用，给环境保护带来天翻地覆的变化。

（1）资源利用持续化

据科学家预测，随着纳米技术日趋发展，世界上将会出现尺寸在 $1\mu m$ 以下的机器设备。

日本已采用极微小的部件组装出一辆只有米粒大小、能够运转的汽车，此外还制成了直径只有1～2mm的静电发电机。我国也已出现了一系列纳米微机电系统元器件，包括微直升机、微电机、微泵、微喷器、微传感器、手机芯片等。还有日常生活中常见的灯泡，若做成纳米灯泡，它在透光度不会受到任何影响的基础上，发光效率将得到极大提高，还能节省15%以上的电。综上可知，纳米技术可使产品微型化，减少资源消耗，实现"低消耗、高效益"的可持续发展目的。

(2) 尾气排放无害化

已有实验证实，纳米技术可用于汽车尾气催化，通过纳米技术制成的催化剂具有极强的氧化还原性能，这是其他任何汽车尾气净化催化剂所不能比拟的。此类催化剂能使汽油燃烧时不再产生氮氧化物等有害物质。众所周知，氢能是储量巨大的清洁能源。但因储存方面问题的制约，使其开发利用受到限制。目前，有研究人员合成了一种高质量碳纳米材料，储存能力可达4%以上，是稀土储存能力的两倍以上。若采用这种碳纳米材料作为燃料电池来驱动汽车，可有效避免因机动车尾气排放所造成的大气污染。近年来，研究者们对碳纳米纤维和碳纳米管进行了一系列如表面改性、活化处理和金属修饰等方面的工作，使其储氢性能大大提高。纳米技术的不断发展为汽车尾气的无害排放奠定了坚实的基础。

(3) 污水处理纯净化

相比较于普通净水剂三氯化铝，纳米净水剂具有更强的吸附能力和絮凝能力。因纳米净水剂的孔径大于水分子，小于细菌和病毒，可以有效去除污水中的悬浮物、铁锈、异味等污染物。此外，通过纳米孔径的过滤装置还能过滤掉水中的细菌和病毒，而水分子、矿物质元素等能够被保留下来。因此，纳米净化设备具有净水、灭菌、灭藻、产生负氧离子等优良性能，经其净化后的水可直饮，是高质量的纯净水。

(4) 噪声控制有效化

车辆、船舶、飞机等主机工作时的噪声很大，可达到上百分贝，这些噪声会对环境造成噪声污染，有时甚至会严重影响人体的健康。当纳米微型化技术应用于机器设备后，它们互相摩擦、撞击产生的机械作用力将被大幅度减小。利用纳米技术制造的润滑剂可产生很好的润滑作用，因其能在物体表面形成半永久性的固态膜，在大大降低机器设备运转时的噪声的同时，又能延长机器设备的使用寿命。

(5) 绿色产品多样化

应用纳米技术生产出的高科技含量的绿色产品可应用到环保的各个领域。如化纤布料制成的衣服在生产时只要加入少量的金属纳米微粒，就能避免因摩擦产生静电而造成皮肤的损伤；化纤地毯在生产时放进一些金属纳米微粒，可避免其因放电而吸附灰尘；在袜子制作过程中加入银纳米微粒能够清除脚臭味；采用纳米材料设计的冰箱、洗衣机具有优异的抗菌、除味和防污性能；还可以用纳米材料来降解有机磷农药、城市垃圾等。

综上，纳米技术在各个领域均有广泛而良好的应用前景，其对绿色化学的发展有着积极而深远的影响。

6.7.4 绿色化学中的其他技术

(1) 绿色化学合成技术

绿色化学合成技术是一种先进的化学合成方法，在合成过程中对环境造成的污染将降到最低，符合绿色环保的应用理念。首先，实现从源头上控制反应物、催化剂和反应介质，这样可以避免污染源的产生；其次，在进行绿色化学反应实验时必须使用无毒无害的反应原料，且反应的原料还应该是可再生的资源或能源；再次，反应介质不能单一，应设计不同的化学合成反应路线。此外，还应加强对化学转化新方法的研究，开发出对人体健康有益的化学产品，同时对环境也能起到一定的保护作用。如默克（Merck）公司开发出一条新颖的绿色合成路线，即用 β-氨基酸制备用于治疗 2 型糖尿病的药 Jatiuvia^{TM} 的活性成分 Sitagliptin。利用这一新的合成路线，每生产 1 磅（1 磅＝0.4536kg）Sitagliptin 可以减少 220 磅废物的产生，总产率提高了近 50%。

(2) 绿色反应技术

长期以来，有机合成化学在丰富人们物质生活的同时也带来了一些有害的副产物（有害的气体、废弃物、溶剂等）。这些有害的副产物对环境造成了严重污染。在强调经济生活可持续发展的今天，从源头上减少或消灭废弃物具有重要的意义。研究发现超临界流体和离子液体在提高反应速率和选择性、提高催化剂催化效率等方面具有良好的效果。与经典溶剂参与的反应相比，无溶剂参与的反应具有产品收率高、选择性强、操作简单、产物的提取和纯化简单、不需要有机溶酶或可用无毒且循环使用的溶酶等优点。但是依靠绿色反应技术实现工业规模的无毒化生产还有一定困难，有关规律、机理还需进一步研究。

(3) 绿色设计评价技术

S. C. Johnson & Son（SCJ）公司研发出了 Greenlist^{TM} 系统，该系统可用来评估产品中各成分对环境和人类健康的影响，并用于指导消费品配方的改进，因此获得了美国 2006 年设计绿色化学品奖。通过 Greenlist^{TM} 系统，全球的 SCJ 化学家和产品配方设计师们很快就能判断出其产品成分的环境等级。SCJ 现在正利用 GreenliSt^{TM} 系统对其公司的许多产品进行再利用。例如，通过对 Saran Wrap 产品的评估，开发了该产品转化成低密度聚乙烯的生产工艺，每年将减少近 400 万磅聚偏二氯乙烯（PVDC）的生产。

(4) 绿色印刷技术

"印刷"两个字往往和污染联系在一起。我国传统印刷业，尤其是包装印刷业存在着很多弊端，高污染、高消耗的传统模式严重阻碍了印刷、包装行业的健康发展。国际新闻集团早就提出实施"绿色节能的印刷业务"的计划。由此可见，印刷行业工艺技术的改进及工艺流程的转变迫在眉睫，大力推进绿色印刷、绿色包装、低碳经济是现代社会发展的必然要求。Arkori 和 NuPro 技术公司联手研制了苯胺印刷工业中冲洗用溶剂和可以对溶剂进行循环利用的设备。他们已经开发出了如甲酯、萜烯衍生物以及高度取代的环烯烃等新型冲洗溶剂。这些溶剂具有很多优势，包括高闪点、低毒性以及可降解等，溶剂的这些特性降低了爆炸的可能性，减少了操作人员直接暴露于溶剂气氛中的伤害。且这些溶剂能在他们公司自己设计的 Cold Reclaim System™ 设备中实现循环利用。

6.8 化学教育的新课题

为保护和改善环境，1972 年 6 月在瑞典首都斯德哥尔摩召开了讨论当代环境问题的第一次国际会议，来自各国政府的代表团及政府首脑、联合国机构和国际组织代表均出席了此次会议。这次会议旨在唤醒人们的环保意识，并提出了具有世界影响力的环保口号——只有一个地球。此外，根据本次会议的宗旨，发布了一系列世界性文件，如《人类环境宣言》，并将每年的 6 月 5 日定为世界环境日。20 世纪 80 年代联合国成立了由西德总理勃兰特、瑞典首相帕尔梅和挪威首相布伦特兰为首的高级专家委员会，旨在解决人类当时所面临的南北问题、裁军与安全、环境与发展三大全球性挑战。三位高级专家委员针对这些挑战，分别发表了《共同的危机》《共同的安全》和《共同的未来》三个著名文件。这三份文件虽从不同角度出发，但都得出相同的结论：世界各国必须组织实施新的可持续发展战略，这是整个人类求得生存和发展的唯一选择。1992 年 6 月在巴西里约热内卢举行的联合国环境与发展大会上，178 个联合国成员国均派出了高级别政府代表团参与讨论，大会将环境与经济社会发展相联系，展开了深度研究，就"协调发展"达成共识，普遍认为"可持续发展战略"是解决经济社会发展过程中环境问题的正确途径。

将绿色化学融入大学教材改革和课堂教学改革，使绿色化学成为化学教育的重要组成部分，这是化学教育中的一个新课题。在化学教育中加入绿色化学的元素，首先要求化学教育者明确并贯彻可持续发展的观念，并传播绿色化学对保护人类赖以生存环境的重要意义、对实现人类社会可持续发展的必要性。化学教育必须反映绿色化学的新内容，体现绿色化学的概念，从基础教育到高等教育要始终贯穿绿色化学的思想和内容。在课堂教学和实验中，化学教育应全面贯彻绿色化学理念，让学生了解绿色化学、树立绿色意识、培养学生从事绿色化学研究和开发的能力。基于绿色化学的出发点，化学反应中许多物质的制备过程都是值得商榷和重新考虑的。这为课堂教学的改革，学生创新精神和创新能力的培养提供了良好的契机。

绿色化学不仅具有显著的社会效益、环境效益和经济效益，而且反映出化学反应对环境的污染是可以避免的，充分体现了人类的主观能动性。它反映了化学科学、技术和社会的相互关系和相互作用，是化学科学高度发展的产物。对化学而言，绿色化学代表着一个新阶段的到来，年轻一代不仅要了解并接受绿色化学，还要有能力开发新型的、更环保的化学物质来防止化学污染，为绿色化学的发展和全球的环境保护工作贡献自己的力量。

思 考 题

6-1 自然界的元素循环是指什么？主要分为哪几类？

6-2 大气污染物主要分为哪几类？分别是哪些化学物质产生主要危害？

6-3 简述光化学烟雾的产生原因，从化学角度分析如何降低其危害性。

6-4 简述酸雨形成的原因及其对环境的危害性。

6-5　全球气候变暖的主要原因是什么？温室气体主要包括哪几类？

6-6　简述雾霾天气带来的危害。

6-7　简述如何防治水体污染。

6-8　简述重金属化合物对人类及生态系统的危害性。

6-9　简述如何进行土壤污染的防治。

6-10　何为绿色化学？为什么说可持续发展是整个人类求得生存与发展的唯一正确途径？

（西安交通大学　高瑞霞）

第7章

化学与材料科学

材料是人类生存和发展的最根本物质基础，是人类文明发展的重要支柱。翻开人类文明的史册不难发现，每一次材料科学的重大突破都曾引起生产技术的革命，给社会和人类生活带来巨大的变化。材料标志着人类文明的发展阶段，从新石器时代到青铜时代，再到铁器时代，材料的进步极大地促进了社会生产力的发展。尤其是 20 世纪，高分子材料的出现使人类从利用天然材料到创造新材料，迈出了人类历史上的关键一步，而化学在这一进步中功不可没。如高分子化学的发展导致了塑料、合成橡胶、合成纤维、涂料和胶黏剂的发明，可以说，化学的发展带动了整个材料科学的发展。

20 世纪早期的材料研究大部分针对结构材料，进入 21 世纪，随着航空、航天、通讯、电子、能源、生物等领域对超高温材料、超硬材料、高纯半导体、光导纤维、信息储存材料、能量转化材料、生物敏感材料等功能材料需求的日益增加，材料研究涉及的范围越来越广泛。化学家以结构-功能关系为主线，设计、合成了许多具有各种功能的物质；同时，随着化学的发展，较为完备的合成化学理论和方法、精确的定性和定量分析，尤其是各种物质结构分析仪器的发展和应用，使得材料科学的发展水平跃上了一个新的台阶。下面，我们从金属材料、无机非金属材料、高分子材料及其他新型材料几方面介绍，着重从元素组成、物质微观结构等角度，体现化学与材料科学发展的紧密联系。

7.1 金属材料

金属材料是人类发现和应用的最古老的传统材料之一。早在公元前 5000 年，人类已经开始使用青铜器；18 世纪工业革命期间，迅猛发展的钢铁工业成为产业革命的主要物质基础，而这些金属材料直到 20 世纪中叶仍在材料工业中占有主导地位。之后，随着社会对功能材料需求的增加，许多新兴的金属材料应运而生，如高比强和高比模的铝锂合金、形状记忆合金、钕铁硼永磁合金、储氢合金等，它们在航空、航天、能源、机电等各个领域应用广泛，产生了巨大的社会和经济效益。

7.1.1 铝合金和铝锂合金

铝是自然界中含量最多的金属元素，主要的矿石有铝土矿（$Al_2O_3 \cdot nH_2O$）、黏土 [$H_2Al_2(SiO_4)_3H_2O$]、长石（$KAlSi_3O_8$）、云母 [$H_2KAl_3(SiO_4)_3$]、冰晶石（$NaAlF_6$）等。铝也是人们日常生活中最常见的一种金属，它的密度为 $2.702g \cdot cm^{-3}$，属于轻金属。铝的导电性、导热性均较好，有优良的延展性，可制成导线，也非常适合制造散热器。铝是一种活泼金属，但由于金属铝表面在空气中易形成一层致密的氧化膜，所以有很好的抗蚀性。铝的金属晶体呈面心立方结构，工业用的纯铝塑性极高，很容易实施各种成型工艺，但金属铝的强度和弹性模量较低，硬度和耐磨性较差。为了提高铝的强度，常加入如镁、铜、锌、锰、硅等元素，然后再经过冷加工或热处理，经处理后制成的铝合金材料力学性能可大幅改善。铝中最常用的合金元素有锌、镁、铜、硅、锰，这些元素按不同配比加入，获得不同牌号的铝合金，适用于不同的场合。常见的铝、铜、镁合金称为硬铝；铝、锌、镁、铜合金称为超硬铝。由于铝合金强度较高，相对密度小，在常温和高温下均有优良的塑性，故可以制造出形状极为复杂的高精度结构零件，广泛应用于航空、航天、汽车和建筑等行业。

锂是自然界中最轻的金属，它的密度仅为 $0.534g \cdot cm^{-3}$，约为铝的 1/5、钢的 1/15，比水还轻。在铝合金中增加少量锂，可以使它的密度显著降低。如每增加合金质量 1% 的锂，可以使合金密度降低 3%，而同时使其弹性模量增加 6%。铝锂合金在降低合金密度的同时保持了材料较高的强度、较好的抗腐蚀性能和合适的延展性，因此，铝锂合金一经出现就受到了航空航天领域的极大关注。它主要有三个系列，即铝-铜-锂系（Al-Cu-Li）、铝-镁-锂系（Al-Mg-Li）和铝-锂-铜-镁系（Al-Li-Cu-Mg）合金。脆性是这种合金的最大缺点，为了改善合金的韧塑性，一般是加入少量金属锆（Zr）或者微量稀土元素（如钇、铈、钪等）。

铝锂合金具有高比强度、高比刚度和相对密度小的特点，因而是航空航天工业的理想结构材料。如果采用铝锂合金制造波音飞机蒙皮材料，重量可以减轻 14.6%，燃料节省约 5.4%，飞机成本将下降 2.1%，每架飞机每年的飞行费用将降低 2.2%。早在 20 世纪 50 年代，美国就开发了出一种牌号为 X2020 的铝锂合金，后来用来取代 7075 用于 RA-SC 预警机的制造；美国一公司将 C-155 铝锂合金用于波音 777 和空中客车 A330/340 飞机的垂尾和平尾。在航空铝锂合金研究和应用方面，俄罗斯也一直处于世界领先的地位。为了提高战斗机的性能，米格-29 和米格-31 战斗机的机身壳体、纵梁、肋板和静力承载部件都采用了铝锂合金材料。近年来，Al-Li 合金也大量用于苏-27、苏-35、苏-37 等战斗机，以及远程导弹弹头壳体等。俄罗斯的大型运载火箭"能源号"的结构件、"暴风雪"号航天飞机和空间站的结构件上，也大量出现铝锂合金的身影。

2017 年 5 月 5 日，我国生产的大型客机 C919 完成首飞。铝锂合金的大范围应用是 C919 的一大亮点。但我国在铝锂合金基础研究与合金生产实践方面，与美、俄仍存在较大差距，目前仅有西南铝业（集团）有限责任公司能够生产少量铝锂合金，远远不能满足国产飞机的需求。在铝锂合金的研究和应用方面，我国的铝业还须奋起直追。

除在航空航天领域有广阔的应用前景外，铝锂合金还具有良好的抗辐射特性和低温特性，经中子辐照后残留的放射性低，因而可用作核聚变装置中的真空容器。铝锂合金还具有较高的电阻率，一些铝锂合金在低温 77K（液氮温度）下仍具有良好的综合性能，因此可作低温容器材料使用。

7.1.2 新型金属玻璃材料

金属或合金在熔融状态下缓慢冷却得到的是晶态金属或晶态合金。如果在熔融状态下以极高的速度骤冷（冷却速度约为 $10^6 \text{K} \cdot \text{s}^{-1}$），因原子来不及有序化排列，形成的是非晶态金属或合金。这种结构与玻璃的结构极为相似，所以称为金属玻璃。通过高分辨透射电子显微镜观察可知，金属玻璃拥有无序的原子堆积结构，而普通金属中的原子晶格则非常规整。如图 7-1 所示。

(a) 金属玻璃　　　　　　　　　　　　(b) 晶态金属

图 7-1　金属玻璃与晶态金属的透射电镜照片

金属玻璃与晶态金属相比，化学成分相似甚至相同，但其原子结构的无序决定了金属玻璃拥有很多晶态金属无法企及的优越性质，比如高强度、高弹性、高硬度、耐腐蚀、耐摩擦等等，在力学、电学、磁学等方面都有独特之处。

如金属玻璃的强度和硬度都比现有的一般晶态金属高，在具有高强度的同时还具有高韧性。如 $Fe_{20}B_{20}$ 的硬度高达 10 790MPa，强度高达 3 630 MPa，与最好的冷拉钢丝相当。金属玻璃的电阻率温度系数比晶态合金要小，而且可以为零或负值，这使它在一些仪表测量中具有广阔的应用前景。金属玻璃磁性材料具有高导磁率、高磁感、低铁损等特性，可以应用于功率变压器、磁芯材料、磁分离、磁屏蔽、磁头中。美国的金属玻璃专家曾估算过，如果将目前美国使用的电力变压器和电机的硅钢片换成金属玻璃，由于金属玻璃能量损耗降低，能耗费用可由每年的 18 亿美元降为 8 亿美元。金属玻璃具有非常强的防腐蚀性能，尤其是非晶态合金中有一定含量的 Cr 和 P 时具有极高的抗腐蚀能力，这是由它在结构和化学上高度均匀的单相特点决定的。因为非晶态合金没有晶态合金的晶粒、晶界、位错、杂质偏析等缺陷，而这些缺陷密集处往往具有高活性，容易引起局部腐蚀。因此，非晶态合金将不会发生局部腐蚀，而是形成"均匀"的钝化膜。普通玻璃是硅酸盐或硅的氧化物，它们的显著特点是脆而透明；而金属玻璃与普通玻璃特性相反，它们是韧而不透明的。

金属玻璃作为一种新型的金属材料，具有许多优良的特异性能，而且大部分金属玻璃态是直接由液态急冷而成的，工艺简单，生产成本低，原料便宜，成本低廉，因此金属玻璃是一种有广阔应用前景的新型材料。

7.1.3　超高温合金与高温金属陶瓷

高温合金的工作温度随所受压力、环境介质和寿命要求的不同而有所不同。通常把使用温度范围在 500~700℃的合金称为高温合金；把在 700℃以上仍能承受 150~200MPa 应力、在燃烧气氛中寿命≥100h 的合金称作超高温合金。镍钴合金能耐 1200℃的高温，这使它可用作喷气式飞机和燃气轮机发动机的部件（如涡轮叶片）。镍钴铁合金在 1200℃仍具有高强度、韧性好的特点，因而可用作航天飞机的部件和原子反应堆的控制棒等。

难熔金属钼（熔点为 2610℃）、铌（熔点为 2468℃）、钽（熔点为 2996℃）、钨（熔点为 3390℃）等合金，在 1200℃以上具有优良的抗蠕变能力，可在 1500~1650℃下工作；而以烧结和挤压成型的钨坯或电子轰击熔炼和压力加工的 W（85％）-Mo（15％）合金能承受3000℃的气流冲刷。

高温金属陶瓷是将熔点较高的金属或合金与一种或几种难熔化合物（如 W、Mo、Ti、Zr、V、Nb、Ta、Hf 等的碳化物、硼化物、硅化物等）粉末混合压制烧结而成。其中熔点较高的金属（如 Mo、Cr、Co 等）或合金用作黏结剂，而难熔化合物作为基体。金属陶瓷既有金属的高抗拉强度、高塑性、高冲击韧性、高导热性等优点，又有陶瓷的高硬度、高熔点、高抗氧化性等特性。如以硼化物为基体、以金属为黏结剂的金属陶瓷，在 1100℃时的持久强度比好的钴基超高温合金的持久强度还要高 1~2 倍。TiB_2-Mo、ZrB_2-Mo、CrB_2-Mo、TiB_2-Cr 金属陶瓷的共晶熔点在 1500~1900℃以上，是制取高温工作零件很有前途的材料，超高温金属陶瓷及陶瓷材料是宇航工业中一类极为重要的材料，可用来制造火箭发动机的各种超高温工作零件。

7.1.4　形状记忆合金

茫茫太空中，一颗同步通讯卫星进入预定的轨道。只见卫星上的一团天线在阳光下迅速张开成半球面的形状，像一把倒张开着的伞指向太空。是什么神奇的力量使这团天线张开的呢？原来这团天线是由形状记忆合金制成的。

形状记忆合金材料是一种新型的功能材料，它的特点是在一定的外力作用下可以改变其形态，包括形状和体积，但当温度升高到某一个定值时，它又可以完全恢复到原来的形态。在室温下用形状记忆合金制成抛物面的天线，然后把它揉成小团安装在卫星上。卫星进入太空轨道后，在经过太阳光照射，天线被加热而恢复到它原来抛物面的形状，这样就可以用空间有限的火箭舱运送体积庞大的天线了。

普通金属和合金在弹性范围内变形时，载荷去除后可恢复到原来形状，无永久变形；但当变形超过弹性范围时去除载荷，材料不能恢复到原来形状，而保留永久变形，加热也不能使永久变形消除。而形状记忆合金在变形超过弹性范围时，去除载荷虽然也有残留变形，但当加热到某一温度时，残留变形消失而恢复原来形状。此外，形状记忆合金变形超过弹性范围后，在某一程度内，当去除载荷后，也能够徐徐返回原形，这一特性称为超弹性。例如铜铝镍合金，当伸长超过 20％大于其弹性极限时，去载荷后仍可以恢复原状。

目前，对这类合金具有形状记忆能力的解释是合金材料的局部发生了马氏体相变。具有马氏体相变的合金在受热达到相变温度时，能从低温马氏体结构转变为高温奥氏体结构，完全恢复到原来的形状。马氏体和奥氏体是两种不同的金属显微组织名称，马氏体是碳溶于α-Fe 中的过饱和间隙固溶体，属于体心立方结构，即铁原子按体心立方分布，碳原子填入变形的八面体空隙中，如图 7-2（a）所示；奥氏体是少量碳溶于 γ-Fe 中形成的间隙固溶体，呈面心立方结构，碳原子占据八面体空隙，如图 7-2（b）所示。

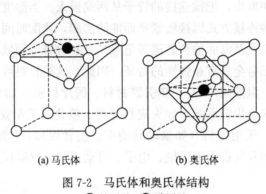

(a) 马氏体 (b) 奥氏体

图 7-2　马氏体和奥氏体结构
○ 铁原子；● 碳原子

　　相变温度可以根据工作要求通过改变合金成分来控制。相变温度的范围很大，如 Cu 基记忆合金的相变点可以从−100℃变到 100℃以上。形状记忆合金可分为单向记忆合金和双向记忆合金。单向记忆合金在较低的温度下变形，加热后可恢复变形前的形状，这种只在加热过程中存在的形状记忆现象，称为单程记忆效应；某些合金加热时恢复高温相状态，冷却时又恢复低温相形状的形状记忆现象称为双程记忆效应。图 7-3 是双向记忆合金随温度冷热的变化，其形状反复发生变化的示意。

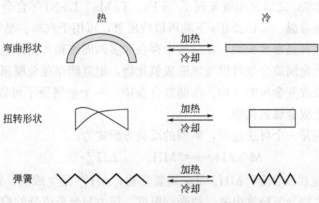

热　　　　　　　　　　　　　　　冷

弯曲形状　　加热 / 冷却

扭转形状　　加热 / 冷却

弹簧　　加热 / 冷却

图 7-3　双向形状记忆合金工作原理示意

　　早在 20 世纪 50 年代初化学家就发现了 Au-Cd、In-Ti 合金有形状记忆效应，但直到 1963 年发现镍-钛合金（Ni-Ti）具有形状记忆效应后，形状记忆合金材料才开始实用化。

　　镍-钛合金迄今仍然是用量最多的形状记忆合金。在这种合金中 Ni 和 Ti 差不多各占 50%。后来化学家又陆续发展了一系列的改良镍-钛合金，如钛-镍-铜、钛-镍-铌、钛-镍-钯、钛-镍-铁等合金。

　　铜系形状记忆合金目前主要是铜-锌-铝合金和铜-镍-铝合金，铜系合金的价格是镍-钛合金的 1/10，并且具有导热性好、电阻小、转变温度范围宽、热滞后小、加工性能好等优点，但功能要差一些。

铁系形状记忆合金有铁-铂、铁-钯、铁-镍-钴-钛等系列合金，它们的价格只有铜系合金的 1/2 左右。但其恢复原形的温度比镍钛合金要高，必须加热到 200℃ 左右才能实现。

形状记忆合金的应用最早是从管接头和紧固件开始的。用单向性形状记忆合金加工成内径比欲连接管的外径小 4% 的套管，然后在液氮温度下于马氏体状态将套管扩径约 8%，装配时将这种套管从液氮中取出，把欲连接的管子从两端插入。当温度升高到常温时，套管即收缩形成紧固密封。这种连接方式因接触紧密而能防渗漏，装配时间短，远胜于焊接，特别适用于航空、航天、核工业及海底输油管道等危险场合和检修等领域。

如前所述，形状记忆合金具有超弹性的特征。因此，这类材料可用作调节装置的弹性元件（如离合器、节流阀、温控元件等）、热引擎材料、医疗材料（如牙齿矫正材料）等。形状记忆材料还可以用于安全报警系统（如火灾报警器、液化气泄漏探测器）；航空航天部件（如火箭、空间探测器）；医用材料（如脑动脉瘤夹、接骨板）；自动展开机器人等。显然，对形状记忆材料的研究和开发将促进机械、电子、自动控制、仪器仪表和机器人等相关学科的快速发展。

7.1.5 储氢合金

一些金属化合物具有异乎寻常的储氢能力，它们可以像海绵吸水一样大量吸收氢气，并且安全可靠，这类合金被称为储氢合金。如稀土类化合物（$LaNi_5$）、钛系化合物（$TiFe$）、镁系化合物（Mg_2Ni）以及钒、铌等金属合金。1968 年，美国化学家首先发现 Mg-Ni 合金具有吸氢的特性，从而提出了用金属储氢的思路。但氢气储存在 Mg-Ni 合金中，需要加热到 250℃ 才能释放出氢。之后又相继发现了 Ti-Fe、Ti-Mn、La-Ni 等合金也有储氢功能，其中 La-Ni 储氢合金在常温、0.152MPa 下就可以放出氢，可用于汽车、燃烧电池等。

由于金属原子大都是密堆积的，在结构中存在许多四面体和八面体空隙，可以容纳半径较小的氢原子，因此金属或合金可以与氢形成氢化物，把氢储存在金属原子的空隙中而不增加整块金属的体积或改变金属的结构。在储氢合金中，一个金属原子可以与 2～3 个甚至更多的氢原子结合，生成金属氢化物。

金属与氢的反应是一个可逆过程，典型的反应方程式为：

$$M + xH_2 \rightleftharpoons 2MH_x \qquad \Delta H_m^\ominus < 0$$

式中，M 表示金属或合金；MH_x 是金属氢化物；$\Delta H_m^\ominus$ 是生成热。金属吸氢生成金属氢化物还是金属氢化物分解释放出氢，均受到温度、压力与合金成分的控制。

相当于储氢钢瓶重量 1/3 的储氢合金，其体积不到钢瓶体积的 1/10，但储氢量却是相同温度和压力条件下气态氢的 1000 倍。由此可见，储氢合金是一种极其简便易行的理想储氢材料。采用储氢合金来储氢，不仅具有储氢量大、能耗低、工作压力低、使用方便的特点，而且可免去庞大的钢制容器，从而使存储和运输方便而且安全。由于氢是以固态金属氢化物的形式存在的，氢原子的密度要比同样温度压力条件下的气态氢大 1000 倍，也就是说相当于储存 1000atm 的高压氢气。用储氢合金储氢，既不需要体积庞大的钢制容器，也不需要储存液态氢那样的极低温设备和绝热措施，安全可靠，是一种很理想的储氢手段。

虽然有许多金属都能与氢作用生成金属氢化物，但并不是所有的这些金属都适于作储氢材料。理想的储氢合金应具有吸氢能力大、金属氢化物的生成热适当、平衡氢气压不太高（最好是在室温附近几个大气压）、吸氢与放氢过程容易进行且速度快、传热性好、重量轻、性能稳定、安全、价廉等特点。目前正在开发的储氢合金主要有以下三大系列。

① 镁系合金　MgH_2 含氢量只占总重的 7.6%，吸氢速度快，但放出氢的温度高达 $287℃$ 以上。

② 稀土系合金　如 $LaNi_5$ 各项性能优良，但价格高。为降低成本，人们用未经分离的混合稀土 M_m 来代替 La，开发了 $M_m NiM_n$、$M_m NiAl$ 等。

③ 钛系合金　这类储氢合金以钛-铁合金研究得最早，价格便宜，氢化物分解压在室温附近几个大气压，很符合实用要求，但需要在高温高压下进行活化处理。放入少量的锰或铌后，初期活化比较容易，吸收氢寿命也得到改善。

储氢合金用于氢动力汽车已试制成功。储氢合金还可将工业氢气提纯至 99.9999%，这种超纯氢是电子工业的重要原料。储氢合金也应用于氢同位素的吸收和分离。根据储氢合金吸氢时放热，放氢时又要吸收同样的热的性质，现已研制成功利用储氢合金的空调器并已商品化。利用储氢合金还可以制造超低温制冷设备、镍氢电池等。

7.2　无机非金属材料

无机非金属材料又称为陶瓷材料。人类从新石器时代开始使用陶瓷至今，已有七八千年的历史。传统的陶瓷包括陶器、瓷器、耐火材料、珐琅、玻璃、水泥和磨料等，它们都是将天然矿物原料经高温烧结而制得的产品，它们的化学组成中都含有 SiO_2，所以又称为硅酸盐材料。与金属材料和有机高分子材料相比，陶瓷材料的抗腐蚀能力更强，能抗氧化，抗酸、碱、盐的侵蚀；但传统陶瓷也有致命的弱点，就是抗拉、抗弯及抗冲击的强度较低。为了克服这些弱点，化学家进行了大量的研究，研制出性能各异的新型陶瓷材料。

7.2.1　传统陶瓷材料

陶瓷在我国有悠久的历史，是中华民族古老文明的象征。从西安临潼秦始皇陵中出土的大批陶兵马俑，气势宏伟，形象逼真，被认为是世界文化的奇迹。我国唐代的唐三彩，明清的景德镇瓷器等均久负盛名。

"陶"广义上是指所有的陶瓷，也就是指所有黏土或黏土混合物经成型、烧制而成的各种制品。"瓷"是指较高温烧成的制品。通常习惯上的分法是：坯体含氧化铁成分较高，呈暗红色状，烧成温度在 $1250℃$ 以下者为陶；坯体含氧化铁成分较少，呈白色状，烧成温度在 $1250℃$ 以上者为瓷。传统陶瓷是以长石、石英和黏土为主要原料，经混合、粉碎、成型及烧结等工艺制得的。其中含有三种主要化学成分：①低熔点的碱金属氧化物（如氧化钾和氧化钠）；②构成硅酸盐的主要成分（即二氧化硅 SiO_2）；③氧化铝（Al_2O_3）。为了满足生产和生活需要，人们生产了大量的人造硅酸盐制品，主要有玻璃、水泥、各种陶瓷、砖瓦以及某些分子筛等。

7.2.2 透明陶瓷

在长期的陶瓷生产实践中，人们发现磁胚中 Al_2O_3 含量越高，磁胚的烧结温度越高，性能会越好。如果用纯的 Al_2O_3，烧结温度可达 2000℃，能制成洁白如玉、坚硬非凡的氧化铝陶瓷，因此也叫刚玉。加入烧结助剂可降低氧化铝陶瓷的烧结温度，如加入氧化镁（MgO），不仅可使烧结温度降到 1400℃ 以下，而且可以获得几乎完全致密的透明刚玉瓷。

传统的陶瓷不透明，主要是由于陶瓷中存在着杂质和气孔。一般烧结的刚玉是多晶体，其组织结构是许许多多的微小晶体，所以透射率也不高。但如果用纯净的氧化铝在特殊的熔炉中生长出单晶，这种单晶就会变得无色而透明，这就是透明陶瓷。这种纯氧化铝单晶也称为人造白宝石。当根据需要加入不同的着色剂时，即可制得各种颜色的人造宝石。如加入 2%～3% 的氧化铬，可制得红宝石；加入 0.5% 的氧化钛及 1.5% 的氧化铁，可制得蓝宝石；加入 0.5%～1.0% 的氧化镍，可制得黄宝石。人造宝石不仅是珍贵的装饰品，而且可用来制造钟表轴承、电气仪表、铁道信号继电器、精密计具轴承等。此外，透明陶瓷在激光器、红外探测器、半导体硅的制造以及真空管的制造中，也都有特殊的用途。

透明陶瓷除了氧化铝陶瓷外，还有氧化镁、氧化铍、氧化钇、氧化钇-二氧化锆等多种氧化物透明陶瓷，以及砷化镓、硫化锌、硒化锌、氟化镁、氟化钙等非氧化物透明陶瓷等。由于透明陶瓷具有优良的光学性能，因此可用来制作汽车的防弹窗、坦克的观察窗等。透明陶瓷还具有耐高温的特点，一般熔点都在 2000℃ 以上，如氧化钍-氧化钇透明陶瓷的熔点高达 3100℃。因此，透明陶瓷可以被用来制作高温用具，如选用氧化铝透明陶瓷制造的高压钠灯，发光率比高压汞灯高一倍，使用寿命达 2 万小时，是使用寿命最长的高效电光源。

7.2.3 高温结构陶瓷

高温结构陶瓷有氮化硅（Si_3N_4）、碳化硅（SiC）和二氧化锆（ZrO_2）、氧化铝（Al_2O_3）等。

氮化硅可以用多种方式合成，工业上普遍采用纯硅粉作原料，做成所需的形状，然后在氮气氛及 1200℃ 的高温下进行初步氮化，使其中一部分的硅粉与氮反应生成氮化硅。这个初步氮化了的毛胚可以如金属零件一样进行机械加工，修制出精确的尺寸。然后再在 1350～1450℃ 的高温炉中进行第二次氮化，使所有的硅粉都反应生成氮化硅。其反应式如下：

$$3Si + 2N_2 \xrightarrow{\text{高温}} Si_3N_4$$

这种方法称为烧结法。由于硅粉与氮气反应增长的体积几乎可以抵消硅原子的空隙体积，所以尺寸变化率很小，而其他陶瓷烧结时的尺寸变化率往往很大，因此可将其制作成形状很复杂的部件，如燃气轮机的燃烧室及晶体管的模具等。由于氮化硅耐磨和耐蚀性能好，所以可以用来制作耐酸泵中的密封环；而由于铝液对氮化硅不润湿，故还可以做成接触铝液的管道、阀门、铸模等；又由于氮化硅有透过微波的性能，密度小，所以可用制作飞行器的雷达天线罩。

当用热压烧结法制取氮化硅时，其密度可达到理论密度的 99%，性能更为优良，可以用来制作转子发动机的缸体。这种发动机由于不需要用冷水冷却，发动机工作温度可稳定在1300℃左右，这使燃料能充分燃烧，热效率大幅度提高；并且可以减轻汽车的质量。此外，还用来制作燃气轮机的涡轮叶片，它的耐高温性能比用耐高温合金制作的叶片提高 300～500℃，从而节省燃料 20%～30%。

碳化硅是另一种常见的高温结构陶瓷。由于天然含量甚少，碳化硅主要为人造。常见的方法是将石英砂与焦炭混合，并加入食盐和木屑，置入电炉中，加热到 2000℃左右高温制得。由于制造方法的不同，碳化硅可分为高温碳化硅（α-SiC）、低温碳化硅（β-SiC）以及高致密碳化硅。碳化硅具有耐腐蚀、耐高温、强度大、导热性能良好、抗冲击等特性，可用于制作各种冶炼炉衬、支撑件、匣钵、精馏炉塔盘、铝电解槽、铜熔化炉内衬、热电偶保护管等。高致密碳化硅的耐高温高强度性能最好，又有良好的抗氧化性能，在高温下不易形变，因此，泛很好的高温结构材料，可制作成高温燃气轮机的涡轮叶片、高温热交换器、耐磨的密封材料、火箭尾喷管的喷嘴等。

7.2.4　生物陶瓷

陶瓷最早在医学中的应用是用作假牙，它们主要是用氧化铝陶瓷制作的。现在，生物陶瓷的品种越来越多，泛指用作特定的生物或生理功能的一类陶瓷材料。生物陶瓷需要具备以下一些条件：生物相容性、力学相容性、与生物组织有优异的亲和性、抗血栓、灭菌性，并具有良好的物理、化学稳定性。

能植入体内的生物陶瓷，根据与生物组织的作用机理，大致可分为以下三类。

① 生物惰性陶瓷　包括多晶氧化铝陶瓷、单晶氧化铝陶瓷、高密度羟基磷灰石陶瓷、碳素陶瓷、氧化锆陶瓷、氮化硅陶瓷等。这些生物陶瓷与生物体组织的结合为一种物理结合，通过在植入体上钻孔或在其表面制成螺纹或沟状进行连接，常用作人造骨、人造关节等，具有较长期的稳定性。单晶氧化铝陶瓷的机械性能优于多晶氧化铝，适用于负重大、耐磨要求高的部位，如人工关节柄、人工骨螺钉及各种齿用的尺寸小、强度大的牙根。由于氧化铝单晶与人体蛋白质有良好的亲和性，结合力强，因此有利于牙龈黏膜与义齿材料的附着。单晶氧化铝陶瓷的不足之处在于其加工比较困难。

② 生物活性陶瓷　包括生物玻璃、低密度羟基磷灰石类陶瓷等。由于生物体硬组织（牙齿、骨）的主要成分是羟基磷灰石，人造的这类生物陶瓷植入生物体内有很好的生物相容性，但其缺点是能逐渐被生物体所吸收，在新陈代谢过程中会有磷、钙、水、二氧化碳等元素和化合物的置换，而使得材料的强度严重下降。故在设计及应用时要认真考虑机械因素，使机体组织和再吸收陶瓷结构在愈合进程中不致断裂。

生物玻璃的主要成分是 $CaO\text{-}Na_2O\text{-}SiO_2\text{-}P_2O_5$，与普通玻璃相比含有较多钙和磷，能与骨自然牢固地发生化学结合。在植入体内后，生物玻璃表面会迅速发生一系列反应，最终导致含碳酸盐基磷灰石层的形成。它的生物相容性好，材料植入体内，无排斥、炎性等反应，能与骨形成骨性结合。目前此种材料已用于修复耳小骨，对恢复听力具有良好效果。但由于强度低，只能用于人体受力不大的部位。

羟基磷灰石的组成与天然磷灰石矿物相近，是脊椎动物骨和齿的主要无机成分，它可作为骨替代物被用于骨移植。羟基磷灰石有良好的生物相容性，不仅安全无毒，还能促进骨生长。新骨可以从羟基磷灰石植入体与原骨结合处沿着植入体表面或内部贯通性孔隙攀附生长，植入体能与组织在界面上形成化学键而结合。经羟基磷灰石表面涂层处理的人工关节植入体内后，周围骨组织能很快直接沉积在羟基磷灰石表面，并与羟基磷灰石的钙、磷离子形成化学键，结合紧密。

③生物吸收性陶瓷 又叫生物降解陶瓷，如磷酸三钙、可溶性钙铝系低结晶度羟基磷灰石等。此类陶瓷表面通常富含羟基，还可做成多孔结构，生物组织可长入并同其表面发生牢固的键合。生物吸收性陶瓷的特点是能部分吸收或者全部吸收。如磷酸三钙在水溶液中的溶解程度远高于羟基磷灰石，能被体液缓慢降解、吸收，为新骨的生长提供丰富的钙、磷，在生物体内能诱发新生骨的生长。

以前临床上常用不锈钢人工关节，植入体内几年后人工关节会出现腐蚀斑，并且还会有微量重金属离子析出；而用高分子材料做成的关节或人工骨时间长了会老化和释放出微量单体，影响人体健康。相对而言，生物陶瓷的生物相容性好，对机体无免疫排异反应；无溶血、凝血反应；对人体无毒、不会致癌。因此，生物陶瓷更适合植入体内。

7.2.5 压电陶瓷

压电陶瓷是一种可以使电能和机械能相互转化的特殊陶瓷材料。当陶瓷的微晶体受到某一固定方向的外力作用时，其内部会产生电极化现象，同时在其两个表面上产生符号相反的电荷；当外力撤去后，晶体又恢复到不带电的状态。当外力作用的方向改变时，电荷的极性也随之改变；晶体受力所产生的电荷量与外力的大小成正比。这一现象称为正压电效应，压电式传感器大多是利用正压电效应制成的。

对应的，还有一种称为逆压电效应的现象。这是指对陶瓷的微晶体施加交变电场，会引起晶体机械变形的现象。在电场作用下，它产生的应变与电场强度成正比。利用逆压电效应制造的变送器可用于电声和超声工程。

压电效应是结构上不具有对称中心的极性晶体具有的一种机电偶合效应。例如，石英晶体（SiO_2）在应力作用下，能够在晶体中诱发电极化，如果在其上加上电极，并用导线连接起来，就可以观察到由外界应力诱发的电流流动。反之，如果这种晶体施加外电场，就可以观察到这种晶体在形状上的微小变化。

压电陶瓷是一种烧结致密的、不具有对称中心的多晶材料。当未加极化处理时，陶瓷中的晶粒是混乱排列的，虽然单个晶粒具有压电效应，但相互间抵消掉了，所以还需要对陶瓷加以很强的外电场，进行极化处理，使陶瓷中晶体的极化方向一致，这样才能显出压电性。具有代表性的压电陶瓷有钛酸钡（$BaTiO_3$）和锆钛酸铅 $[Pb(Ti_mZr_n)O_3]$ 系陶瓷。

压电陶瓷的应用相当广泛，涉及许多高新技术和军工技术领域，并与人类的日常生活密切相关。例如，可用压电陶瓷做成换能器，如耳机、扬声器、拾音器、传声器及电视遥控器等；还可以用它把大功率的电能高效地转换成很强的超声振动，用于探寻水下鱼群、金属的无损探伤、超声清洗、超声乳化、超声切割加工等。如压电点火器与压电打火机是采用黄豆大小的两粒锆钛酸铅压电陶瓷制成的，它们依靠人手指按压的力量产生出数千伏以上的高电压，从而达到引燃目的；压电驱动器是利用压电陶瓷在外电场作用下晶体形状的微小变化可以产生微米量级、非常精确的位移来控制这一特性，被广泛用于精密仪器与精密机械、光学仪器、微电子技术、光纤技术以及生物工程等方面。

压电陶瓷的另一个用途是作为压电振子，其工作原理是压电陶瓷在电场作用下会变形而振动。如果电场的频率与压电陶瓷的固有频率相近，就会发生共振。共振时，压电陶瓷的振幅要比一般频率下的振幅大数百倍。按照工作情况和使用场合，压电陶瓷振子常被作为滤波器、振荡器、变形器及延迟换能器，这些电子元件已经在电视、通讯设备及计算机中广泛应用。

7.2.6　光学纤维

普通玻璃或石英玻璃拉成 $5\sim100\mu m$ 的细丝就成为光学纤维，它们也是精细陶瓷中的一种。光学纤维按其应用目的的不同可以分为两类：一类称为光通讯纤维，主要是利用它能承载大量信息的功能传输信息，也称为光导纤维；另一类主要是利用它的能量功能传输光能，也称为导光纤维。导光纤维在医学上应用较早，如成功用于胃镜、膀胱镜中的传像束，之后又在照明、计量、加工等领域得到广泛应用。多数光纤在使用前必须由几层保护结构包覆，包覆后的缆线即被称为光缆。

通信用光纤的传输波长主要为 $0.8\sim1.7\mu m$ 的近红外光。使用最广泛的介质材料是石英玻璃（SiO_2）。通过在石英玻璃中掺锗、磷、氟、硼等杂质的方法调节纤芯或包层的折射率。光纤的芯径因类型而异，通常为数微米到 $100\mu m$，外径大多数约为 $125\mu m$。它的外面有塑料被覆层。20 世纪光纤通讯的出现引发了信息产业的革命。光波所能携带的信息容量是惊人的。有人做过计算，用波长为 $3\mu m$ 的激光作载波传送信息，一束激光就能同时传送100 亿路电话或 1000 万套电视节目。此外，光纤还具有重量轻、占用空间小、抗电磁干扰、无串话和保密性强、原料便宜易得的优点。当用光纤光缆代替通讯电缆时，每公里可节省铜1.1t、铅 $2\sim3t$，即可以节省大量有色金属。1977 年光纤通讯正式投入商用，20 世纪 80 年代上千公里的长距离通讯干线开始铺设。光纤材料性能的不断提高和改进，在造价迅速下降的同时，损耗也降低到十几分之一。如果光导纤维的光损耗为 $0.15\ dB\cdot km^{-1}$，传输距离可达 500km；如果降低到 $1\times10^{-4}dB\cdot km^{-1}$ 时，则可传输 2500km。用最新的氟玻璃（如 ZrF_4-LaF_3-BaF_4 三元氟玻璃）制成的光纤，可以把光信号传输到太平洋彼岸而不需要任何中继站。

根据光的全反射原理，光导纤维由高折射率（n_1）的纤芯和低折射率（n_2）的包层所组成。当入射光射入纤芯时，如果光与光纤轴线的交角小于一定值，则光线在界面上发生全反射，光将在光纤的纤芯中沿锯齿状路径曲折前进，而不会穿出包层，从而避免了光在传输过程中的损耗，如图 7-4 所示。

实际上，光在纤维中按全反射方式传输，并不意味着光在传输过程中一点也没损耗，因而可传输至无限远。这是因为光波在光纤介质中传播时，一方面由于介质的原子或离子中的电子跃迁可引起紫外吸收，由介质分子的振动可引起红外吸收，它们均会导致一定的光能损耗；另一方面，纤维介质中存在杂质，而这些杂质带来的损耗往往很大。如当光导纤维中含有 10^{-6} 量级的氢氧根离子时，在 $1.38\mu m$ 处的最大损耗将高达 $100dB\cdot km^{-1}$。

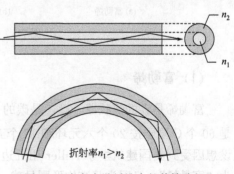

图 7-4　光在光学纤维中的传输路径

折射率 $n_1 > n_2$

所以光导纤维在制造时氢氧根离子的含量要控制在 10^{-8} 量级以下。此外，光纤材料中的条纹、气泡、析晶等亦能引起光的散射损耗，因此在制造光导纤维中必须避免。

为了制造效率更高的新型光纤材料，科学家们始终在不断努力。由于瑞利散射损耗与 λ^4 成反比，石英光纤在长波长（$1.3\sim1.6\mu m$）下具有更低的衰减，因此长波长光纤将获得最广泛的使用。$1.3\mu m$ 的长波长光纤已取代 $0.85\mu m$ 的短波长光纤。人们正在研制 $1.55\mu m$ 波长的传输系统。此外，目前的光纤线缆使用光脉冲来传输信息，信息只能通过光的颜色以及波是水平的还是垂直的来存储；科学家正在研究将光线扭曲成螺旋形，有点像 DNA 的形状，这样可以为光携带信息创建第三个维度——角动量。角动量使用得越多，可以携带的信息就越多。这一技术如果实现，可通过检测扭曲成螺旋状的光线，轻松升级现有的网络，大幅提高传输效率。

中国的光纤光缆产业从无到有，经过 40 多年的发展，目前已进入了一个新的历史时期。我国不但完全实现了技术和供给的自主，而且开始由跟随走向领先。已经由最大的进口国转变为最大的出口国，全面参与全球竞争。我国在 2020 年将实现 5G 的商用，5G 时代所需基站数量将是 4G 时代的 4～5 倍，带宽是 4G 时代的 10 倍。5G 时代的来临，物联网、无人驾驶、VR 等新技术的发展，需要应用大量的光纤光缆，对光网络提出了更大的需求和更高的标准。以 5G、AI、云计算、物联网等为代表的新一代 ICT 技术，不仅可以加快信息的流转速度、增强人们的生活愉悦度，更重要的是，它将极大推动人类社会向前发展。

7.2.7 新型碳材料

碳材料是一种古老而又年轻的材料。说它古老，是因为人们对碳最初的认识和应用可以追溯到石器时代；说它年轻，是因为 21 世纪的科学家从崭新的角度带我们认识了富勒烯、石墨烯、碳纳米管等碳的一系列新型结构，赋予了这类材料更加优异的性能和更加诱人的应用前景。下面仅介绍几种最受关注的新型碳材料（图 7-5）。

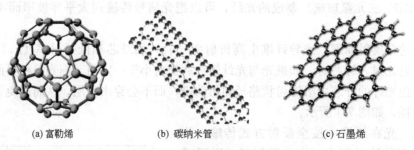

(a) 富勒烯　　　　　　(b) 碳纳米管　　　　　　(c) 石墨烯

图 7-5　三种新型碳材料的结构

（1）富勒烯

富勒烯是碳的笼状原子簇，是碳的一种同素异形体，而 C_{60} 是其中最常见的一种。C_{60} 是 60 个 C 原子按 20 个六元环和 12 个五元环围成的一个封闭的球形分子。这种结构的初始设想因受到美国建筑学家 Fuller 用五边形和六边形构成球形薄壳建筑结构的启发，因此称为"富勒烯"，又因为其结构形同足球，因此也叫足球烯。

C_{60} 分子中有 60 个顶点，90 条棱边。球形分子的直径约为 $10^{-9}m$，内有一个空腔，直

径约为 3.6×10^{-10} m，理论上可以容纳其他原子。目前，科学家已尝试了用 C_{60} 包裹多种元素的原子，包括惰性气体元素、稀土元素、碱金属元素以及钛、氧、氮、硫、碳等原子。球面上 60 个碳原子采用 $sp^{2.28}$ 杂化方式，即介于平面三角形的 sp^2 和正四面体的 sp^3 杂化之间的一种轨道杂化方式，每个碳原子和周围 3 个碳原子连接，形成三个共价键，每个碳原子余下一个 p 轨道，可组成由 60 个 p 轨道形成的共轭大 π 键。这种共轭称为球面共轭。

C_{60} 的晶体结构是密堆积结构，可采取六方和立方两种最密堆积型式。后来还发现了 C_{50}、C_{70}、C_{84}、C_{120} 等各种各样的多面体球碳分子。美国的柯尔（R. F. Curl）、斯莫利（R. E. Smalley）和英国的克罗托（H. W. Kroto）因对开拓这个化学新领域的贡献而获得 1996 年诺贝尔化学奖。

富勒烯材料的应用是多方面的，包括润滑剂、催化剂、研磨剂、高强度碳纤维、半导体、非线性光学器件、超导材料、光导体、高能电池、燃料、传感器、分子器件以及用于医学成像及治疗等方面。目前最快进入实用领域的是添加富勒烯的化妆品。因为富勒烯有很强的自由基捕获能力，抗氧化性能好，因此被用作抗衰老的添加成分。

（2）碳纳米管

碳纳米管是继富勒烯之后发现的又一种具有特殊结构的碳材料，它是由呈六边形排列的碳原子构成的数层到数十层的同轴圆管，径向尺寸为纳米量级，轴向尺寸为微米量级。每层的 C 是 sp^2 杂化，层与层之间保持固定的距离，约 0.34nm，直径一般为 2～20nm。根据碳六边形沿轴向的不同取向，碳纳米管可以将其分成锯齿形、扶手椅形和螺旋形三种。其中螺旋形碳纳米管具有手性，而锯齿形和扶手椅形碳纳米管没有手性。

碳纳米管具有极高的强度，理论计算值为钢的 100 倍；同时碳纳米管具有极高的韧性，十分柔软，被认为是未来的超级纤维。如可作为复合材料中的纤维增强体原料。碳纳米管的弹性非常好，如果对其施加压力并把它压扁，则一旦压力卸去，它会像弹簧一样恢复到原来的形状，因此是汽车减震装置的期望材料。碳纳米管具有独特的导电性、很高的热稳定性和本征迁移率，比表面积大，微孔集中在一定范围内，满足理想的超级电容器电极材料的要求。碳纳米管还具有优良的场发射性能，可制作成阴极显示管、室温工作的场效应晶体管等。碳纳米管的高比表面积、特殊的管道结构以及多壁碳纳米管之间的类石墨层隙，使其成为最有潜力的储氢材料，在燃料电池方面有着重要的作用。目前，我国自制的碳纳米管储氢能力已达到 4%，居世界领先水平。用碳纳米管来制作纳米秤，能够称 10^{-9} g 的物体，这相当于一个病毒的质量。纳米秤将是人类向微观世界探索的有力工具。

（3）石墨烯

石墨烯是一种由碳原子以 sp^2 杂化轨道组成的六边形蜂巢状晶格的平面薄膜，理想状态下是一个碳原子厚度的二维薄膜。它几乎是完全透明的；热导率高达 5300W·m^{-1}·K^{-1}，高于碳纳米管和金刚石，常温下其电子迁移率超过 15000cm^2·V^{-1}·s^{-1}，又比碳纳米管或硅晶体高，而电阻率约为 10^{-6} Ω·cm，比铜或银更低。石墨烯是世上最薄、最坚硬、电阻率最小的纳米材料。英国曼彻斯特大学物理学家安德烈·海姆（Andre Geim）和康斯坦丁·诺沃肖洛夫（Konstantin Novoselov）两人，因"在二维石墨烯材料的开创性工作"共同获得了 2010 年诺贝尔物理学奖。

石墨烯的电阻率极低，电子运动速度极快，可用来发展出更薄、导电速度更快的新一代电子元件或晶体管，生产未来的超级计算机。由于石墨烯实质上是一种透明、良好的导体，也适合用来制造透明触控屏幕、光板，甚至是太阳能电池。石墨烯超薄高强的特性，使之可应用于制作超轻防弹衣、超轻型飞机材料等。另外，石墨烯由于具有高传导性、高比表面积等特点，可作为电极材料应用在新能源领域（如超级电容器、锂离子电池等）方面。它的出现有望在现代电子科技领域引发一轮革命。

（4）三维石墨烯

近年来，在石墨烯研究的基础上又发展起了一类三维石墨烯材料。几种典型的三维石墨烯结构包括石墨烯泡沫、石墨烯海绵、石墨烯气凝胶和石墨烯水凝胶。石墨烯泡沫是以泡沫镍为模版制备的，石墨烯片层在镍表面生长并连接为一个整体，因此继承了泡沫镍各向同性的多孔三维骨架结构。石墨烯海绵也具有多孔结构，但制备方法与石墨烯泡沫不同，在其结构中部分石墨烯片层平行排列，形成了各向异性的结构特征。这种材料的命名是由于它具有类似海绵的可循环利用的高效吸附性能。石墨烯水凝胶和气凝胶通常用溶胶-凝胶法制备，先通过水热等过程将氧化石墨烯交联形成水凝胶，再通过冷冻干燥或超临界干燥除去水分生成气凝胶。这些三维石墨烯材料结构和性质存在差异，但它们都拥有高比表面积和孔隙率、低密度、高导电率等共同特性，且有良好的导电性和吸附性能。将石墨烯微纳尺度的优异特性在宏观大尺度上拓展利用，使此类材料在超级电容器、燃料电池电极、储氢材料、柔性传感器、环保吸附剂等领域都有广阔的应用前景。

7.3　高分子材料

高分子材料是由分子量较高的化合物构成的材料，包括橡胶、塑料、纤维、涂料、胶黏剂等。广泛应用于国民经济各个领域的高分子材料，直接关系到人类的衣、食、住、行，特别是高科技蓬勃发展的今天，人造卫星、航天飞机、巨型喷气客机、电子计算机、大规模集成电路、光纤通信、激光光盘等都离不开高分子材料。因此，没有高分子材料，现代的物质文明是无法想象的。

7.3.1　高分子化合物

高分子化合物（简称高分子）是高分子材料的重要组成部分。高分子不仅分子量大（一般都在 $10^4 \sim 10^6$），而且同一种高分子的分子量大小不均一，这就是高分子的多分散性。如分子量为 50000 的聚乙烯，实际上是由分子量在 50000 左右大大小小的聚乙烯分子所组成的，50000 只不过是一个统计平均值。高分子也叫聚合物，因为它是由简单的结构单元重复组成的。如聚乙烯虽然分子量可以为几万，但它的结构单元—CH_2CH_2—很简单，$\text{+}CH_2—CH_2\text{+}_n$ 表示聚乙烯是由乙烯聚合而成的。这里乙烯被称为单体，n 表示聚合度。

高分子是由共价键连接的，由于它是长链大分子，分子间的范德华力很大，常常超过共价键的键能，所以它具有一定的强度。有的高分子的比强度甚至超过钢铁，故可作为结构材料使用。淀粉、纤维素、丝、毛、天然橡胶以及人体中的蛋白质、核酸的分子量亦很大，是天然高分子。用化学方法合成的高分子则称为合成高分子。

在所有合成高分子中，聚乙烯应该是最著名的。它的世界年产量已有几千万吨，是合成高分子材料的第一大品种。我们日常生活中所见到的食品袋和乳白色的塑料瓶都是聚乙烯制品，但它们所用的聚乙烯原料是不同的，前者采用的是高压聚乙烯，是乙烯单体在 200℃、1000～2000atm（1atm＝101325Pa）和微量 O_2 存在下聚合而成的。这样产生的聚乙烯由于在分子链中有较多的支链，聚合产品密度较低，较柔软，软化点也较低。而制成塑料瓶的聚乙烯，以 $Al(C_2H_5)_3$-$TiCl_4$ 作为催化剂，在常压下聚合成无支链的高结晶度聚乙烯。这种聚合产品密度较高，刚性、硬度和软化点均优于高压聚乙烯。

有些单体通过化学反应形成线型的高分子链或带少量支链，分子间无交联，仅借助范德华力或氢键互相吸引。这类树脂在常温下为高分子量固体，可反复加热软化、冷却固化，称为热塑性树脂，如低密聚乙烯；而另一些聚合物的分子链通过化学反应形成化学键交联起来，构成体型网状高分子。体型高分子加热后不会熔化、流动，这种性质称为热固性。热固性树脂一旦固化成型后，不能再通过加热改变其形状，也不能用溶剂溶解。如酚醛树脂和环氧树脂就是热固性树脂。图 7-6 显示出高分子的三种结构。

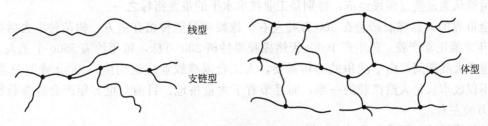

图 7-6　高分子的三种结构

人类已经合成了成千上万种自然界从未有过的物质，高分子合成材料的发展已经超过钢铁、水泥和木材这传统的三大基本材料。塑料、橡胶、纤维三种主要高分子材料的世界年产量已达 1.3 亿吨，在整个材料工业中占据重要地位。因此，高分子材料是人类社会文明的标志之一。

7.3.2　塑料、合成橡胶和合成纤维

20 世纪由于高分子化学的成就，以酚醛树脂、氯丁橡胶和尼龙-66 为代表的三大合成材料发展形成了三大合成材料工业——塑料、合成橡胶和合成纤维。如今，人们的衣食住行和日常生活已离不开这些合成材料。全世界的塑料年生产能力已超过 6000 万吨，合成纤维为 1500 万吨，而合成橡胶为 1200 万吨。以塑料为主体的三大合成材料的世界总产量已超过全部金属的产量，所以 20 世纪也被称为聚合物的时代。

(1) 塑料

塑料是在一定的温度和压力下合成的高分子材料，可分为热塑性塑料和热固性塑料。塑料作为工程材料、金属的替代物，具有优良的机械性能、耐热性和尺寸稳定性。其主要代表物是聚酰胺、ABS、聚碳酸酯等。以 ABS 工程塑料为例，它广泛用于机械、电气、纺织、汽车和造船等工业，许多家电的外壳就是用 ABS 塑料做成的。ABS 是丙烯腈（A）、丁二烯（B）和苯乙烯（S）三种单体的共聚物，其结构式为：

$$\left[(CH_2-CH)_x(CH_2-CH=CH-CH_2)_y(CH_2-CH)_z\right]_n$$
$$\underset{CN}{|} \qquad \qquad \underset{\bigcirc}{|}$$

它既保持了聚苯乙烯的优良电性能、刚性及易加工成型性，又增加了聚丁二烯的弹性和韧性及聚丙烯腈的耐热、耐油及耐腐蚀性，因此强度大，综合性能优良。

(2) 橡胶

橡胶具有高弹性、绝缘性、不透气、不透水、抗冲击、吸震及阻尼性，有些特种橡胶还具有耐化学腐蚀、耐高温、耐低温、耐油等特点，因而橡胶制品在工业、农业、国防和科技现代化中起着重要的作用。

如今橡胶品种多达数万种，作为战略物资，广泛地用于各种武器装备、汽车、坦克、大炮、飞机、导弹、火箭等方面。据统计，每辆汽车需要的橡胶配件达 $100\sim200$ 种，数量有 $200\sim500$ 个之多。除去轮胎之外，桑塔纳轿车所用橡胶制品质量达 66kg。一个国家的橡胶消耗量被认为是衡量国民经济，特别是工业技术水平的重要指标之一。

全世界的天然橡胶产量在 300 万吨左右。橡胶树只能种植在南方，树苗种下去后要过 $7\sim8$ 年才能正常产胶。每生产 1000t 天然橡胶要种树 300 万株，每年约需 5500 个工人。第二次世界大战期间，由于战争的迫切需要，人工合成橡胶业应运而生。1000t 橡胶只需 15 人，不仅成本只是天然橡胶的一半，而且节省了大量耕地。目前全世界年产合成橡胶已达 4400 万吨左右。

天然橡胶的主要成分是异戊二烯：

$$nCH_2=CH-C=CH_2 \longrightarrow \left[CH_2CH_2=C-CH_2\right]_n$$
$$\underset{CH_3}{|} \qquad \qquad \underset{CH_3}{|}$$

用异戊二烯单体合成的异戊橡胶的结构和性能基本与天然橡胶相同。由于异戊二烯的原料来源受到限制，而丁二烯来源丰富，因此开发了一系列以丁二烯为基础的合成橡胶，如顺丁橡胶、丁苯橡胶、丁腈橡胶和氯丁橡胶等。丁苯橡胶是由于丁二烯（70%）和苯乙烯（30%）通过乳液聚合制得的，其反应式如下：

$$mCH_2=CH-CH=CH_2 + nCH=CH_2 \longrightarrow \left[(CH_2-CH=CH-CH_2)_x(CH_2-CH)_y\right]_z$$
$$\underset{\bigcirc}{|} \qquad \qquad \qquad \qquad \underset{\bigcirc}{|}$$

丁苯橡胶是应用最广、产量最多的合成橡胶，其性能与天然橡胶接近，而耐热、耐磨、耐老化性能优于天然橡胶，可用来制造轮胎、皮带、密封材料和电绝缘材料等，缺点是不耐油和有机溶剂。

由丁二烯和丙烯腈共聚可制得丁腈橡胶，由于分子中引入了极性基团—CN，这种橡胶的最大优点是耐油，其拉伸强度比丁苯橡胶要好，但电绝缘性和耐寒性差，且塑性低，加工困难，主要用作耐油制品，如机械上的垫圈以及飞机和汽车上需要耐油的零件等。

硅橡胶的结构式如下：

$$\underset{CH_3}{\overset{CH_3}{\left[Si-O\right]_m}} \underset{CH_3}{\overset{CH=CH_2}{\left[Si-O\right]_n}}$$

硅橡胶的分子很特别，主链上没有碳原子，因此叫作元素有机聚合物。由于 Si—O 键能（$453kJ \cdot mol^{-1}$）高，并且 Si—O 键旋转的自由度大，因此它既耐低温又耐高温，能在 $-65 \sim 250℃$ 之间保持弹性，耐油、防水、电绝缘性能也很好。因此，硅橡胶可用来制作高温、高压设备的衬垫、油管衬里、密封件和各种高温电线、电缆的绝缘层等。由于硅橡胶无毒、无味、柔软、光滑、生理惰性及血液相容性均很优良，因此常用作医用高分子材料，如人工器官、人工关节、整形修复材料、药液载体等。

天然橡胶和合成橡胶在未硫化前均称为生橡胶。生橡胶具有可塑性好、强度低、回弹力差、容易产生永久形变的特点，这是因为生橡胶分子是线型结构。生橡胶只有硫化后才具有高弹性，才有应用价值，橡胶的硫化反应式如图 7-7 所示。

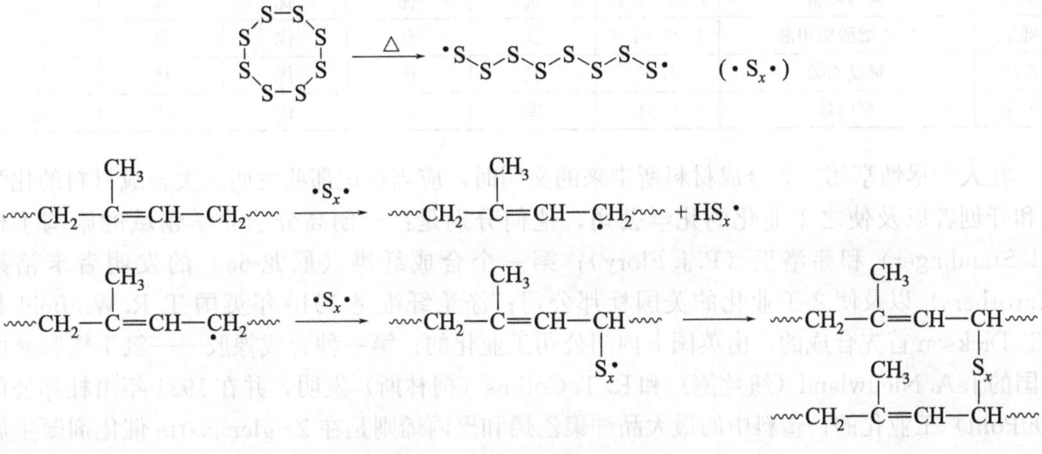

图 7-7　橡胶的硫化反应式

生橡胶分子都具有双键，可供硫化用。硫化后的橡胶由线型分子变为体型网状结构，增加了橡胶的强度和高弹性。

（3）纤维

棉、麻、丝、毛属天然纤维，但绚丽多彩的纺织品大部分是由化学纤维制成的。如宛似丝绸的人造棉（黏胶纤维）、质地柔软的人造毛、轻柔滑爽的人造丝（醋酸纤维），都是由天然纤维或蛋白质等原料经过化学改性制成的，属于人造纤维。平常我们见到的五彩缤纷而又厚实的缎子被面，大部分是人造纤维制成的，而抗皱免烫的涤纶、坚固耐磨的尼龙、胜似羊毛的腈纶、结实耐穿的维纶等则是合成纤维。如聚对苯二甲酸乙二醇酯，商品名叫涤纶（或的确良），就是由对苯二甲酸与乙二醇聚合而成的合成纤维：

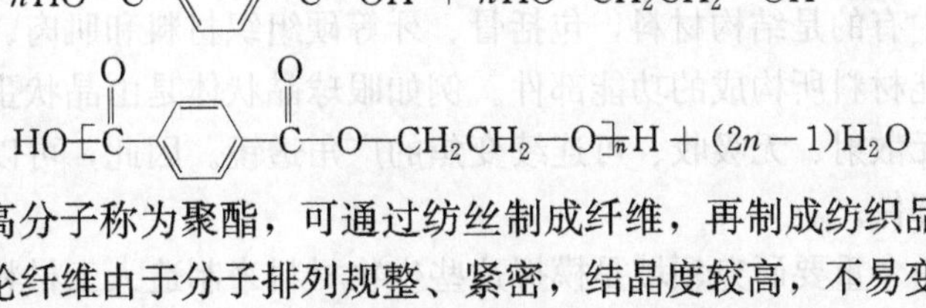

这种含有酯基的高分子称为聚酯，可通过纺丝制成纤维，再制成纺织品，亦可作为塑料和涂料等的原料。涤纶纤维由于分子排列规整、紧密，结晶度较高，不易变形，因此抗皱性能好。涤纶织物牢固、易洗、易干，做成衣服外形挺括，主要用于衣料，也可作运输带、轮胎帘子线、缆绳、渔网等。

聚酰胺是另一类性能优良的高聚物，它可以用作工程塑料，纺丝则可制成纤维，商品名叫作尼龙或锦纶。最常见的这类物质是尼龙-6 和尼龙-66，主要用于丝袜及针织内衣、渔网、降落伞、宇航服。尼龙织物的特点是强度大、弹性好、耐磨性好，这是由于其分子链中含有酰氨基，这使长链分子中不仅有较大的范德华力，还有氢键的作用，因此强度特别大。表7-1 列出了一些合成纤维的性能。

表 7-1　一些合成纤维的性能

名称	化学组成	相对密度	耐晒性	耐酸性	耐碱性	耐蛀性	耐霉性
涤纶	聚对苯二甲酸二乙酯	1.38	优	优	优	优	优
尼龙	聚酰胺	1.14	差	良	优	优	优
腈纶	聚丙烯腈	1.14~1.17	优	优	优	优	优
维纶	聚乙烯醇缩甲醛	1.26~1.3	良	良	优	良	良
氯纶	聚氯乙烯	1.39	良	优	优	优	优
丙纶	聚丙烯	0.91	差	优	优	优	优

在人们尽情享用三大合成材料所带来的文明时，应当铭记那些发明三大合成材料的化学家和开创者以及使之工业化的化学公司，他们分别是：开创高分子化学领域的施陶丁格（H. Staudinger）和弗洛里（P. J. Flory）；第一个合成纤维（尼龙-66）的发明者卡洛斯（Carothers）以及使之工业化的美国杜邦公司；涤纶纤维是 1940 年英国 T. R. Winfield 和 J. T. Dickson 首先合成的，由英国卜内门公司工业化的；第一种合成橡胶——氯丁橡胶是由美国的 J. A. Nieuwland（纽兰德）和 R. T. Collins（柯林斯）发明，并在 1931 年由杜邦公司（DuPont）工业化的；塑料中的最大品种聚乙烯和聚丙烯则是在 Zeigler-Natta 催化剂诞生后才获得的高产率、高结晶度、耐高温的新品种，并在 1957 年由意大利蒙特卡蒂尼（Monte-catini）公司工业化生产。

7.3.3　高分子生物医学材料

生物医学材料是用于与生命体系接触和发生相互作用的，并能对其细胞组织和器官进行诊断治疗、替换修复或诱导再生的一类天然或人工合成的特殊功能材料。生物医学材料可以是金属、无机非金属和高分子材料。其中，高分子生物医学材料也称为医用高分子材料，它是一类用于临床医学的高分子及其复合材料。

天然的医用高分子材料来自大自然的提取，如胶原、凝胶、丝蛋白、角质蛋白、纤维素、黏多糖、甲壳素及其衍生物等；而人工合成的医用高分子材料是人类智慧的结晶，常用的有聚氨酯、硅橡胶、聚酯等。

生物体内的各种材料和部件都有各自的生物功能。它们是"活"的，也是被整体生物控制的。生物材料中有的是结构材料，包括骨、牙等硬组织材料和肌肉、腱、皮肤等软组织材料，还有许多功能材料所构成的功能部件。例如眼球晶状体是由晶状蛋白包在上皮细胞组成的薄膜内形成的无散射、无吸收、可连续变焦的广角透镜。因此，可以说生物体内生长着不同功能的材料和部件。

材料科学的一个重要研究领域是模拟这些生物材料来制造人工材料，它们可以作生物部件的人工代替物（如人工瓣膜、人工关节等），也可以用于非生物医学领域应用（如模拟生物膜等）。植入体内的生物部件替代物首先必须具有生物相容性。现代合成化学可以做到一定的生物相容性。例如，用聚乳酸作为可生物降解的类骨骼材料；用含氟人造血浆作为输血材料；用有机硅材料作为亲水性的隐形眼镜材料；用聚氨酯做成人造皮肤、人工血管等。目前，高分子材料作为人工脏器、人工关节等医用材料正在逐步得到应用。表 7-2 是一些用于人工脏器的高分子材料。

表 7-2　用于人工脏器的高分子材料

人工脏器	高分子材料
心脏	嵌段聚醚氨酯（SPEU）弹性体、Avcothane（主成分为聚氨酯-聚二甲基硅氧烷嵌段共聚物）、Biomer（主成分为聚醚聚脲烷）、硅橡胶
肾脏	铜氨法等再生纤维素、醋酸纤维素、聚甲基丙烯酯立体复合物、聚丙烯腈、聚砜乙烯-乙烯醇共聚物（EVA）、聚氨酯、聚丙烯（血液导出口）、聚甲基丙烯酸-β-羟乙酯（PHEMA）（活性炭包裹）、聚碳酸酯（容器）
肝脏	赛璐酚（cellophane）、聚甲基丙烯酸-β-羟乙酯（PHEMA）
胰脏	默克 XM-50 丙烯酸酯共聚物（中空纤维）
肺	硅橡胶、聚丙烯空心纤维、聚烷砜
关节、骨	超高分子量聚乙烯（UHMWPE，分子量为 300 万）、高密度聚乙烯、聚甲基丙烯酸甲酯（PMMA）、尼龙、硅橡胶
皮肤	火棉胶、涂有聚硅氧烷的尼龙织物、聚氨酯
角膜	聚甲基丙烯酸甲酯（PMMA）、PHEMA、硅橡胶
玻璃体	硅油
乳房	聚硅氧烷（silicone）
鼻	硅橡胶、聚乙烯
瓣	硅橡胶、聚四氟乙烯、聚氨酯橡胶、聚酯（dacron）
血管	聚酯纤维、聚四氟乙烯、SPEU
人工红细胞	全氟烃
人工血浆	羟乙基淀粉、聚乙烯吡咯酮
胆管	硅橡胶
鼓膜	硅橡胶
食道	聚硅氧烷
喉头	聚四氟乙烯、聚硅氧烷、聚乙烯
气管	聚乙烯、聚四氟乙烯、聚硅氧烷、聚酯纤维
腹膜	聚硅氧烷、聚乙烯、聚酯纤维
尿道	硅橡胶、聚酯纤维

高分子生物医学材料的另外一个重要应用领域是药物制剂材料，即将药物包埋在材料中，制成缓释或控制释放制剂。20 世纪，科学家在这一方面的研究十分活跃，它是化学、生物学、医学和材料科学相互交叉的一个研究领域。例如，生物可降解的聚氨基酸已用作计划生育药物、抗肿瘤药物等的控制释放材料。

7.3.4　导电高分子

有机化合物由于是以共价键结合的，一般被认为是电绝缘体。但是如果在高分子中加入各种导电物质，如银粉、铜粉、石墨粉等，就可制成导电塑料、导电橡胶、导电胶黏剂等。这种导电材料通电时因产生热量，而使体积膨胀，因此有可能使加入的导电微粒相互分离而断电。根据这一特性，可将其做成恒温、保温材料，如用于石油管、机场跑道的保温，农业温室土壤的加热，恒温地毯，恒温床垫等。它的热效率达 90% 以上，具有节能、安全等特点，经济效益十分显著。据估计，我国市场每年需要大约超过 1 亿平方米的这类材料。

另一类导电高分子与前者有着本质的不同，它的分子链上具有很大的 π 键，因 π 电子的流动可导电，这类导电高分子属于所谓的"共轭高分子"。为了使共轭高分子导电，必须要做掺杂。这和半导体经过掺杂后可以经由荷电载流子提高导电度类似，但两者的掺杂导电机理完全不同。无机半导体中元素掺杂量极低，只有万分之几，属于原子级别的掺杂，掺杂剂在半导体中参与导电；而导电高分子中元素的掺杂量可以达到百分之几十，掺杂的本质是一种氧化还原过程，掺杂只起到对离子的作用，本身不参与导电。

导电高分子的合成非常具有戏剧性。日本化学家白川英树（Hideki Shirakawa）研究组一直在苦苦探寻合成导电高分子的方法，十多年来一直劳而无功，但他们仍锲而不舍地研究着。1974 年，一次偶然的疏忽，一名研究生多加了一千倍的催化剂，结果竟然合成出一种具有导电性的漂亮的银色薄膜，这一薄膜就是纯度很高的顺式聚乙炔，其分子结构如图 7-8 所示。但聚乙炔的电导率并不高，顺式和反式聚乙炔的电导率分别为 $10^{-7}\text{S}\cdot\text{m}^{-1}$ 和 $10^{-3}\text{S}\cdot\text{m}^{-1}$，如果在聚乙炔中掺入 I_2 或 AsF_5，则顺式聚乙炔的电导率可以增加到 $3.60\times10^4\text{S}\cdot\text{m}^{-1}$ 和 $5.6\times10^4\text{S}\cdot\text{m}^{-1}$，猛增了 11 个数量级。无缺陷的聚乙炔的电导率已达到金属铜的电导率水平。

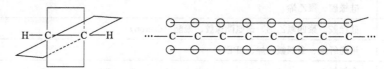

图 7-8　乙炔和聚乙炔分子的结构

2000 年，美国的黑格尔（A. J. Heeger）、马克迪尔米德（G. MacDiarmid）和日本的白川英树（H. Shirakawa）三位化学家因在发现和开发导电高分子方面的杰出贡献而荣获了诺贝尔化学奖。除了最早的聚乙炔外，人们借助共轭 π 键的思想又开发出一系列其他的导电聚合物，如聚吡咯、聚噻吩、聚对苯乙烯、聚苯胺以及它们的衍生物等，使导电聚合物的家族逐渐庞大起来。各种不同结构的导电高分子，如表 7-3 所示。

表 7-3　几种典型导电高分子的结构式和室温电导率

名称	结构式	室温电导率/$S\cdot cm^{-1}$
聚乙炔	$\left(\!\!\diagup\!\!\diagdown\!\!\right)_n$	$10^{-10}\sim10^5$
聚吡咯	（聚吡咯结构式，含 N—H）	$10^{-8}\sim10^2$
聚噻吩	（聚噻吩结构式，含 S）	$10^{-8}\sim10^2$
聚苯硫醚	（聚苯硫醚结构式，—S—）	$10^{-16}\sim10$

名称	结构式	室温电导率/S·cm^{-1}
聚-1,4-亚苯	${+}\bigcirc{+}_n$	$10^{-15} \sim 10^2$
聚对-1,4-亚苯基乙烯	${+}\bigcirc{-}CH{=}CH{+}_n$	$10^{-8} \sim 10^2$
聚苯胺	${+}\bigcirc{-}NH{+}_n$	$10^{-10} \sim 10^2$

导电高分子可用在柔性电池、电致变色显示器、传感器和电化学晶体管等方面。若用导电高分子代替电池中的电解质溶液，不仅可解决电池的漏液问题，还可起到电极间隔膜的作用。若做成厚度为微米级的薄膜，则可使电池的重量减轻，提高电池的能量密度，而通过电池的叠层化还可获得较大的电压。如在硬币大小的电池中，一个电极是金属锂，另一个电极是聚苯胺导电塑料，可多次重复充电使用，工作寿命很长。目前这种电池已进入市场。此外，聚苯胺与聚氯乙烯、尼龙等共混物可用作电屏蔽材料，聚吡咯导电纤维用于飞机的蒙皮材料，可躲避雷达的跟踪。最新研究显示，DNA 具有导电性，因此与生命科学相结合，导电聚合物可以用来制造人造肌肉和人造神经，促进 DNA 生长或修饰 DNA。随着高科技的发展，导电高分子的应用范围将会越来越广。

7.4 超导材料

7.4.1 超导体

1911 年，当荷兰物理学家海克·卡茂林·昂内斯（Heike Kamerlingh Onnes）在观察低温下水银电阻变化的时候，突然发现在 4.2K 附近水银的电阻消失了，如图 7-9（a）所示。这意味着一个重要的现象——超导电现象被发现了。卡茂林由于他的这一发现获得了 1913 年诺贝尔物理学奖。

在满足临界条件（临界温度 T_c、临界电流 I_c、临界磁场 H_c）时，物质的电阻突然消失的状态称为超导态，这种性质称为超导电性。凡是具有超导电性的金属、合金和化合物都称为超导体。1933 年，德国物理学家迈斯纳（W. Meissner）指出，超导材料除了具有处于超导态时电阻为零这一特性外，还具有完全抗磁性。即超导材料进入超导态时，其周围的磁场发生了神奇的变化，磁力线被排除到超导体之外，如图 7-9（b）所示，只要外加磁场不超过一定值，磁力线就不能透入，可使超导材料内的磁场恒为零。这一现象也被称为"迈斯纳效应"。1962 年，英国物理学家约瑟夫森（Josephson）又发现了超导体的另一重要性质——超导隧道效应，也称为约瑟夫森效应，即电子对可以通过氧化层形成无电阻的超导电流。这一性质为超导体在电子器件领域的应用打开了大门。约瑟夫森因此和另一位科学家贾埃瓦（J. Giaever）共同获得了 1973 年诺贝尔物理学奖。

目前已发现在元素周期表中共有 28 种金属具有超导电性，但它们的临界转变温度（T_c）都比较低，铌的临界转变温度是最高的，也仅仅 10K 左右，实用价值不大。进一步的

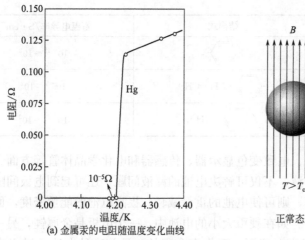

<table>
</table>

(a) 金属汞的电阻随温度变化曲线   (b) 超导体的完全抗磁性

图 7-9　汞的电阻与温度的关系及超导体的完全抗磁性

研究表明，合金的临界转变温度比单个金属高，如铌三锡（Nb_3Sn）的临界转变温度为 18.3K、钒三镓（V_3Ga）的临界转变温度为 16.5K、铌钛合金（NbTi）的临界转变温度为 9.5K。直到 1986 年初保持最高临界转变温度记录的超导材料是铌三锗（Nb_3Ge），临界转变温度为 23.3K。目前，这些材料已发展成为实用的超导体。尤其是铌钛合金，它是现有超导技术中使用最多的一种超导材料。

多年来，人们一直在努力创造各种新型超导体以提高超临界转变温度。1986 年，美国国际商用机器公司设在瑞士苏黎世的实验室发现 Ca-Ba-CuO 混合金属氧化物具有超导电性，T_c 为 30K，这是超导材料上的重大突破。接着，中、美科学家发现 Y-Ba-CuO 混合金属氢化物在 90K 具有超导电性，这类超导氧化物的转变温度已高于液氮温度（77K），如 Bi-Sr-Ba-CuO、Ti-Ba-Ca-CuO 等的临界转变温度都超过了 120K。以液氮代替液氦作超导冷却剂，成本可大为降低，效益可提高 20 倍。但此类陶瓷超导材料虽然临界转变温度和临界磁场强度均很高，但其载流能力却很低，无法达到发电机、超高速列车等能源方面应用的要求。而且陶瓷超导材料的脆性大，强度低，加工性能不好，不利于加工成极细的多芯线制作磁体线圈，对从室温至超导温度的热应力变化的承受力也有待提高，因此大大限制了其实际的应用。以上都是铜基的陶瓷超导材料，2008 年 2 月，日本西野秀雄研究小组报道了氟掺杂的镧-铁-砷-氧体系在 26K 时存在超导电性，开创了铁基超导材料的新领域。在随后几年里，新的铁砷化物和铁硒化物等铁基超导体系不断被发现，典型母体如镧-铁-砷-氧、钡-铁-砷、锂-铁-砷、铁-硒等，这些材料几乎在所有的原子位置都可以进行不同的掺杂而获得超导电性，铁基超导家族成员数目粗略估计有 3000 多种。作为继铜基超导体之后的第二大高温超导家族，铁基超导体具有更加丰富的物理性质和更有潜力的应用价值。2014 年 1 月中国科学院物理研究所和中国科学技术大学的研究团队因在"40K 以上铁基高温超导体的发现及若干基本物理性质研究"的重大突破获得了国家自然科学一等奖。铁基超导体的研究加速了高温超导机理的解决进程，使得人们完全有理由相信在不久的将来，室温超导可以被实现并被广泛应用。

7.4.2　掺杂富勒烯的超导电性

贝尔实验室的科研人员在 1991 年发现，球状结构的 A_xC_{60} 具有超导电性，其中 A 为碱金属，如钾（K）、铷（Rb）、铯（Cs）等。K_3C_{60} 的临界转变温度为 18K，这个温度比以往已知的有机超导体的临界转变温度都要高。Rb_3C_{60} 的临界转变温度为 30K，Rb_2CsC_{60} 为临界转变温度 31.3K，$Rb_{2.7}Tl_{2.2}C_{60}$ 为临界转变温度 45K，$RbTl_2C_{60}$ 为临界转变温度 48K。2004 年，贝尔实验室的研究人员又通过在富勒烯的分子间插入三氯甲烷（chloroform）和三溴甲烷（bromoform）的方法使相邻富勒烯间的电子和分子的引力减小，并以此为基础制作出了非常精细的电子元器件（电场效应晶体管），使富勒烯结晶在 117K 下就成了超导体，这一研究成果使富勒烯成为了一种极具应用前景的高温超导材料。

7.4.3　有机超导体

1993 年，俄罗斯的格里戈罗夫（L. N. Grigorov）发现了经过氧化的聚丙烯体系能在 300K 呈现超导电性。他将用 Ziegler 合成法合成的聚丙烯溶于溶液后，沉积于铜的基体上，形成厚度为 $0.3 \sim 100 \mu m$ 的 PP 薄膜。经过 3 年的空气氧化（或采用紫外线照射后放置几个星期），他发现产生了一些局部超导点，其临界转变温度大于 300K，局部超导点的直径小于 $0.1 \mu m$。虽然这是有机超导体研究中所报道的唯一的临界转变温度，还有待进一步证实，但有机超导体在短短 26 年中出现如此举世瞩目的成果，提示了未来材料化学家追求的目标。

7.4.4　超导材料的应用前景

不同的超导材料在不同温度范围都展示出良好的应用前景。应用最广泛的低温超导材料是 NbTi 和 Nb_3Sn 超导线材。在欧洲大型强子对撞机计划（LHC 计划）、国际核聚变装置（ITER）及高端医用超导磁共振成像装置等需求的推动下，NbTi 超导体的工业化生产及应用取得了重大进展。MgB_2 在 $20 \sim 30K$ 温区和中低磁场条件下具有很好的应用前景。MgB_2 超导体的化学成分以及晶体结构都更简单，同时材料还可以保证很高的临界电流密度，综合考虑制冷成本和材料成本，MgB_2 更适合应用于 0.6T 左右的核磁成像装置。在强电应用方面，高温超导材料还没有形成正式、规模化的应用。目前，各国正在积极研究在柔性金属基带上涂以 YBCO 厚膜的涂层导体（coated conductor），称为 CC 导体或者第二代高温超导带材，无论是物理方法还是化学方法制备的第二代高温超导带材都可以达到千米级，但是成品率较低。2001 年 4 月，340m 长铋系高温超导线在清华大学研制成功，标志着我国已跻身于少数掌握超导线材产业化的国家行列。

高温超导材料的应用大致可以分为三大类：大电流应用、电子学应用和抗磁性应用。

利用超导材料制成很细的导线，在无变电站和变压器等配电设备下进行输电，可以免去由常规输电造成的 10% 以上的电力损失。与现有产品相比，超导发电机、电动机不仅体积小、重量轻、造价低，而且可以大大提高电流效率。利用超导体可以传输大电流和产生强磁场，而且没有电阻热损耗。如果把超导体应用到发电机、电动机上，用超导材料作线圈，磁感应强度可提高 $5 \sim 10$ 倍，而超导电线的载流能力可高于 $104A \cdot m^{-1}$，这表明超导电机单机的输出功率可大大增加。因此，小型、轻量、输出功率高、损耗小将是超导发电机、电动机的主要特征。磁流体发电效率高、重量轻、体积小、启动快，采用超导磁体以后，可使整个发电系统的重量由几万吨减小到几吨，而且可在 $1 \sim 20min$ 内发出 $1000 \sim 2000kW$ 的电力。

超导体在电子学领域也有重大的用武之地。用超导芯片代替普通芯片制造的超导计算机可以大大提高运算速度，减小计算机体积。美国研究的一台运算速度为 800 万次·s^{-1} 的超导计算机只有一部电话那么大，运算速度提高了 $10\sim1000$ 倍，而且元件不发热，功耗非常小，无故障，高效运行时间大大延长。

给超导线圈通电，可以获得超导磁体，产生极强的磁场。超导磁悬浮列车就是依据这一原理设计制造的。超导材料使得列车悬浮在铁轨上，消除了铁轨与车轮之间的摩擦，时速可达 500km，而且行车稳定，噪声小，安全舒适，无环境污染。2015 年 10 月，中国首条国产磁悬浮线路长沙磁浮线成功试跑；世界第一条磁悬浮列车示范运营线——上海磁悬浮列车从浦东龙阳路站到浦东国际机场，三十多公里只需 8min；第五代时速 160km 磁浮样车于 2018 年 5 月运行试验成功。这一条条令人振奋的消息充分体现了中国超导磁悬浮领域的领跑地位。

核磁共振仪通过检测有机化合物中的氢和碳等元素来推测有机化合物的结构，利用超导技术可使核磁共振仪的磁场强度大大提高，从而提高检测的灵敏度和分辨率。核磁共振成像利用强磁场穿透人体软组织时，组成人体的各组织器官对磁场的反应通过计算机处理并在成像仪器上显示出来，利用此方法可以判断有无癌细胞。当使用超导磁体后，可以大大提高仪器的分辨率，如可分辨 1.3mm 大小的肿瘤。

超导材料的研究，在当今的与纳米科技相结合，走入了一个全新的时代，我国在中长期科技发展规划中，把高温超导材料列为重点发展的前沿课题；美国能源部也把高温超导技术列为美国电力网络未来 30 年发展的关键技术之一。据美国能源部（DOE）预测，到 2020 年低温超导材料应用市场将达到 45%，高温超导材料市场占 55%；到 2030 年低温超导材料应用市场将达到 31.3%，高温超导材料市场占 68.7%。乐观的估计到 21 世纪中叶，超导产业将会创造 8000 亿美元的巨大市场。

总之，一旦解决了超导材料的实用化问题，其应用前景之广阔是不可限量的。

7.5　电子信息材料

化学曾对电子学革命特别是对电子计算机的发展做出了巨大贡献。早期的真空管电子计算机不仅速度慢而且能耗高，占据的空间大，难以推广应用。20 世纪 50 年代的一台计算机要占一间很大的房子，而它的计算能力与今天学生用的计算器差不多。后来，晶体管取代了真空管来放大电流，成为诸多电路中的关键元件。

7.5.1　晶体管与现代电子计算机

晶体管是利用硅（Si）的特殊性能制成的。硅是典型的半导体材料，高纯硅的导电能力不强，但加入一些微量元素后，其电学性能就会发生变化。例如，将磷（P）掺入硅，体系就有了富余的电子，形成以电子为多数载流子的 N 型半导体；而将硼（B）掺入，则有了缺电子的空穴，形成以空穴为多数载流子的 P 型半导体，掺杂的硅在不同程度上都变成了较好的导电体。将硅片一侧掺杂成 P 型半导体，另一侧掺杂成 N 型半导体，中间二者相连的接触面称为 PN 结。PN 结具有单向导电性，若外加电压使电流从 P 区流到 N 区，PN 结呈低阻性，所以电流大；反之是高阻性，电流小。PN 结还具有一定的电容效应。PN 结是构成双极型晶体管和场效应晶体管的核心，是现代电子技术的基础。很多晶体管与其他电子元件（如电阻、电容等）组合在一个很小的硅芯片上成为集成电路。在复杂电路里，这些元件非常紧密地排布着，彼此间的信号传递非常迅速。与真空管相比，晶体管的能耗低得多。以硅为基础制成的晶体管是现代计算机的心脏，因此，现代电子工业和计算机发展的基地常被称为硅谷。

7.5.2　光致抗蚀材料

　　光致抗蚀材料可用于半导体元件、印刷电路板、金属板、玻璃和陶瓷的精细刻蚀以及印刷工业，但最重要的应用是制造大规模集成电路。光致抗蚀材料也称光刻胶，其中主要成分是光敏树脂。如图 7-10 所示，在光的作用下，光敏树脂发生化学反应使光刻胶的溶解度降低或提高，从而可以起到成像的作用。光照后溶解度降低的称为负性光刻胶，反之为正性光刻胶。负性光刻胶在曝光之后产生交联而变得不溶，洗去可溶部分后，不溶部分可抵抗下一道工艺的刻蚀。

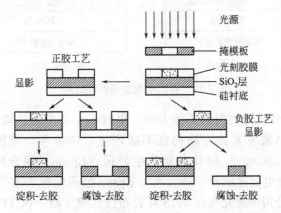

图 7-10　在制造大规模集成电路中的光刻工艺示意图

　　光刻胶所能达到的分辨率是集成电路达到要求集成度的关键。为了进一步提高集成电路的集成度，发展亚微米级（0.1μm）和纳米级（0.01μm）的超微光刻工艺是 21 世纪科学家追求的目标之一。

7.5.3　液晶和有机电致发光材料

　　电子显示是电子工业在 20 世纪末，继微电子和计算机之后的又一次大的发展机会。在 1994～2000 年短短几年中，全球显示器的销售额已从 194 亿美元增加到了 337 亿美元。

　　在目前的平板显示技术中，应用最广泛并已形成生产体系的是液晶显示（LCD）。液晶是由化学家设计、合成的一类具有特定几何结构的有机小分子或高分子化合物。大多数液晶是刚性棒状结构，其基本结构式见图 7-11。它的中心是刚性的核，核中间有—X 作为"桥"，例如—CH＝N—，—N＝N—或—N＝N(O)—等。两侧由苯环、脂环或杂环组成，形成共轭体系。分子尾端的 R 基团可以是酯基（—$CO_2C_2H_5$）、硝基（—NO_2）、氨基（—NH_2）

或卤素（如 Cl、Br 等）。其分子的长度为 200～400nm，宽度为 40～50nm。

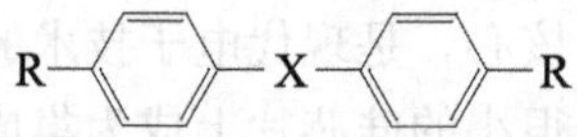

$$R \longleftarrow\!\!\!\!\!\!\!\!\!\longrightarrow X \longleftarrow\!\!\!\!\!\!\!\!\!\longrightarrow R$$

图 7-11 液晶分子的基本结构式

此外，还有一类具有广阔发展前景的平板显示技术——有机电致发光显示（OLED）。其使用的材料具有高亮度、高效率、易实现全色大面积显示，以及结构简单、制造工序少、成本低等优点，可以克服液晶显示的某些不足。电致发光器件是通过电子、空穴载流子的注入和复合而发光的（图 7-12），它由阴极、发光层和阳极组成。为了提高载流子的注入效率和发光效率，在阴极和发光层之间加入电子传输层，在发光层和阳极之间加入空穴传输层，从而获得较高的发光亮度 $1000 cd \cdot m^{-2}$。

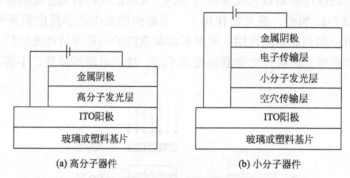

| 金属阴极 |
| 电子传输层 |
| 小分子发光层 |
| 空穴传输层 |
| ITO阳极 |
| 玻璃或塑料基片 |

| 金属阴极 |
| 高分子发光层 |
| ITO阳极 |
| 玻璃或塑料基片 |

(a) 高分子器件　　　　(b) 小分子器件

图 7-12　有机电致发光器件结构

除了现有的有机电致发光材料聚乙烯卡唑、聚对-1,4-亚苯基乙烯、8-羟基喹啉-金属螯合物等之处，新型的电致发光化合物仍在不断产生。1998 年，英国剑桥显示技术公司（Cambrige Display Technology）和日本爱普生公司（Epson）联合推出了一个厚度仅为 2mm 的聚合物电致发光电视显示器；2004 年，Epson 公司发布了 40 英寸 OLED 显示器样机，我国 TCL 集团子公司华星光电在 2013 年宣布投资建立新一代 TFT-LCD（含氧化物半导体及 AMOLED）生产建设项目。截至 2017 年底，全球有约 15 家主流彩电企业涉足 OLED 显示技术。OLED 具有主动发光、无视角问题、重量轻、厚度小、高亮度、高发光效率、发光材料丰富、易实现彩色显示、响应速度快、动态画面质量高、使用温度范围广、可实现柔软显示、工艺简单、成本低、抗震能力强等一系列的优点。OLED 作为下一代的电视技术，可以让电视机屏幕变得更薄，甚至可以做成曲面，这将是未来的主流显示器。

7.6　复合材料

由两个或两个以上独立的物理相，包括黏结材料（基体）和粒料、纤维或片状材料组成的一种固体产物，称为复合材料。复合材料的组成分为两大部分：基体（构成复合材料连续相）和增强材料（不构成连续相）。复合材料所用的原材料见表 7-4。复合材料按其基体材料的不同可分为三大类：聚合物基复合材料、金属基复合材料、无机非金属基复合材料（如陶瓷基复合材料）。

表 7-4 复合材料所用的原材料表

基体材料	增强材料	
	材料种类	形态
热固性树脂	玻璃纤维	粉体
环氧树脂、酚醛树脂	碳纤维	短纤维
聚酯树脂、有机硅树脂	硼纤维	短切纤维
聚酰亚胺树脂等	有机纤维	毡
热塑性塑料	（芳纶）	晶须
聚乙烯、聚丙烯、尼龙	碳化硅纤维	长纤维
聚氯乙烯、聚苯乙烯、ABS 等	晶须	粗纱
金属材料	金属丝	连续纤维
铝、铜、钛、镍等		丝状物
陶瓷材料		织物
橡胶		布带

复合材料的最大特点是复合后的材料特性优于组成该复合材料的各单一材料特性。如树脂基复合材料的特性是：①质轻而高强度。如玻璃钢的比强度可达到钢材的 4 倍；碳纤维增强环氧树脂复合材料的比强度可达钛的 4.9 倍，比模量可达铝的 5.7 倍多。②抗疲劳性能好。如大多数金属材料的疲劳极限是其拉伸强度的 $40\%\sim50\%$，而碳纤维增强材料则可达到 $70\%\sim80\%$，且破坏前有明显的征兆。此外，复合材料还有减振性好、破损安全性好、耐化学腐蚀性好、电性能好、热导率低、成型工艺性优越等特点。

复合材料广泛应用于国民经济、国防、民用等各个领域。在航空航天领域，复合材料不仅为设计师们"减轻质量"做出重大贡献，而且解决了长期难以或无法解决的技术难题。据估算，对于宇宙飞船、人造卫星、洲际导弹弹头等宇宙飞行器，若结构重量能减轻 1kg，就可以使发送它的火箭重量减少 500kg。如一个洲际导弹，若把它的级间段由金属材料改用碳纤维复合材料，可以减少结构重量达 300kg，这可以使导弹射程增加 1000 多千米。洲际弹道导弹的弹头在进入大气层击中目标前，弹头的鼻锥部要经受 $8000\sim10000℃$ 的高温，采用复合材料烧蚀或放热结构，不仅减轻了头部重量，还有效地解决了放热问题。

复合材料在信息技术中的应用见表 7-5。

表 7-5 复合材料在信息技术中的应用情况

功能	部件	复合材料
检测	各种不同的换能敏感元件	各种具有换能功能的复合材料
传输	光纤光缆的缆芯和管	碳纤维或芳纶增强树脂基复合材料
存储	磁记录和磁光记录盘片	导磁功能复合材料
处理与计算	大规模集成电路基片 计算机及终端用屏蔽罩 高频覆铜电路板 键盘触点	半导体导电性复合材料 碳纤维复合材料屏蔽罩 柔性导电复合材料 碳/铜复合材料
执行	打印机各种机械零件 机械手与机器人	碳纤维/树脂复合材料 碳纤维/树脂基或金属基复合材料

7.6.1 玻璃纤维增强塑料

玻璃纤维的强度比天然纤维或化学纤维高出 5～30 倍，可达到某些合金钢的水平，而其密度只有钢铁的 1/5 左右，比强度很高；此外，它还具有耐热性、耐湿性、耐腐蚀性和电性能好，价格低，原料来源丰富等优点。用玻璃纤维既可以制成直径 5～10μm 的纤维或织成织物，也可以制成短纤维或粉体。用热固性树脂复合制成的玻璃纤维增强塑料（即玻璃钢）具有优良的性能。从 20 世纪 40 年代开始，玻璃钢一直占据着复合材料销售的最大市场，广泛用于飞机、汽车、船舶、建筑和家具等行业。

7.6.2 碳纤维增强塑料

碳纤维可以用天然纤维、人造纤维、合成纤维以及沥青等制造，但目前的主要原材料是聚丙烯腈（PAN）纤维。碳纤维是由 1000～3000 根直径 7～10μm 的单丝组成的集合束，与其他材料相比，其耐热性特别好，如在 2000℃ 高温下强度几乎没有变化。碳纤维增强复合材料的比强度与比模量要比高强钢及铝合金高得多，也高于玻璃钢，因此不会因疲劳而破坏；由于它的耐热性好，甚至可以作发动机的喷管。

碳纤维增强复合材料用于航空、航天的结构材料起到了革命性的作用。新一代的运动器材，如羽毛球拍、网球拍、高尔夫球杆、撑竿、弓箭等都是采用碳纤维增强塑料制造的。碳纤维增强水泥在建材上也有广阔的应用前景，它可以使水泥制品抗拉强度和抗弯强度提高 5～10 倍，韧性和断裂伸长率提高 20～30 倍，结构重量减轻 1/2。如东京兴建的 37 层大楼在 4 层以上全部采用沥青基碳纤维混凝土复合材料，既减少了 60% 的外墙重量，降低地震作用 12%，又节约了 17% 的加强钢筋约 4000t。此外，由于碳纤维具有优良的生物组织相容性和血液相容性，所以还可作为生物医学材料。

根据不同的用途可选择聚酰亚胺、酚醛树脂、环氧树脂等热固性树脂作为碳纤维增强塑料的基体。树脂基复合材料的耐热性低，一般不超过 300℃，且不导电，导热性也较差。碳纤维是金属基复合材料中应用广泛的增强材料。基体金属用得较多的是铝、镁、钛及某些合金。碳纤维增强铝合金具有耐高温、耐热疲劳、耐紫外线和耐潮湿等性能，适合于在航空、航天领域作结构材料。

随着对高温高强材料的要求愈来愈高，人们开发了陶瓷基复合材料。碳纤维也可增强陶瓷。纤维增强陶瓷可以增加陶瓷的韧性，这是解决陶瓷脆性的途径之一。航天飞机机身上的陶瓷瓦片就是用纤维增强陶瓷做的。

7.6.3 尼龙纤维增强复合材料

轮胎是一种增强复合材料制品，用尼龙或涤纶纤维作帘子线增强的橡胶轮胎，其强度比天然纤维要大得多。尼龙纤维增强塑料常用的聚芳酰胺（芳纶-1414）是一种强度高、密度小的特种纤维，具有高达 280kg·mm^{-2} 的抗张强度和 13000kg·mm^{-2} 的高模量。这种纤维韧性好、断裂延伸率较大，不像碳纤维那样脆；它还有良好的热稳定性，在 150℃ 的高温下强度不变，在 -196℃ 的低温下也不变脆，而且耐腐蚀、耐焰性好且价格较便宜，可与所有树脂进行复合。芳纶增强塑料可用于火箭发动机壳体、耐高压容器、航天器、飞机机翼和机身等。

7.7 纳米化学与纳米材料

"如果有一天可以按人的意志安排一个个原子，将会产生怎样的奇迹？"这是诺贝尔物理学奖获得者费曼在1959年发出的疑问。今天，昔日的想象已一个个成为现实。1989年，美国商用机器公司（IBM）的科学家利用扫描隧道显微镜（STM）上的探针移动氙原子，成功地在（镍）板上按自己的意志安排原子，组合成了"IBM"字样；日本科学家已成功地将硅原子堆成了一个底面积为$1728nm^2$、由30层原子组成的金字塔；1991年，IBM的科学家制造了速度为二百亿分之一秒的氙原子开关……专家们预计，这种具有突破性的纳米级范围的新技术研究工作将可能使美国国会图书馆的全部藏书存储在一个直径仅为0.3m的硅片上。

原子的半价（范德华半径）一般为零点几纳米（10^{-9}m），如氧（O）的原子半径为0.14nm，锑（Sb）的原子半径为0.22nm，而纳米微粒的尺度一般定义为1～100nm。这是一般显微镜看不见的微粒。血液中的红细胞大小为200～300nm，一般细菌（如大肠杆菌）长度为200～600nm，引起人体发病的病毒尺寸一般为几十纳米，因此纳米微粒的尺寸比红细胞和细菌还小，与病毒大小相当或略小些，如此小的粒子只能用高倍的电子显微镜观察。

纳米颗粒是超细微的。由于单位质量的粉粒体中所含的纳米颗粒很多，所以表面积大，而且颗粒界面上的原子比例较高，一般估计可达原子总数的50%左右。表面原子的热运动比内部原子激烈，其能量一般为内部能量值的1.5～2倍。因此，纳米材料具有不寻常的小尺寸效应、表面效应和量子效应等，这导致了纳米材料独特的光、电、热、磁、力学和化学性质等。

纳米微粒的尺度小于可见光波长，因此，对光的反射率低于1%，即可吸收99%以上的光，于是失去了原有的光彩而呈黑色。利用这种性质，可用纳米材料制作红外线检测元件、红外吸收材料以及现代隐形战斗机上的雷达吸收材料。当纳米尺度的强磁性颗粒（Fe-Co合金、氧化铁等）尺寸为单磁畴的临界尺寸时，可制成磁性信用卡、磁性钥匙、磁性车票等。超顺磁性的纳米微粒还可以制成磁性液体，广泛地用于电声器件、旋转密封等。纳米微粒的熔点可以远低于块状金属。例如2nm的金颗粒熔点为600K，块状金为1337K；纳米银粉的熔点低于373K，而常规银的熔点则高于1173K。此种特性为粉末冶金工业提供了新的工艺。上面的这些特性都是由小尺寸效应引起的。

把边长为1m的立方体材料切成边长为1mm的小立方体，它的表面积由$6m^2$增加到$6000m^2$，比原来增加了1000倍。颗粒直径越小，则同样的材料表面积就越大，在表面的原子也就越多，活性就越大，这些因素就构成表面效应。因此，纳米粉末很容易燃烧和爆炸，纳米级催化剂活性较高。例如乙烯在铂催化下加氢生成乙烷要在600℃反应温度下进行，如果改用纳米铂黑作催化剂，则这个反应在室温下就可进行。

不论是传统陶瓷还是精细陶瓷，致命的弱点就是脆性问题，但如果用纳米级的陶瓷粉体来加工陶瓷可得到新一代的纳米陶瓷。纳米陶瓷具有很强的延伸性，有时甚至出现超塑性。用纳米级材料在室温下合成的TiO_2陶瓷可以弯曲，其塑性变形高达100%，韧性极好。

纳米材料在我国的生产和应用古已有之。如文房四宝中的墨就包含了碳的纳米微粒。只是那时对纳米颗粒完全没有科学的认识，也无法人为控制，实现纳米粒子大规模的生产和分离。通常，要获得纳米材料大致有两个途径：一是先获得纳米级的小颗粒，然后经压制和烧结纳米粉体获得大块纳米材料，即"由小变大"。制造纳米微粒可采用蒸发法、溅射法、真空蒸镀法、沉淀法、喷雾法等。二是将大块固体经特殊粉碎处理，如高能磨球、非晶化等获得纳米固体，这种方式叫"由大变小"。我国是继美、德、英、日之后第 5 个能批量生产纳米材料的国家，目前已能生产纳米二氧化硅（SiO_2）、纳米氧化铝、纳米二氧化钛和纳米二氧化锆等。

2016 年，瑞典皇家科学院宣布将 2016 年度诺贝尔化学奖授予让-彼埃尔·索瓦（Jean-Pierre Sauvage）、詹姆斯·弗雷泽·司徒塔特（Sir J. Fraser Stoddart）和伯纳德·费林加（Bernard L. Feringa），他们因"设计和合成分子机器"而获奖。这一研究方向开创了化学领域的新局面。作为一个微型器件的化学基础，分子或超分子必须能够响应某种外部的刺激信号（物理的或者化学刺激），针对性地产生输出信号或者做有用功，是实现机器功能的基本要求。分子机器最可能应用到新材料、传感器和能源存储系统等的开发上。相信在不远的未来，分子机器人可以在生物体内自动生成，通过它的分子钳与特定的病毒相结合，向肿瘤部位集中运输药物。

材料与粮食一样，永远是人类赖以生存和发展的物质基础。化学是新材料的"源泉"，任何功能材料都是以功能分子为基础的，发现具有某种功能的新型结构会引起材料科学的重大突破。未来化学不仅要设计和合成分子，而且要把这些分子组装、构筑成具有特定功能的材料。从超导体、半导体到催化剂、药物控释载体、纳米材料等都需要从分子和分子以上层次研究材料的结构。21 世纪电子信息技术将向更快、更小、功能更强的方向发展，目前大家正在致力于量子计算机、生物计算机、生物芯片、分子机器等新技术的研制，这标志着"分子电子学"和"分子信息技术"的到来，而化学家们必须为此做出更大的努力，以设计、合成所需要的各种物质和材料。

<hr>

思 考 题

7-1 铝锂合金与铝合金相比有什么异同点？

7-2 什么是金属玻璃？如何能够获得金属玻璃？

7-3 什么是形状记忆合金？它为什么会有形状记忆能力？

7-4 什么是储氢合金？目前的储氢合金有哪几大类？

7-5 三大合成材料是哪几个？为什么高分子化合物没有确定的分子量？

7-6 生物陶瓷有哪些类型？常用的医用高分子有哪些？

7-7 什么是超导材料？哪些可以作为超导材料？

7-8 光导纤维与导光纤维的区别是什么？

7-9 导电高分子有哪几类？它们为什么能够导电？

7-10 纳米材料有哪些不寻常的效应？

（西安交通大学 张雯）

第8章

化学与文物保护

文物是指考古学上的历史遗存。文物承载着人类历史文明的信息，为我们了解先祖们的生存环境和生活状态提供极为重要的实物资料，同时也作为现代科学发明和技术创新的借鉴与源泉，具有重要的历史、文化艺术和科学研究价值。

随着考古技术的发展和研究的深入，愈来愈多的文物不断地被发现和出土，文物背后的故事和历史谜团被逐渐解开。而各种人为和自然因素的破坏使文物损毁的情况也愈加严重，有相当数量的国宝级文物残损严重甚至形存实亡。如何阻止文物的损坏，以及如何使已经风化的文物能够长久保存，成为文物研究领域关注的热点问题。

近年来，国内外关于文物科技保护研究工作迅速发展。逐步形成了以研究文物保护理论和技术为核心的《文物保护学》。该学科融合了人文科学、自然科学和技术科学的特征，一方面从建立法规制度角度克服各种人为不利因素；另一方面运用各种先进科学技术手段，对各类文物进行防护、保养、修缮，从克服自然力角度对文物进行保护。前者属于文物的社会保护，后者属于文物的科技保护。

由于不同质地、不同种类、不同风化状况及不同用途的文物在保护过程中都涉及化学材料及相关的化学知识，因此，文物保护技术与化学学科密切相关。本章我们主要针对文物保护学中的内容，介绍文物保护概念、文物保护与分析化学、文物保护与高分子化学及化学知识在不同质地文物保护中的应用。

8.1 文物保护概述

8.1.1 文物及其分类

(1) 文物的概念

文物是一个很宽泛的概念。目前，各国对文物的定义并不一致，其所指含义和范围也不同。因而迄今尚未形成一个对文物共同确认的统一定义。按照目前国际惯例，文物是指 100 年以前制作的具有历史、艺术、科学价值的实物。

文物是一定历史时期人类社会活动的产物，因而具有鲜明的时代特征。文物是具体的物质遗存，具有自然属性（或物质属性）和社会属性。其基本特征有：①必须是由人类创造的或与人类活动有关的；②必须是已成为历史的遗物，不可能再生产；③文物是具有生命的物体；④文物是有价值的物质遗存，即文物应具有历史价值、艺术价值和科学价值。

我国规定受保护的文物包括：①具有历史、艺术、科学价值的古文化遗址、古墓葬、古建筑、石窟寺和石刻；②与重大历史事件、革命运动和著名人物有关的，具有重要纪念意义、教育意义和史料价值的建筑物、遗址、纪念物；③历史上各时代珍贵的艺术品、工艺美术品；④重要的革命文献资料以及具有历史、艺术、科学价值的手稿、古旧资料等；⑤反映历史上各时代、各民族社会制度、社会生产、社会生活的代表性实物；⑥具有科学价值的古脊椎动物化石和古人类化石。

(2) 文物的分类

由于文物的时代不同、质地不一、功能各异，因而需要对其从不同的角度采取不同的分类方法。时间分类法是按照文物制作的年代进行分类，可分为古代文物（我国指清代及以前）、近代文物（1840~1919 年）、现代文物（1919 至今）；区域分类法是以文物所在地为标准进行分类，所在地是指文物产地、出土地、收藏地等表明文物所在位置的行政区域；功用分类法是按照文物被生产时的用途分类，如古器物、古建筑。古器物包括兵器、农具、炊具、酒器、乐器、量器等，古建筑包括宫殿、园林、宗教、民居、交通、水利等建筑。

按照文物质地可分为：无机质地文物、有机质地文物和复合质地文物。无机质地文物常见的有各类金属文物、石雕、陶器、瓷器、各种玉器等；有机质地文物有皮制品、纺织物、纸制品、漆品、木制品、竹器等；复合质地文物有壁画、泥塑等。这种分类方法很大程度上反映了文物的化学结构及理化特性。

8.1.2　文物保护基本概念

文物保护（conservation of cultural relics）涵盖了两个方面的内容：一是防止社会因素直接或间接对文物的损毁，即通过科学的管理、法律的约束、全民道德素质的提高、保护文物意识的增强来缩小人为的破坏；二是防止自然因素对文物的损毁。文物保护科学技术是自然科学中一门研究人类文化遗产在内外因素影响下的质变规律，并用现代科学技术有效地防止和减缓其在自然环境因素作用下损毁的一门综合性应用科学技术。

文物保护技术与化学密切相关。因为文物腐蚀及损坏与其内部结构（化学组成、内部与表面结构）和外部因素（指直接或间接影响文物寿命的各种自然因素的总和）有关。在自然力因素旷日持久的侵蚀作用下，构成文物的材料会发生物理的、化学的或生物的缓慢轻微反应，致使文物整体由表及里，从外观形态逐渐变异到构成文物材质的日趋劣化，最后导致文物损毁，直至其社会属性随着自然属性的消失而消失。对于这类自然因素造成文物渐变性的侵蚀损毁，应采取传统工艺技术与现代科学技术相结合的一切手段，防止和减缓文物的损毁，从而达到科学保护文物的目的。

文物保护科学有其鲜明的特点：①通过文物保护，使自然科学与人文科学交叉渗透，相融共存于一体，在学术上具有综合性；②文物保护不以推进某一学科或技术本身的发展为自己的功能，而是把自然科学中诸多学科的科学技术转化为文物保护科学技术，即通过保护文物本身原有的自然属性，从而保护文物本身原有的社会属性，在研究方法上具有移植性；③文物保护的科研目的不在于发明创造一种新型材质或产品，而完全是为了使文物本身原有的二重属性（自然属性和社会属性）得到完好无损的长久保存，在学术宗旨上具有守旧性；④由于文物保护是在反复实验、多次实践中不断更新的应用科学，而且融合了其他学科的新发现、新成就，因此在应用技术上具有技术更新性。

文物保护技术（conservation）又与文物修复（restoration）和文物保养（maintains）不可分割。文物修复是对已损文物进行技术处理，使其病害消除，劣化现象受到控制，毁损得以修复的工艺过程，目前文物修复采用传统与现代技术相结合的方法。文物保养是阻止或延缓文物劣化质变而采取的防护性技术措施。文物保养工作以预防为主，维护文物品质，最大限度地减少文物受损，主要与预防保护和环境治理有关。文物修复是被动行为，而文物保养是主动措施。保养和修复是文物保护科学技术的核心。

8.1.3　文物保护的基本原则

保护文物的实质是利用现代科学技术和方法保持文物的历史价值、艺术价值和科学价值。只有保存文物的本来面貌，才能保持文物的价值。因此，在文物保护研究中，必须遵守以下的基本原则。

(1) 整旧如旧、保持原状原则

“整旧如旧”是我国古建筑学家梁思成先生的名言，是针对古建筑的整修提出的基本要求。它适合于一切可移动和不可移动文物的保护。“旧”一般是指文物原有的基本状况，是文物的原质、原状、原貌。原状包含未经改变的制作时的原状（始状）和历史千百年沧桑后的状态。所以，保持什么样的原状必须具备现实的必要性以及可靠的历史考证和充分的技术论证。文物的原状包括造型、纹饰、铭文、色彩、质地和质感等。“旧”和“原”主要是指文物处于能够保持其自身的质和形的状态，赋予其上的历史文化信息仍完好存在。

(2) 消除隐患原则

对那些濒临危险的文物中的有害因素，应采取措施予以消除。消除隐患与保持原貌之间要相互统一，在消除文物有害因素的前提下，应尽力不改变文物的原有状态。值得注意的是，保护文物不是使文物返老还童，而是对文物经常保健、消除隐患、延年益寿。

(3) 保护材料可逆性原则

一切保护材料及实施措施应该是可逆的（reversibility）。所谓可逆，是指使用的材料，在必要时能去除掉而不影响文物本身。随着科技的发展，现代的新型保护材料也许会遭到将来的否定。所以，保护材料要求具有可逆性。而高分子材料科学的飞速发展，提供了强度大、固化快、性能优、易操作、造价低、品种多的新材料源，也给文物保护提供了许多新材料的选择机会。但高分子材料在老化后，优良性能也随之消失，需要进一步的保护处理。

(4) 新技术新材料运用原则

在保护文物的过程中，需要不断地引进当代的新技术、新工艺和新材料，如用于连接、加固、充填、补配、封护、缓蚀、除锈、去污、脱水、脱酸、杀虫、灭菌等工艺中的高分子材料。而使用新材料与保持文物原材料相冲突，只有在文物原材料已严重劣化变质，需用新材料的充填、加固和连接方能保存文物的情况下，才使用新材料来保护文物的原材料。使用新材料是为保护原材料，而并非取代原材料。使用新材料时，应遵循使用的范围尽量缩小、具有能够实际操作的可逆性、不给文物带来不利影响等条件。

(5) 与传统的保护技术相结合的原则

许多传统工艺为现代文物保护技术提供了良好的借鉴方法。如湖北随州曾侯乙墓出土的战国青铜器、湖北江陵马山一号楚墓出土的汉代丝织品、湖南长沙马王堆一号汉墓出土的漆器等，它们在下葬时，由于采取了严格的墓室密封措施，使之与外界完全隔绝，造成墓室内缺氧、抑菌、恒温、避光的环境，从而防止或延缓了文物的质变过程。这些传统的保护方法为现代文物保护技术提供了很好的借鉴，所以在利用现代技术保护文物时，应注意与传统方法相互结合。

8.2 分析化学在文物保护中的作用

文物修复师和文物保护学者被称为"文物的医生"。在他们给文物"治病"（实施保护）之前，需要对文物进行"诊断"，包括了解文物的风化程度或状态、分析危害文物的因素、后续保护处理的受约因素。这个诊断的过程离不开分析化学的方法和手段。

8.2.1 文物的检测分析

文物的检测分析主要用于文物的无机组分分析、有机组分分析、表面形态分析、无损探伤分析和断代分析。只有充分地认识修复对象信息，了解所用材料的性能以及长时间应用后可能发生的物理化学变化，修复师才能选择合适的材料进行合理的修复。同时，文物构成材料的分析资料，也是深入研究古代科技史和艺术史的基础和关键，使艺术家、历史学者和考古工作者对作品的风格、绘画技艺及器物出处等有较深层的了解，有助于进一步揭示文物的内涵。

因此，对文物的检测分析主要是对文物组成材料进行分析。

就文物中涉及的材料来看，可分为无机材料（如青铜、石质、土遗址）、有机材料（纺织品、绘画胶结物、木质器、漆木器）及无机有机混合材料（壁画）等。就材料的分子结构而言，有小分子组成的材料（如岩石中的矿物），也有大分子材料（如胶结物中的多糖、动物胶等）。有单一物质或相对简单的混合物（如矿物颜料），也有复杂的混合物（如大漆等等）。有天然材料，也有人工合成材料。根据文物材料的这些特点，常用的分析方法有：原子吸收光谱法、X射线衍射分析法、扫描电镜-能谱分析法等，如表 8-1 所示。

表 8-1 文物保护中的现代分析方法

分析方法	研究对象	方法特点
无机物的分析		
原子吸收光谱法（AAS）	金属、釉、陶瓷、玻璃、纸、骨等	定量测出元素成分，样品量少，准确度高
原子发射光谱法（AES）	金属、陶瓷、玻璃、釉、无机颜料、大理石等	定性或半定量分析，样品量少，灵敏度高
X射线衍射法（XRD）（粉末法）	陶瓷、无机颜料、金属	做物相分析，可分析文物来源及制作工艺
X射线荧光法（XRF）	金属及合金（金、银、青铜）、陶瓷、玻璃、颜料、字迹、印泥等	多元定性、定量分析，取样量少，灵敏度高
电子探针（EPA）	金属表面断层	定性、定量分析原子序数大于12的元素
光子能谱（ESCA）	青铜表面的腐蚀层、合金表面层	分析除氢、氮以外所有元素，鉴别原子氧化态，分析深度为 $0.5 \sim 5\text{nm}$，主要研究表面结构
有机物的分析		
色谱-质谱联用（GC-MS、LC-MS）	容器内容物、有机颜料、黏结剂	定性、定量分析有机物，取样少，灵敏度高
红外吸收光谱法（IR、FTIR）	文物材料中的有机物	有机物结构分析，取样少，但需样品纯度高
顺磁共振（ESR）	羊毛、丝绸、皮革、纸张、贝壳	测有机物自由基，研究文物老化，考古断代
表面形态分析		
电子显微镜（SEM、TEM）	釉、陶瓷、金属、纺织品、木材、岩石、硬币、纸张、古尸、古生物样品	可进行层结构、金属结构、岩石类型、晶粒大小等显微组织的分析研究。较高性能的SEM分辨率为3nm，高性能的TEM分辨率可达0.15nm
金相显微镜		含金相的形成、变化，研究古冶金等
无损探伤分析		
中子活化分析（NAA）	陶瓷、玻璃、釉、无机颜料、纸张	无损整体分析，灵敏度高
软-X射线分析	釉、陶瓷、金属、纺织品、硬币、纸张、古生物样品等	测定元素和化学成分分布

8.2.2 分析化学在文物保护中的应用

（1）原子吸收光谱法的应用

原子吸收光谱法（atomic absorbtion spectrometry，AAS）是基于从光源辐射出具有待测元素特征谱线（即同种元素灯光源发出的辐射线）的光，通过试样蒸气时被其中待测元素的基态原子所吸收，从而使光强减弱，由特征谱线的光强减弱程度来测定试样中待测元素的方法。一般来说，这种分析方法主要用于对文物中的无机金属元素进行定量分析。由于原子吸收光谱法具有灵敏、准确、快速、简单等特点，因而已经在文物保护分析中得到广泛应用。例如，应用原子吸收光谱法对钱币成分进行分析，研究我国古代金属钱币铸造规律和古代冶金技术的发展。中国铸造金属货币始于商代，当时的铜贝含 Pb 量较高（约 39.2%）。春秋战国时期的铜铸币中 Cu 含量大于 60%，Pb 含量约为 20%，Sn 含量小于 10%，钱币的形制有刀、布、圆钱、蚁鼻钱等。秦代以后，中国铜铸币的形制统一为方孔圆钱。秦汉到隋唐的铜钱，Cu 含量一般在 80% 以上，Pb 含量为 4%～12%，Sn 含量在 10% 以下，是典型的锡铅青铜。明代铸币用料发生重大变化，从大中通宝至弘治通宝主要为铜铅锡合金，而嘉靖通宝含锌量在 10% 以上，多在 15%～20%，万历通宝的含锌量在 30% 左右。所以，嘉靖及其以后的铜币为铜锌合金的黄铜。其中，汉代五铢钱币为方孔圆钱，即外形轮廓呈圆形，中间有一方形小孔（也称钱穿），从右至左有"五铢"二字，如图 8-1（a）所示。五铢钱币出自西安以西 25km 的户县（今西安市鄠邑区）与长安县（今西安长安区）交界处的兆伦村汉代钟官铸币遗址，距今已 2000 多年，是目前我国发现的最大铸币遗址。因其标志着中央集中管理货币的开始，所以在中国钱币历史上具有划时代的地位。原子吸收光谱法对钱币进行分析显示，五铢钱币的主要组成元素是 Cu、Sn、Pb 三种元素，Cu 含量均约为 86%，具有典型的汉代铜币特征。

(a)　　　　　　　　　　　　　(b)

图 8-1　汉代五铢钱币（a）及铜镜（b）

（2）X 射线衍射分析法的应用

X 射线衍射（X-ray diffraction，XRD）分析法的基本原理是当一束单色 X 射线入射到晶体时，由于晶体是由原子有规则排列成的晶胞无隙并置所组成，而这些有规则排列的原子间距离与入射 X 射线波长具有相同数量级，故由不同原子散射的 X 射线相互干涉叠加，可在某些特殊方向上，产生强的 X 射线衍射。衍射方向与晶胞的形状及大小有关。衍射强度则与原子在晶胞中的排列方式有关。在文物保护中 X 射线衍射分析主要用于无机矿物的鉴定。由于物质晶体结构不同，产生不同的衍射谱线，借此可分析检测物质的结构及组成。

X 射线衍射法可用于岩石成分的分析。例如，用 XRD 分析法分析大足石刻风化产物，探究其风化原因，以实施有效保护。四川省大足县（今大足区）的大足石刻（开凿于公元 892 年）是我国晚期石窟艺术的优秀代表，在文化艺术和宗教史上都占有极其重要的地位，是研究巴蜀文化的宝贵实物资料。在长达千余年的岁月中，石刻作品风化程度不同，有的造像轻微风化，而有的作品风化严重，甚至剥蚀脱落。经岩石成分和溶盐成分的 XRD 分析结果表明，钙质胶结物含量高的砂岩抗风化能力较强，当含泥量增大，胶结物浸水软化，风化程度加剧。

X 射线衍射法也可用于颜料成分的分析。例如，对敦煌莫高窟壁画采集的白、蓝、绿、红、黑等颜料，用 XRD 分析进行物质结构测定。结果表明莫高窟壁画所用颜料成分如表 8-2 所示。通过对文物颜料成分的分析，我们不仅可以了解古人所用颜料的化学成分，而且也能获得这些颜料的稳定性及其色彩变化的信息。如铅丹在空气中长期氧化作用下成为棕黑色二氧化铅；石绿、石青、朱砂、红土等都非常稳定。这也是莫高窟壁画色泽至今仍光彩夺目的原因。

表 8-2 莫高窟壁画所用颜料成分

颜色	颜料成分
白色颜料	高岭土 $[Al_2Si_2O_3(OH)_4]$、方解石（$CaCO_3$）、云母 $[KAl_2Si_3AlO_{10}(OH)_2]$、滑石 $[Mg_3Si_4O_{10}(OH)_2]$、石膏（$CaSO_4 \cdot 2H_2O$）、碳酸钙镁石 $[Mg_3Ca(CO_3)_4]$、氯铅矿（$PbCl_2$）、硫酸铅矿（$PbSO_4$）、角铅矿（$PbCl_2 \cdot PbCO_3$）、白铅矿（$PbCO_3$）
蓝色颜料	石青 $[2CuCO_3 \cdot Cu(OH)_2]$
绿色颜料	石绿 $[CuCO_3 \cdot Cu(OH)]$、氯铜矿 $[Cu_2(OH)_3Cl]$
红色颜料	朱砂（HgS）、铅丹（Pb_3O_4）、红土（Fe_2O_3）、雄黄（A_3S）
黑色颜料	炭黑、铁黑（Fe_3O_4）

（3）扫描电镜-能谱分析的应用

电子束显微分析仪如透射电镜（TBM）、扫描电镜（SEM）和电子探针分析（EPA）等都是人们观察、认识和研究材料微观世界的有效的"眼睛视力借助器"。采用电子束作为产生被测信息的激发源，借以分析材料的微观形貌、微观结构和微区化学成分。

扫描电镜是研究固体材料表面三维结构形态的有效工具。对粗糙的样品表面也可以构成细致的图像，分辨率高，富有立体感，放大倍数连续可变，可放置大块样品直接进行观察。例如青铜器锈层分析。中国历史博物馆对安徽寿县春秋蔡侯墓出土编钟的锈蚀物进行分析，发现锈层断面从铜基体向外呈灰绿、蓝绿、深赭、紫红、鲜绿、深绿等色彩斑斓的多孔腐蚀层。结合 X 射线衍射分析，可形象地了解青铜腐蚀的过程和原因。

8.3 高分子化合物在文物保护中的作用

高分子化合物简称高分子，又叫大分子，一般指分子量高达几千到几百万的化合物。高分子化合物按照来源可分为天然高分子化合物和人工合成高分子化合物。如淀粉、纤维素、蛋白质、油脂、天然橡胶等是天然高分子化合物；塑料、合成橡胶、合成纤维等都是人工合成高分子化合物。由于高分子材料具有质轻、耐腐蚀、强度高、加工性能优良等特点，在文物保护和修复中常用高分子材料作为涂层材料和黏结材料。

8.3.1 文物保护与天然高分子化合物

文物最初制作中涉及的天然高分子化合物种类繁多、性质各异，按有机化学分类法将文物中涉及的天然高分子化合物可归纳为五类：

① 油和脂肪类：如干性油类（亚麻油、桐油、核桃油及罂粟油）。

② 蜡类：矿物蜡、植物蜡、动物蜡。

③ 糖类：如多糖胶类（胶、树胶），植物胶及纤维衍生物。

④ 蛋白质类：如植物胶、动物胶、蛋白、蛋黄等。

⑤ 天然树脂类（来自动物、植物和矿物）：如达玛树脂、松香类。

(1) 油和脂肪类

油和脂肪统称为油脂，就结构而言，二者没有明显的区别，它们都是由含羟基的有机物（如甘油）和长链脂肪酸形成的酯类化合物。其中长链的脂肪酸主要有饱和脂肪酸、不饱和脂肪酸及羟基脂肪酸三大类。第一类，如软脂酸（$C_{16}H_{32}O_2$）、硬脂酸（$C_{18}H_{36}O_2$）、蜡酸（$C_{26}H_{52}O_2$）都是构成油脂的饱和脂肪酸，这类脂肪酸的通式为 $CH_3—(CH_2)_{2n}—COOH$（n 为碳原子数目），其反应活性相对较低，通常比较稳定，其油脂的凝固点较低，在常温状态下多为固态；第二类，如油酸 [$CH_3—(CH_2)_7—CH=CH—(CH_2)_7—COOH$]、亚油酸 [$CH_3—(CH_2)_4—CH=CH—CH_2—CH=CH—(CH_2)_7—COOH$]、亚麻酸 [$CH_3—CH_2—CH=CH—CH_2—CH=CH—CH_2—CH=CH—(CH_2)_7—COOH$] 是不饱和脂肪酸，这类酸至少含有 1 个不饱和的碳碳双键 C=C，双键能与空气中的氧发生氧化反应。第三类，如蓖麻油酸 [$CH_3—(CH_2)_5—CH_2OH—CH_2—CH=CH—(CH_2)_7—COOH$] 等含有羟基（—OH）的长链脂肪酸，羟基脂肪酸中的羟基也能被氧化。油是多种脂肪酸的混合物，液态的油接触空气会"硬化"，也称"干化"，在此过程中，饱和脂肪酸成分未发生变化，主要是不饱和脂肪酸发生氧化和聚合反应。

在文物保护和修复中常见的油脂为干性油。所谓干性油是指能发生聚合反应并在理想的时间内形成固态膜的一类油。表 8-3 是几种常用干性油的各种脂肪酸（饱和脂肪酸酸及不饱和脂肪酸酸）的含量。实验表明，仅植物油具有干化的性质。

表 8-3　几种干性油中脂肪酸的组成

干性油	软脂酸 (16:0)①	硬脂酸 (18:0)	油酸 (18:1)	亚油酸 (18:2)	亚麻油酸 (18:3)	P/S 比值
亚麻油	6～7	3～6	14～24	14～19	48～60	1.4～1.9
核桃油	3～7	0.5～3	9～30	57～76	2～16	2.7～3.0
罂粟油	10	2	11	72	5	4.2～5.0
桐油	3	2	11	15	3（桐酸75%～80%）	1.5

① 链长与双键数目的比例。

干性油常作为绘画的胶结物材料使用。例如，欧洲艺术品中，经常使用的干性油是亚麻油、核桃油和罂粟油。据史料记载，亚麻油及核桃油在 14 世纪就开始使用，核桃油大约使用到 1500 年，罂粟油大约在 17 世纪后期才开始使用。在东方，尤其是在中国，主要使用的是桐油。

(2) 蜡类

蜡是由含有长链的有机酸和醇形成的酯，呈固态，易融化。天然蜡主要来自动物、植物及矿物。表 8-4 是一些天然蜡的主要性能。

表 8-4　一些天然蜡的主要性能

蜡	熔点/℃	韧性	酸指数[1]	碘指数[1]	反射系数
矿物蜡					
纯地蜡	54~77		0	7~9	1.4415~1.4464 (60℃)
褐煤蜡	76~92	硬脆	25	10~16	
地蜡	58~100	可变	0	7~8	1.4415~1.4464 (60℃)
植物蜡					
小烛树蜡	65~69	硬	16	14~37	1.4555 (71.5℃)
巴西蜡棕	83~91	非常硬，脆	4~8	13.5	1.463 (60℃)
动物蜡					
蜂蜡	62~70	不太硬	17~21	8.5~11	1.4398 (75℃)
中国蜡	65~80	硬	13	1.4~2	1.4566 (40℃)
鲸蜡	41~49	粉状	0.5~2.8	2.6~3.8	1.440 (60℃)
羊毛脂	38~42	软			1.4781~1.4822 (40℃)

① 酸指数是指自由酸的量，用中和 1g 脂中的酸所需的 KOH 的质量（mg）来表示；碘指数是指所含 C═C 双键的量，用与 1g 脂材料反应所需要的碘的质量（mg）来表示。

蜡类化合物在古代艺术品中的用途非常广泛，但主要集中在胶结物、表面保护剂及模型（或铸造）等几个方面，如希腊人和罗马人主要将蜡用于防水材料及壁画的表面处理剂，罗马时期用于胶结物，18~19 世纪，蜡用于密封材料，也作为绘画胶结物的添加成分。

(3) 糖类

糖类化合物也称为碳水化合物。木质、纸质、植物纤维及用于黏结剂和胶结物的水溶性植物胶都属于糖类化合物。

文物中常见的多糖胶材料有以下几种：

① 阿拉伯胶　阿拉伯胶是有机酸（阿拉伯酸）的钙镁钾盐。阿拉伯酸由 30.3% 的 L-阿拉伯酸、36.8% 的 D-半乳糖、11.4% 的 L-鼠李糖及 13.8% 的 D-葡萄糖组成。阿拉伯胶的分子量分布在 250000~300000 范围内，分子结构多呈球体，直径约 10nm。阿拉伯胶在两倍于它质量的水中缓慢且充分溶解。阿拉伯胶水溶液的黏度在中性（pH＝7）时达到最大，是极好的保护性胶体。因此，胶的水溶液常用于水彩颜料及水彩画的胶结质，也用于纸及纸板的黏合剂，同时也是信封及邮票的黏合剂，有时也用于象牙微雕的黏合剂。

② 黄蓍胶　黄蓍胶由各种紫云英（astragalus）组成（其中已有 1600 多种），在希腊、伊朗、叙利亚等地的豆科植物中含有这种胶。紫云英的平均寿命为六年，每两年产一次胶。黄蓍胶由 L-阿拉伯糖、D-木糖、L-半乳糖及 D-半乳糖酸的聚合物组成。黄蓍胶能形成非常黏的溶液，但仅在冷水中部分溶解，形成浓度大于 0.5% 的胶。黄蓍胶是良好的保护性胶体，也常常作为增厚剂用于绘画中稳定乳浊液或悬浮液。

③ 果树胶　果树胶多数来自梅树、桃树、李树等，产品有味，偏棕色。果胶在植物本体部分含量很少，一般大量存在于软组织中，如橘的外皮中含量约 30%，苹果中含量约 15%。果胶中含有糖醛酸，可用热水、EDTA 或稀酸从植物中萃取出来。从果胶的组分来看，其基本结构是 α-1,4 键合的 D-半乳糖醛酸。从果胶的水解产物中可分析出半乳糖、L-鼠李糖、L-阿拉伯糖、D-木糖、D-葡萄糖等组分。果树胶常用于古代壁画的制作中。

(4) 蛋白质类

蛋白质是氨基酸通过脱水缩合形成的具有空间结构的多聚体，存在于蛋、动物胶、奶、酪中。蛋白质结构中含有酸性基团（—COOH）及碱性基团（—NH$_2$），是两性物质，同时，蛋白质链中氢键的存在，使其具有复杂的空间构象，因而，自然界中每种蛋白质都有其特殊的结构特征。当蛋白质受热、光照及强酸碱作用时，其天然构象会发生变化，蛋白质发生变性。变性之后的蛋白质溶解度降低，并且可导致其凝结。利用这一性质，蛋白质常作为胶结物用于绘画及其他艺术品中。

文物中常见的蛋白质材料有以下几种。

① 明胶和动物胶　明胶及动物胶来源于哺乳动物的皮、骨及腱中的胶原蛋白。明胶结构中含有较高比例的甘氨酸、脯氨酸和羟基脯氨酸。明胶的分子长且柔韧，在溶液中呈螺旋状。这种分子构型使它仅靠冷却就可以使其从黏性溶液变成固态（胶）。明胶在冷水中收缩，30℃以上形成溶液。制备溶液时，可先将固态明胶在冷水中收缩（粉末时约 15～30min，颗粒时 2h 左右），然后再加热，最后小心加热使温度不超过 60℃。凡水能浸湿表面的艺术品都可用明胶粘接。明胶溶液的黏度在固定浓度下随 pH 值而变，pH＝4.5～5，黏度最低。在固定已经剥落的壁画时常用到这一优势，这时明胶容易渗入到剥落壁画的内层。常用乙酸来调节 pH 值的大小。文物中常见的动物胶有牛皮胶、驴皮胶、鹿胶等。

② 鱼胶　鱼胶是用微酸的热水从鱼皮及鱼骨萃取而来的。一些著名的鱼胶是由鲟鱼的鱼鳔制成的。鱼胶的分子量低，柔韧性及渗透性比其他动物胶好，但成膜后膜硬度不够，且膜对湿度非常敏感。

③ 卵蛋白　卵蛋白是一种混合物，含有卵清蛋白（65%）、黏蛋白（2%）、球蛋白（6%）、溶酶体（3%）、伴清蛋白（9%～17%）以及卵类黏蛋白（9%～14%）。卵蛋白中含有常见参与编码的氨基酸，它的膜较脆，通常用加入增塑剂（如适量的甘油）来提高膜的韧性。尽管卵蛋白在艺术品保护方面有许多缺点，老化后的膜易变脆，但仍用于胶结物及漆光面。

④ 卵蛋黄　卵蛋黄是一种乳浊液，其中含有 51% 水，17%～38% 类脂，15% 蛋白及磷脂、2.2% 磷，还含具有明显表面活性剂性质的卵磷脂。黄颜色是由于胡萝卜素的存在（叶黄素和玉米黄汁）。蛋黄中氨基酸的组成与蛋白相似。蛋黄中的类脂不会变干，因此常用作增塑剂，但由于其对油的固化有相反效应，使用时应谨慎。表面活性剂卵磷脂的存在增加了乳浊液的稳定性。卵蛋黄是一种很古老的绘画用胶结物，至今仍受到人们的高度重视。蛋黄能快速固化，且具有理想的柔韧性，但长时间内较软，不能抵抗机械摩擦。

(5) 天然树脂类

树脂由萜类组成。天然树脂主要用于文物的表面保护及绘画中的胶结物，通常与油或蜡混合以提高粘接性能。由于大多数的树和植物都会产生天然树脂，古代将树脂大量地用于胶结物和保护涂层，所以，在艺术品中常发现这些物质。在泰国及西班牙的沉船上发现，15～17 世纪就有树脂类材料，其中多个储存罐中都发现了达玛树脂。达玛树脂是一种重要的药性树脂，很可能是用于密封储藏罐的盖子及堵塞船体之间的缝隙。在埃及 12 世纪的墓中发现了没药树脂及玛蹄脂。

文物中常见的天然树脂如下。

① 松香与山达脂　松香（colophony 或 rosin）一般来自松树，依萃取的方式不同，分为松饼型松香、木头松香和高油松香。松饼型松香用来填补木头缝隙，由 68%～72%松香、22%～24%松节油、5%～12%水组成。滤去矿物质及一些植物杂质成分，进行蒸馏，可将松节油与松香分离。山达脂（sandarac）是山达树上流出的汁液，颜色偏淡黄色。山达脂的性质与松香类似，但山达脂中不含松香酸，其变黑的程度较松香要小一些。山达脂形成的膜非常硬而光亮，经常与威尼斯松节油混合使用，来防止画面起翘，早先也用于涂抹金属器物的表面。

② 达玛树脂与玛蹄脂　达玛树脂（dama）也是一种树胶，颜色淡黄。生产达玛树胶的树一般要生长 50 年之久。在所有的三萜类中，达玛树脂的罩漆效果最好。它不仅在有机溶剂中有良好溶解性，而且受外界因素影响较小，因此大量用于绘画的罩漆处理。达玛树脂溶于酒精、芳香烃及松节油中，形成著名的晶体漆。达玛树脂的黏合性良好，常加入蜡中来增加蜡的粘接性。与其他的天然树脂相比，达玛树脂具有偏酸性的优点。这样，当它与其他的颜料混合或与绘画底层接触时，就不会有变形的危险。这也是古代艺术家们常使用蜡-树脂混合胶结物的原因。达玛树脂形成的膜比较软，耐老化性能比其他树脂差，并且老化后膜会变黄。向达玛树脂的溶液中加入 1%的抗氧化剂就可解决这一问题。玛蹄脂（mastic）在芳香族糖化合物中有良好的溶解性。玛蹄脂形成的膜光亮、柔韧性好，但硬度不足。用其绘成的画面随老化而变晦暗。18 世纪，一些艺术家为了克服这一缺点，向玛蹄脂中加入其他成分进行改性，但后人认为加入的新成分会加速画面的降解。

③ 大漆　大漆又名生漆、天然漆、国漆（或中国漆，Chinese lacquer），是我国著名的特产之一，也是一种优良的天然涂料。至今还没有一种合成涂料能在坚牢度、耐久性等主要性能方面超过它。新鲜的漆汁叫生漆，在空气中容易氧化成赭色，变干后成为黑色。中国人在石器时代已经知道使用红色和黑色漆，是全世界研制和利用生漆最早的国家。将大漆用于颜料及防护材料的主要方法是将漆涂到木质或陶质的器皿上。我国最早系统介绍生漆科学的专著为《漆经》。漆树原产自中国，之后陆续传入日本、朝鲜与印度等地。漆树主要分布在东经 97°～126°、北纬 19°～42°之间亚洲温暖湿润地区。直到 18 世纪，东方漆树才为世人所知。全世界约有 25 种，中国有 15 种之多。大漆的主要成分是漆酚，其含量越高，漆的质量越好。其余的成分是水、树胶质、含氮物质和其他杂质。生漆具有良好的固化成膜性能，常温下会自然干燥成膜。成膜过程是一个复杂的氧化-聚合过程。此过程要不断与空气接触吸氧，而且必须依赖于酶的催化作用，因而需要特定的环境条件（温度为 20～30℃，相对湿度为 80%～90%）。生漆在成膜过程中的化学、生化、物理变化是相当复杂的，其结构也是极其复杂。生漆膜的硬度大、耐磨性好、光泽明亮、耐热性好、耐久性好。生漆膜能耐化学腐蚀，耐有机溶剂。生漆膜密封性好，与木质的附着力强，缺点是黏度大、施工性较差，必须在适当的温湿度下才能干化，由于色泽深，不易配制浅色漆，具有明显的过敏毒性。

8.3.2 文物保护与现代合成高分子化合物

(1) 现代高分子化合物在文物保护中的作用

常用的保护材料分为表面防风化保护材料、加固保护材料、粘接保护材料及修补材料。

文物表面封护保护是依靠封护材料在文物表面形成致密的、不受影响的表面膜来防止湿气的侵入。古代的文物封护材料是一些天然产品，如蜡、亚麻油、动物血等。现代使用的文物表面封护剂主要是有机硅、脲类及丙烯酸类。

文物中使用的加固材料最初是无机加固剂，如石灰水、水玻璃、氟硅酸盐、重晶石水（氢氧化钡）等。无机材料耐老化性能优良，且与无机质文物之间有良好的相容性，但弹性差、脆性大。另外，无机材料加固过程中，伴随保护材料与文物构成材料间的化学反应，反应产物会阻塞表面孔隙，从而抑制加固剂进一步渗透，经常达不到理想的渗透深度。目前，随着合成聚合物的发展，有机化合物特别是高分子化合物在文物保护中得到广泛应用。其中，最具代表性的有机加固剂是有机硅类、环氧树脂类、丙烯酸类材料及含氟聚合物类等合成高分子材料。

文物保护中的粘接保护材料分为热塑性、热固性两类。热塑性树脂黏结剂主要有醋酸乙烯酯、聚乙烯醇、聚丙烯酸、聚氨酯等。热固性树脂黏结剂主要有环氧树脂类、酚醛类、聚氨酯类及芳香烃类等。黏结剂的主要组分除了粘接主体组分和固化剂外，还有一些填料、偶联剂或其他添加剂。实际上，黏结剂与加固保护非常类似，不同点仅是加固剂要求浓度低，一般是黏度很低的液体；而黏结剂要求黏度大、流动性小。

文物修补材料的性能要求与原材料严格匹配。需根据文物本身特点选择适宜强度的聚合物。常用的修补材料主要有环氧树脂、聚甲基丙烯酸甲酯、聚醋酸乙烯酯等。一般对于较大的修补对象，经常用到的是胶泥状修补材料；修补裂缝时，砂浆更有优势。

（2）文物保护中的高分子聚合物

文物保护中涉及的合成聚合物，主要用于对已经风化的文物进行保护性研究。尽管在化学工业中合成聚合物的品种类繁多，但并非所有的聚合物都能用于文物保护中。文物保护中常见的聚合物有以下几种。

① 环氧树脂 环氧树脂的分子比较大（没有固定分子量，仅有一定大小的变化范围），外观上多为黏稠的液态或固态。环氧树脂能形成一种比较理想的具有一定柔性、黏性及耐化学腐蚀性的长链网状结构。环氧树脂最早用于艺术品的保护是以溶液的形式，用在多孔质文物的保护上，20 世纪 60 年代后期开始广泛使用。环氧树脂由双组分构成，有时还需要加入稀释剂或其他辅料。双酚 A 型环氧树脂是一种最普通、最常用、使用范围最广的环氧树脂。通常所说的环氧树脂就是指该类型环氧树脂，它由环氧氯丙烷与双酚 A 在碱作用下缩聚而成。其结构式如下：

环氧树脂本身是热塑性的线型结构，在催化剂的作用下会发生聚合，聚合产物非常脆，必须再向树脂中加入第二组分，在一定温度条件下进行交联固化反应，生成立体网状结构的固化物。第二组分叫作固化剂。树脂固化后就改变了原来可溶可融的性质而变成不溶不融的状态。树脂一经固化后就不容易从黏合件上除去。固化剂的种类很多，如脂肪胺类、芳香胺类及各种胺改性物。最常用的是脂肪胺固化剂。其特征是可在常温下固化环氧树脂，反应时放热，放出的热量能进一步促使环氧树脂与固化剂的反应。固化产物的耐热性能不好，加热固化可提高其耐热性。

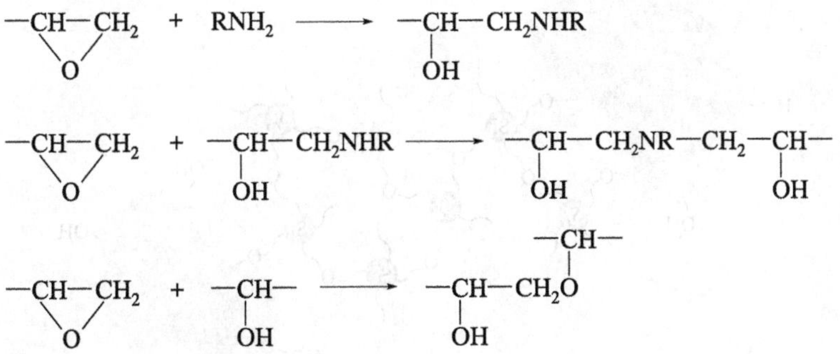

$$-\text{CH}-\text{CH}_2 + \text{RNH}_2 \longrightarrow -\text{CH}-\text{CH}_2\text{NHR}$$

$$-\text{CH}-\text{CH}_2 + -\text{CH}-\text{CH}_2\text{NHR} \longrightarrow -\text{CH}-\text{CH}_2\text{NR}-\text{CH}_2-\text{CH}-$$

$$-\text{CH}-\text{CH}_2 + -\text{CH} \longrightarrow -\text{CH}-\text{CH}_2\text{O}$$

② 丙烯酸树脂类　丙烯酸类树脂广泛应用于文物保护方面，尤其是壁画的保护。其中包括丙烯酸乳液、聚丙烯酸、聚甲基丙烯酸、丙烯酸与甲基丙烯酸共聚物等。丙烯酸（$CH_2=CH-COOH$）具有聚合活性，易发生聚合形成聚丙烯酸。完全聚合的聚丙烯酸为澄清、透明、脆质固体，其膜硬度非常高，比有机玻璃的硬度高。

③ 有机硅类　有机硅类保护剂主要有硅酸乙酯、硅烷、硅氧烷、硅酸盐（包括烷基硅酸盐）等。有机硅材料具有一般高聚物的抗水性，又具有透气和透水性，不仅与文物有物理结合，而且会形成新的化学键，最终形成稳定的硅化物，起到明显的加固作用。硅酸乙酯是目前研究较多的一种有机保护材料。

用硅酸乙酯实施保护时需要一定的水分，硅酸乙酯首先与空气中的水或岩石孔隙中的水反应，逐步发生水解、聚合、玻璃态转变，然后发生凝聚反应生成最终的网状硅胶结构。反应分两步进行，反应过程示意图，如图8-2所示。

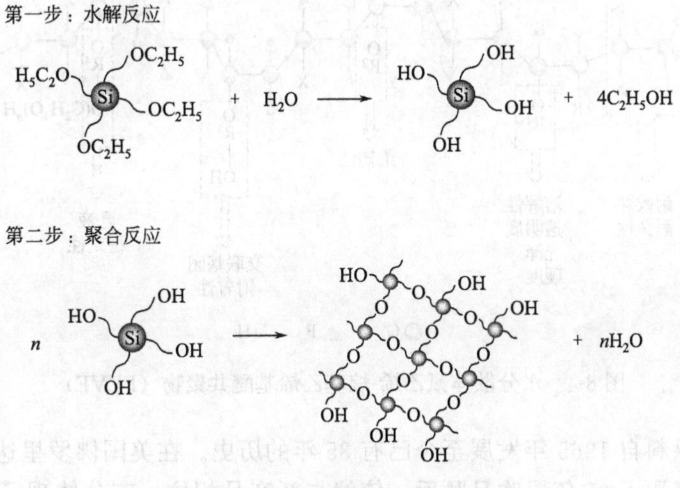

第一步：水解反应

第二步：聚合反应

图8-2　硅酸乙酯与水反应示意图

从反应可以看出，硅胶聚合成网状结构时有水生成。对文物进行加固保护时，残余的湿气又会富集在加固后的次表面区域，硅胶的逐渐失水（脱水）会在颗粒胶结物上形成裂缝。因此，在收缩发生前，应先让处理后表面上的湿气逸出。在沙漠缺水地区，由于缺乏必要的湿度以确保聚合反应过程的毛细湿气，硅酸乙酯的使用受到限制。图8-3是硅胶与岩石结合的示意。

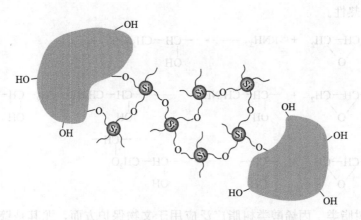

图 8-3　硅酸乙酯加固保护对象示意

④ 含氟聚合物　含氟聚合物是由氟原子与碳原子和（或）氧、氮等原子组成的合成高分子材料，有时也称为氟碳材料。氟电负性是所有元素中最高的（4.0），其电子离核更近，电子与核的相互作用力也大，极化率极小，故 F—C 的结合能大、键距短（1.36Å）、键能大（约为 486kJ·mol^{-1}），稳定性高。在含氟聚合物的结构中，氟原子密集地包围着 C—C 主键，形成一个螺旋结构，保护了碳键不被冲击，不被化学介质破坏，因而具有较低的表面自由能、优良的耐候性、耐化学腐蚀性、抗氧化性及良好的机械性能。另外，有机氟基团引入聚合物提高了聚合物的溶解性能、介电常数，也使聚合物颜色降低、结晶度降低、对湿气的吸收能力降低等。含氟聚合物结构及其性能关系如图 8-4 所示。

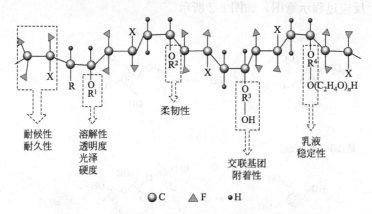

图 8-4　水分散体氟乙烯-烷基乙烯基醚共聚物（FEVE）

　　含氟聚合物涂料自 1965 年发展至今已有 35 年的历史。在美国佛罗里达暴晒场，最早的氟涂料喷涂模板经历了 35 年风吹日晒后，依然与新产品相仿，充分体现了氟涂料超凡的耐候性能。氟树脂在一些世界著名建筑如美国白宫、联合国大厦及一些具有艺术风格的建筑上得到了应用。氟涂料已被列入 21 世纪重点发展的涂料。因此含氟聚合物，尤其是仅有碳和氟组成的全氟聚合物，其耐热性、耐氧化性、耐化学侵袭性能特别良好。目前，含氟树脂涂料已成为卓越的高性能材料，享有"涂料之王"的美称。

8.4 化学与青铜文物的保护

青铜时代及其文化在中国历史的进程中占有重要的地位。而保存至今的青铜文物为研究青铜时代政治、经济、文化、科技提供了珍贵的实物例证。

8.4.1 铜合金的化学组成

铜属于贵金属。中国早在新石器时代就开始使用纯铜（Cu），即"红铜"或"紫铜"。但由于纯铜柔软、硬度小，在其中加入其他金属制成合金。

黄铜是铜锌合金（Cu＋Zn）。Zn含量在39％～50％。黄铜具有良好的塑性，锈蚀比纯铜快，其特有的腐蚀形式是"脱锌"。在CO_2、SO_2、O_2、NH_3、Cl^-存在下，容易形成配离子而加快铜的腐蚀。黄铜中锌的含量越高，越容易引起应力腐蚀。

白铜是铜与镍的合金（Cu＋Ni），通常镍的含量为55％～30％。其耐酸和耐碱的腐蚀能力随镍含量的提高而增强。

青铜是指铜和锡的合金（Cu＋Sn）。实际上现在把黄铜和白铜以外的铜合金统称为青铜。青铜合金较纯铜具有更好的耐腐蚀性，因而保存下来的古代铜器大多为青铜所铸。青铜中加入锡的含量不等，其耐蚀性随锡含量的增加而提高。青铜中加入锡的目的是提高其耐磨性，锡青铜不易产生应力腐蚀，也不容易产生"脱锡"腐蚀。中国的青铜器中有不少还含有铅（Pb），即为铜-锡-铅合金。青铜中加入铅的目的是进一步降低熔点，增加青铜熔体的流动性，而且在原来硬度的基础上增加青铜的韧性。但铅的含量一般不宜过高（不超过10％），否则会破坏青铜的硬度。纯铜与铜合金的性质比较见表8-5。

表 8-5　纯铜与铜合金的性质比较

名称	组成	熔点/℃	硬度	性质	用途
红铜	Cu	1083	≥85.2HV	可塑性极好，导热、导电性好	电线、电缆等导电品
黄铜	Cu＋Zn 无固定配比	900～1000℃	105～175HV (36％～39％Zn)	机械性能好，耐磨	精密仪器、船舶零件、枪炮弹壳、乐器
白铜	Cu＋Ni	935（25％Ni）	大于红铜	可塑性好，抗腐蚀性好，电阻率高	装饰品、给水器具、仪器器械、货币
青铜	Cu＋Sn 或 Cu＋Sn＋Pt	960（15％Sn） 800（25％Sn）	较红铜提高50％以上	化学性质稳定，铸造性能优良，耐磨、耐腐蚀，流动性良好	铸造各种器具、机械零件、轴承、齿轮

古青铜的化学成分大体为：铜75％，锡15％，铅8％。另外含有地方特征的其他元素如铁、锌、钙、镁、锰等，总含量小于3％。我国最早的青铜器物是在商代早期的后母戊鼎。在青铜器时代早期的冶炼条件下，铜锡铅的比例很难精确控制，因此，不可能生产批量的铜锡铅含量固定的青铜器。不仅不同器物中元素含量不同，而且不同地区出土的青铜器都

多少含有其他杂质元素。

8.4.2 青铜腐蚀

我国青铜文物主要来自地下出土器物和地面上建筑内的陈列品。青铜文物是一类金属文物。金属受外界环境影响发生损毁的典型特征是腐蚀。通常，把金属腐蚀定义为：金属与周围环境之间发生化学或电化学作用而引起的破坏或质变。

金属腐蚀主要可分为化学腐蚀和电化学腐蚀两种。化学腐蚀是指金属表面与非电解质直接发生化学作用而引起的破坏。电化学腐蚀是指金属表面与电解质发生电化学反应而引起的破坏。电化学腐蚀是最常见、最普遍的腐蚀。当金属周围的环境中存在微生物时，由微生物引起的腐蚀或受微生物影响所引起的腐蚀也称为微生物腐蚀。微生物腐蚀也属于一种电化学腐蚀，所不同的是介质中因腐蚀微生物的繁衍和新陈代谢而改变了与之相接触的界面的某些理化性质。微生物细胞新陈代谢的中间产物和最终产物的分泌物以及外酵素都能够引起材料失效。

青铜器腐蚀的过程可描述如下：

① 青铜器埋藏地下时，在潮湿环境中接触氯化物，发生氧化反应，即 $Cu \longrightarrow Cu^+ + e^-$；

② 氧化反应产生的 Cu^+ 与环境中的氯离子结合，在青铜表面形成灰色的氯化亚铜；

③ 氯化亚铜与水反应转化成红色的氧化亚铜，即 $2CuCl + H_2O \longrightarrow Cu_2O + 2HCl$；

④ 氧化亚铜继续与金属表面的氧气、水和二氧化碳作用，转化为墨绿色的碱式碳酸铜，即

$$Cu_2O + O_2 + H_2O + CO_2 \longrightarrow CuCO_3 \cdot Cu(OH)_2 \cdot H_2O$$

⑤ 氯化亚铜与水反应产生的氯离子，使青铜器继续发生腐蚀。

青铜文物腐蚀后，随着矿物质结壳的形成而失去铜质，严重者还会导致器物穿孔。腐蚀主要受周围环境的影响。地下器物的腐蚀程度随着土壤酸度、土壤的多孔性以及土壤中可溶性盐的增加而逐渐增加。地面器物腐蚀则主要受地面环境的影响。

8.4.3 青铜锈成分

青铜器的普遍腐蚀破坏是形成各种类型的腐蚀产物，也就是通常见到的古铜器上的"铜斑绿锈"。有的铜锈在铜器表面形成棕色、绿色的复合物，往往被当作青铜器年代久远的象征予以保留。但也有一些"铜斑绿锈"覆盖在器物表面，掩盖了青铜器原有的美丽纹饰、镶嵌，有的还掩盖了具有重要历史科学价值的铭文。更值得注意的是那些被人们称为"青铜病"的绿色粉状锈斑会导致青铜器腐蚀不断扩展、深入甚至穿孔。人们习惯上把这类锈斑称为"有害锈"。

因为每个青铜器的成分、耐腐蚀能力不同，经历不同，腐蚀环境不同，所以它们的腐蚀状况及腐蚀程度也各不相同。有些青铜耐腐蚀能力比较强，在外界环境的作用下，仅仅器物的表面形成一层各种颜色的腐蚀膜，而金属个体并未受到腐蚀破坏。有的青铜器从器物的表面来看，是一层色泽和谐的湖绿色光洁表面，器物的造型纹饰都没有发生变化，但是表面掩盖下的铜质已经完全矿化，失去了金属特征，极其脆弱，一旦敲击就会溃散。

青铜锈成分的分析可借助 X 射线衍射分析、扫描电镜分析等方法。检测发现青铜器上

所形成的铜锈的情况非常复杂，主要是青铜器在空气中或在地下接触盐类后，发生化学反应而逐渐形成的。如铜器和氧接触，可以形成红色氧化亚铜进而生成黑色氧化铜。有些生活用青铜器在当时被加热使用过，就很容易在器物表面形成一层黑色的氧化铜；有些青铜器与溶解有二氧化碳的空气中水分或地下水相接触，从而形成蓝色、绿色的碱式碳酸铜、蓝铜矿、孔雀石等。青铜器的表面往往出现一层极为致密、光滑的灰绿色锈，这是由于青铜中含锡量较高，锡与铜以共熔体存在，其中的铜被碳酸溶出形成溶液或形成沉积的碱式碳酸铜，而锡则直接转化为类似于矿物锡石的氧化锡。在这些青铜锈中，有些锈蚀物（如氧化铜、碱式碳酸铜）性质相当稳定，不参与青铜器的进一步腐蚀，甚至对器物有一定的保护作用，被称为"无害锈"；锈蚀层中的硫化物会破坏文物的欣赏价值，氯化物在一定条件下产生氯离子，促使青铜器继续发生腐蚀反应，造成对器物的进一步威胁，因而被称为"有害锈"。常见的青铜器锈蚀成分大致如表 8-6 所示。

表 8-6　常见青铜器锈蚀成分

青铜器锈蚀成分名称	化学分子式	矿物名称	颜色	特征
氧化铜	CuO	黑铜矿	黑色	无害锈
氧化亚铜	Cu_2O	赤铜矿	红色	无害锈
硫化铜	CuS	靛铜矿、方蓝铜矿	靛蓝色	有害锈
硫化亚铜	Cu_2S	辉铜矿	黑色	有害锈
碱式碳酸铜	$CuCO_3 \cdot Cu(OH)_2$	孔雀石、石绿	暗绿色	无害锈
	$2CuCO_3 \cdot Cu(OH)_2$	蓝铜矿、石青	蓝色	无害锈
	$2CuCO_3 \cdot 3Cu(OH)_2$		蓝色	无害锈
碱式氯化铜	$CuCl_2 \cdot 3Cu(OH)_2$	氯铜矿	绿至黑绿	有害锈
	$CuCl_2 \cdot Cu(OH)_2$	副氯铜矿	淡绿色	有害锈
硫酸铜	$CuSO_4 \cdot 5H_2O$	胆矾	蓝色	无害锈
碱式硫酸铜	$CuSO_4 \cdot 3Cu(OH)_2$	水硫酸铜矿	绿色	无害锈
氯化亚铜	Cu_2Cl_2 或 $CuCl$	氯化铜矿	白色	有害锈
氧化锡	SnO	锡石	白色	无害锈

8.4.4　青铜器的化学除锈法

清除青铜器表面上锈层的目的，一是恢复已变形器物的原貌，二是终止锈蚀现象。采用的清除方法主要分为机械方法和化学方法。这里仅介绍与化学相关的化学除锈法。

化学除锈法是利用化学试剂与青铜器表面的锈蚀物发生化学反应而达到除锈的一种方法。但经化学除锈后，必须及时将残液清洗干净。如果污物随清洗液渗入青铜器表层气孔，会造成器物膨胀或加重锈蚀。

(1) 去离子水法

用 40～60℃的去离子水或蒸馏水反复多次漂洗腐蚀的青铜器，可以洗去氯离子而不会改变青铜器表面的绿锈，以离子色谱法检测水中的氯离子含量，直至除净氯离子为止。

（2）倍半碳酸钠浸泡法

用倍半碳酸钠（$Na_2CO_3 \cdot NaHCO_3 \cdot 2H_2O$）水溶液浸泡腐蚀的青铜器，使铜的氯化物逐渐转换为稳定的碳酸铜盐，青铜器中的氯离子被置换出来转入浸泡液中。但这种方法在实际应用中所需时间太长，甚至使用 1～2 年的时间都无法完全将器物内所有的氯离子置换出来，而且也很难有精确的方法来定量地鉴定器物中氯化物的含量，所以还有待深入的研究。

另外，氯化物被置换清除后，器物表面新生成孔雀石腐蚀层，器物色调较处理前加深，改变了器物的外观。因此，该方法在日本仅用于从海水中打捞上来的青铜器。

尽管如此，它仍是一种有效清除有害锈的方法，特别是对有害锈严重、濒临毁坏的青铜器，采用此法可得到挽救。

（3）氧化还原法去除氯离子

氧化还原法去除氯离子是国外推行的一种方法，定期用过硫酸钠将青铜锈还原置换出来。将过硫酸钠渗入胶泥中，贴在需要的部位，几天后揭取即可。

$$2CuCl + Na_2S_2O_8 \longrightarrow CuCl_2 + Na_2SO_4 + CuSO_4$$

（4）局部电蚀法

利用电化学腐蚀的逆反应，通过电极反应使粉状锈中的氯离子转化为氯气，同时，粉状锈中的阳离子铜转化为金属铜，从而达到除锈与封闭两重功效。

$$2Cl^- - 2e^- \longrightarrow Cl_2$$
$$Cu^{2+} + 2e^- \longrightarrow Cu$$

这种方法一般适用于粉状锈的去除。现代已经有电蚀笔的应用，方便了这个方法的操作。还可用局部电解还原的方法局部去锈。将拟除锈的器物作为阴极，阳极通过溶液与器物的去锈部位接触，在外加电源的作用下，使局部区域的锈蚀电解还原剥落。但此法去除氯离子的能力有限。

（5）过氧化氢法

用 5%～10% 过氧化氢（H_2O_2）作为氧化剂将氯化物除去，所用的浓度视锈蚀情况而定，剩余的过氧化氢稍微加热即可全部分解，对器物不会产生任何影响。本法与倍半碳酸钠浸泡法比较，处理的时间短，除去氯离子比较彻底。与局部电蚀法、氧化银封闭法比较，过氧化氢法对面积大小不同、深浅不同的粉状锈都可清除，使用面宽而且处理比较简便。

8.4.5 化学与青铜器缓蚀及封护技术

缓蚀、封护处理主要是根据青铜病的病理机制，断绝其发病的外部因素，从而达到控制粉状锈的继续腐蚀和扩散的目的，起到保护青铜器的作用。

缓蚀剂也叫腐蚀抑制剂，是一些少量加入腐蚀介质中就能显著减缓或阻止金属腐蚀的物质。缓蚀剂防护金属的优点在于用量少、见效快、成本较低、使用方便。缓蚀剂的保护有强烈的选择性。缓蚀剂分为无机缓蚀剂和有机缓蚀剂两大类。按照缓蚀剂形成的保护膜不同，缓蚀剂可分为氧化型缓蚀剂、沉积型缓蚀剂、吸附型缓蚀剂等。

(1) 氧化银（Ag₂O）封闭保护法

利用氧化银与氯化亚铜接触后成膜的特点进行封闭保护。其化学反应为：

$$Ag_2O+2CuCl \longrightarrow 2AgCl+Cu_2O$$

具体操作过程为：先用机械方法将氯化亚铜剔除，直至看到新鲜铜质为止，再用丙酮将蚀坑擦干净，然后用乙醇将氧化银调成糊状填充，使未剔净的氯化亚铜与氧化银接触从而进行反应，形成银膜从而阻止氯离子的腐蚀。此法适用于小面积粉状锈斑或当青铜器有害锈尚未蔓延时的保护。另外，此法经填充后的凹坑表面形成深褐色斑点，还要做补色处理。

例如，闻名于世的商代后母戊鼎（原称司母戊鼎），1939 年 3 月出土于河南安阳侯家庄武官村，1946 年 6 月重新掘出送至南京，1959 年调至中国历史博物馆收藏展出。后母戊鼎的重量为商周青铜器物之冠，是我国商代青铜器艺术发展到高峰时期的产物，它以造型雄壮浑厚、纹饰庄重精美、铸造工艺独特而著称。近年来对其进行养护技术处理，即采用选择性清除有害斑点状局部锈蚀物的方法，兼用氧化银封闭法和苯并三氮唑保护法，并用超声波清洁技术清除覆盖纹饰的泥垢，获得满意结果。图 8-5 为后母戊鼎及铭文。

图 8-5　后母戊鼎及铭文

(2) 苯并三氮唑（BTA）保护法

苯并三氮唑（$C_6H_4N_2 \cdot NH$）是杂环化合物，含有三个氮原子，每个 N 有孤对电子，可以形成五元环，能与铜及其盐类形成稳定的 Cu-BTA 配合物，在铜合金表面生成不溶性且相当牢固的透明保护膜，膜的厚度为 50Å（$1Å=0.1nm$）。

苯并三氮唑(BTA)

保护膜的结构为 Cu/Cu₂O/Cu(I)-BTA。保护膜使青铜器有害锈被抑制并稳定，防止水蒸气和空气污染物的侵蚀。同时保护膜也非常牢固，很难用简单的脱脂溶剂洗掉。用该法保护青铜器的表面，其质感不会发生明显变化。

实验证明苯并三氮唑对腐蚀的青铜器有良好的保护作用。一般腐蚀的样品，可以用 3% 的酒精溶液处理。对于腐蚀严重而又不除去表面腐蚀产物的样品，应该以较高浓度（如 15%）的酒精溶液来处理，才能取得较满意的效果。

缓蚀剂（BTA）的配制：苯并三氮唑 1g，聚乙烯醇缩丁醛 3g，无水乙醇 95mL，蒸馏水 5g。配制苯并三氮唑药液缓蚀剂时，考古工地条件差，千万不要将粉末吸入体腔，器物涂刷时，不要使其溅在手上和皮肤上，因为多方面资料证实，苯并三氮唑是可致癌物质。

苯并三氮唑受热容易升华，会逐渐地从被处理的青铜器表面挥发出去，所以它对青铜器的保护是暂时的。为了防止它的挥发，可以在表面再涂上一层高分子化学材料封护膜，使苯并三氮唑留存在金属表面更长时间，以便更长期地保护腐蚀的青铜器。封护材料有：3％三甲树脂甲苯溶液、5％聚乙烯缩丁醛乙醇溶液、乙基纤维素乙醇溶液、有机硅树脂乙醇溶液、丙烯酸乳液等。

（3）锌粉转化法

锌粉转化法是利用锌粉的还原性，与铜锈作用后锌粉封闭置换的方法，反应生成一层黏附牢固、稳定、难溶的氧化锌或氢氧化锌、碱式碳酸锌膜，起到使空气中水分子难渗透的屏蔽作用。$Zn(OH)_2$ 是胶状物，对铜器有稳定封闭作用。

$$2CuCl_2 + 2Zn + 2H_2O \longrightarrow Cu_2O + Zn(OH)_2 + ZnCl_2 + 2HCl$$

在高倍放大镜下，用挟针小心地将器物上浅绿色的粉状锈从它影响的部位彻底除掉。用90％酒精溶液使锌粉变潮，再用小毛笔尖将潮湿的锌粉涂在上述清理出的部位边缘，充分接触后，在锌粉尚潮湿时，用修刀尖将其压实，然后用90％乙醇再将其润湿。用不连续的水滴注锌粉8h，之后连续滴注三天，每小时加一次水，经过处理的部位就生成灰色的较密实的锌化合物。作色时，用10％聚醋酸乙烯酯、甲苯溶液调碱式碳酸铜或氧化铁红、铁黑等色，做出与该器物相似的锈色。

8.5 化学与陶瓷及石质文物的保护

陶、瓷类文物是以黏土、高岭土为原料，经过选料、淘洗、沉淀、捣揉、制胎、成型、干燥、焙烧等工艺制成的器物或艺术品。黏土、高岭土主要是天然硅酸盐原料，以石英、长石为主。

陶器一般的烧制温度在 700～960℃，结构不致密，孔隙较大（15％～35％），容易吸水，造成陶器的损坏。瓷器与陶器类似，仅是用料配比及烧制温度有差异。但瓷器的胎体多以瓷土为原料，瓷土与黏土相比，钠、钾、钙、铁的含量减少。而且在高温烧制过程中，石英、氧化铝能形成聚合网状，形成坚硬致密的胎体。带釉彩的瓷器表面含有一层釉质，为玻璃体，与胎体牢固结合（经过烧制后），增强了瓷器的硬度和憎水性。陶器与瓷器的主要区别见表8-7。

表 8-7 陶器与瓷器的主要区别

名称	原料	烧制温度	坚硬度	透明度
陶器	黏土、高岭土	800～1100℃	硬度差，易产生划痕	不透明
瓷器	高岭土	1200℃以上	坚硬，不易产生划痕	半透明

石材文物有花岗岩、灰岩、辉石、大理石、砂岩、玄武岩等。其中所含的矿物质种类也非常多，如石英、长石、云母、蒙脱石、伊利石、白云石等。

石质文物及陶瓷，特别是陶器因结构孔隙较大，容易受水的侵袭而风化。这些文物出土后通常需要先进行清洗脱盐，再采取适当的加固和修复等保护措施。

8.5.1 化学与陶器的清洁及脱盐处理

出土陶器的风化或损坏现象是因材质多孔造成的，主要表现在：①因陶器多孔易吸水，由水引起风化、酥脆、碎裂。②因多孔而使表面上积聚了大量污垢和覆盖的硬结物，这些硬结物主要是碳酸钙或石膏、黏土，以及硫酸盐、硅酸盐等类物质。③出土的陶器因多孔往往含湿量很大，若发掘现场保护不及时，易导致后期风化使彩陶表面脱落。

陶器出土后不能急于用水冲洗，需稍晾干后，先掏出陶内湿土，否则风干后硬结，很难取出。在清洗前，首先检查陶器所反映的信息，然后分析器物是否经得起清洗处理。如陶器表面清洗前还要简单判断一下胎质烧制的火候，是否坚硬或糠酥。用指甲掐，表面有印痕或掉粉，说明胎质差或酥粉，不宜用水洗，还可以将其支起来轻敲，听声音的清脆或沉闷断定胎质好坏程度；如果陶器较干燥，用乙醇擦一小片面积，待乙醇挥发后，用舌尖舔，有吸附感说明质地好，无吸附感则烧得火候差。

陶器清洗时，表面沾附的污垢可用蒸馏水冲洗。覆盖在陶器表面的不溶性硬结物主要是碳酸盐、硫酸盐（石膏类 $CaSO_4 \cdot 2H_2O$）或硅酸盐。碳酸盐可用盐酸稀溶液（2％）溶解去除；硫酸盐需用浓硝酸滴在硬结物上，待硬结物软化后，用机械法去除；硅酸盐用1％氢氟酸（有毒性，注意安全）施于硬结物上去除，然后将残余酸液洗净。也可用硫酸铵的热饱和溶液清洗，之后用清水洗。目前，越来越多的螯合剂也用于陶器表面难溶物的清洗。如 EDTA、二乙烯三胺、五乙酸五钠盐、正羟乙二胺三乙酸三钠盐等。

陶器表面黑色污垢可用3％过氧化氢溶液去除，表面黄黑部位可用5％Na_2CO_3＋0.5％表面活性剂（十二烷基磺酸钠）的热溶液擦除。如水 900mL＋NaOH 80g＋三乙醇胺三钠盐 100 g＋洗涤剂（数滴），75～80℃时将陶器放入，煮沸 30min 即可。其他附着的污垢可用3％过氧化氢溶液去除。

对于胎质酥粉的陶器，因其孔隙内会填满碳酸钙与白垩土混杂物，故不可用酸类溶液清除，否则会蚀毁陶胎。可用中性的5％六偏磷酸钠溶解去除。

陶器中吸附的可溶性盐类，可用蒸馏水浸泡的方法除去。如果是素陶，可用流水清洗1～2天后，通过测定离子电导率考察是否除干净盐分。如果是彩陶或脆质陶，应先用高分子材料加固后再做清洗处理。

对带釉的陶器，用盐酸清除但不可用硝酸或乙酸，以免腐蚀釉料。

8.5.2 化学与陶器的加固保护及粘接修复

陶器的加固保护主要对酥脆陶器进行保护。常用保护材料多为高分子材料。如减压渗透加固时，用4％聚醋酸乙烯酯的丙酮溶液、2％硝基纤维素的丙酮溶液、2％稀释的聚醋酸乙烯酯乳液作为渗透剂；釉陶器釉面酥粉时，用5％可溶性尼龙的乙醇溶液或10％聚醋酸乙烯酯的丙酮溶液加固；内部松散脆弱的器物，可采用5％～15％聚醋酸乙烯酯的丙酮溶液渗注加固，若器物比较潮湿，可用5％～10％聚醋酸乙烯酯乳液渗注加固。加固后再用溶剂擦去表面多余的高分子材料。

陶器在出土时，很容易破碎，因此在修复保护时常用到黏结剂。常用的黏结剂有：3％乙基纤维素、3％～5％聚乙烯醇缩丁醛的乙醇溶液、聚苯乙烯丙酮甲苯溶液（将聚苯乙烯泡沫塑料片溶于丙酮甲苯的混合溶液中）、硝基纤维素、聚甲基丙烯酸甲酯的丙酮溶液、聚乙烯醇缩丁醛、聚醋酸乙烯酯乳液、虫胶、环氧树脂（不适用于脆弱陶器、适用于硬质陶的粘接）。

三甲树脂是甲基丙烯酸甲酯、甲基丙烯酸、甲基丙烯酸丁酯的共聚物，它具有易溶解、透明、有弹性、形状易于纠正，粘接强度好的特点，是深受欢迎的黏结剂。

对于表面彩绘起翘、脱落的彩绘陶质文物，多采用如聚醋酸乙烯酯、有机硅树脂、三甲树脂、聚乙二醇、聚乙二醇缩丁醛等。在气候干燥的情况下，可用 1.5% 聚乙烯醇水溶液、2.5% 聚乙烯醇缩丁醛水溶液、3% 乙基纤维素酒精溶液等材料修复加固。如甘肃临洮马家窑彩陶的修复和保护就用到了这些高分子材料。图 8-6 为马家窑彩陶修复前后的照片。

(a) 修复前　　　　　　　　　　　　　(b) 修复后

图 8-6　马家窑彩陶修复前后的照片

8.5.3　化学与瓷器的修复保护

瓷器比陶器质地致密、坚硬、光滑、不易吸水，盐类很难浸入内部。但早期的商周原始瓷器由于胎质差，釉质不匀，或一些瓷器釉质内所含成分的一种或几种发生了结晶作用或沉积作用，硅土沉积到一定程度，釉会变成乳白色，或以不透明薄膜的形式掩盖了陶体上的色彩与饰纹。遇到这种情况，可用 1% 氢氟酸进行局部的去除。釉面硬结石灰物质可用 5% 盐酸或硝酸清除。

瓷器保护主要是瓷器的粘接及釉面补色。瓷器的黏结剂，要选择无色透明、粘接强度高、耐老化力强、凝结速度快的材料。粘接时要按事前设计的方案，照顾到相邻的关系，一般可先从底部开始粘，有的可从口沿开始粘，但要做到每粘一块不能有丝毫的差错，一块错位，会影响全器。粘接完成后一定要挤压，用胶带捆绑固定。

釉面缺损补残可用树脂与石英粉调成膏状，用油泥或石膏做局部模具，以树脂膏填补后，水砂纸打磨光洁。难度最大的是做釉色。瓷器的釉色很丰富，主要以丙烯酸快干涂料运用喷笔、手绘相结合的工艺，各种色泽、绘纹分别对待。釉面光泽可选择"玻璃白"涂料或无色透明的双组分聚氨酯清漆、丙烯酸清漆，喷上后用布蹭或玛瑙碾子压光。

对于瓷器的加固和封护，通常使用的是聚醋酸乙烯或丙烯酸酯乳液。

8.5.4　化学与石质文物的保护

石质文物在中外都分布很广，品种极多，构成了历史文化遗产的重要组成部分。中国大多数名胜古迹都与石质文物有关，如敦煌莫高窟、龙门石窟、云冈石窟、乐山大佛、乾陵石刻等等。

就不同岩石来说，导致其风化的因素不外乎两个方面：一是岩石本身的物理化学性质（孔隙度、膨胀系数、吸水率、化学稳定性等）以及组成岩石的矿物种类、岩石的结构及构造，即内在因素；二是岩石所处的自然环境，如气温变迁、降雨及地下水活动、大气污染及生物侵蚀等岩石风化的外界因素。

20世纪的气候条件对户外建筑表面影响非常突出，大大加快了风化过程（大约是原来的几倍），不仅仅是岩石表面的风化，有些装饰性的岩石表面（雕刻）已经改变原有风貌。图8-7是一个典型的石质文物在60年内的风化状况图。石质文物保护主要有渗透加固保护、锚杆加固与灌浆加固保护等。

图8-7　60年内多孔砂岩风化状况对比图（德国）

（1）渗透加固保护

要使保护获得长期有效的结果就必须选择合适的加固树脂。因此，加固剂研究面临的主要问题是如何获得较深的渗透深度。一般而言，渗透深度受石头基体特性如孔隙度、孔径、表面极性、加固液的性质及使用方法的影响。就许多石质风化问题来说，用喷或刷的方法是不够的，而需要一些能提供与石头长时间接触的方法。在实验室里，可将样品全部浸入加固剂溶液中或者把样品放在被溶液饱和的环境中直到树脂固化。

也可用溶液与石头较长时间接触的方法来提高渗透，见图8-8。将一个5cm×15cm×30cm的砂石板用溶液反复刷涂，直至溶液完全渗入石板内部，在连续的流动试验中将一个纤维素灯芯浸在溶液中，另一端与石板相连。溶液在较低位容器富集，然后倒入高位容器，反复循环使流体始终与石头表面接触，不用包裹可使溶液持续保留，见图8-9。

环氧树脂作为石质、砂浆、砖材建筑裂缝的修复材料的一个主要原因是尽管它们有一定的黏性，但却能有效地渗入多孔材料内部并能形成网状结构。许多实践已经表明，环氧树脂与同黏度的甲基丙烯酸甲酯预聚物的混合物处理风化混凝土时，环氧系统在填充孔隙方面非常有效，然而随着时间的推移导致的孔隙变大及酥脆类岩石的加固和保护则是另外一个问题。

保护学家们用原位加固的方法将化学药品用于石质艺术品的加固并防止其进一步风化。将聚合物溶于有机溶剂制成稀溶液用特殊的方式引入酥脆多孔的岩石内部。使用溶剂的目的是获得能渗入内部的低黏度配方。

图 8-8　石雕像完全渗透保护处理

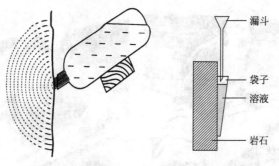

图 8-9　连续喷涂或持续接触的延长加固方法

图 8-9 右侧标注：漏斗、袋子、溶液、岩石

（2）锚杆加固与化学灌浆加固保护

在石窟寺艺术品的主要部位，则仅使用化学灌浆法。但在石窟寺的危岩（没有雕刻及装饰的部位）加固中，采用建筑上经常使用的撑托等方法，结合化学灌浆，增加整体稳定性；这类方法已成功地加固和修复了洛阳龙门石窟、大同云冈石窟及广元千佛崖石窟岩群。如陕西彬县大佛寺的砂岩窟体加固中，用锚杆加固和化学灌浆相结合的技术对大佛寺窟顶危岩进行加固。锚杆材料使用直径为 3D 的普通元钢，见图 8-10。化学灌浆液采用呋喃-环氧树脂灌浆材料。用此法加固了 $10m^2$、重 26t 的危岩体。

图 8-10　锚杆加固与化学灌浆加固技术

环氧树脂作为灌浆修补石质裂隙的主要材料具有很多突出的优点；①环氧树脂分子结构是线状的，通常为液体状态，黏度也比较小（可用有机溶剂调节黏度），可灌到 0.1mm 的微裂隙中，加入乙二胺类化合物作固化剂，使环氧树脂分子起交联作用，成为立体网状结构，变成坚硬的固体状态；②环氧树脂分子中含有环氧基和羟基等极性基团，使环氧树脂分子和相邻表面之间产生很强的粘接力，且由于分子中含有稳定的苯环，因而对酸、碱、有机溶剂都具有较好的抵抗能力；③硬化时没有副产物，也不会产生气泡，因而体积收缩率非常小，不致造成变形。

8.6　化学与壁画及彩绘的保护

壁画（wall panting 或 fresco），顾名思义是指画在建筑物墙壁和洞窟壁上的绘画。按照壁体的不同，可以将壁画分为建筑壁画、墓道壁画、石窟寺壁画三种基本形式。主要分布在宫殿、住宅、庙宇、祠堂、石窟寺及墓道内。我国现存的古代壁画多数是画在寺庙和石窟的墙壁上。

壁画艺术是我国绘画遗产的重要组成部分，著名的壁画代表是敦煌莫高窟内的壁画，绘有从魏晋、南北朝、隋唐到宋各个年代的精美壁画 4 万多平方米。如果将壁画展开，在壁画高度为 5m 的情况下，长度可达到 25km。

彩绘是指绘画面上所施的彩。彩绘包括的内容比壁画广泛，如绘制在陶器表面的彩绘、漆木器上的彩绘、装饰对象上的彩绘等。彩绘泥塑，也是我国优秀的民族艺术。泥塑在我国起源很早，据有关文献记载我国在两千年前已有了完整的泥塑创造。现敦煌莫高窟内，就存有彩绘泥塑二千四百多尊。

壁画及彩绘一般包括了无机颜料和有机黏结剂的混合材料。由于漫长历史兴衰和大自然的沧桑变化，许多绚丽多彩的壁画和彩绘泥塑都遭到不同程度的损伤和毁坏，出现脱落、起翘、空鼓、粉化等现象，因而必须采取各种保护和修复措施。

8.6.1　化学材料与壁画的制作

国际上将壁画分为两种，一种是叫作"Fresco"的壁画，它是指做好墙体（或其他绘画底面）后，在墙体是潮湿的情况下就开始绘彩，因此也叫"湿壁画"。此方法使画面具有湿润感，但湿度不易保持。另一种是叫作"Wall Panting"的壁画，是指墙体干化后再施彩的壁画，也叫作"干壁画"。我国的壁画属于后一种。

我国古代壁画所用的颜料，大多采用天然矿物颜料，少数使用天然植物颜料。天然植物颜料易褪色变色，而矿物颜料较耐久不变色。壁画常用的颜料如表 8-8 所示。

上述颜料与胶结物适当调配，就可得到所需的不同色调的画料。胶结物不仅是颜料间相互结合的介质，还是颜料层与地仗层相互结合的介质。常见的胶结物有：干性油类，如亚麻油、桐油、核桃油及罂粟油）；蜡类，如矿物蜡、植物蜡、动物蜡；胶类，如植物胶（如明胶）、动物胶（如蛋白、蛋黄等）；天然树脂类，如达玛树脂、松香类等。画料绘在墙体上后，经过一段时间，液态成膜变干成最终的画面。一些艺术品常用颜料及胶结物用量如表 8-9 所示。

表 8-8　壁画常用颜料

颜色	天然矿物颜料成分	天然植物颜料成分	人造颜料成分
白色	高岭土、白垩土、石膏、滑石		铅白（碱式碳酸铅）
红色	朱砂、赭石、铁丹	胭脂红、红花、茜草、苏木	铅丹（氧化铅和过氧化铅）
绿色	石绿（孔雀石）、氯铜矿		铜青或铜绿（碱式碳酸铜）
蓝色	石青、青金石（天然群青）	蓝草（靛蓝）	
黑色	炭黑、铁黑（四氧化三铁）	栲子、栗壳、莲子壳、桦果	
黄色	石黄（雌黄和雄黄混合物）	藤黄、黄栌、栀子、槐花、姜黄	
其它	黄金、白银、珠粉		

表 8-9　常用颜料及胶结物用量

颜料名称	颜料用量/g	胶结物用量/g
原煅黄土	175	82
富铁煅黄土	175	45
氰蓝	75	50
原棕土	100	48
富铁棕土	90	47
黄赭色	75	28
群青/佛青	37	28
铬橙色	32	20
朱红色	20	14
碳酸铅白	15	10
象牙黑	110	60

8.6.2　化学与壁画的画面清洁及加固保护

（1）壁画病变

从壁画的构成材料可知，其质地是较脆弱的。如果年代久远，保存环境条件不适，使壁画出现酥碱、起甲、空鼓、龟裂、脱胶、剥落、变色、发霉、烟熏等劣化变质现象。其原因与壁画构成材料的质地有关，但外界自然环境因素对壁画的毁损起重要作用。

现以敦煌莫高窟壁画（沙漠干燥地区）为例进行分析。敦煌莫高窟壁画由三个部分组成：①墙体壁画的支撑结构（崖壁），它是由小烁石、细沙等通过钙质胶结的地质活动而成，石质比别的岩石松软；②地仗层又称灰泥层或泥层，它是绘制壁画的壁，附着于烁岩层的表面，大部分均由草泥、麻刀泥或棉花泥组成；③画面层，包括白粉层和颜料层，绘画时，颜料仅仅被吸附在很薄的白粉层上。

由于千百年来的历史变迁，壁画经大自然的风吹沙侵、水浸雨淋、阳光暴晒等灾害以及人为的破坏，留下了程度不同的病害，主要有以下几种。

① 壁画地仗层大面积脱落或崩塌。

② 壁画发生空鼓、剥落、酥碱　空鼓是指在壁画的泥灰层和崖体之间因黏结不牢而剥离。剥落是指空鼓区域不断扩大，或者许多小空鼓区连成一片时，由于灰泥层的重力作用导致壁画大块脱落，甚至整幅壁画脱落。酥碱是指由于建筑材料的质量问题和环境潮湿的原因，使建筑材料中的碱和盐类溶出，聚集在墙体的表层和表面，在化学和物理的双重作用下，墙体逐层酥软脱落的一种现象。

③ 壁画起甲、起泡、变色、褪色　这是画面层材料的不稳定性而引起的病变。

起甲也称龟型起甲，主要表现为画面碎裂，形状似鳞甲，多呈卷翘状，稍有振动就会成片地脱落。这一般是由胶料的用量不当所致，是壁画中常见的一种病变。

起泡是指画层底子（介于画层和灰泥层之间）形成的含有微量粉末的凸起小泡，它可使底子剥离和脱层。这是由于底子中黏合胶介质容易变质，使它与灰泥层的结合力减弱。

变色或褪色是指壁画颜料由光照和化学作用所引起的现象。

④ 其他因素造成的画面污染　如烟熏变黑、壁画产生霉菌等。

(2) 画面清洗

一般来说，清除画面有机械方法和化学方法，或两者兼用。这里介绍化学法。

① 泥污　清除泥污可用水或二甲苯、丙酮、石油醚等有机溶剂使泥污软化，再用竹片等小工具剔除。

② 油污、烟熏痕迹　可用溶剂清除。用纱布棉花包沾 10%～20%氨水缓慢涂擦。使用 10%～20%丁胺水溶液或 80%～90%环己胺水溶液都可达到同样结果。当画面非常硬时，仅用溶剂不能清除污物时，可在溶剂中加入滑石粉或硅藻土进行缓和磨蚀。此外，甲苯、丁醇、乳酸丁酯的混合溶剂（1∶2∶2），也可用来清除污垢。

③ 壁画面上的蜡、漆片、油污等的清除　可用四氯化碳、三氯乙烯、丙酮、苯、二甲基甲酰胺等有机溶剂清除。

④ 壁画表面的苔藓　可用硅氟酸钠、氯化镁、氯化锌等试剂进行毒杀处理。在潮湿的建筑物或岩洞内，生长的藻类可用甲醛、五氯酚钠进行杀虫处理。可将 2%五氯酚钠水溶液涂刷于画面。在霉菌繁殖较严重的地方可喷防霉杀虫剂，如 1%二羟基苯基二氯甲烷的醇溶液等。

⑤ 画面上的虫便污斑　可用等量的过氧化氢和酒精混合溶剂点在污斑上，效果明显。

⑥ 颜料中的铅白、铅丹　它们易受空气中硫化氢影响而变为黑色的硫化物。可用过氧化氢使黑色的硫化物再变为白色硫酸铅，恢复铅白的颜色。铅丹变为硫化物也仅在颜料的表层，当在过氧化氢作用下形成薄层白色硫酸铅后底层的红色铅丹可显出，恢复了它的固有颜色。若用等量的过氧化氢和乙醚溶液处理变黑的铅颜料，效果会更佳。图 8-11 是西安鼓楼彩绘清洗前后对比效果。

(3) 壁画加固保护中的化学

如果壁画的地仗层和绘画层出现酥粉、起甲、剥落等劣化现象，均需进行加固处理，以增加壁画的机械强度，利于长久保存。常用加固剂材料有：聚甲基丙烯酸丁酯、聚乙烯醇缩

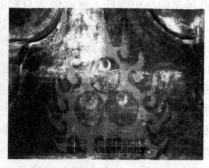

图 8-11　西安鼓楼彩绘清洗前后对比

丁醛、聚醋酸乙烯酯、硅酸乙酯、含氟聚合物等。它们都是无色透明的合成材料，能溶于苯、乙醇、丙酮等有机溶剂中。加固剂溶液的浓度一般在 2%～5% 之间，如 2% 聚甲基丙烯酸丁酯二甲苯和丙酮溶液、2% 聚醋酸乙烯酯乙醇溶液、5% 聚乙烯醇缩丁醛乙醇溶液。另外还有丙烯酸乳液、丙烯酸和丙烯酰胺的共聚物，丙烯酸和甲基丙烯酸的共聚物等。

欧洲使用较多的是丙烯酸树脂（如 B72）。但这种材料比较脆，不能赋予画面一定的柔韧性，会导致画面进一步破损。

可以采用涂刷或喷涂的方法实施加固保护，视壁画颜料层而定。经不起涂刷的可考虑喷涂。画面上过剩的加固剂溶液可用棉花蘸有机溶剂擦除。使用聚乙烯醇缩丁醛时，要注意壁画表面保持干燥状态，否则会出现泛白现象，可用红外线灯加热干燥。泛白现象可用乙醇棉球擦除。若地仗层有一定强度但它与墙体脱开，形成空鼓时，可用加固剂注射填充。

8.7　化学与漆木器的保护

在已经发现的资料和出土的文物中，漆的应用非常广泛，漆木器也相当多。如世界八大奇迹之一的"秦始皇兵马俑"在制作时应用了中国漆打底技术（图 8-12）；浙江省余姚县（今余姚市）河姆渡村出土的距今七千年之久的漆碗，是目前发现最早的漆器；湖南省长沙马王堆汉墓出土的漆器，已距今两千多年，漆器多达 500 余件，而且漆器至今仍光亮如新，保存完好，其造型精致、纹饰华丽、品种繁多，为研究中国漆器工艺提供了重要的实物依据。这些珍贵的古代漆制品是我们中华民族的宝贵遗产。

漆器的来源主要是地下出土物和地面保存物。漆器分为木胎漆器、竹胎漆器、陶胎漆器、石胎漆器等多种，现在所指的一般是木胎漆器。漆器的制作有直接应用生漆，也有将漆处理后再应用。漆器的制备主要是利用了漆的成膜性能。

8.7.1　生漆的化学成分

大漆（生漆，又叫中国漆，Chinese lacquer）是一种混合物。其中主要的成分是漆酚，

图 8-12　秦俑彩绘采用大漆打底
(a) 秦俑彩绘；(b) 陶俑大拇指残片；(c) 拇指残片上大漆脱落；(d) 漆面膜起翘脱离陶体

漆酚的含量越高，漆的质量越好。其余的成分是水、树胶质、含氮物质和其他杂质。

(1) 漆酚

漆酚是生漆的主要成分，约占 65%～78%，能溶解在有机溶剂和植物油中，不溶于水，是生漆的成膜物质。漆酚是无色黏稠状液体，其中饱和漆酚是白色固体，熔点为 58～59℃，呈弱酸性。漆酚的基本结构及侧链的相对位置如下：

根据实验和分析结果，漆酚组成结构具有以下几个特点：

① 漆酚的主要组分是长链邻苯二酚，也有少量的长链间苯二酚和长链单酚。

② 侧链与酚羟基的相对位置有邻位和间位。侧链主要是十五碳烷（烯）基，也有少量的十七碳烷（烯）基和极少数末端带苯环的十二碳烷基和十碳烷基。侧链有饱和烃基和单烯、双烯、三烯基，有的双键共轭。

③ 单烯和双烯均有不同异构体。中国生漆漆酚中的三烯漆酚含量高。

④ 生漆中还含有少量的漆酚二聚体。

常见的漆酚成分如：

OH
OH

$(CH_2)_7CH=CH(CH_2)_4CH=CH_2$

OH
OH

$(CH_2)_7CH=CH(C_4H_8)CH=CH_2$

(2) 水

生漆中含水量为 $20\%\sim40\%$，有少数生漆含水量低于 10%，也有少数高达 50% 左右。水分越少，漆的质量越好。水分的含量不但与树种、环境、割漆时期有关，也与割漆技术有关。割口过深，切入木质部时流出漆液的含水量就多一些。

(3) 漆酶

漆酶存在于生漆的含氮物质内。它不溶于有机溶剂和水，但溶于漆酚中。漆酶是一种含铜的糖蛋白氧化酶，也是一种不稳定的高分子量的蛋白质。

(4) 含氮物质

含氮物质主要是一种不溶于乙醇及水的呈褐色粉末状的含氮化合物，实际上是一类糖蛋白质。生漆中含量占 10% 以下（$3\%\sim7\%$）。

多糖生漆中不溶于有机溶剂而溶于水的部分主要是多糖，过去习惯上叫树胶质。其中还含有钙、钾、铝、镁、钠、硅元素。经水解后，可从水解液中分离出 D-半乳糖、L-阿拉伯糖、D-木质糖、L-鼠李糖、D-半乳醛酸、D-葡萄糖醛酸。多糖在生漆中含量达 3.5%。

(5) 其他杂质

生漆中还含有的物质有：①甘露醇，针状白色结晶，有甜味。②氨基酸，共鉴定出色氨酸、亮氨酸、组氨酸。③有机酸，从生漆中可分离出少量的醋酸。④油分，生漆中含有约 1% 的油分。⑤二黄烷酮。⑥烃类化合物，生漆中除了漆酚、漆酶和树胶质外，还含有约 3% 的脂溶性成分，这些成分非酚类化合物，而是烃类成分。⑦其他含氧化合物。⑧无机物，含少量的氧化钙、氧化钾、氧化镁、五氧化二磷、二氧化硅、氧化钠、氧化铜，还有锰、钴、铝、锌等的氧化物。除了铜在漆酶的生物化学机理上起一定作用外，其余的无机化合物为植物体的正常组分。

8.7.2 饱水漆器的脱水定型加固

漆器的胎骨以木、竹等有机质为材料，属细胞结构的纤维组织，千百年埋于地下，历经了地下潮湿环境、地下水的侵蚀、各种盐类腐蚀和菌类的作用，使木质纤维组织遭到破坏。木材组织中能溶解于水的成分消失，使多糖类水解，水解的纤维素产生链的分离。一般木材含纤维素约占纯干木材的 $50\%\sim60\%$，而古代饱水木材的大量纤维素已被分解。所以，古代漆器在出土时多已吸饱水分，古代漆器的含水率一般为 $100\%\sim400\%$，甚至高达 700%，地下发掘出土的古代漆器，其生漆膜层多是完好的，并未失去它的灿烂光辉。生漆膜是优异的涂膜，它具有良好的成膜性、耐久性、抗腐蚀性。但漆器的胎体多已腐朽，在地下潮湿环境和水的浸蚀作用下，胎骨中木质纤维溶解于水的成分消失，而古代饱水木材的大量纤维素已被分解。因而造成胎骨的糟朽腐烂，乃至胎骨完全消失，只留下生漆膜。漆器出土后，若任其所含水分蒸发干燥，将会发生收缩、干裂、变形、漆皮剥落等劣化现象，改变文物的原貌，导致漆器的破坏。因此，需要及时进行脱水定型加固。

饱水漆器脱水定型的方法主要包括两方面的内容：其一，设法使漆器木竹胎体中的过量水分除掉，同时不改变器物原有的形状。其二，要选择适当的材料，充填加固器物，以提高漆器的强度，易于保存和供陈列、研究使用。

饱水漆器脱水定型的方法有溶剂联浸置换法和高分子材料渗透加固法。

(1) 溶剂联浸置换法

醇醚是常用于置换的有机溶剂。先用醇代替木材细胞中的水分，然后再用乙醚替换醇，再使乙醚挥发，木质纤维组织的水分即被脱去，即水-醇-醚挥发的过程。其中利用了醇与水互溶，且醚的表面张力较低的特点。

木材细胞是一种半透膜，漆皮也是一种半透膜，当漆器浸泡在某种与水互溶的有机溶剂中时，由于渗透作用，有机溶剂能渗透到漆器内，漆器中的水迁移到有机溶剂中。如此反复联浸置换，有机溶剂就可将漆器中的水分代替出来。此法脱水速度快，特别适用于小件的、薄而均匀的器物。

除乙醇外，其他既能与水互溶、又能与醚互溶的有机溶剂也可以作为置换溶剂。如小分子的醇和丙酮等。置换溶剂对漆皮的影响程度不同，在选用时要权衡利弊适当选择。甲醇、异丙醇对漆皮的影响最小，效果较好，但甲醇的毒性大，对工作人员有害；其次，乙醇、叔丁醇、正丙醇、二丙醇、乙二醇、丙三醇也能与水混溶且对漆皮的影响也不大，但乙二醇、丙三醇的密度比水大，二丙醇的密度略小于水，它们与水置换困难，不宜使用；对漆皮影响严重的丙酮和二甲基醇也不宜使用。乙醇的来源较广、价格便宜，应用最多。

饱水漆器脱水程序如下：①将器物顺次放入浓度由小到大、逐级递增的乙醇溶液中。一般经30%、45%、50%、70%、85%、95%乙醇溶液，无水乙醇溶液，至完全脱去水分。脱水时间一般以器物大小而异。②在醇水交替置换后，将器物投入50%、80%、100%的醇醚溶液中，进行醇醚替换，直至乙醚完全置换乙醇为止。如在室温为20℃时，检查其相对密度为0.175~0.178即可。在置换水时，必须将漆器中的水分置换彻底。③将饱含乙醚的漆器，置于真空干燥器中，减压快速干燥，亦可在常温下自然挥发。乙醚沸点很低，挥发极快。故在乙醚挥发时，应将漆器固定住，防止变形。

(2) 高分子材料渗透加固法

用有机高分子材料渗透至木材内，填充木材的孔隙和细胞，当新材料固化后，对细胞起着支撑的作用，防止了纤维的收缩。聚乙二醇渗透加固法是对饱水漆器定型加固的一个重要途径。

聚乙二醇（PEG）分子式为 $HOCH_2(CH_2OCH_2)_nCH_2OH$，由乙二醇聚合而得。纯净的聚乙二醇无色无臭，蒸气压低，热稳定性好，不易起化学变化，为一种较稳定的水溶性高分子材料。聚乙二醇的分子量高低不等，为200~6000，甚至达到12000。低分子量的聚乙二醇为可流动的液体，随着分子量的增加，变为黏稠状或石蜡状。通常PEG分子量在600以下为可流动液体，分子量在1000时呈石蜡状，平均分子量为4000，呈固体状。

当聚乙二醇溶液与木材接触时，PEG即向木材纤维的腹腔渗透，木材中的水分子沿着纤维边缘向木材表面膜层穿透，并进入 PEG 溶液，然后 PEG 与木材内渗出的水分子相溶，PEG 溶液再沿膜层孔隙渗入木材细胞，如此反复进行。木材纤维腹腔中的水分被 PEG 置换，维持纤维的结构，使细胞腔壁得到高分子材料的支撑而不致收缩变形。

使用 PEG 渗透法时应注意聚乙二醇分子量的选择问题。分子量太小时，对木材的浸渗速度加快，有利于脱水定型，但易吸水返潮。分子量太大时，向木材内的浸渗速度降低，不易渗入木材内部，但机械强度增加，且不易返潮。故选用的 PEG 分子量在 600～1000，溶液浓度为 PEG 含量的 20％～55％。

思 考 题

8-1　简述文物的特征和文物保护的特点。为什么说文物保护是一门综合型的研究学科？

8-2　文物保护应遵守哪些基本原则？如何理解保持原状原则的含义？

8-3　文物保护技术研究中的分析方法包括哪些方面？

8-4　在文物最初的制作中涉及哪些有机材料？

8-5　简述环氧树脂的组成及特点。胺类固化剂在环氧树脂配方中的用途是什么？

8-6　简述青铜器的化学组成及腐蚀机理。

8-7　青铜器常见的锈蚀物有哪些？哪些成分是有害锈，为什么？

8-8　青铜器化学去锈有哪些方法？简述其除锈原理。

8-9　应用金属器物的缓蚀技术的目的是什么？青铜器缓蚀技术有哪些？

8-10　为什么瓷器一般比陶器风化程度低？

8-11　简述古代壁画制作方法。我国古代壁画所用的颜料主要有哪些？

8-12　生漆的化学组成成分主要有哪些？生漆为什么具有成膜性能？

（西安交通大学　许昭）

第9章

化学与司法侦查

夏洛克·福尔摩斯和李昌钰都是闻名于世的大侦探，无论是作家笔下的文学形象或是现实生活中的著名警探，他们的探案过程总是包含了丰富的化学知识和法庭化学思想。无论罪犯多狡猾，作案手段多么高超，总会在现场留下蛛丝马迹。大侦探们就是通过发现和鉴定犯罪嫌疑人留下的各种痕迹，使案件得以侦破。所以，司法侦查的目的就是寻找物证，再通过物证鉴定把犯罪嫌疑人、现场、作案工具、被害人、被侵害物体等联系起来，将物证组成一个证据链，揭露和证实犯罪行为。

司法侦查离不开犯罪现场也离不开化学原理和方法的支撑。世界是由物质组成的，构成犯罪现场的必然也是形形色色的物质。化学是研究物质组成、结构及变化规律的科学。案发现场得到的物质、痕迹及各种证据，都需要借助化学方法（包括仪器分析方法）来鉴定。所以，司法侦查寻找物证的过程也是化学理论、实验技术和分析方法在实际中的具体应用。

化学学科是司法侦查的基础。化学原理是物证鉴定研究的理论基础，化学分析（含仪器分析）方法是法庭科学实验室进行研究的重要手段。早在 20 世纪初，法国的埃德蒙·洛卡德（Edmond Rocard）就认识到物证鉴定在案件侦破中的重要作用，于 1910 年建立了第一个法庭实验室，揭开了化学知识应用于司法侦查的序幕。现在，随着科技发展进步，越来越多的化学知识被应用于司法侦查。从指纹、毛发的鉴定到血痕、唾液等生物样品的分析，从爆炸碎片到枪击残留物的分析，从笔墨、纸张到书写时间的鉴定，从毒物到毒品的分析都离不开化学的原理和分析手段。可以说，用化学手段对犯罪现场和侦查过程中获取的犯罪物证成分进行检验是化学学科对刑侦工作的重要贡献。如果没有化学学科的新发展，就没有物证鉴定的新手段，司法侦查就难以取得进展。

本章将给大家介绍一些化学原理在案件侦查中的应用。

9.1 指纹显现

指纹在物证中是"证据之王",是人身同一认定的可靠工具。

手是人体最容易留痕迹的一种器官。手指、手掌皮肤汗腺能不间断地分泌汗液,皮脂腺分泌物也随汗液混合在一起,若手与头部以及身体其他部位接触也会沾上微量油脂。所以表面上看起来很干净的手,当它和物体表面接触时,总能留下汗垢印迹。因此,手印是犯罪现场上遇到的一种形象痕迹,在现场是常见的、大量的。

指纹是人的手指前端一节正面皮肤上的花纹,司法侦查工作中常说的"指纹"是指手指触及物体时在物体上留下的印痕,称为指印。每个人的指纹的形态特征、花纹结构都有自己独有的特点。就目前世界几十亿人口有名字相同、相貌相似,但至今还没有发现指纹相同的人。指纹的稳定性很强,人从生至死,直到躯体彻底腐败变质之前,其指纹原来的形态结构、细节特征的总体布局,乳突线的分布范围等是终生稳定保持不变的。

由于指纹具有人各不同、终生不变和触物留痕的特点。所以,在案件侦破中指纹是揭露罪犯、证实犯罪的重要证据之一。科学正确地发现、提取、显现鉴定指纹对于开展侦查工作、惩治犯罪具有重要的意义。

利用犯罪现场留下的指纹使案件得以破获的例子比比皆是。例如,某地一村民杀死一幼女后一直未暴露。多年后,他因盗窃摩托车被警方抓获。民警在审查他时,根据指纹鉴定比对,将他锁定为当年那起命案的犯罪嫌疑人。利用指纹信息破获的盗窃案更是举不胜举。

犯罪现场留下的指纹中有显指纹和潜指纹。用肉眼可以分辨的称为显指纹;用肉眼难以辨识的称潜指纹。指纹侦检的主要工作就是要将潜指纹通过一定的方法(指纹显现技术)显现出来,即利用化学原理将一些可以和指纹残留物发生反应而显色的试剂用于指纹的显现,将潜在指纹变成肉眼可辨或者特定仪器技术可检测的显指纹。那些能使指纹显现的化学试剂称为指纹显现剂。

通常,犯罪现场留下的大多是汗液指纹,有的是血指纹,有的是灰尘指纹、油脂指纹等。指纹类型不同,所用的显现技术也不同,现将几种作案现场常见的指纹显现方法介绍如下。

9.1.1 汗液指纹的显现

汗液指纹是案发现场中最常见的潜指纹,虽然肉眼无法看到,但是经过特别的方法及使用一些特别的化学试剂加以处理,指纹残留成分便能与化学试剂反应,显现出这些潜指纹的形貌。汗液指纹残留物化学成分见表 9-1。

表 9-1 汗液指纹残留物化学成分

来源	无机成分	有机成分
外泌汗腺	水、钠离子、钾离子、氯离子、硫酸根离子、磷酸根离子	氨基酸、尿素、乳酸盐、肌氨酸酐、尿酸等
皮脂腺分泌		甘油三酯、脂肪酸、磷脂、脂化胆固醇等

通常，如果指纹是留在金属、塑胶、玻璃、瓷砖等非吸水性物品的表面，可以用粉末法，选择颜色对比大的粉末或磁粉撒在物品表面提取出完整的指纹。如果指纹留在纸张、卡片、皮革、木头等吸水性物品的表面，则必须经过化学处理才能显现。常用的化学显现技术有以下几种。

(1) 碘熏法

利用汗液指纹中的油脂与碘的反应使指纹显现。碘熏法显现指纹的原理是汗液指纹中含有油脂，碘易溶于油脂，当碘蒸气与带有指纹的纸张接触时，指纹油脂中不饱和脂肪酸的 C=C 双键吸收了碘，被吸收的碘凝结成紫黑色，指纹得以显现。具体做法是：取蒸发皿一个，滴入少量碘酒，再用酒精灯加热蒸发皿，将带有指纹的白纸放在蒸发皿上，用碘酒蒸气小心熏蒸，升华后的碘蒸气附着在潜指纹上，把指纹染成紫黑色。利用碘熏法显现的指纹若露置于空气中或用氨气熏，则又会消失，如此可使指纹反复显现，对指纹无损害。但是，由于碘熏指纹易消失，会给证据保存带来不便，所以需要用一些方法来固定，常用的有底片固定法、淀粉固定法、银板复印固定法、α-萘酚黄碱素固定法等，这些方法均是化学方法。这种碘熏法特别适用于白色纸张或墙上潜指纹的显现。该方法可以检测出数月之前的指纹。溴熏法、氯熏法同样也可以使汗液指纹显现，原理与碘熏法相似。

(2) 硝酸银法

汗液中有盐分，所以汗液指纹中含有 Cl^-，可以利用硝酸银与 Cl^- 的反应显现指纹。当硝酸银溶液喷洒到指纹上时，指纹中的 Cl^- 可与硝酸银反应，反应式为：

$$AgNO_3 + Cl^- = AgCl\downarrow + NO_3^-$$

AgCl 是白色沉淀，对光不稳定，容易分解出金属银而呈黑色，指纹得以显现。单独使用硝酸银显现指纹效果不好时，应改用复合硝酸银显现剂。复合硝酸银显现剂是以硝酸银为主要显色剂，加上其他显色试剂、还原剂、渗透剂等配成的混合溶液，可提高显现效果。常用的有 $AgNO_3$-氨基比林、$AgNO_3$-渗透液、$AgNO_3$-茚三酮等。由于指纹中的 Cl^- 较油脂更稳定，所以此法可以检出较碘熏法更长时间的指纹。

(3) 茚三酮法

汗液指纹中也会含有氨基酸，而氨基酸可与茚三酮反应生成蓝紫色化合物罗曼紫。茚三酮法就是利用指纹中的氨基酸与茚三酮反应显现指纹的。其反应式为：

该方法简单易行，只要将茚三酮用丙酮或乙醚等有机溶剂配成溶液，装入喷雾瓶，在案发现场直接喷洒在疑有指纹的物体表面上，即可使潜在汗液指纹显现。为了提高显现效果，也可采用复合茚三酮溶液，如茚三酮-氯化锰、茚三酮-氯化镉等。有时也采用酶加强法，即先在留有指纹的物体表面洒上胰蛋白酶的水溶液，让小蛋白和多肽水解为氨基酸，然后再喷茚三酮溶液，这样显现指纹的效果较好。茚三酮显现指纹的方法可显现多年陈旧的指纹，同时也能显现纸张、本色木、浅色绸缎及棉织品等表面上的潜指纹。该方法可以检出一两年前的指纹。茚三酮与手指氨基酸显色见图 9-1。

(4) 荧光显现技术

荧光显现指纹技术是利用仪器检测指纹的方法。为了能使汗液指纹便于观察，通常采用荧光指纹显现剂作用于指纹后，再观察荧光图像，进行指纹解析。例如，荧光胺试剂与指纹中的氨基酸反应，生成的产物能发出荧光，可得到灵敏的指纹图像。常用的荧光指纹显现剂包括三类，即荧光粉末、荧光染料和能与指纹中某些组分发生化学反应而形成荧光产物的化学试剂。蒽、邻氨基苯甲酸、8-羟基喹啉、萘酚红 B 等是荧光粉末；豆香素类、罗丹明 6G、罗丹明 B 等是荧光染料；派洛宁、荧光胺、邻苯二甲醛等则是与指纹成分反应产生荧光的化学试剂。荧光显现技术适用于彩色画面上的潜指纹显现。荧光指纹见图 9-2。

图 9-1　茚三酮与手指氨基酸显色

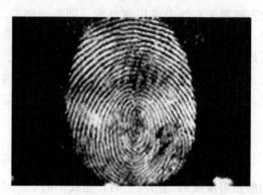

图 9-2　荧光指纹

9.1.2　血指纹的显现

犯罪现场留下的血指纹颜色很浅或者无色，肉眼无法辨识，需用一些指纹显现技术加以显现，主要有化学发光法和四甲基联苯胺显现法。

(1) 化学发光法

化学发光法是利用化学试剂与血液中物质发生反应，产生荧光，使指纹显现的方法。例如，当鲁米诺试剂（化学名称叫氨基苯二酰肼）与血红素共存，在碱性条件下，H_2O_2 氧化血痕可发出很强的荧光。鲁米诺试剂对血液检测灵敏度很高，稀释上百倍的血液干涸后仍能发出荧光。浓硫酸也能使血液发出荧光，紫外光下呈红色，所以浓硫酸也可用于血指纹的显现。

(2) 四甲基联苯胺显现法

甲基联苯胺显现法的显现原理是血液中的过氧化物酶或血红蛋白分子内卟啉环中的铁离子遇到过氧化氢时使过氧化氢放出新生态氧（即反应中产生的非常活泼的氧原子），新生态氧将无色的四甲基联苯胺氧化成蓝色，使潜指纹显现出来。过氧化氢也能使血指纹显现，因为过氧化氢可将人体血红蛋白氧化生成白色物质，故用于显现蓝色、红色等深色物体上的血指纹。

9.1.3 其他指纹的显现

油脂指纹可用荧光检验法或荧光试剂气雾化显现法、化学试剂（如碘熏法）显现法。常用的荧光试剂与汗液指纹显现法所用一致，化学试剂常用锇酸水溶液及一些粉末剂。

灰尘指纹显现较常用的有痕迹固定法、DT 胶纸提取法、硫氰酸钾显现法。痕迹固定剂的主要成分是乙酸乙烯酯和丁烯酸，二者形成共聚物溶于无水乙醇中成为带阴离子的胶体溶液，形成固定剂的皮膜。DT 胶纸（是英文 Dust Trace "灰尘痕迹" 的缩写）的主要成分是骨胶、甘油及一些染料，该方法对提取粉尘指纹有其独特的效果。

还有一些特殊潜在指纹，如留在皮肤上、胶带黏性面上、涂蜡表面上的指纹都可采用不同的方法显现出来。

9.1.4 指纹显现新技术

纳米技术的进步为指纹显现技术带来了开拓性的进展。纳米材料导电性介于导体与半导体之间，且自身具有光致荧光特征。因此，可以根据粒子直径的大小来调节纳米粒子吸收和发射的波长，从而用于检测。当纳米材料与汗潜指纹相结合，光照可使纳米材料发出荧光，显现出指纹图谱。例如 Fe_3O_4、TiO_2、ZnO、Al_2O_3、CdS、ZnS 等纳米材料颗粒易与汗潜指纹中的有机或者无机物质相结合，可以降低背景干扰，克服了传统 DFO 或茚三酮等荧光试剂在显现某些疑难指纹时灵敏度不足的问题。

纳米材料还能够在氰基丙烯酸乙酯（502）熏显指纹检材后使用，将纳米复合材料吸附在 502 上，生成酰胺类化合物，使指纹显现。该技术不仅可以有效地显现犯罪分子高科技作案手段后遗留在各种疑难载体上的复杂指纹，还能够克服现有的显现试剂、显现设备昂贵而无法普及和显现方法存在安全隐患等难题，纳米材料对法庭科学中潜在指纹显现具有巨大的应用潜力。

9.2 血痕的检验

血液和血痕检验是法医物证检验中最重要的内容，通常占 80% 以上。血痕检验的首要目的就是确定是否为血痕，其次还要解决该血痕是人血还是动物血以及血型等与案情有关的其他问题。若谋杀案发生在鲜肉店，就需要从沾满牛、猪以及羊血的许多把刀上挑出人血。曾经在一起案件中，衣服上满是血污的犯罪嫌疑人坚持自己是无辜的，但是由于其身上有血痕，所以必须进行检验。后经法医鉴定，该血痕并非人血而是鸡血。于是，该疑犯获释。通常对血痕的检验包括筛选试验和确证试验两个阶段。

9.2.1 筛选试验

在案件侦查的过程中，犯罪现场可能会有很多可疑的斑点，当看到一个红色的斑点时，我们首先要问 "是血吗"？如果是血，则该斑点中一定含有大量血红蛋白。因为血红蛋白是使血液呈现红色的物质。新鲜的血液可以通过显微镜观察红细胞得以确认。然而，血液凝固很快，现场的血斑通常是干燥的血液，无法用显微镜辨认出其中的红细胞。所以，在犯罪现场，首先需要对血痕进行筛选，确定血液是否存在，即通过筛选试验从大量检材中筛选出需要进一步检验的血液斑痕。筛选试验的常用方法有联苯胺试验、酚酞试验、血卟啉试验、鲁米诺发光试验和紫外线浓硫酸试验等。

(1) 联苯胺试验

因为血液中的血红蛋白或正铁血红素具有过氧化酶活性，使过氧化氢释放出新生态氧，将无色的联苯胺氧化成联苯胺蓝。试验时，剪取或刮取检材少许，置于滤纸片上或白瓷板上，加联苯胺无水酒精饱和液、冰醋酸、过氧化氢各一滴，如果不出现蓝色，则表明该样品不是血。斑痕难以取下时，可用蒸馏水浸湿滤纸擦拭斑痕，使斑痕上的物质移行到滤纸上，然后以同样的方法进行试验。该方法灵敏度很高，血液稀释到 20 万～30 万倍，仍呈阳性反应。但需要注意的是联苯胺不是血液特异性反应，自然界中其他具有过氧化酶活性的物质也能引起阳性反应，所以经该法筛选后，还需进一步的确证试验。

孔雀绿试验、氨基比林试验以及邻联甲苯胺试验也可以用于筛选血痕检材，其反应原理与联苯胺试验一样。

(2) 酚酞试验

利用血红蛋白或正铁血红素的过氧化酶活性，使过氧化氢分解出新生态氧，将还原酚酞氧化成酚酞，在碱性溶液中呈粉红色。本法的灵敏度极高，可达 10 万～50 万倍，但非特异性，氧化剂（如铜、铁、镍）及脓液、精液、尿液、新鲜植物汁等均呈阳性反应。

试验时，将 1～2mL 可疑血痕的生理盐水浸液置于试管中煮沸半分钟，破坏可能存在的生物氧化酶；冷后，加 5 滴还原酚酞液，半分钟后，如不变红色，再加数滴 3% 过氧化氢，若立即出现程度不同的粉红色至红色，则为阳性反应。

(3) 血卟啉试验

卟啉是血红蛋白的分解产物，遇到硫酸会生成酸性血卟啉，在紫外线下呈现紫红色荧光；若遇到碱，则生成碱性血卟啉，在紫外线下呈现深红色荧光。所以，可用此试验对可疑斑痕进行筛选。

(4) 鲁米诺发光试验

血痕中的血红蛋白催化过氧化钠，释放新生态氧使鲁米诺氧化而产生化学发光现象。将新鲜配制的鲁米诺试剂在暗室中喷洒在可疑斑痕上，若有白色发光现象，则可能为血痕。该方法适用于夜间或黑暗地方寻找血迹。本法灵敏度很高，对黏液、唾液、尿液、粪便等都不起发光反应。试验时，需用已知血痕作对照。

操作方法是：将新配制的试剂（鲁米诺 0.1g，过氧化钠 0.5g，蒸馏水 100mL）置于喷雾器内，在暗室内对可疑斑痕进行喷洒，如是血痕，则立即呈现青白色的发光现象。

(5) 紫外线浓硫酸试验

取可疑斑痕少许，放白瓷板上，加浓硫酸一滴，置于紫外线下观察，如是血痕则呈橙黄色荧光。

9.2.2 确证试验

筛选试验只能排除一些可疑斑迹，但不能确证。为了进一步证实检材为血痕，需要进行更多的试验。常用的检验方法有氯化血红素结晶试验和血色原结晶试验以及光谱检测三种。

(1) 氯化血红素结晶试验

酸性条件下，血红蛋白形成正铁血红素，冰醋酸和氯化钠作用生成氯离子，正铁血红素与氯离子反应生成氯化血红素结晶。如果检材中含有血，就会出现褐色菱形结晶，可用显微镜观察到。

(2) 血色原结晶试验

碱性溶液中血红蛋白分解成正铁血红素和变性珠蛋白，再与还原剂作用，正铁血红素还原成血红素，血红素与变性珠蛋白和其他含氮化合物结合，生成血色原结晶。检材若有血痕，加入试剂后会呈现橙色，并逐渐转变为樱红色，再生成结晶，在显微镜下，可观察到桃红色星状、菊花状或针状结晶。

确证试验灵敏度一般都不太高，若检材有真菌生长、细菌污染，或经过洗涤、雨淋、日晒后，确证试验往往呈阴性反应。因此确证试验呈阴性结果时，可继续做种属试验，因为常规的抗人血红蛋白血清沉淀反应的灵敏度比确证试验高。防止因确证试验的灵敏度低而漏检了血痕。

(3) 光谱检测

血液对光具有吸收的特征，而不同物种的血样在特定波长处对光的吸收存在差异。目前用于血样检测的光谱方法主要为近红外拉曼光谱法。可疑血样经仪器检测，得到光谱信息，再应用主成分分析方法分析血样种属，进行确证。

9.3 爆炸物证的检验

爆炸物证是指爆炸准备阶段动用的一切物品、物质和实施引爆后形成的爆炸残留物、遗留物及爆炸痕迹的总称。

通过对爆炸残留物的分析可以确定爆炸的性质。如果是炸药爆炸，爆炸现场上的残留炸药分布存在一定的规律，且多掺杂在大量的尘土中，有的吸附在嫌疑人、被害人的衣物或爆炸残片及各种包装物上。可通过分析鉴别炸药残留物中的无机离子来认定炸药的种类和炸药用量；通过分析爆炸装置残片以判断爆炸装置结构、引爆方法及包装物等，进而揭露爆炸真相。曾有这样一起案例，某地王某家院门外发生爆炸，致使王某当场死亡，经提取爆炸点附近尘土分析，炸药为硝铵炸药。经现场勘查后分析认为，犯罪分子将自制的拉发式电引爆爆炸装置安放在受害人的大门上，王某开门时引爆炸药。经过侦查人员排查，找到十余名嫌疑人，技术人员用化学试剂擦拭其双手，在其中一名嫌疑人手上检出硝铵成分。在证据面前，该犯罪嫌疑人终于交代了犯罪事实。可见，对炸药的成分进行分析，对案件的侦破有着重要的意义。

通常，按照炸药的成分可将炸药分为无机炸药和有机炸药，两类炸药的检验原理和方法有比较大的差别。

9.3.1 无机炸药的检验

炸药残留物中的无机离子来源于炸药原体和爆炸反应产物。离子种类有：NH_4^+、NO_3^-、K^+、Na^+、Cl^-、S^{2-}、NO_2^-、ClO_3^-。对这些离子的检验主要用沉淀反应、颜色反应等化学方法。

(1) 钾离子检验

钾离子是黑火药及氯酸盐炸药的组成成分，常用的检验方法是亚硝酸钴钠法。钾离子与亚硝酸钴钠的反应可生成黄色立方体或八面体结晶，可在显微镜下观察到。

(2) 钠离子检验

钠离子是煤矿硝铵炸药的成分，常用的检验方法是醋酸铀酰锌法。钠离子与醋酸铀酰锌反应生成正四面体或八面体的结晶，微显淡黄色。

(3) 氯离子检验

氯离子是煤矿硝铵炸药、抗水岩石硝铵炸药等所含有的成分。常用的检测方法是硝酸银法，氯离子遇到硝酸银试剂时，生成白色沉淀。

(4) 硫离子检验

硫离子是黑火药的爆炸产物，常用的检测方法是亚硝酰铁氰化钠法。在碱性溶液中，硫离子遇亚硝酰铁氰化钠试剂会生成紫红色化合物，该化合物遇酸分解。

(5) 硝酸根离子检验

几乎所有炸药爆炸后的残留物中都有硝酸根，常用的检验方法是马钱子碱法。硝酸根能将新鲜的马钱子浓硫酸溶液氧化成一种硝基酮式化合物而显红色，放置于空气中则逐渐变为橙色。

(6) 亚硝酸根离子检验

亚硝酸根常用的检验方法是对氨基苯磺酸和 α-萘胺法。在稀醋酸溶液中，亚硝酸根与对氨基苯磺酸作用生成重氮盐，再与 α-萘胺作用生成紫红色偶氮化合物。

(7) 铵离子检验

铵离子是硝铵炸药的成分，常用的检验方法是气室法。铵离子在强碱条件下加热放出氨气，遇水生成氨水，可以使 pH 试纸变蓝，或者使湿润的酚酞纸变红。

由于自然界也会存在这些无机离子，所以要分析炸药残留物中的化学成分，首先必须对检材进行提取和净化，然后再进行化学检验。同时还要做空白对照实验，以确定这些成分是爆炸成分还是原来固有的。常见无机炸药检验方法见表9-2。

表9-2　常见无机炸药检验方法

常见离子	检验方法	炸药归属
K^+	亚硝酸钴钠法	黑火药、氯酸盐炸药
Na^+	醋酸铀酰锌法	硝铵炸药
NH_4^+	气室法	硝铵炸药
Cl^-	硝酸银法	硝铵炸药、烟火药
S^{2-}	亚硝酰铁氰化钠法	黑火药、烟火药
NO_3^-	马钱子碱法	各类型炸药
NO_2^-	重氮盐法	黑火药
ClO_3^-	硫酸氧化法	烟火药
SCN^-	铁离子检验法	黑火药
SO_4^{2-}	钡离子检验法	黑火药、烟火药
$S_2O_3^{2-}$	硝酸银法	黑火药、烟火药

9.3.2　有机炸药的检验

爆炸现场残留的有机炸药成分一般较少，主要是没有发生爆炸的原体炸药，如 TNT（三硝基甲苯）、黑索金、泰安、雷汞等，通常用薄层色谱、红外光谱、气相色谱及高效液相色谱等仪器分析法进行检验。

（1）薄层色谱法

用丙酮作为提取溶剂，将炸药成分从爆炸尘土中提取出来，浓缩后点在用硅胶 G 制成的薄层板上，以丙酮和苯等有机溶剂作为展开剂进行展开。在紫外灯下照射 5～10min，黑索金为紫灰色、泰安和硝化甘油为绿色；如果喷洒二苯胺-浓硫酸，黑索金为蓝绿色、硝化甘油为蓝色、TNT 为黄色。

（2）红外光谱法

将炸药残留物的丙酮提取液浓缩，涂于溴化钾片上，待丙酮挥发后进行检测，将得到的谱图与标准红外谱图进行对照，从而可以认定炸药的种类。若检材量较多，提取浓缩后会有固态物形成，这时要将固态物与溴化钾混合后压片，再行检测。

9.4　文书物质材料检验

司法实践中经常需要对添加、涂改或伪造的各种文件物证材料进行检验鉴定。主要是鉴别这些文书物质材料的种类、性质、成分、产地，确定墨水和圆珠笔油字迹色痕相对形成时间，以便为办理案件提供线索和证据。

9.4.1 纸张的检验

在案件侦查中，经常会遇到以纸张为载体的物证，如犯罪分子书写的标语、传单、匿名信件，伪造的钞票；各种票据、车票、遗嘱、证件、重要档案文件、盗版书籍以及大量民事纠纷中涉及的借条、收据等。在新中国成立初期，中国人民银行总行曾发生过一起假冒周恩来总理批示诈骗 20 万元现金的特大案件。经公安部对作案人写的白条收据用纸进行检验，发现对外贸易部文具库有此种纸张。后经文检专家"会诊"，几天后，在对外贸易部找到了犯罪嫌疑人王某，此案告破。可见，对纸张的检验在侦查破案中有重要意义。

(1) 纸张的组成

纸的主要组成成分是纸浆，还有少量的胶料、色料和填料等，即"一浆三料"。纸浆（又称纸粕）是将植物纤维原料用机械或化学方法制成的纤维悬浮液，是造纸的中间产物。根据制浆方法的不同可将纸浆分为机械浆、化学浆和化学-机械浆三类。胶料是为了防止书写时引起墨水洇散，增加纸面的光泽，调节纸张的硬度等而加入的胶体物质，如松香、淀粉、动物胶、植物胶和合成树脂等。加入胶料的施工过程叫施胶，施胶的方法有内部施胶和表面施胶两种。色料是为了使纸张具有一定的颜色或增加其白度而加入的着色剂。色料分为两大类：一类是溶于水的染料，一类是不溶于水的颜料。填料是为了改善纸张的性能或降低成本而加入的颗粒细小的无机矿物质，如滑石粉、碳酸钙等。纸张中的化学成分及检验方法归纳于表 9-3。

表 9-3　纸张中的化学成分及检验方法

纸张组成	成分	检验方法
纸张主体	纤维素、半纤维素、木素	碘-氯化锌染色法
胶料	松香、淀粉、骨粉、动物胶、植物胶、石蜡和合成树脂等	蔗糖-浓硫酸法、碘染色法、茚三酮法
色料	黄、绿、蓝、红、黑等颜料	仪器分析方法
填料	滑石粉、石膏粉、碳酸钙、氢氧化镁、高岭土等	盐酸检验法

(2) 纸张的检验

纸张检验主要是对纸张成分进行检验。纸张检材的化学分析方法是利用化学试剂与纸张中的某些成分发生特效的化学反应，来鉴别纸张的种类、制浆方法、胶料、色料或填料等。

纸浆种类检验是根据不同纸浆对染色剂的着色能力不同，对纸浆种类加以区别。常见的染色剂是碘-氯化锌试剂，它对各种纸浆可呈现不同的颜色反应：机械浆呈亮黄色，化学浆呈蓝紫色，化学-机械浆呈黄绿色。在显微镜下观察所呈现颜色，同时观察植物纤维的形态，从而区分纸浆的种类。

胶料是纸张的重要成分之一，鉴于对案件纸张检验一般不允许或只能少量破坏检材，胶料检验一般只能直接在检纸上进行反应，很少将胶料分离提取出来。常用的检验方法有蔗糖-浓硫酸法（检验松香胶）、碘染色法（检验淀粉）、茚三酮法（检验蛋白质）。

鉴别色料的目的是增加比对两种纸张是否相同的信息，不是具体认定染料、颜料的成分或名称。用微量化学法检验纸张中的色料，主要是利用纸张的耐酸性、染料的溶解性以及染料遇酸碱试剂产生的颜色变化等情况，大体确定染料的类别。

碳酸钙和硫酸钡是两种常见的纸张填料。检验碳酸钙时，可将纸样置于载玻片上，在纸样的表面滴加盐酸，再置显微镜下观察，如有气泡产生，证明是碳酸钙。因为碳酸钙与盐酸反应会放出二氧化碳气体。检验硫酸钡时，可在纸样上滴加硫酸，再置显微镜下观察，如出现交叉形羽毛状的美丽结晶，则证明有硫酸钡存在。

有时候，同一厂家生产的不同批号的同一种纸张，由于其化学成分基本相同，用常规的化学分析法难以区分，需要用薄层色谱法、气相色谱法、高效液相色谱法及原子发射光谱法等仪器分析方法进行检测。

9.4.2　墨水与圆珠笔油的检验

对墨水和圆珠笔油鉴定的主要目的是确定其牌号、生产厂家和生产批号。由于检测对象具有量少的特点，因此，对墨水和圆珠笔油的检验通常用仪器分析方法。

检验时，首先要对检测对象进行提取。常用 36％乙酸提取墨水字迹，用无水乙醇提取圆珠笔字迹。然后进行仪器分析。常用的仪器分析方法有以下几种。

(1) 紫外-可见分光光度法

测定墨水或圆珠笔油的紫外-可见光谱，可鉴别国内外生产的此类产品。国内各厂家生产的墨水和圆珠笔油，配方大致相同，故紫外-可见光谱基本相同，但它们的导数光谱有一定差别，通过测定导数光谱的极值比，一般能区分不同厂家生产的圆珠笔油。

(2) 薄层色谱法

薄层色谱法有一定的局限性，只能鉴别部分不同牌号的墨水和圆珠笔油。在多数情况下，国内产品用薄层色谱法不能鉴别出生产厂家和牌号。但用薄层色谱光密度扫描法，直接测试纸上钢笔或圆珠笔字迹的反射吸收光谱，通过计算相邻吸收峰的相对强度，能在不破坏原件的条件下，达到鉴别的目的。

(3) 高效液相色谱法

用高效液相色谱法对圆珠笔和钢笔字迹成分进行定性和相对定量分析，基本上能鉴别出不同厂家、不同牌号的圆珠笔油和墨水，有时能鉴别同一牌号的不同批号，能鉴定薄层色谱法不能区分的样品，应用较为广泛。

9.4.3　书写时间的鉴定

笔墨书写时间的刑事科学鉴定也称字迹形成时间鉴定，它是文件形成时间鉴定的内容，也是文件检验技术中的一个难题。在一些涉及经济纠纷的案件中，作案人常常事后通过伪造此前某一时期的文件，篡改事实以达到个人目的。此种情况下，可疑文件上字迹形成时间与标称时间是否一致，常常成为鉴别文件真伪的一个重要依据。处理此类案件时需要对收据、借条、合同、契约、批件等可疑文件上字迹的相对形成时间进行鉴定。有这样一个案例，吴某利用职务便利，非法收受他人贿物计4万余元人民币。法庭上，对于其中一笔2万元受贿事实，吴某辩称是借款，自己有借据，行贿人也到庭推翻自己原来行贿的证词。后经检察院复核了全部案件事实证据，对2万元借条进行笔墨书写时间鉴定，鉴定结果表明借条上字迹形成时间与借条上所标称的时间不符，即借条不是在被告人和行贿人所说的时间段书写，而是案发前补写的。在证据面前，吴某不得不承认受贿事实。

鉴定字迹书写时间是利用化学试剂与字迹墨水起反应或者利用仪器分析法对墨水成分随时间的变化进行分析，来判断字迹形成时间。由于文件检材中字迹墨水量少，且不能破坏检材，常用仪器分析方法进行检测。现将常用检测方法及可鉴定时间范围列于表9-4。

表 9-4　字迹书写时间鉴定方法

检材种类	检测方法	可鉴定时间范围
圆珠笔油	气相色谱法	三年内
蓝色圆珠笔油	高效液相色谱法	五年内
钢笔、圆珠笔和部分签字笔	压印法	四年内（时间间隔半年）
蓝黑墨水	X射线电子能谱法	20天
蓝黑和纯蓝墨水	硫酸根扩散程度测试法	一年前（时间间隔半年）

（1）化学方法鉴定蓝黑墨水书写时间的原理

蓝黑墨水的主要成分有鞣酸、没食子酸以及七水合硫酸亚铁。鞣酸呈弱酸性，可以与硫酸亚铁生成无色的水溶性物质鞣酸亚铁，鞣酸亚铁在空气中逐渐被氧化成鞣酸铁。鞣酸铁是一种不溶于水的蓝黑色沉淀，是蓝黑墨水的主要成分。没食子酸与亚铁盐不会产生沉淀，氧化后生成不溶于水的没食子酸高铁，加深墨水的色彩，所以也是主要的成分。可以通过检测二价铁的含量或者硫酸盐的扩散程度判断其形成的相对时间。

（2）化学方法鉴定蓝黑墨水书写时间的方法

① 二价铁离子的检验法　用棉签蘸取 α,α'-联吡啶-乙酸溶液涂在被测字迹上，待乙酸挥发后，观察笔画是否变红以及红色的深浅。因为二价铁离子可以与 α,α'-联吡啶反应生成红色物质。笔画中的二价铁离子与鞣酸和没食子酸反应后，由于空气中的氧化作用铁离子由二价转为三价。随时间的推移，纸上的墨水笔画中二价铁离子越来越少。所以书写的时间不同，与 α,α'-联吡啶反应后红色的深浅各异，颜色越深书写时间越短。但是由于二价铁离子被氧化成三价铁的过程很快，经过一段时间，二价铁离子就无法测出，所以这种检验只能对近期书写字迹与远期字迹的差别做出判断，适合于揭露在几天内对早期完成的文件进行涂改伪造的事实。

② 硫酸盐扩散程度测定法　由于蓝黑墨水的成分中含有硫酸盐，墨水写到纸上后由于自发的化学反应，硫酸盐中的硫酸根会部分转化成硫酸。随时间推移，硫酸成分越过有色笔画的界限向外扩散，书写时间越长，扩散越多。如果显现出扩散后的硫酸图像，即可根据其超出原笔画的扩散宽度来判断字迹书写时间的长短。利用把无色硫酸图像转化成有色图像的

沉淀反应和沉淀转移反应可达到目的。反应原理如下：

$$Pb(NO_3)_2 + H_2SO_4 \!=\!=\!= 2HNO_3 + PbSO_4 \downarrow (白色)$$
$$Na_2S + PbSO_4 \!=\!=\!= Na_2SO_4 + PbS \downarrow (褐色)$$

硝酸铅和硫化钠可以把看不见的硫酸扩散图像转化为可见的褐色硫化铅图像，从而可以测定硫酸扩散程度的大小。但是，由于笔画中含有的硫酸非常少，生成的硫酸铅在操作过程中极易损失，所以在检验时要选择与检材条件相似的样本作对照，同时要多选笔画测定，取平均值，即可判断检材的书写时间。

（3）色谱方法鉴定蓝色圆珠笔油墨书写时间

蓝色圆珠笔油墨主要由三芳基甲烷类、铜钛菁染料和苯甲醇、苯氧基乙醇溶剂以及树脂填料三部分组成。苯甲醇等溶剂都是挥发性物质，如果字迹形成时间较短，可用 GC 法测定溶剂苯甲醇随时间的变化图，将检材的含量与图谱对照，可确定相对时间。三芳基甲烷类染料在字迹形成后发生光反应，含量随之发生变化。故可用 HPLC 法测定三芳基甲烷类染料含量，得到其含量随时间的变化图。将检材的含量与图谱对照，即可得到相对形成时间。

9.5 毒物、毒品分析

毒物、毒品分析是法庭化学主要内容之一。

毒物是少量进入人体或动物体后，在组织和器官内产生化学或物理化学作用，破坏机体正常的生理功能，引起功能障碍、组织损伤，甚至危及生命造成死亡的物质。毒物一般可分为挥发性毒物、金属毒物、难挥发性有机毒物、水溶性毒物、气体毒物和农药等。毒品是一类进入人体后能引起精神兴奋或抑制，产生欣快感或幻觉使人成瘾的有毒物质，具有成瘾性、危害性和非法性。毒品主要有鸦片类、大麻类、可卡因类和安非他明类。

毒物分析是对与案件相关的生物环境和对侵入生物体内的毒物及其代谢物进行定性定量的分析，以确定是否中毒、中毒原因及致死量为目的。研究对象主要为挥发性及难挥发性有机毒物、农药、金属、水溶性毒物及其代谢物等。毒品分析主要分析鉴定制毒、种毒、贩毒和吸毒等毒品案件中涉及的有毒植物、贩卖及吸食的毒品、制毒设备工具、制毒化学品、吸毒工具等。

法庭化学对毒物的分析与一般的毒物分析不同。其检验的对象不仅有毒物原体，同时还有大量生物检材，如体液（血液、尿液）中的代谢物、胃内容物和脏器组织等。根据案情可选择对毒物进行定性或定量分析。检验的具体任务是检验并测定中毒或死亡者的体液、排泄物或内脏组织含有毒物的种类及其在体液和内脏组织中的含量。

9.5.1 金属及水溶性毒物

（1）砷、汞化合物

砷、汞化合物是中毒案件常见的挥发性金属毒物。无机砷化物有三氧化二砷、五氧化二砷、砷酸钙、亚砷酸钙及砷化钙等。有机砷化物有福美砷和甲基硫砷等。三氧化二砷俗称砒霜，其纯品为白色粉末，无味，混入食物不易被发觉，且毒性极强。砒霜进入人体后分解产生亚砷酸离子，与体内酶蛋白巯基结合使酶失去活性，影响细胞的正常代谢甚至使细胞死亡。其致死量为 0.1～0.2g。金属汞俗称水银，常温下为液态，易挥发，其蒸气有剧毒。汞化物有金属汞、二氯化汞、硝酸汞及醋酸苯汞等。易造成汞中毒的主要是金属汞和二氯化汞。汞被人体吸收后，与蛋白质中的巯基、氨基及羧基结合，从而抑制酶的活性，损害组织细胞。

砷、汞化合物的定性检测方法如表 9-5 所示。

表 9-5　砷、汞化合物的定性检测方法

方法名称	试剂用品及操作	砷的判定	汞的判定
雷因希氏法	铜片，加热	铜片变黑色	铜片变银白色
升华法	铜丝，毛细管	四面体或八面体结晶	大小不等的汞珠
古蔡氏法	溴化汞试纸	黄褐色斑点	
碘化亚铜法	碘化亚铜		红色含汞的碘络合物

砷、汞化合物的定量检测方法常用原子吸收光谱法。砷测定时用氢化物法，以 1％硼氢化钠和 0.3％氢氧化钠混合液为还原剂，适当浓度的盐酸溶液为载液，氮气为载气，检测波长为 193.7nm。汞测定时用冷蒸气吸收法，以 0.5％硼氢化钠和 0.1％氢氧化钠混合液为还原剂，适当浓度的盐酸溶液为载液，氮气为载气，检测波长为 253.6nm。

(2) 亚硝酸盐

常见的亚硝酸盐是亚硝酸钠和亚硝酸钾，纯品均为白色或淡黄色结晶，无臭，味微咸而略苦，易潮解，极易溶于水，类似食盐。亚硝酸盐中毒事件时有发生，多见于误服。曾经常发生误将亚硝酸盐当作食盐或碱面等物品食用而造成中毒的事件，因食用含亚硝酸盐的蔬菜造成人畜死亡的案例也有发生。

亚硝酸盐的定性检测方法有 1,8-萘二胺法和丙咪嗪-盐酸法。前者是依据亚硝酸盐在弱碱性条件下与 1,8-萘二胺反应生成橘红色沉淀定性的方法；后者是依据亚硝酸盐与丙咪嗪-盐酸反应生成蓝色物质定性的方法。其中丙咪嗪-盐酸法检出限低至 0.1μg，并且该反应对亚硝酸盐检测具有专一性。亚硝酸盐的定量检测方法常用离子色谱法和分光光度法。

9.5.2　气体及挥发性毒物

(1) 一氧化碳（CO）

气体毒物最常见的是一氧化碳。它是由含碳的物质在缺氧条件下产生的无色无味可燃性气体，比空气轻，微溶于水。CO 经呼吸道进入人体后，与血液中的血红蛋白结合生成碳氧血红蛋白（HbCO）。CO 与血红蛋白的结合力比氧与血红蛋白的结合力强得多，而其解离速度又比氧与血红蛋白的解离慢得多，因而妨碍了血红蛋白的携氧功能，出现中毒症状。因为 CO 与血红蛋白的结合为可逆反应，充分给氧可以使碳氧血红蛋白重新分解为氧与血红蛋白，对红细胞本身无损害，所以对于未死者可用充分给氧的方法进行抢救。血液中 HbCO 饱和度常作为判断 CO 中毒严重程度的指标，CO 的吸入量与中毒程度关系如表 9-6 所示。

表 9-6   CO 的吸入量与中毒程度关系

CO 的吸入量 /L · min⁻¹	吸入时间 /min	血液中 HbCO 饱和度/%	中毒症状
0.12～0.18	60～120	10～20	轻微前额部头痛、恶心
0.24～0.48	120～180	20～30	枕部头痛，眩晕
0.48～0.96	30～120	30～40	神志不清
0.96～3.84	60～120	40～60	可能死亡
3.84～7.68	10～15	60～70	死亡

血液中 HbCO 检测常用的化学方法有氢氧化钠法和钯镜试验法。氢氧化钠法是由于碳氧血红蛋白化学性质稳定，稀释的中毒血液遇氢氧化钠溶液后，鲜红的颜色不会立即改变。钯镜试验法是将检血和乙酸放置于扩散盒外池，氯化钯溶液置于内池，加盖。外池中的碳氧血红蛋白与乙酸作用释放出一氧化碳，一氧化碳与内池中的氯化钯反应生成金属钯，使氯化钯溶液表面出现黑色反光薄膜，即钯镜。煤气中毒一般用此法鉴别。

(2) 氢氰酸与氰化物

纯氢氰酸是无色液体，沸点为 25.7℃，具有挥发性，能溶于水、乙醇、乙醚等溶剂。氰化钾、氰化钠为白色结晶或粉末，在空气中极易潮解，易溶于水，在酸性条件下也能生成氰化氢。氰化物类毒物为剧毒物质，其作用是氰离子能迅速和氧化型细胞色素氧化酶结合，阻止氧化酶发挥正常作用，使生物氧化过程中断而迅速死亡。一般可通过病理变化做出初步判断，同时通过化学分析以确证。

氰化物检验方法有普鲁士蓝法和吡啶-巴比妥酸法。普鲁士蓝试验是氰离子在碱性条件下与硫酸亚铁作用生成亚铁氰络合物，在酸性条件下再与三氯化铁反应生成普鲁士蓝。若检材与试剂反应后生成普鲁士蓝，则可证明致毒物为氰化物。吡啶-巴比妥酸试验是在弱酸性条件下，氰离子与溴作用生成溴化氰，再与吡啶、巴比妥酸作用生成紫红色化合物。此方法也可做定性判断。

(3) 甲醇

甲醇为无色透明挥发性液体，沸点为 64.5℃，能与水、乙醇、乙醚、氯仿、丙酮等以任意比例混溶。工业乙醇中有较高含量的甲醇，不能饮用或作为食物原料。甲醇中毒案件多发生于误饮工业乙醇滥造的假酒或饮料。甲醇中毒主要是对视神经的毒害作用，饮用甲醇 10～20mL 可导致失明，饮用 30～100mL 可导致呼吸衰竭或死亡。

甲醇检验主要针对疑似含有甲醇的酒精和饮料。甲醇的化学检验法主要有 Vitali 反应，即取 1～2mL 样品液，加一粒氢氧化钾（KOH）和 2～3 滴二硫化碳（CS_2）振摇，稍加热使 CS_2 挥干，加 10% 钼酸铵溶液 1 滴，有甲醇则呈现紫红色。此方法检测甲醇检出限为 1.4‰。

(4) 乙醇

乙醇俗称酒精，是芳香、易燃的无色透明液体，是酒的主要成分，白酒中一般含量为

38%~65%，啤酒中含量为 2%~6%。

乙醇中毒主要是抑制中枢神经系统，中毒程度与血中的浓度相关，一般血醇达到 0.5~1.0mg·mL^{-1} 时为轻度中毒，表现为喜怒无常；血醇达 1.5~3.0mg·mL^{-1} 时为中度中毒，表现为呕吐、眩晕，呈麻醉状态；血醇达 3.5~4.0mg·mL^{-1} 时为严重中毒，表现为知觉丧失，不省人事；血醇达 4.0~5.0mg·mL^{-1} 可致死。

乙醇中毒可以用黄原酸盐试验和碘仿试验来检验。黄原酸盐试验是在碱性条件下，醇与二硫化碳作用生成黄原酸盐，再在酸性条件下与钼酸铵作用生成紫色化合物。所以如果被检样品中加入试剂后生成紫色化合物，则说明检品中有醇。碘仿试验是碘与碱作用生成次碘酸盐，将乙醇氧化成乙醛，随之与碘作用生成三碘乙醛，再与碱作用生成黄色碘仿，在显微镜下呈现出雪花状六角形。若检验发现生成碘仿，则检品中可能有乙醇。

酒驾是一种常见的交通违法行为，交警在检查司机有没有酒后驾驶时，都会拿着一个仪器，然后让司机往里呼气，交警把仪器振荡一下后，即可知道结果。这一检测方法的原理为：硫酸酸化的 CrO_3 氧化乙醇，其颜色会从红色变为蓝绿色。交警就是利用这一颜色变化检测汽车司机是否为酒后开车。反应化学方程式如下：

$$2CrO_3 + 3C_2H_5OH + 3H_2SO_4 =\!=\!= Cr_2(SO_4)_3 + 3CH_3CHO + 6H_2O$$

(5) 苯酚与苯甲酚

苯酚俗称石炭酸，纯品为无色针状结晶，光照或在空气中氧化变为淡红色，溶于热水、乙醇、乙醚和氯仿等有机溶剂。苯甲酚又称甲酚或煤酚，难溶于水，50%苯甲酚肥皂水俗称来苏水，是医院常用的消毒剂。由于苯酚和苯甲酚都有特殊气味，刑事案件中的他杀案件很少见，一般是自杀或意外伤害。

苯酚、苯甲酚中毒的检验取材为尿液。化学检验方法有 Millon 试剂法、三氯化铁法和溴水法。Millon 试剂是硝酸汞和硝酸亚汞的混合物，酚与 Millon 试剂反应生成红色螯合物，利用红色螯合物的生成可检出质量浓度为万分之一的酚类物质；三氯化铁与酚类物质反应生成蓝色或紫色络合物，可检出质量浓度为千分之一的酚类物质；溴水与苯酚反应生成白色或乳黄色三溴苯酚，可使酚类物质的检测限降低至五万分之一。另外，紫外分光光度法和气相色谱法等仪器分析方法也用于酚类物质的检测。

(6) 甲醛

甲醛纯品在常温下为无色可燃气体，沸点为 −19.5℃，密度大于空气，易溶于水，微溶于醇或醚，含甲醛 34%~38%的水溶液俗称福尔马林。甲醛可以与蛋白质中的氨基结合使蛋白质凝固，在医药研究领域用于标本制作时组织的固定剂及防腐剂；在农业上甲醛是广谱的种子消毒剂，可预防植物种子病虫害的发生；在纺织品工业中甲醛可以作为染色助剂达到有效防皱、防缩、保持染色耐久的效果。在建筑材料加工中，甲醛为室内空气污染的主要污染物。甲醛有刺激性气味，对黏膜、呼吸道具有强烈的刺激作用，空气中 0.001mg·L^{-1} 的甲醛可使较敏感的人产生上呼吸道及眼睛刺激、呼吸节律紊乱、自主神经状态改变等症状；随甲醛浓度升高还可能会发生恶心、呕吐、咳嗽、胸闷气喘等症状；当甲醛浓度大于 0.065mg·L^{-1} 时可引起肺炎、肺水肿，甚至死亡；人口服 6%甲醛 100~200mL 可以致死。长期接触低剂量甲醛可以引起慢性呼吸道疾病，引起鼻腔、口腔、咽喉、皮肤和消化道的癌症。

在生活中，因房屋装修甲醛超标引起的案件或纠纷常常发生。例如，2002 年南京某居民将为其装修新家的装修公司告上法庭，原因是该居民与母亲搬入新家后 3 个月，均被查出患上了再生障碍性贫血，经环境检测部门检测，其居室内甲醛超标 12.6 倍。再如，2004年，我国首例经法院判决的因新房装修造成甲醛超标致人死亡案件中，福州市马尾区林先生一家搬进新房后不到 10 个月，4 岁的女儿就因房间甲醛超标患上了急性白血病不治身亡，后经法院裁决，装修公司和地板销售公司共同承担责任赔偿原告。2018 年多名租户因租住某公司出租的甲醛超标房而身患白血病的事件，也引起了社会对租住房源空气质量的广泛关注。

目前，对空气中甲醛含量的检测主要借助仪器。

9.5.3 催眠镇静药

毒物和药物之间没有明显的界限，有些药物使用适当的剂量可以治病，但如果超剂量使用则会变成毒物，不但不能治病反而会造成中毒甚至危及生命。催眠镇静药就是这样一类大剂量服用会中毒的药物。

(1) 巴比妥类催眠药

巴比妥类催眠药品种繁多，主要有巴比妥、苯巴比妥、戊巴比妥、异戊巴比妥、速可眠和硫喷妥等。它们均为巴比妥酸的衍生物，化学结构类似。

巴比妥类药物的检验主要用汞盐-二苯偶氮碳酰肼试验和硝酸钴试验。汞盐-二苯偶氮碳酰肼试验是巴比妥类药物和汞盐作用生成白色巴比妥汞盐，再与二苯偶氮碳酰肼作用生成蓝色络合物。硝酸钴试验是巴比妥酸类药物分子中有环酰脲基团，在碱性条件下与硝酸钴反应生成蓝紫色络合物。

(2) 吩噻嗪类安定药物

吩噻嗪类药物是常用的安定镇静剂，主要有盐酸氯丙嗪、盐酸异丙嗪、羟派氯丙嗪及泰尔登等。此类药物对光敏感，易氧化成红色醌式化合物，在体内氧化分解，对人的致死量为 2～10g。

由于吩噻嗪类药物分子结构中的苯并噻嗪环易被硫酸、硝酸、三氯化铁等氧化剂氧化，生成红色或黄色氧化产物，所以可以用此颜色反应来检验检品中是否含有吩噻嗪类安定药物。

(3) 苯并二氮杂䓬类药物

苯并二氮杂䓬类药物是一类抗焦虑药物，主要用于治疗神经官能症，解除焦虑，也有抗癫痫作用，如硝西泮、奥沙西泮、艾司唑仑、三唑仑、阿普唑仑等。此类药物毒性弱于巴比妥类，但长期服用也可产生依赖性，用量较大时可致人昏迷或死亡，常见于自杀或利用该类药物麻醉后进行抢劫。

苯并二氮杂䓬类药物的检验可通过芳香伯胺试验或甘氨酸试验来实现。芳香伯胺试验是药物经酸性水解后生成含有芳香伯胺基的二苯甲酮衍生物，利用该衍生物重氮化-偶合反应后生成紫红色物质进行定性和定量的方法。甘氨酸试验是药物经水解后生成甘氨酸，在碱性条件下与茚三酮试液生成紫色物质后进行定性和定量的分析方法。另外，薄层色谱法、紫外光谱法、气相色谱法、高效液相色谱法等仪器分析方法也用于该类药物的分析检测。

9.5.4 农药

农药是最常见的一类毒物，在中毒案中居首位，一般包括杀虫剂和杀鼠剂，我国使用的杀虫剂主要是有机磷类，杀鼠剂最常见的是磷化锌及氟乙酰胺等。

(1) 有机磷类杀虫剂

有机磷杀虫剂是一类杀虫效力强、对植物药害较小的人工合成有机磷酸酯类化合物。因适用于不同虫害的品种多，残留期短，自然净化率高，目前仍是我国广泛使用的一类杀虫药。在我国常用的有机磷杀虫药有 40 余品种，主要有敌敌畏、敌百虫、对硫磷、久效磷、甲基对硫磷及乐果等。此类农药口服、呼吸道吸入均可发生中毒，其毒性作用主要是抑制体内胆碱酯酶的活性，构成神经系统紊乱而出现一系列症状，高毒杀虫药可在 1～2 天内死亡。在杀虫药中毒的事件中，有机磷占杀虫药中毒的 80% 以上，中毒原因多为自杀和不科学使用。近年来，用有机磷杀虫剂毒杀牛、羊、鸟类的事件逐年增多。有机磷杀虫剂中毒以敌敌畏较多，其次为对硫磷、乐果、甲拌磷、磷胺等，南方水稻地区常用甲胺磷，也有甲胺磷中毒的事件。

有机磷类杀虫剂中毒可以用间苯二酚-氢氧化钠试验或氢氧化钠-亚硝酰铁氰化钠试验进行检验。间苯二酚-氢氧化钠试验是不含硫的有机磷杀虫剂，在碱性条件下水解生成二氯乙醛，与间苯二酚作用生成红色物质。氢氧化钠-亚硝酰铁氰化钠试验是在碱性条件下，硫代磷酸酯类杀虫剂水解生成硫化物，再与亚硝酰铁氰化钠作用生成紫红色络合物。

(2) 氨基甲酸酯类杀虫剂

氨基甲酸酯类杀虫剂是一类新型含氮杀虫剂，是继有机氯和有机磷之后发展的第三代杀虫剂，也是为了解决有机氯残毒和有机磷的抗药性而开发的。目前，我国生产、引进的品种有 10 多种。此类杀虫剂大多对高等动物和鱼类毒性低，在生物体和环境中易分解消失，无蓄积作用，杀虫效力强，无残毒，故广泛应用于防治水稻、棉花、果树、甘蔗、茶叶等作物害虫。呋喃丹在我国水稻地区使用面广，在某些地区引起中毒较为多见，也有由甲萘威、涕灭威或灭多威等引发中毒的。氨基甲酸酯类杀虫剂的检测主要采用气相色谱法、气相色谱-质谱联用法、高效液相色谱法和液相色谱-质谱联用法。

(3) 拟除虫菊酯类杀虫剂

拟除虫菊酯类杀虫剂是在模拟天然除虫菊酯化学结构的基础上由人工合成的一类仿生杀虫剂。此类杀虫剂具有广谱、高效，对高等动物及鸟类毒性较低、使用比较安全、在自然界容易降解、污染较少等特点。近十几年来该类杀虫剂的生产和应用发展迅速，全世界拟除虫菊酯类杀虫剂的产值几乎占杀虫剂总产值的三分之一，商品化的品种和新研制的产品仍在不断出现。拟除虫菊酯类杀虫剂可经胃肠道、呼吸道吸收，也可由皮肤吸收，但渗透性较小。吸收后分布于全身各脏器组织中，在体内含量分布以脑和肝中为最高。用单一拟除虫菊酯类杀虫药中毒致死的案例少见，但这类杀虫剂常与其他种类的杀虫剂混合配制成混配杀虫剂，在毒物检验工作中因用混配杀虫剂引起中毒的事件常可见到。拟除虫菊酯类杀虫剂的检测主要采用气相色谱法、气相色谱-质谱联用法和高效液相色谱法。

(4) 磷化锌

磷化锌属无机磷类杀鼠药，类似的还有磷化铝、磷化氢等。磷化锌是黑色或灰色粉末，有光泽，分子量为258.6，不溶于水和乙醇，微溶于二硫化碳和油脂。在干燥避光条件下比较稳定，潮湿环境中缓慢分解，在胃酸的作用下分解可生成磷化氢。磷化氢是一种剧毒的气体，对人的致死量为2g。通常情况下，因磷化锌中毒者，其胃内有黑色黏液状物质并且有类似电石气的臭味。

对磷化锌中毒检材可直接取出黑色物质，再进行溴化汞试验、磷钼酸铵试验或硫氰汞锌结晶试验分析。溴化汞试验是磷化锌遇酸分解所产生的磷化氢气体，与溴化汞作用可生成鲜黄色化合物。磷钼酸铵试验是磷化锌的分解产物磷化氢与硝酸银生成黑色磷化银，被硝酸氧化成磷酸，再与钼酸铵作用生成黄色磷钼酸铵，显微镜下为八角形结晶。硫氰汞锌结晶试验是锌离子在弱酸溶液中与硫氰汞铵作用，生成十字形锯齿状硫氰汞锌结晶。

(5) 氟乙酰胺与氟乙酸钠

氟乙酰胺与氟乙酸钠均为有机氟类高毒、速效杀鼠药。20世纪90年代以来，由于氟乙酰胺、氟乙酸钠具有毒性强、适口性好、有一定潜伏期和不易产生耐药性、合成路线简单、成本低廉，不法商贩可从中牟取暴利，使得这两种杀鼠药在我国广大农村、城镇地区违法生产和使用现象非常严重，中毒事件不断发生。常见的氟乙酰胺杀鼠药多为白色粉末、有色液体（多为红色）或用粮食制成的有色颗粒状毒饵。氟乙酰胺进入人体后脱氨形成氟乙酸，氟乙酸破坏机体的正常三羧酸循环，引起糖代谢过程紊乱而出现中毒。人食用氟乙酰胺中毒死亡的家禽、牲畜可引起二次中毒。氟乙酰胺对人的致死量为0.2~0.5g。

氟乙酰胺中毒可用异羟肟酸铁试验或硫腙试验检验。异羟肟酸铁试验是在碱性条件下，氟乙酰胺与羟胺生成异羟肟酸，再与高铁离子作用生成紫色异羟肟酸铁络合物。硫腙试验是在碱性条件下，氟乙酰胺及其代谢产物氟乙酸与硫代水杨酸作用，再经高铁氰化钾氧化，生成红色硫腙。

9.5.5 毒品

毒品主要有阿片类、大麻类、可卡因类和安非他明类。服用或注射过量毒品，能引起正常生理功能障碍造成中毒甚至死亡。吸毒成瘾者实际上是慢性中毒的表现。

(1) 阿片类毒品

阿片源于罂粟科植物罂粟的果实。割裂已长成但尚未成熟罂粟果实的果皮后，收集流出的白色乳汁，再经干燥即得阿片。阿片中含有几十种生物碱，其中含量最高的生物碱为吗啡（可超过10%），其他比较重要的生物碱有可待因、那可汀、罂粟碱和蒂巴因。在已割取过阿片的罂粟果壳中，一般仍含有少量生物碱。长期以来，阿片和罂粟果壳一直被作为止痛镇咳药使用，从阿片中提取出来的吗啡、可待因、罂粟碱等纯品化合物也是临床上常用的药物。阿片类药物包括生鸦片、精制鸦片和由鸦片中提炼的吗啡及制备的海洛因和杜冷丁等。

由于此类药物可以使人产生依赖性，故属于国际麻醉药品管制品种。

阿片又名鸦片，俗称大烟、洋烟，历史上鸦片曾给我国人民带来深重灾难。目前，除药用外，鸦片和吗啡还是对社会危害极大的毒品，罂粟果壳也有被非法用作调料添加到火锅、卤菜等食物中招揽食客的情况。吗啡对中枢神经系统既有兴奋作用又有麻醉作用，多次服用可产生依赖性、耐药性和慢性中毒，大剂量服用可引起昏迷、血压下降、瞳孔缩小、呼吸中枢麻痹而死亡。吗啡经乙酰化制成海洛因，其毒理作用与吗啡相似，但其成瘾性比吗啡强，毒性比吗啡大，现已不作为药用。杜冷丁是吗啡的人工代用品，其作用和机理与吗啡相似，具有与吗啡类似的性质，药理作用与吗啡相同，临床应用与吗啡也相同。杜冷丁小剂量有镇痛作用，大剂量可造成严重的呼吸中枢功能障碍而死亡，成瘾性比吗啡小。此外，还有一些半合成的吗啡类药物如二氢可待因酮、二氢吗啡酮等，也都具有成瘾性，在国外有代替阿片类毒品滥用的趋势。

法医毒物分析涉及的主要为阿片类毒品的鉴定和吸毒者体内阿片生物碱的检验。鸦片、吗啡、海洛因的检验通常可用马改氏试验或浓硫酸试验。马改氏试验是吗啡与铁氰化钾作用被氧化成氧化吗啡，同时生成亚铁氰化钾，与三氯化铁反应生成普鲁士蓝；海洛因是乙酰化的吗啡，所以必须经过水解才能发生该反应。浓硫酸也可以用来检验此类毒品。吗啡与浓硫酸作用依次呈现红色-红黄色，放置后颜色褪去；海洛因与浓硫酸作用呈现黄色，放置后变为绿色。

（2）大麻类毒品

大麻为大麻科大麻属一年生草本植物，盛产于亚洲和美洲。大麻是具有多种用途的经济作物，大麻茎的纤维可作为纺织原料；大麻种子可榨油，也可用作为中药，称为火麻仁。大麻中含有多种酚类和酸类化合物，主要活性成分为四氢大麻酚、大麻酚、大麻二酚和大麻酚酸等，其中又以四氢大麻酚的精神活性最强。植物中活性成分的含量因品种不同而有差别，一般在大麻的雌穗、嫩叶及未成熟的果穗中含量较高。大麻及其制品具有致幻作用，并有成瘾性，是目前国际上常见毒品之一，也属于国际公约管制的精神药品。大麻种子因活性成分含量很低，一般不受管制。大麻类毒品主要有大麻叶、大麻烟、大麻树脂和大麻油，吸食大麻造成急性中毒的情况并不多见，其中毒症状为结膜发红、行动不稳、心率加快、恶心呕吐，可导致中毒性精神病。法医毒物分析中涉及的主要为毒品鉴定和对大麻滥用者体内大麻成分进行检验。

大麻类毒品的检验通常用牢固兰 B 盐试验和甘氏试验。牢固兰 B 盐与大麻在碱性条件下，加入氯仿溶剂会呈现红色。甘氏试验是将大麻石油醚提取液与对二甲氨苯甲醛加热，呈现红褐色，且冷却后呈现红紫色，加水变成青色。另外，高效液相色谱法和气相色谱法也是常用的检测方法。

（3）可卡类毒品

可卡类毒品主要包括可卡叶、可卡膏及克拉克等。可卡植物叶子经提炼可得到白色粉末状生物碱，即可卡因。可卡因具有麻醉作用，医疗上用作麻醉剂。用量过大时，可引起急性中毒，抑制大脑皮质，引起呼吸中枢抑制，心跳停止。除局麻作用外，可卡因还具有中枢兴奋作用，可产生幻视、幻听，并具有成瘾性，20 世纪初，可卡因逐渐被滥用成为毒品，吸毒者多通过鼻吸或注射方式摄入。可卡因现属于国际公约麻醉药品管制品种。法医毒物分析涉及的主要为毒品鉴定和吸毒者体内可卡因成分的检验。

可卡类毒品的检验常用硫氰酸钴法和苯甲酸甲酯法。若有可卡因存在，则样品遇硫氰酸钴试剂会出现蓝色细颗粒；遇苯甲酸甲酯则会出现鱼腥味。

(4) 安非他明类毒品

安非他明类毒品是苯并胺类化合物，是人工合成的中枢神经兴奋剂，主要品种有安非他明及苯丙胺的衍生物。此类毒品主要作用于中枢神经系统，使大脑皮层及皮下中枢兴奋，大剂量会引起中毒。

甲基苯丙胺又称甲基安非他明或去氧麻黄碱，其盐酸盐是一种透明晶体，俗称冰毒，属于联合国规定的苯丙胺类毒品。冰毒最早源于日本，后蔓延到韩国、台湾等国家和地区，20世纪90年代初开始进入我国大陆东南沿海地区，现已扩散到全国各地。吸入冰毒后能使人产生兴奋和增加活力的感觉，同时也使心率加快和血压增高，用量稍大可发生精神异常，长期服用可产生耐受性和依赖性，极易成瘾，服用0.1g可明显中毒，超过1g可致死。

亚甲基二氧苯丙胺和亚甲基二氧甲基苯丙胺都属于致幻剂类毒品，服用后使人产生多种幻觉，表现出摇头晃脑、手舞足蹈和乱蹦乱跳等不由自主的类似疯狂行为，此类毒品也极易成瘾，0.5g可致死。致幻剂源于中南美洲一种仙人掌科植物的成分，称为墨斯卡灵（mescaline）或仙人球毒碱，是有三个甲氧基取代的苯乙胺。亚甲基二氧苯丙胺和亚甲基二氧甲基苯丙胺类致幻剂类似于墨斯卡灵，是在苯丙胺分子的苯环上引入甲氧基一类基团而制成的。

安非他明类毒品常用甲醛-硫酸试验检验。给可疑检材中加入甲醛-硫酸试剂，安非他明和甲基安非他明立即呈现橙色并转为褐色，安非他明的其他衍生物呈现黄色或黄绿色。目前，紫外吸收光谱法和气相色谱法对该类药物的检验应用更为广泛。

9.6 微量物证的检验

9.6.1 微量物证的特点

微量物证（trace evidence）是犯罪分子在实施犯罪行为过程中遗留、附着在现场或从现场带走的能够用于揭露和证实犯罪行为或者能为案件侦破提供线索的物质，具有体积少、质量微的特点。

随着科技的发展，犯罪分子的作案手段也日趋复杂化和智能化。传统的手印、足迹等痕迹物证越来越少，给案件的侦破带来困难。但是无论犯罪分子的反侦查能力有多强，犯罪手段有多隐蔽、狡猾，他们可以在作案现场不留下脚印和手印，但不可能不留下微量物证，这就是法庭科学中所谓"触物留痕"的体现。某县发生了一起无头碎尸案，犯罪分子作案后毁尸灭迹，割下死者的头颅并埋藏，搜走了死者身上一切可能提供线索的物品，破坏了现场的其他痕迹，案发数月后仍无法认定死者的身份。对于这样的悬案，侦查人员想到从微量物证入手，经过对死者仅存的一件内衣的检查，发现了几粒稻谷，经过检验，这些稻谷是生长于山区的品种，从而初步认为死者为山区农民，为案件的侦查找到了突破口。利用微量物证破案的例子还有很多，这充分说明微量物证的发现、提取和检验在案件侦破中起到越来越大的作用。

　　微量物证的种类繁多、范围很广，可以说任何一种物质都可能会成为物证。就物质的种类而言，微量物证可以是金属或非金属，可以是无机物或有机物，可以是纯净物或混合物，也可以是生物体。常见的有涂料、纤维、染料、玻璃、金属、泥土、塑料、油脂、纸张、油墨、糨糊、化妆品等等。例如，某地发生一起凶杀案，案犯在杀人后将尸体装入塑料编织袋，抛于一个公厕内。现场留下的唯一物证就是编织袋。可是同样的袋子有很多，很难提供有用的信息。怎样才能找到有价值的线索呢？侦查人员决定对编织袋进行仔细的检验。终于，在放大镜的帮助下，发现袋子底部有淡淡的粉红色物质，用棉花擦取，经检验确定为铅丹颜料。后来依此为线索，很快就找到了案犯。

　　微量物证一般都散落在现场周围或者附着在其他物体上（如案犯的身上、受害人的身上以及作案工具上等），这就是微量物证的依附性。例如，灰尘或者被害人身上的化妆品、毛发以及衣物纤维都有可能粘到案犯的身上、作案工具或手套上，利用钳子、螺丝刀撬保险柜时，不可避免会有金属或是油漆等成分黏附在案犯的衣物、手套和作案工具上。例如，某地公安局在侦破一起特大盗窃案时，在嫌疑人的一把旅行刀上发现了芝麻大小的木屑，将刀上附着的木屑与被撬门框木质一同送检。经检验，两木质种类结构相同，并结合其他证据认定了作案工具。

　　微量物证检验的任务是对检材的种类认定和检材与样本的比对分析，通常采用现代仪器分析方法和手段进行检材的形态分析、成分分析、结构分析和性能分析。例如在交通肇事逃逸案件的侦破中，可以根据交通事故现场提取的油漆、纤维、橡胶、玻璃等微量物证与嫌疑车辆相关部位提取的相同物质进行分析比对，从而认定肇事司机的罪行。

　　由于微量物证量小体微，常借助分析仪器进行鉴定。

9.6.2　微量物证检验常用仪器分析方法

　　在犯罪现场经常会遇到种类繁多的微量物证，所需检验的对象也非常复杂。以往普遍使用的检测方法只能确定可疑物品与已知的证据物品是否类似，确定二者是否属于同一来源。近年来，新的仪器和分析方法在案件侦查中得到广泛的应用。这使法庭科学家能更准确地把物证材料与某种特定的来源联系起来。下面介绍在案件侦查中常用的几种仪器分析方法。

　　（1）X 射线法

　　X 射线衍射光谱法是检验物质晶体结构的有效方法。在物证鉴定中 X 射线衍射光谱法多用来确定不同场合发现的物质是否相同。除了利用 X 射线照相检查物证外，还可以利用 X 射线衍射光谱和 X 射线荧光检验物证。例如，现场提取的灰尘和人身上黏附的尘土是否相同。有时也可利用该法确定某一特殊的化合物的种类。

　　X 射线荧光法可对检材中含有的元素进行定性分析。物证鉴定中，常将扫描电子显微镜（SEM）与 X 射线荧光仪联用。这样，当扫描电镜中的电子枪轰击检材时不仅能获得清晰的放大三维图像，而且能根据 X 射线的能量，对检材进行定性及定量分析。

　　（2）扫描电镜法（SEM）

　　扫描电子显微镜（扫描电镜）具有高度放大和高度分辨的特点，可以提供物证的形态和表面结构特点的放大图像。因此，在物证检验中有着广泛的用途。它对工具痕迹、弹头、弹壳的检验非常有用，对毛发、射击残余物和其他微细物证的鉴定也极为有用。SEM 和 X 射线微量分析仪（EDX）联用可用来鉴定样品中存在的化学元素。例如枪击案中，手枪射击后，排出种种残余物，包括起爆剂、发射剂填料及弹头、弹壳、润滑剂等。这些残余物会沉积于射击者的手上、衣服上和被射击的客体上。利用 SEM 检测是否有这些特殊微粒的存在，从而判断嫌疑人是否开过枪，以及与涉嫌枪支是否有关。凶杀案中，用 SEM 观察伤口肌肉可判断是生前伤或死后伤，用 SEM/EDX 还可以从伤口和衣服破口处检验出凶器的金属成分以判断死因和凶器。在电流凶杀案中，电流斑上会沉淀一定量的导体金属成分，通过SEM/EDX 联用分析可成功地判定是否为电谋杀及所用导体种类。

（3）显微分光光度法

显微分光光度计是无损检验微量物证的有效仪器。它包括显微镜、分光光度计、计算机控制系统和输出系统四部分，集分光光度计与显微镜的功能于一身。显微镜部分为分光光度计提供了放大的样品图像，使得被分析的样品尺寸可以非常小，而分光光度计是可以测量光强度变化的光学仪器，当从光源来的光经过由样品的化学结构决定的选择吸收和反射、散射之后，分光光度计的光栅将这部分光按照波长分开，再经过相应的吸收光探测器，就可以得到该样品所具有的选择吸收与波长的依赖关系图，这就是吸收光谱图。因此通过比对两个样品的吸收光谱图，可以了解两个样品的化学结构是否存在差异。

显微分光光度测量技术可以分辨"同色异谱"的物质。例如当一件衣物由于某种原因破损了，在洗染店可以请师傅织补，补好的衣服几乎看不出补过的痕迹。但是新布料和原布料的质地可能完全不同，如果原布料是棉布，织补的可能是棉布，也可能是涤纶、涤棉混纺布、腈棉混纺等。由于肉眼看不出布料的质地，所以用显微分光光度计去测量两种布的光谱，可以立刻发现它们根本不是同种纤维。

利用显微分光光度计可以无损地、定量地测量色差。因此世界各国都陆续报道了使用显微分光光度计测量微量染色纤维的颜色以及测量纸张、墨水、塑料、血痕、毛发等等微量物证颜色的方法。另外，通过测量可疑文件上公章的印文、印泥（印油）成分，然后与标准样本上相同印文的印泥（印油）成分进行比对，从而可以判断待检文件上公章的盖印时间。这样就解决了检验文件制成时间这一令人棘手的问题。

（4）紫外-可见光谱法

物质分子吸收一定波长的紫外-可见光时，电子发生跃迁所产生的吸收光谱称为紫外-可见吸收光谱。利用紫外-可见吸收光谱可确定物质的组成、含量，推测物质结构。该方法分析灵敏度、准确度高，特别适于微量组分的测定，无论是无机化合物还是有机化合物都能用此方法进行快速的鉴定分析。

在微量物证检验中，可以通过紫外-可见吸收光谱鉴别涂料、有色纤维、塑料及墨水等文件材料，在一定条件下，能鉴别该物质的生产厂家、牌号和批号，还可以测定字迹光谱吸收峰相对强度比值，与已知样品比对，能判断钢笔、圆珠笔的相对书写时间。

（5）红外光谱法（IR）

红外光谱法是利用物质对红外光的吸收进行分析的方法。不同的物质都有其独特的红外吸收光谱，故红外光谱可称为分子结构的"指纹"。若检材与标准物的光谱图中相对应的谱带完全一致，即可断定检材与标准物是同一物质。基于 IR 的这一特性，在物证鉴定中对于确定检材的种属、来源等问题，IR 法发挥了重要的作用。例如一老者在晨练途中被一卡车撞倒，当场死亡，肇事汽车司机逃逸。公安机关根据目击者提供的车牌号在外地找到了嫌疑车辆，但司机拒不承认其肇事行为，且该车已被重新喷涂过油漆。侦察人员从汽车前部钢板的连接处提取原漆与死者衣服上的油漆擦痕一同送检。经 IR 分析，二者的谱图中相应的谱带完全一致，确定死者身上的油漆来自嫌疑车辆，从而认定了该司机的交通肇事逃逸罪行。

红外光谱法在微量物证检验中有很重要的作用，它广泛应用于分析现场、从有关场所客体上提取下来的各种有机物证，包括油漆、塑料、橡胶、纤维、黏结剂、日用化妆品、油脂、可燃物、爆炸物等，也可用于一些无机毒物的分析。对于刑事现场、交通肇事现场提取到的极微量物证，用显微红外技术进行鉴定。总之，该方法在法庭化学中发挥极大的作用。

（6）原子吸收光谱法（AAS）

原子吸收光谱法是基于被测元素基态原子在蒸气状态对其特征谱线的吸收程度来确定物质含量的分析方法。测定时，需要待测元素灯发出特定的特征谱线，谱线通过供试品的原子蒸气时，被蒸气中元素的基态原子吸收，通过测定辐射光强度减弱的程度，求出供试品中待测元素的含量。原子吸收光谱法测定对象是呈原子状态的金属元素和部分非金属元素。该方法所需样品少、灵敏度高、选择性好、准确度高、测定快速，特别适用于物证的微量元素鉴定。

在物证技术学中，该方法是较常用的一种分析方法，如果实验室没有等离子体发射光谱仪，只有普通摄谱仪，一般采用摄谱仪进行元素定性分析，然后用原子吸收光谱仪进行元素定量分析。通过元素定量比较分析，能进一步鉴别涂料、纸张、黏结剂等的生产厂家和牌号。该法还能检测手上的射击残留物，工具痕迹，包过金、银的纸，布上的残留物等。原子吸收光谱法还可测定矿物、陶瓷、水泥、涂料、塑料等检材样品中的金属元素含量，是测定各种检材中金属元素精确含量的首选方法。

（7）气相色谱法（GC）

气相色谱法是以气体为流动相的色谱分析方法，具有很高的分离效能，可以同时测定多种物质，灵敏度高，样品用量少，特别适用于微量的毒物、毒品、石油成分、石蜡、脂类及炸药等检材的分析，配以裂解附件可用于分析高分子检材如涂料、纤维等。近年来，GC 常和其他仪器［如质谱（MS）等］联用，以提高检测的灵敏度。例如林某一家 3 口被发现死于其住所内。经现场勘查，尸体已高度腐败，从其居所内堆积的报纸日期推算，3 人可能死于 2 个月前。经过用顶空气相色谱技术和顶空气相色谱/质谱联用技术对送检的各种检材进行全面的定性、定量分析，结果从全部检材中均检出了液化石油气的成分丙烷、丁烷和异丁烷，与现场的液化石油气相同；并排除了其他毒物、毒品中毒的可能性。这一鉴定结论为认定林某一家人是因液化石油气死亡提供了科学的依据，对正确认定案件起到了重要作用。

（8）高效液相色谱法（HPLC）

高效液相色谱分析方法是在经典液相色谱的基础上发展起来的。与气相色谱法不同，高效液相色谱法是以液体为流动相的色谱分析方法，具有高速、高效、高灵敏度及分析范围宽的特点，只要样品能制成溶液，就可以进行分析鉴定，而且该方法的检测灵敏度可达 10^{-11} g，非常适合对微量物证进行检测。

高效液相色谱法应用非常广泛，因为这种方法只要求样品制成溶液，不需要汽化，不受样品挥发性的限制，所以对于高沸点、热稳定性差、分子量大的有机物都可以用高效液相色谱法进行分离和分析。在微量物证领域，高效液相色谱法可用于鉴别印刷油墨、纸张、口红等的种类、产地、生产厂家和牌号；区分不同地区的土壤、射击残留物、炸药及爆炸残留物。

(9) 质谱法（MS）

MS 法可检测检材分子的结构、分子的基本类型以及所含的各种元素及丰度。在微量物证检验中，经常使用质谱法对有机检材进行分析，如炸药检测、爆炸和射击残留物的检测、火灾原因分析，未知物的结构分析。和其他鉴定手段相比，有机质谱法具有高灵敏度和高专一性的优点，因而构成有机分析的一个重要工具。有机质谱法的局限在于设备比较昂贵，尤其是一些新功能的仪器，如 HPLC-MS，不易普及。

气相色谱-质谱（GC-MS）联用分析法是常用的一种分析方法，也是国际法庭公认的一种物证鉴定分析方法。这种联用技术既可以发挥色谱法高效分离的优势，又充分利用了质谱法高分辨定性的优点，从而可以解决许多复杂的混合物检材（如汽油、煤油、毒物及其代谢物等）的分析鉴定问题。例如某癫痫病患死因不明，家属要求检验其服用的药物，经对死者的胃内容物进行提取，用 GC-MS 做分析，结果检出多种安眠镇静药物及其代谢产物，确定患者是服用大量安眠类药物死亡。质谱法对微量物证材质组成的鉴定取决于裂解谱库中的图谱的多少，也就是说，并不是所有的物证都能被鉴定，因此，对于更多的检材都是用对比分析法进行鉴定的。

9.6.3 仪器分析方法鉴定微量物证实例

仪器分析方法的结果准确可信，但是对微量物证的分析鉴定，仅用一种仪器或分析方法很难给出鉴定结论，通常需要用多种方法对物证进行检测，综合给出结果。下面以油斑物证为例简要介绍微量物证鉴定过程。

油斑物证是交通事故或其他类型刑事案件中经常会遇到的物证之一。在案发现场，油斑物证以油污形态、油迹等依附在受害人的衣服上或身体部位以及被油性物质接触的物体表面，有时在现场地面以及现场物品表面也沾染油迹。在检验油斑类物证时，要求先检验确定检材是否为油脂类物质，再进一步确定出它是属于什么油脂类，最重要的检验内容是给出送检的油斑物证与比对检材是否相同，这在侦破交通肇事逃逸案中具有非常重要的意义。

首先，要检验油脂的类别。油脂可能是矿物油也可能是动植物油，检验时可用紫外荧光法。将待检的油斑迹用少量提取溶剂提取，用毛细管吸取后滴在蒸发皿中，置于 254nm 紫外灯下观察荧光的强弱。根据有无荧光及荧光的颜色、强度，可初步区别油的种类。一般情况下，矿物油的荧光较强，大部分动植物油无荧光，个别有荧光，但较弱。如果紫外荧光法不能进行有效辨识，可以测折射率，一般植物油在 20℃ 时折射率在 1.468 以上，动物油在

20℃时折射率在 1.468 以下。当然,如果检材较多时可以用三氯乙酸反应、丙烯醛反应或皂化反应等化学方法进行检验。

其次,需要对油类的有机成分进行检验。薄层色谱法、气相色谱法、荧光光谱法、紫外光谱法和红外光谱法是常用的分析方法。当这些方法不能确定油斑中具体的有机成分时,需要用对比检材作对照,以说明物证与对照检材是否同一。

9.7　DNA分析技术

9.7.1　DNA分析技术简介

DNA (deoxyribonudeic acid) 即脱氧核糖核酸,是一种主要的遗传物质,是遗传信息的主要载体,控制着生物体的遗传性状。

英国遗传学家亚历克·杰弗里斯 1985 年首次用 DNA 分析技术进行了亲子鉴定,从而开始了 DNA 分析技术在案件侦查中的应用。可以说 DNA 分析技术实现了从否定到同一认定的飞跃,开创了物证检验的新纪元。随着人类对遗传物质研究的不断深入,DNA 分析技术在物证检验的各个方面得到广泛的应用,受到越来越多的关注。

DNA 具有高度的个体特异性。世界上除了同卵双生外,每个人的 DNA 长链均不相同。这是个人识别和亲权鉴定的依据。DNA 具有同一个体不同组织间的一致性。同一个体的不同组织,如血液、唾液、精液、肌肉、骨髓、脑组织等 DNA 指纹图是一致的,体细胞和生殖细胞的 DNA 指纹图相同。DNA 具有稳定性,对一个健康的人来说,DNA 终身不变;另外,子代的所有图带都可追溯至双亲 DNA 指纹图中,双亲 DNA 图带同样又可追溯至祖代,即遗传的稳定性。DNA 具有统一性,动物、植物、微生物等所有生命物质遗传信息的编码成分都是一样的,是四种碱基不同的排列组合。核苷酸数量多少和排列组合差异造成了物种的差异。例如,人与猩猩的基因有 1% 是不同的,而人与植物、微生物基因的差别会更大。

目前,国内外应用的 DNA 分析技术主要有三类:第一类是 DNA 指纹技术,即 DNA 限制性片段长度的多态性分析 (polymorphism analysis)。DNA 限制性片段长度的多态性和人的指纹一样,具有高度的个体特异性,故也称为 DNA 指纹。该技术主要是根据限制性内切酶对 DNA 链特异性的切割,把 DNA 序列上不规则重复的基因序列找出来。这样就可以把已知的 DNA 样本和作为证物的 DNA 样本进行比较。该技术主要用于亲子鉴定,鉴定分析准确率很高。第二类是用聚合酶链反应技术 (PCR, polymerase chain reaction) 扩增DNA 片段的小卫星分析法和微卫星分析法,又称为“DNA 体外扩增法”。利用 PCR 技术可以在一次检验中检验出 8~10 种不同的目的基因,可以达到个体认定的程度,检材使用量大为减少,灵敏度大幅度提高,而且检验结果可以用数学编码,即以数字的形式存储在计算机中,从而在任何时间都可以进行检验,即使数年之后也可认定罪犯。利用 PCR 技术可以进行性别、种属、ABO 血型的 DNA 分析。第三类是 DNA 测序分析技术,即对人类线粒体DNA (mt DNA) 进行序列分析。线粒体 DNA 分子呈双链状,个体之间存在大量的序列差异。DNA测序分析技术对生物物证进行序列分析，直接认定个体，个体识别率更为提高；对无核细胞的检材，如毛发、指甲等的检测都可以获得精确结果。

DNA鉴定技术经过近30年的发展，已经形成了较为系统的理论和技术体系，基本上解决了个体识别的问题，在司法实践中发挥着越来越重要的作用。随着基础学科的不断发展和基因组学的兴起，新的测序技术不断被开发出来，多种高通量、低成本的测序技术也将应运而生。未来DNA分析将不必局限于实验室中，新一代的测序仪器将不仅能进行现场DNA的快速测定，而且用几个细胞就可以进行技术鉴定。这也是未来DNA鉴定技术发展的目标。

9.7.2　DNA分析技术在刑事侦查中的应用

目前，DNA分析技术已用于实际办案，如凶杀案、强奸案、碎尸案尸源鉴定、亲子鉴定、性别鉴定、交通肇事案、移民案、拐骗儿童案、换婴案等。来源于案发现场的血液、血痕、精斑、毛发、指甲、肌肉、脏器等均可以进行DNA分析。

DNA分析需要检材量少、检测时间短、识别率高，更适用于刑事案件的侦查。迄今已有120多个国家和地区应用DNA分析技术办案。我国在刑事侦查活动中应用DNA分析技术的时间并不长，但是由于DNA分析的结果不仅能为侦查活动提供线索，指明侦查方向，更能直接认定罪犯，成为打击和预防犯罪的有力武器。

DNA分析技术在刑事侦查中，可以应用于许多案件，主要有以下几类：

(1) 凶杀案

凶杀现场有价值的物证常常是被害人或嫌疑人留下的血迹，通过被害人或嫌疑人血迹DNA检验结果比对，可得到侦查线索或直接认定罪犯。2002年初，某区发生一起出租车司机遭抢被杀案，法医在勘验现场时发现驾驶室内破碎的顶灯上黏附着几根毛发，立即将其提取进行DNA检测和毛发性别检测，结果证明这几根毛发均为同一男子所留。后与犯罪嫌疑人的血做DNA比对检测，结果做同一认定而破案。再如，1996年广东发生一起抢劫杀人案，警方对嫌疑人的一把杀鱼的菜刀进行检验，鉴定出鱼血中混有人血，且血液中的DNA与死者相符，从而使案犯伏法。

(2) 强奸和强奸杀人案件

DNA分析技术可以根据女性阴道分泌物和男性精子结构上的差异将二者分离，只提取纯精子DNA，而不受阴道分泌物的影响。将现场遗留的混合斑中精子DNA分析结果与嫌疑人DNA检验分析结果进行比较，从而得出正确结论。1999年，某村的玉米地里发现一具高度腐败的女尸，经查，死者为年仅11岁的王某，是被人强奸杀害，现场提取到的唯一物证是死者所穿的短裤上含有的精斑。当地公安机关对排查的17名嫌疑人进行DNA检验，最后认定现场短裤上的精斑为嫌疑人于某所留，使案件得以破获。

(3) 碎尸案

同一认定及尸源认定根据不同碎块DNA检验图谱是否一致，判断是否为同一体；根据尸块DNA检验图谱与失踪者父母的DNA图谱做对比，可以确定尸源。如果尸体高度腐败或犯罪分子采取掩埋、焚烧等各种措施使软组织完全破坏，仅遗留部分硬组织和牙齿，则可综合 mt DNA 序列分析技术、STR 分析技术和基因性别鉴定技术等多种 DNA 分析技术，对其身源进行认定。

(4) 亲子鉴定

人类 DNA 上的遗传标记具有高度多态性，从理论上讲，除了单卵多胎的孪生子外，全世界人口的遗传标记各不相同，但有血缘关系的亲属却有部分相同。根据孟德尔遗传规律，子代谱带分别来自双亲，据此可确定亲缘关系。几年前，贵州警方解救多名被拐儿童。其中，有一个男孩被 15 个家庭指认为儿子。而采用 DNA 技术鉴定血亲关系让警方颇为挠头的认亲难题迎刃而解。

(5) 性别鉴定

DNA 分析技术可以对各类生物检材如血迹、毛发、肌肉、骨髓、精斑、唾液等进行性别鉴定，主要有 Y 染色体斑点杂交，PCR 扩增 Y 染色体特异性片段，以及 PCR 扩增 X、Y 两条染色体特异性片段等方法。另外，采用目前最新的荧光标记多位点 STR 复合扩增技术对陈旧骨骼进行性别检测，使一次扩增、电泳、分析就可判定骨骼性别，同时又可准确判定其个体来源。

DNA 分析技术在其他案件如移民案件的血缘鉴定、交通肇事案、拐卖儿童案、抢劫案、敲诈案等案件中也有应用。2002 年，某区发生一起室外抢劫案，被害人头部遭棍棒打击致昏迷。法医在勘验现场时，发现了一个可疑案犯潜伏作案点，提取了 4 只烟蒂，并送 DNA 实验室做唾液、血型及 DNA 检测。将检验结果与嫌疑人 DNA 检测结果比对，进行同一认定而破案。在交通肇事后，司机驾车逃逸，为确定肇事车辆，对车辆血迹或组织 DNA 检验结果与被害人 DNA 检验图谱进行比较，可以分析该车是否为肇事车。

此外，DNA 分析技术的另一个重要作用就是为无罪者洗刷冤屈。1996 年美国国家卫生研究所开展了一项调查，调查因强奸、凶杀而入狱的犯人有多少是清白的，至 2000 年 4 月，已为 70 余名公民洗清了不白之冤。对更多的定罪犯人进行检验，纠正以往的错判，是 DNA 分析技术未来工作的重要内容。

时至今日，DNA 分析技术已成为世界许多国家和地区的刑事侦查部门手中的利剑。其神力在于无论生物学检材新鲜或腐败、量多或量少，几乎都能准确、快速地进行高效率的个体识别，对现场收集的检材与嫌疑人样品及其他物证进行同一认定，以及亲权关系认定，从而克服了以往遗传标记检测的种种缺陷以及指纹技术的一些缺陷，实现了物证检验从否定到认定的飞跃。DNA 分析技术在司法侦查领域将会起到越来越重要的作用。

9.8 人体气味分析技术

人体气味是在新陈代谢过程中产生的气味。人体气味由基因决定，其中含有几百种化学物质，男女气味有别，各人气味也不一样。人体气味具有特殊性，居于此点，人体气味的检测可以用于刑事侦查领域。

9.8.1　人体气味的特殊性

在自然界中，存在着大量不同的植物、动物和矿物等有气味的物质。这些物质由于受热力蒸发和地心吸引以及本身分解等原因，不断散发出人所看不见的极为微小的气味分子。人体也是一个气味源，人体气味（即体味）是在新陈代谢过程中产生的，每时每刻都在向外散发。科学研究发现，人体的新陈代谢可产生几百种化学物质，可产生复杂的化学气味，构成人体气味。

人体的体味主要是由人体皮肤中的汗腺、皮脂腺等多种腺体产生的分泌物挥发形成。这些腺体分泌物往往是无气味的，但当在身体不同部位与不同种类和密度的微生物相互作用时则产生各种不同气味。所以，不同皮肤腺的分泌物的化学成分和数量，以及身体不同湿度和氧浓度决定了皮肤细菌群落，同时产生不同气味。如男女之间的气味有明显的不同。男性身体散发出来的是雄酯酮的麝香气味，女性身体散发的则是含雌激素的体味。种族不同，体味也有差异。黑人的腺体最丰富，尤其是皮脂腺体数量多，全身分布区域广，其体味最浓；白人次之；黄种人腺体较少，体味相对较弱。不同职业的人都附有相应的职业气味，如汽车司机经常接触汽油，在他身上就附有较强的汽油味。

个人气味是一个人所有部位气味的总和，是身体新陈代谢所产生。由于每个人的生理状况、新陈代谢的强度、饮食嗜好、年龄差异、生活习惯、营养等不尽一致，所以，每个人的气味也就互有差异。研究发现，人体气味是由其遗传物质决定的，不论其所处的环境及饮食如何，其气味的本质特征不会改变。人体气味是人的一种生物信息，与指纹一样是终生不变的个人档案。世上不会有两个体味相同的人，这也是人与人区别的重要特征之一。

9.8.2　人体气味成分

国内外对于人体气味分析方法的研究还处于探索阶段。目前研究发现特定类固醇、脂肪酸是人体气味中生物学构成的主要成分。对腋窝气味样品分析发现135种组成成分，其中有30～40个组成被鉴定。被检出的成分主要为烃、醛、酯、醇、酮、醚、酚、酸、卤代烃等，见表9-7。

表 9-7　人体气味主要成分

分类	名　称
烃	1,1,3-三甲基-3(2-甲基)环戊烷、α-雪松烯、2,5环己二烯、十九烷
芳香烃	萘
醛酮	4,6-庚二炔-3-酮、正壬醛、2-茨酮、3,5-二叔丁基-4-羟基苯甲醛、2,3,3-三甲基环丁酮
醇酚	1-茨醇、5-十二烯醇、2-乙基-1-癸醇、环十二醇、2-丁基-1-辛醇、4-甲基-2,6-二(1,1-二甲基乙酚)、2-丁基-1-辛醇、2-乙基十二醇
酸	乙酸酐、氯代乙酸酐、2-甲基丙酸、2-乙基己酸、辛酸、壬酸、2-甲基丙醇二酸
酯	氯代乙酸乙酯、丁酸2-乙基-3-羟基己基酯、5,9-十一烷酸内酯、邻苯二甲酸二乙酯、2-丁烯二酸二丁酯、邻苯二甲酸二丁酯、甲酸辛基酯

9.8.3　人体气味的检测

（1）人体气味的采集

人体气味的采集主要采取固相微萃取（SPME）的方法。固相微萃取是在固相萃取基础上发展起来的崭新的萃取分离技术。SPME 装置形如微量进样器，某些气相色谱的固定液涂渍在一根融熔石英细丝表面构成萃取头（fiber）。平时萃取头收纳于萃取头鞘内，使用时刺入一封闭系统，旋转控制杆，探出萃取头。萃取头可浸于液体中或于液上（顶空 SPME）萃取浓缩样品中的某些化合物，之后萃取头收纳于萃取头鞘内，不经任何溶剂洗脱直接进入气相色谱仪汽化室，再探出萃取头。被萃取物在汽化室内解吸附后，靠流动相将其导入色谱柱，完成提取、分离、浓缩的全部过程。固相微萃取是一种新兴样品处理技术，具有简单快速、高选择性、需样品量少等优点。目前，采用此法对人体的手部、腋窝的气味进行采集。

（2）人体气味的测定分析

人体的新陈代谢产物有几百种，当对皮肤分泌物收集和加热时，几百种化合物可以挥发出来，再借助 GC-MS 分析仪器分离检测，获得色谱峰，把每个人的气相色谱图存档，就可以形成类似"指纹库"的"气纹库"。再借助数学中的分行理论来进行谱图分析，进而确定两张或更多谱图的异同点。

9.8.4　人体气味在刑事侦查中的应用

在往日的刑事案件侦查中，不乏因缺乏必要的线索和证据而使案件成为悬案的先例，一些罪犯逍遥法外。如今，人们利用气味破案使更多的犯罪分子受到法律的惩罚。

犯罪分子可以消除留在犯罪现场的各种痕迹，包括指纹、眼纹、皮纹等等，但他却无法消除在犯罪现场空气中所留下的自己的特殊的气味。因为体味能够扩散到周围空气中，遗留在衣物上，停留在我们碰过的任何物体表面，而且还会长时间地停留在这些地方。人体气味任何人也不可能伪造出来，它就像我们生命的符号 DNA 一样，因人而异，各不相同。警方可以将作案地方的空气吸入瓶中，与犯罪嫌疑人身上的气味进行对比分析，从而确定两者气味是否相同。另外，还可以在瓶里放入某种灵敏的化学试剂，观察两者的化学变化是否一致。因此，专家们认为，这种破案方法比指纹、眼纹等破案方法更为优越，有着广泛的应用前景。

丹麦警方最近采用了这种新的破案方法。其运用步骤是警方技术人员将从犯罪现场收集到的空气做化学处理，从中选择出罪犯留下的气味，并将其转移到一块清洁无味的布上，这样得到的罪犯气味特征——"味纹"。比利时警方继建起指纹库和 DNA 档案库之后，最近在比利时首都又建起国家气味库，以便更好地加强安全防范及侦破工作。该库目前已收集到了 300 余个体味标本。而美国国防部也在研究新型探测器，尝试透过人体散发的气味，去分辨"好人"或"坏人"。而我国在体味破案法领域的研究还处于起步阶段。

我们可以设想，今后罪犯或恐怖分子在作案过程中额头上哪怕只渗出极微量的一点汗滴，也会成为出卖他们的最糟糕的敌人。因为配备有"气味探测器"的侦查人员将通过其气味可以毫不费力地跟踪到罪犯。在此，我们也相信，除臭剂将成为未来犯罪分子和恐怖分子的最佳选择。为了不暴露真实身份，犯罪分子的伪装工具将不再只局限于手套、面具和其他一些伪装物品，更重要的是要伪装自己的气味。

思 考 题

9-1　指纹具有什么特点？案发现场留下的指纹有几种类型，分别是什么？

9-2　汗液指纹显现常用哪些技术？

9-3　对血痕的检验通常有哪些步骤？分别可以用什么方法进行检验？

9-4　什么是爆炸物证？炸药爆炸残留物中常有哪些无机离子？

9-5　简述如何用化学分析方法判断蓝黑墨迹形成的时间。

9-6　毒物分析与毒品分析是否相同？请说明原因。

9-7　什么是微量物证？微量物证有什么特点？微量物证检验常用的仪器分析方法有哪些？

9-8　作为微量物证的一种，DNA 有哪些特点？DNA 分析技术包括哪些类型？

（西安交通大学　许昭）

第10章

化学与国防军事

和平与发展是当代世界主要矛盾的集中体现。当代世界在政治上的主要矛盾是东西方还存在对抗与世界要和平的矛盾。第二次世界大战后，世界形成了东西对峙、美苏争霸世界的两极格局，给世界和平带来极大威胁。冷战结束后，冷战思维依然存在，霸权主义和强权政治并没有退出历史舞台，仍然是威胁世界和平与稳定的主要根源。和平与发展是当今时代的主题，发展需要和平的国际环境。然而，现在在世界和地区范围内都存在着不安定因素。在新的国际安全环境中，世界多数国家在注重运用政治、经济和外交等手段解决争端的同时，仍把军事手段以及加强国防力量作为维护自身安全和国家利益的重要途径。

武器优劣是国防力量强弱的重要因素，火药和炸药生产、导弹和火箭研制、航空和航天技术的发展等诸多方面都与化学相关，化学与国防军事有着密切的关系。可以说化学反应是军事行为的物质基础。因此，化学是国防教育的必修内容，许多国家都十分重视军事领域的化学研究。这里就与大家一起分享常规武器、化学武器、现代军事装备中化学所起的作用。

10.1 常规武器

10.1.1 火药与炸药

(1) 火药

火药（gunpowder）是中国四大发明之一，是人类文明史上的一项杰出的成就。火药最早应用的是我国发明的黑色火药，所以火药又被称为黑火药。火药在适当的外界能量作用下，自身能进行迅速而有规律的燃烧，同时生成大量高温燃气。火药最初主要用于医药。据

《本草纲目》记载，火药有去湿气、除瘟疫、治疮癣的作用，从"火药"二字中的"药"字即可见一斑。火药发明距今已有 1000 多年了。火药的研究始于古代炼丹术，至于火药的发明者至今没有人知道。后来火药传至欧洲才用于军事，在军事上主要用作枪弹、炮弹的发射药和火箭、导弹的推进剂及其他驱动装置的能源，是弹药的重要组成部分。根据燃烧时的性质，可分为有烟火药（燃烧时发烟，如黑色火药）和无烟火药两类（图 10-1）。火药主要用作引燃药或发射药。

火药在武器内的工作过程是通过燃烧将火药的化学能转化为热能，再通过高温高压气体的膨胀，将热能转化为弹丸或火箭的动能。

军事上黑火药（black powder）的成分是：75％硝酸钾，10％硫，15％木炭。黑火药极易剧烈燃烧，方程式为：

$$2KNO_3 + S + 3C \xrightarrow{点燃} K_2S + N_2\uparrow + 3CO_2\uparrow$$

可见，固体反应物产生了大量气体，燃烧产生的热又使气体剧烈膨胀，发生爆炸。

图 10-1　火药

(2) 炸药

炸药（explosive material）是能在极短时间内剧烈燃烧（即爆炸）的物质，是在一定的外界能量的作用下，由自身能量发生爆炸的物质。一般情况下，炸药的化学及物理性质稳定，但不论环境是否密封，药量多少，甚至在外界零供氧的情况下，只要有较强的能量（起爆药提供）激发，炸药就会对外界进行稳定的爆轰式做功。炸药在弹体内爆炸时，瞬间产生的高温高压气体急速膨胀，破坏弹体或容器，产生高速飞散的碎片，从而杀伤目标。同时，产生的爆炸冲击波可破坏工事、建筑物等；产生的聚能效应可穿透装甲目标。炸药在军事上可用来装填炮弹、航空炸弹、导弹、地雷、水雷、鱼雷、手榴弹等，起杀伤和爆破作用。

在火药和炸药的爆炸过程中，热量是发生爆炸的动力，反应时间极短是发生爆炸的必要条件，气体产物是火药或炸药的爆炸媒介。人类历史使用的炸药主要有黑火药、苦味酸、雷汞、硝化纤维、硝化甘油、TNT、达纳炸药、黑索金、C4 塑胶炸药。

随着军事化学的发展，出现了比黑火药爆炸威力更大的烈性炸药。烈性炸药一般是含硝基的有机化合物，最早的烈性炸药是苦味酸，即黄色炸药，由苯酚硝化制得，反应方程式为：

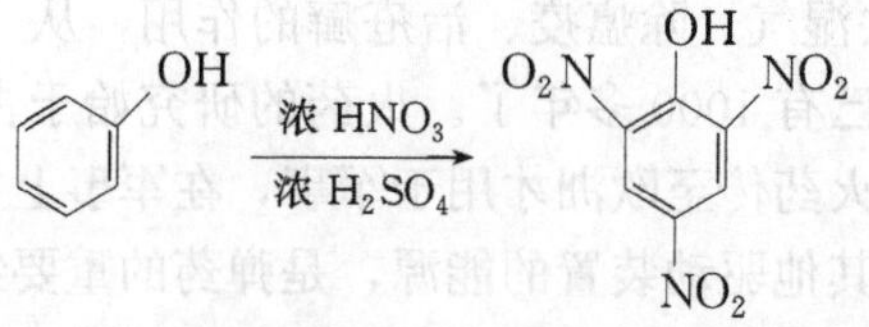

雷汞 $[Hg(ONC)_2]$ 是一种呈白色或灰色的晶体，是最早用的起爆药。对火焰、针刺和撞击有较高的敏感性。多年来，一直是雷管装药和火帽击发药的重要组分。但雷汞安定性能相对较差、有剧毒，含雷汞的击发药易腐蚀炮膛和药筒，已被叠氮化铅等起爆药所代替。雷汞遇盐酸或硝酸能分解，遇硫酸则爆炸。干燥时，对震动、撞击和摩擦极敏感，而且容易被火星和火焰引起爆轰。或在很高的压力下加压模铸，与铜作用生成碱性雷汞铜，使其具有更大的敏感度。雷汞常温下稳定，在 40~50℃ 以上时，长期库存易分解，在温度高于 100℃ 易发生自爆。雷汞对冲击、摩擦、火焰及电火花都比较敏感，五分钟发火点为 170~180℃，五秒钟发火点为 210℃。

硝化甘油是年轻的意大利化学家苏雷罗（Aseanio Sobrero）在 1847 年于一场化学实验室的偶然事故中发现的一种烈性炸药的主要成分，它由甘油（丙三醇）硝化制得，反应方程式为：

$$C_3H_5(OH)_3 + 3HNO_3 \longrightarrow C_3H_5(NO_3)_3 + 3H_2O$$

后来出现了烈性炸药 TNT，现在被广泛用作军事武器中的炸药和衡量炸药爆炸性能的基准。TNT 是由甲苯硝化而成，反应方程式为：

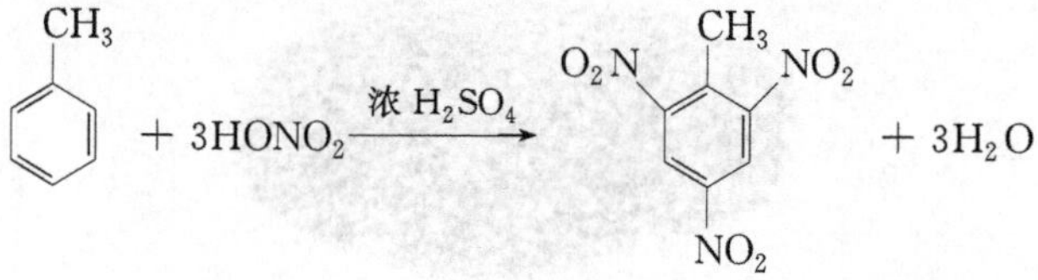

黑索金（RDX）化学名称为环三亚甲基三硝胺（cyclotrimethylenetrinitramine），是无色结晶，不溶于水，微溶于乙醚和乙醇，化学性质比较稳定，遇明火、高温、震动、撞击、摩擦能引起燃烧爆炸。黑索金是一种爆炸力极强大的烈性炸药，比 TNT 猛烈 1.5 倍。

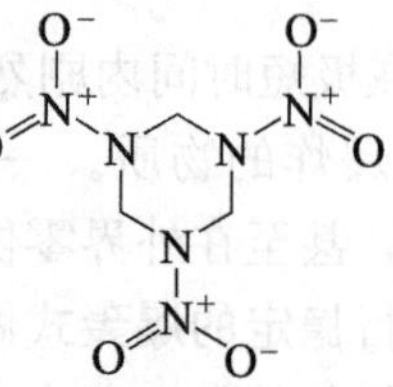

黑索金

另外，硝铵既是一种很好的氮肥，同时也是一种烈性炸药，当突然加热至高温或受到猛烈撞击时，会发生爆炸性分解，反应方程式为：

$$2NH_4NO_3 \xrightarrow{点燃} 2N_2\uparrow + O_2\uparrow + 4H_2O\uparrow$$

国内外都发生过化肥仓库内硝铵爆炸的事故。

10.1.2　军事四弹

"军事四弹"是指烟幕弹、照明弹、燃烧弹、信号弹。今天虽然在战场上使用相对较少，但它们在军事上仍具有着重要作用。

（1）烟幕弹

烟和雾是分别由固体颗粒和小液滴与空气所形成的分散系统。烟幕弹的原理就是通过化学反应在空气中造成大范围的化学烟雾。烟幕弹主要用于干扰敌方观察和射击，掩护自己的军事行动，是战场上经常使用的弹种之一。例如装有白磷的烟幕弹引爆后，白磷迅速在空气中燃烧生成五氧化二磷：

$$4P+5O_2 =\!=\!= 2P_2O_5$$

P_2O_5 会进一步与空气中的水蒸气反应生成偏磷酸和磷酸，其中偏磷酸有毒，反应方程式为：

$$P_2O_5+H_2O =\!=\!= 2HPO_3$$
$$2P_2O_5+6H_2O =\!=\!= 4H_3PO_4$$

这些酸的液滴与未反应的白色颗粒状 P_2O_5 悬浮在空气中，便构成了"恐怖的云海"。

同理，四氯化硅和四氯化锡等物质也可用作烟幕弹。因为它们都极易水解：

$$SiCl_4+4H_2O =\!=\!= H_4SiO_4+4HCl$$
$$SnCl_4+4H_2O =\!=\!= Sn(OH)_4+4HCl$$

水解后在空气中形成 HCl 酸雾。在第一次世界大战期间，英国海军就曾用飞机向自己的军舰投放含 $SnCl_4$ 和 $SiCl_4$ 的烟幕弹，从而巧妙地隐藏了军舰，避免了敌机轰炸。现代有些新式军用坦克所用的烟幕弹不仅可以隐蔽物理外形，而且烟雾还有躲避红外激光、微波的功能，达到真的"隐身"。

（2）照明弹

夜战是战场上经常采用的一种作战方式。利用黑夜作掩护，夺取战场主动权，历来为指挥员所推崇。然而，要想在茫茫黑夜中克敌制胜，首先要解决夜间观察和夜间射击的问题。在早期的战争中，主要依靠照明器材来解决这些问题。

照明弹是夜战中常用的照明器材，它是利用内装照明剂燃烧时的发光效果进行照明的。现代照明弹的光非常亮，如同高悬空中的明灯，可将大片的地面照得如同白昼。通常照明弹的发光强度为 40 万～200 万坎德拉，发光时间为 30～140s，照明半径达数百米。在夜间战场上，可借助照明弹的亮光迅速查明敌方的部署，观察我方的射击效果，及时修正射击偏差，以保证进攻的准确性；在防御时，可以及时监视敌方的活动。

照明弹中通常装有铝粉、镁粉、硝酸钠和硝酸钡等物质，引爆后，金属镁、铝在空气中迅速燃烧，产生几千摄氏度的高温，并放出含有紫外线的耀眼白光：

$$2Mg+O_2 \xrightarrow{\text{点燃}} 2MgO$$
$$4Al+3O_2 \xrightarrow{\text{点燃}} 2Al_2O_3$$

反应放出的热量使硝酸盐立即分解：

$$2NaNO_3 \longrightarrow 2NaNO_2+O_2\uparrow$$
$$Ba(NO_3)_2 \xrightarrow{\text{点燃}} Ba(NO_2)_2+O_2\uparrow$$

产生的氧气又加速了镁、铝的燃烧反应，使照明弹更加明亮夺目。

(3) 燃烧弹

燃烧弹在现代坑道战、堑壕战中起到重要作用。由于汽油密度小，发热量高，价格便宜，所以被广泛用作燃烧弹的原料。用汽油与黏结剂黏结成胶状物，可制成凝固汽油弹。为了攻击水中目标，有的凝固汽油弹里添加活泼的碱金属和碱土金属。钾、钙和钡一遇水就剧烈反应，产生易燃易爆的氢气，从而提高了燃烧的威力：

$$2K+2H_2O \longrightarrow 2KOH+H_2\uparrow$$
$$Ba+2H_2O \longrightarrow Ba(OH)_2+H_2\uparrow$$

对于有装甲的坦克，燃烧弹自有对付它的高招。铝粉和氧化铁能发生壮观的铝热反应：

$$2Al+Fe_2O_3 \longrightarrow Al_2O_3+2Fe \quad \Delta_r H_m^{\ominus}=-851.5kJ \cdot mol^{-1}$$

该反应放出的热量足以使钢铁熔化成液态，所以用铝热剂制成的燃烧弹可熔掉坦克厚厚的装甲，使其望而生畏。另外，铝热剂燃烧弹在没有空气助燃时也可照样燃烧，大大扩展了它的应用范围。

(4) 信号弹

信号弹是利用发光、发烟产生的信号来完成识别、定位、报警、通信、指挥、联络等任务的一类特种弹药。它具有不受干扰、简便、直观和保密性强的特点，因此一直受到各国军队的普遍重视，在战争中得到了广泛应用，对战斗的胜利起到重要的作用。

根据使用时间不同，信号弹可分为白天用信号弹和夜间用信号弹两种。白天使用的称发烟信号弹，夜间使用的称发光信号弹。发烟信号弹内装有用不同颜色染料染过的硝化棉颗粒状火药。发光信号弹内装有发光剂，不同的发光剂燃烧时能发出不同颜色的光，如含有硝酸钡和镁粉的发白光，含有硝酸锶、镁粉、聚氯乙烯的发红光，含有碳酸锶、硝酸钡、镁粉的发黄光。

信号弹除应用于军事领域外，也应用于民用领域，如海上运输、渔业捕捞、民航、油田、极地考查等遇到重大、急迫危险时都离不开信号弹。信号弹不仅可以在遇险报警、呼救、求救、指示目标和联络等方面发挥作用，也可在舒缓的氛围中给人以享受，如在重大节日活动中，利用信号弹在空中绽放出的美丽礼花供人们娱乐欣赏。

10.2　化学武器

武器是战争必不可少的工具。战争在发展，武器也在不断演变。在纷繁复杂的武器家族中有一种随风而动、杀人无形的"毒魔"，这就是化学武器。化学武器（chemical weapon）是以毒剂的毒害作用杀伤有生力量的各种武器与器材的总称。

现代化学武器产生于德国，"化学武器之父"哈伯（Fritz Haber）帮助德国生产出大量氯气，并于 1915 年 4 月 22 日首次在比利时战场大规模使用，造成英法联军一万五千人中毒，其中五千人死亡。化学武器对人类的伤害比较大，国际上虽然早就签订了禁止在战争中使用化学武器的公约，在当今社会，"化学武器应该被禁用"似乎是不言自明的规范。人们自然地将化学武器与反人道主义联系在一起，任何使用化学武器的行为都会引发国际社会的强烈谴责。化学武器禁令的发展，当然与其扩散性极强、难以区分平民和战士的属性有关。但事实上，化学武器也是一个高度政治化的概念，伴随着国家之间的战争、条约的签订、国际舆论的发展，它的性质在历史中被不断地构建，最终形成了现今围绕化学武器的"绝对禁忌"。在人类的战争史上，化学武器曾经在多大程度上被使用？为什么第一次世界大战之后，人类极少在战争中使用化学武器？为什么现如今使用化学武器被认为是绝对不可接受的，甚至成为引发国际干预的导火索？但各国都十分重视化学武器在现代战争中的地位、作用及预防。目前，美国和俄罗斯是化学武器储备最多的国家之一。

10.2.1 化学武器的种类及其毒害作用

通常，按化学毒剂的毒害作用把化学武器分为六类：神经性毒剂、糜烂性毒剂、刺激性毒剂、失能性毒剂、全身中毒性毒剂、窒息性毒剂。

(1) 神经性毒剂

神经性毒剂（nerve agent）是指破坏神经系统正常传导功能的有毒性化学物质。最具代表性的四种神经性毒剂是塔崩（tabun）、沙林（tarin）、梭曼（soman）和维埃克斯（VX）等，均为有机磷酸酯类衍生物。神经性毒剂是破坏人体神经的一类毒剂。在现有毒剂中，它的毒性最强，是一类剧毒、高效、连杀性致死剂，无刺激性，仅有微弱臭味。可装填于多种弹药和导弹战斗部中使用，经呼吸道、皮肤等多种途径使人员中毒，抑制体内生物活性物质胆碱酯酶，破坏乙酰胆碱对神经冲动的传导。神经性毒剂可通过呼吸道、眼睛、皮肤等进入人体，并迅速与胆碱酶结合使其丧失活性，引起神经系统功能紊乱，出现瞳孔缩小、恶心呕吐、流口水、呼吸困难、肌肉震颤、大小便失禁等症状，重者可迅速抽搐致死。

1995 年 3 月 20 日上午，奥姆真理教成员制造的东京地铁毒气案，使用的就是沙林，造成 12 人死亡，5000 多人受伤。2017 年 2 月 13 日，朝鲜籍男子金正男在马来西亚吉隆坡国际机场二号航站口寻求医疗帮助，但随后在送医途中死亡。2017 年 2 月 24 日早上，马来西亚警方发布声明，公布金正男尸检结果：面部眼部含 VX 神经性毒剂。

(2) 糜烂性毒剂

糜烂性毒剂是一类以破坏细胞，以皮肤糜烂作用为伤害特点的毒剂，兼有全身中毒作用，可致死亡。芥子气（β,β'-二氯二乙基硫醚）是最重要的糜烂性毒剂，第一次世界大战时被称为"毒剂之王"，现仍为一些国家军队的装备毒剂。其他重要糜烂性毒剂还有氮芥气（β,β',β''-三氯三乙基胺）、路易氏气（β-氯乙烯基二氯胂）

$$Cl—CH_2—CH_2—S—CH_2—CH_2—Cl$$
芥子气

糜烂性毒剂主要通过呼吸道、皮肤、眼睛等侵入人体，破坏肌体组织细胞，造成呼吸道黏膜坏死性炎症，皮肤糜烂，眼睛刺痛、畏光甚至失明，严重时呕吐、便血，甚至死亡。这类毒剂渗透力强，中毒后需长期治疗才能痊愈。抗日战争期间，日军在侵华战争（1931～

1945）中先后对我国 13 个省、78 个地区使用化学毒剂 2000 多次，大部分是芥子气。其中 1941 年日军在宜昌对中国军队使用芥子气，致使 1600 人中毒，600 人死亡。

(3) 刺激性毒剂

刺激性毒剂对眼、鼻、喉、皮肤和上呼吸道有强烈的刺激作用。与刺激剂不同的是，刺激性毒剂包含刺激剂以外的轻微毒剂，会引起眼痛、流泪、喷嚏和胸痛等症状。刺激性毒剂的主要代表有氯苯乙酮、亚当氏剂、氯化二苯胺胂、CS 和 CR。按毒性作用分为催泪性和喷嚏性毒剂两类。

氯苯乙酮

催泪性毒剂以眼刺激为主，极低浓度即能引起眼强烈疼痛、大量流泪、怕光和睑痉挛，高浓度时对上呼吸道和皮肤也有刺激作用。催泪性毒剂主要有氯苯乙酮、西埃斯。喷嚏性毒剂以上呼吸道强烈刺激作用为主，引起剧烈和难以控制的喷嚏、咳嗽、流涕和流涎，并有恶心、呕吐和全身不适等症状，对眼也有刺激作用，因能致吐，故又称呕吐剂。喷嚏性毒剂主要有亚当氏剂。

刺激性毒剂作用迅速强烈，中毒后，出现眼痛流泪、咳嗽喷嚏、皮肤发痒等症状，但通常无致死的危险。刺激性毒剂曾经被大量用于战争，后来许多国家也将其用于控制暴乱、维持社会秩序等场合。

(4) 失能性毒剂

失能性毒剂简称失能剂，是一类使人暂时丧失战斗能力的化学物质。中毒后主要引起精神活动异常和躯体功能障碍，这类毒剂的主要特征是致死剂量与失能剂量的比值（安全比）很大，一般不引起死亡或造成永久性伤害。失能剂为白色无嗅味固体，可装填于炮弹、航空炸弹等弹体内使用，形成气溶胶使空气染毒。失能剂主要中毒症状为口干、瞳孔散大、眩晕、步态蹒跚、丧失定向能力和产生幻觉等，症状可持续数小时以至数天。

失能性毒剂是一类暂时使人的思维和运动机能发生障碍从而丧失战斗力的化学毒剂，按其毒理效应不同，失能剂一般分为精神失能剂（nervous incapacitating agent）和躯体失能剂（body incapacitating agent）。前者主要是引起精神活动紊乱，产生幻觉，代表物为毕兹（BZ）；

毕兹

后者主要是引起运动功能障碍、瘫痪、血压和体温失调、视觉和听觉障碍、持续呕吐腹泻，代表物为四氢大麻醇（tetrahydrocannabinol）。在越南战争中，美军就对越军使用过毕兹。美国战地记者发现，大量的越军官兵是拿着子弹充足的步枪被美军用刺刀刺死的。

(5) 全身中毒性毒剂

全身中毒性毒剂（systemicagents）主要包括氢氰酸（hydrogen cyanide，HCN）和氯化氰（cyanogen chloride，ClCN），化合物分子中含 CN^-，故属氰类毒剂（cyanide agents）。氢氰酸有苦杏仁味，可与水及有机物混溶，施放后呈蒸气态，经呼吸道吸入，作用于细胞呼吸链末端细胞色素氧化酶，使细胞能量代谢受阻，供能失调，迅速导致机体功能障碍，其症状表现为舌尖麻木、恶心呕吐、头痛抽风、瞳孔散大、呼吸困难等，重者可迅速强烈抽搐而死，是一类速杀性毒剂。

1916 年 7 月 1 日，法军在索姆河战役中，首先对德军使用了氢氰酸，但因炮弹爆炸引起燃烧、蒸气密度较空气轻、挥发度大，有效战斗浓度维持时间短等原因，未能造成人员伤亡。目前，由于弹药和施放技术的改进，氢氰酸在短时间内可造成 $2\sim3mg \cdot L^{-1}$ 的染毒浓度，在此浓度下，暴露 $15\sim30s$，中毒人员可迅速死亡。二战期间，德国法西斯曾用氢氰酸残害了波兰集中营里的 250 万战俘和平民。

(6) 窒息性毒剂

窒息性毒剂是指损害呼吸器官，引起急性肺水肿而造成窒息的一类毒剂。其代表物有光气、氯气等。

光气（$COCl_2$）常温下为无色气体，有烂干草或烂苹果味，微溶于水，易溶于有机溶剂。其中毒症状与氯气相似，但毒性比氯气大十倍，吸入后有强烈刺激感，出现呼吸困难、胸闷、头痛、肺水肿等症状，在高浓度光气中，中毒者在几分钟内由于反射性呼吸、心跳停止而死亡。1951 年，美军在朝鲜南浦市投掷了光气炸弹，使 1379 人中毒，480 人死亡。1984 年 12 月 3 日，印度博帕尔市一农药厂发生光气泄漏事故，导致 32 万人中毒，2500 余人实时死亡。

随着现代科学技术的发展，化学武器也越来越现代化。其中二元化学武器的研制成功，是近年来军用毒剂使用原理和技术上的一个重大突破。它的基本原理是：将两种或两种以上的无毒或微毒的化学物质分别填装在用保护膜隔开的弹体内，发射后，隔膜受撞击破裂，两种物质混合发生化学反应，在爆炸前瞬间生成一种剧毒药剂。

二元化学武器的出现解决了大规模生产、运输、储存和销毁（化学武器）等一系列技术问题、安全问题和经济问题。与非二元化学武器相比，它具有成本低、效率高、安全、可大规模生产等特点。因此，二元化学武器大有逐渐取代现有化学武器的趋势。

10.2.2　化学武器的特点

化学武器与常规武器比较有以下几方面特点。

(1) 杀伤途径多，且难于防治

染毒空气可经眼睛接触、呼吸道吸入或皮肤吸收使人中毒；毒剂液滴可直接伤害皮肤或经皮肤渗透中毒；染毒的食物和水可经消化道吸收中毒。

(2) 杀伤范围大

化学炮弹比普通炮弹的杀伤面积一般大几倍到几十倍。若使用 5t 沙林毒剂，受害面积

可达 $260km^2$，约相当于 2000 万吨 TNT 当量核武器的受害面积，而且毒剂云团随风扩散，能渗入不密闭、无滤毒设施的装甲车辆、工事和建筑物的内部，沉积在堑壕和低洼处，伤害隐蔽于其中的人员。

（3）杀伤作用时间长

化学武器的杀伤作用一般可延续几分钟、几小时，甚至几天、几十天。

（4）杀伤作用选择性大

能杀伤有生力量而不毁坏物资和设施，故可根据作用需要，选用致死性或失能性、暂时性或持久性的化学武器。

（5）效费比高

在每平方千米上造成大量杀伤的成本费，常规武器为 2000 美元，核武器为 800 美元，而装有神经性毒剂的化学武器仅为 600 美元。化学武器因有成本小就可造成大面积杀伤的效果，所以又被称为"穷国的原子弹"。

（6）受气象、地形条件的影响较大

大风、大雨、大雪或空气对流等情况，都会严重削弱化学武器的杀伤效果，甚至限制某些化学武器的使用。地形对毒剂云团的传播、扩散和毒剂蒸发有较大影响，可使毒剂的使用效果产生很大的差别。如高地、深谷能改变毒剂云团的传播方向，丛林和居民区也能使毒剂云团不易传播和扩散。

10.2.3　化学武器的防护

化学武器虽然杀伤力大，破坏力强，但由于使用时受气候、地形、战情等的影响使其具有很大的局限性，只要应对措施及时得当，化学武器也是可以防护的。化学武器的防护措施主要有以下几点。

（1）及早发现

可能有化学武器的情况：敌机在城市上空低空飞行并布洒大量烟雾；敌机通过后或炸弹爆炸后，地面有大片均匀的油状斑点，多数人突然闻到异常气味或眼睛、呼吸道受到刺激；看到大量动物异常变化（如蜂、蝇飞行困难，抖动翅膀，或麻雀、鸡、羊等动物中毒死亡）；花草、树叶发生大面积变色或枯萎等等。总之，对于大面积同时发生的异常现象，都可怀疑是化学毒区，应及时采取防护措施，报告人防部门侦查断定。

（2）妥善防护

防护是阻止毒剂通过各种途径与人员接触的措施，具体措施如下：
① 利用器材防护　遭敌化学袭击时，迅速戴好防毒面具，对呼吸道和眼睛进行防护。
防毒面具分为过滤式和隔绝式两种。过滤式防毒面具主要由面罩、导气管、滤毒罐等组成。滤毒罐内装有滤烟层和活性炭。滤烟层由纸浆、棉花、毛绒、石棉等纤维物质制成，能

阻挡毒烟、雾，放射性灰尘等毒剂。活性炭经氧化银、氧化铬、氧化铜等化学物质浸渍过，不仅具有强吸附毒气分子的作用，而且有催化作用，使毒气分子与空气及化合物中的氧发生化学反应，转化为无毒物质。隔绝式防毒面具中，有一种化学生氧式防毒面具。它主要由面罩、生氧罐、呼吸气管等组成。使用时，人员呼出的气体经呼气管进入生氧罐，其中的水汽被吸收，二氧化碳则与罐中的过氧化钾或过氧化钠反应，释放出的氧气沿吸气管进入面罩。其反应式为：

$$2Na_2O_2 + 2CO_2 =\!=\!= 2Na_2CO_3 + O_2$$
$$2K_2O_2 + 2CO_2 =\!=\!= 2K_2CO_3 + O_2$$

当毒剂呈液滴、粉末或雾状时，除防护呼吸道和眼睛外，还要对全身进行防护。这时应披上防毒斗篷或雨衣、塑料布等，同时应防止毒剂液滴溅落在随身携带的装具和武器上。利用没有染毒的位置，穿好防毒靴套或包裹腿脚，戴好防毒手套，继续执行任务。

② 利用地形防护　利用地形防护化学武器不能像防护核武器那样就低不就高，而要根据地形和风向等条件综合考虑利用的地点，尽量避开易滞留毒剂的地点或区域。

③ 利用工事防护　有条件且情况允许时，除观察和值班人员外，其余人员应立即进入掩蔽工事，关闭密闭门或放下防毒门帘。人员在没有密闭设施的工事内，要戴面具防护。遭受持久性毒剂袭击后，离开工事前要进行下肢防护。

(3) 紧急救治

待敌化学袭击停止后，应立即进行自救、互救。急救时，应先戴好防毒面具，再根据人员中毒毒剂的不同采用相应的急救药物和方法。若无法判明属何种毒剂中毒时，应按毒性大、致死速度快的毒剂中毒施救步骤实施急救。神经性毒剂中毒时，应立即注射解磷针剂，并进行人工呼吸；氢氰酸中毒时，应立即吸入亚硝酸异戊酯，并进行人工呼吸；刺激性毒剂中毒时，可用清水冲洗眼和皮肤，如出现胸痛和咳嗽难忍时，可吸抗烟剂；糜烂性毒剂中毒时，主要是对染毒部位消毒处理；失能性毒剂毕兹中毒时，轻者不用药物急救，严重时可肌肉注射氢溴酸加兰他敏。

(4) 尽快消毒

人员染毒后须尽快消毒，尤其是神经性毒剂和糜烂性毒剂，消毒越早，效果越好。

① 皮肤的消毒　在没有防护盒的情况下，应迅速用棉花、布块、纸片、干土等将毒剂液滴吸去，然后用肥皂水、洗衣粉水、草木灰水、碱水冲洗，或用汽油、煤油、酒精等擦拭染毒部位。

② 眼睛和面部的消毒　可用2%小苏打水或凉开水冲洗；伤口消毒时，先用砂布将伤口处的毒剂粘吸，然后用皮肤消毒液加大倍数或大量净水反复冲洗伤口，再进行包扎。

③ 呼吸道的消毒　在离开毒剂区后，立即用2%小苏打水或净水漱口和洗鼻。

此外，对染毒的服装、武器装备、粮食、食品、水、地面等也需进行消毒。

10.2.4　禁止化学武器公约

化学武器的使用给人类及生态环境造成极大的灾难。因此，从它首次被使用以来就受到国际舆论的谴责，被视为一种暴行。为制止这种罪恶行径，英、法、德等国在19世纪中期研制出化学武器后不久，于1874年召开的布鲁塞尔会议上就提出了禁止化学武器的倡议。1899年在海牙召开的和平会议上通过的《海牙海陆战法规惯例公约》中又明确规定禁止使用毒物和有毒武器。1925年在日内瓦又签订了《关于禁用毒气或类似毒品及细菌方法作战协定书》。它是有关禁止使用化学武器的最重要、最权威的国际公约。中国早在1929年就加入了《日内瓦协定书》，新中国成立后，中央政府对其重新进行审查，于1952年宣布予以承认，并在各国对于该协定书互相遵守的原则下，予以严格执行。1989年1月7日在巴黎召开了举世瞩目的禁止化学武器国际会议，会议通过的《最后宣言》确认了《日内瓦协定书》的有效性，并呼吁早日签订一项关于禁止发展、生产、储存及使用一切化学武器并销毁此类武器的国际公约。

《禁止化学武器公约》全称为《关于禁止发展、生产、储存和使用化学武器及销毁此种武器的公约》（《Convention on the Prohibition of the Development，Production，Stockpiling and Use of Chemical Weapons and on Their Destruction》），是第一个关于全面禁止、彻底销毁一整类大规模杀伤性武器，并规定了严格核查制度和无限期有效的国际条约。其核心内容是在全球范围内尽早彻底销毁化学武器及其相关设施。确保《禁止化学武器公约》得到实施。该组织正在积极开展销毁叙利亚化学武器的工作。

《禁止化学武器公约》于1993年1月开放供签署，1997年4月29日正式生效。为确保《禁止化学武器公约》的各项规定，包括对公约遵守情况进行核查的规定得到执行，并为各缔约国提供进行协商和合作的论坛，禁止化学武器组织于1997年5月23日成立。

该公约截至2015年年底有192个缔约国，1个签署国。公约规定所有缔约国最迟应在2012年4月29日之前销毁全部化学武器和有关设施。禁止化学武器组织旨在实现《禁止化学武器公约》的宗旨和目标，确保公约各项规定得到执行，每年举行一次缔约国大会，讨论重要问题并做出决策。

《禁止化学武器公约》的目标和宗旨是要彻底消除化学武器的危害，促进化学工业的国际合作和技术交流，使化学领域的成就完全用于造福人类，增进所有缔约国的经济和技术发展，对维护国际和平与安全具有重要意义。

1997年4月，中国批准了《禁止化学武器公约》，成为该公约的原始缔约国。

1997年4月29日，《禁止化学武器公约》正式生效，其履约机构——禁止化学武器组织也随之正式成立。全世界爱好和平的人们衷心希望，今后的战争将不再使用灭绝人性的化学武器。

截至2017年，《禁止化学武器公约》的缔约国已经由生效时的87个增加到192个，目前仅有以色列、朝鲜、埃及和南苏丹4个非缔约国；全球库存化学武器销毁了94.3%，其余将于2023年底前全部销毁；作为监督手段，禁止化学武器组织在86个缔约国领土上进行了6327次各类现场视察。

禁止化学武器组织采用了时间加权平均值（TWA）和瞬间危及生命和健康的空气暴露极限值（IDLH）来帮助确定所需要的呼吸防护级别。TWA是指一个人接触空气中的某种化学物质，而不产生任何负面影响的浓度极限值。即一个人平均在这样的环境下工作8h，一周工作5天，并连续工作40年。如果浓度低于TWA，则不需要个人防护器材。IDLH指在短时间（30min）内，人员不致出现不可逆健康效应的特定有毒化学品的最高浓度。表10-1列出了部分军用化学毒剂的TWA和IDLH限值。

表 10-1　部分军用化学毒剂的 TWA 和 IDLH 限值

化学毒剂	TWA (8h)/mg·m^{-3}	IDLH (30min) /mg·m^{-3}
塔崩（GA）、沙林（GB）	0.0001	0.2
维埃克斯（VX）	0.0001	0.02
芥子气（HD）	0.003	0.003
路易氏剂 L	0.003	0.003

10.3　核武器

核武器（nuclear weapon）是利用原子核瞬间放出的巨大能量，起杀伤破坏作用的武器。原子弹、氢弹、中子弹统称为核武器。

核武器威力的大小，用 TNT 当量来表示。当量是指核武器爆炸时放出的能量相当于多少重量的 TNT 炸药爆炸时放出的能量。核武器的威力，按当量大小分为千吨级、万吨级、十万吨级、百万吨级和千万吨级。

核武器可制成弹头，装在火箭上射向目标，可以从陆上发射或从水面舰艇发射，也可以由潜艇在水下发射。核武器还可以制成炸弹由飞机空投，制成炮弹由火炮发射，或者制成地雷、鱼雷等。

10.3.1　核武器的主要杀伤因素和爆炸方式

(1) 核武器的主要杀伤因素

核武器的主要杀伤因素为冲击波、光辐射、贯穿辐射和放射性沾染。此外，核爆炸所产生的次级效应——核电磁脉冲也会产生巨大的破坏作用。冲击波是由于核爆炸时产生的巨大能量在百万分之几秒时间内从极为有限的弹体中释放出来，使气体等介质受到急剧压缩而产生的高速高压气浪。它从爆炸中心向四周膨胀，在极短的时间（数秒至数十秒）内对人员、物体造成挤压、抛掷作用而产生巨大的破坏。冲击波所到之处，建筑物倒塌，砖瓦、沙子、玻璃碎片四处横飞，使人体出现肺、胃、肝、脾出血破裂等严重内伤和骨折。

光辐射是在核爆炸反应区内形成的高温高压炽热气团（火球）向周围发射出的光和热。光辐射会引起可燃物质的燃烧，造成建筑物、森林的火灾；使飞机、坦克、大炮成为回过炉的废金属；并能引起人员的直接烧伤或间接烧伤，也可以使直接观看到火球的人员发生眼底烧伤。

贯穿辐射是在核爆炸后的数秒钟内辐射出的高能 γ 射线和中子流，其穿透能力极强，能引起周围介质的电离，严重干扰电子通信系统，并可使人体的细胞和器官因电离而遭到破坏。

放射性沾染是核爆炸发生 1min 左右以后剩余的核辐射。它是由大量核反应产物的散布形成的。随着这些放射性产物的衰变，释放出对生物有害的 γ 射线、α 射线和 β 射线，使人体受到伤害。放射性沾染的持续时间为几小时至几十天不等。

（2）核武器的爆炸方式

根据作战目的的需要，核武器的爆炸方式分为地面（水面）爆炸、空中爆炸和地下（水下）爆炸等。爆炸方式不同，杀伤破坏作用的效果和范围也不同。

地面爆炸适用于破坏坚固的地下和地面目标。水面爆炸主要用于破坏水面舰艇、港口等目标。空中爆炸又分低空、中空、高空和超高空爆炸。低空爆炸适用于破坏较坚固的地面和浅地下目标；中空爆炸用于杀伤地面上的暴露人员和破坏不太坚固的地面目标；高空爆炸用于大面积杀伤地面上暴露人员和破坏脆弱目标；超高空爆炸用于拦截战略导弹和击毁机群。地下爆炸主要用于破坏地下重要的工程设施或阻塞关卡、隘路。水下爆炸主要用于破坏水下、水面舰艇和水中设施。

10.3.2 原子弹

原子弹（atomic bomb）是利用核裂变释放出的巨大能量以达到杀伤破坏作用的一种爆炸性核武器。

第二次世界大战中，由于担心纳粹德国可能的原子武器的威胁，爱因斯坦致信美国总统罗斯福，建议研制原子弹。出于战争和政治的需要，美国政府从 1942 年秋天开始实施"曼哈顿工程"计划。在原子弹之父、美籍犹太人学者奥本海默（J. Robert Oppenheimer）的领导下，一个由上百名科学家和几十万工作人员组成的群体团结协作，经过三年的努力，到1945 年制造出三颗原子弹。同年 8 月 6 日，美国在日本广岛上空投下了其中的一颗，使这个 20 余万人的城市转眼间变成废墟。三天以后，日本长崎遭到了同样的命运。据有关资料记载，广岛 24.5 万人中死伤、失踪超过 20 万人，长崎 23 万人中死伤、失踪近 15 万人，两个城市毁坏的程度达 $60\%\sim80\%$。

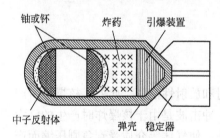

图 10-2　原子弹构造示意图

原子弹主要由引爆控制系统、炸药、中子反射体、核装料和弹壳等结构部件组成（图 10-2）。

引爆控制系统用来适时引爆炸药；炸药是推动、压缩反射层和核部件的能源；中子反射体由铍或铀 238 构成，用来减少中子的漏失；核装料主要是铀 235 或钚 239。

原子弹爆炸的原理是在爆炸前将核原料装在弹体内分成几小块，每块质量都小于临界质量。这里的临界质量是指裂变物质能实行自持链式反应所需的裂变物质的最少质量。爆炸时，引爆控制系统发出引爆指令，使炸药起爆，炸药的爆轰产物推动并压缩反射体和核装料，使之达到超临界状态，核点火部件适时提供若干"点火"中子，使核装料内发生链式裂变反应，裂变反应产物的组成很复杂，如铀 235 裂变时可产生钡和氪、氙和锶或锑和铌等。

$$
{}^{235}_{92}U + {}^{1}_{0}n \begin{cases} {}^{144}_{56}Ba + {}^{89}_{36}Kr + 3{}^{1}_{0}n \\ {}^{143}_{54}Xe + {}^{90}_{38}Sr + 3{}^{1}_{0}n \\ {}^{133}_{51}Sb + {}^{99}_{41}Nb + 4{}^{1}_{0}n \end{cases}
$$

连续核裂变释放出巨大的能量，瞬间产生几千万摄氏度的高温和几百万个大气压，从而引起猛烈的爆炸。爆炸产生的高温高压以及各种核反应产生的中子、γ射线和裂变碎片，最终形成冲击波、光辐射、贯穿辐射、放射性沾染和电磁脉冲等杀伤破坏因素。

10.3.3 氢弹

氢弹（hydrogen bomb）是利用氢的同位素氘、氚等轻原子核在高温下的核聚变反应放出巨大能量而产生杀伤破坏作用的一种爆炸性核武器。

科学家们发现，太阳这类星球是通过燃烧氢的两种同位素氘和氚来提供能量的。氘和氚在几千万至上亿摄氏度的高温下能够发生剧烈的聚变反应，释放出大量的能量并形成氦。1942年美国科学家泰勒（E. Teller）提出，可以利用原子弹爆炸产生的高温引起核聚变，来制造一种威力比原子弹更大的超级核弹。

1949年8月29日，苏联的原子弹爆炸实验成功，打破了美国对核武器的垄断，使美国大为震惊。从战略考虑，1950年美国政府决定制造氢弹。1952年11月1日在美国马绍尔群岛的一个珊瑚岛上爆炸了世界上第一颗氢弹，爆炸当量为1000万吨，是在日本广岛上空爆炸的2万吨级原子弹的500倍。

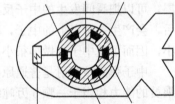

图 10-3 氢弹结构示意

（图中标注：中子反射体　中子源　铀235或钚239　引爆装置　氘、氚化锂　炸药）

氢弹的结构如图10-3所示，中心部分是原子弹，周围是氘、氚化锂等热核原料，最外层是坚固的外壳。

引爆时，先使原子弹爆炸产生高温高压，同时放出大量中子，中子与氚化锂中的锂反应产生氚，氘和氚在高温高压下发生核聚变反应释放出更大的能量引起爆炸。

在氘、氚原子核之间发生的聚变反应主要是氘氘反应和氘氚反应，其核反应式为：

$$_1^2H + _1^2H \longrightarrow _1^3H + _1^1H$$
$$_1^2H + _1^3H \longrightarrow _2^4He + _0^1n$$

氢弹的杀伤机理与原子弹基本相同，但由于其核装料氚不存在临界质量，因此，氢弹的装药比较自由，可以做得很大，因而威力比原子弹大几十甚至上千倍。

还有一种氢弹叫氢铀弹，它是在氢弹的外面包上一层厚厚的铀238，爆炸时，裂变能和聚变能可以各占一半左右，也可以使裂变能达到80%左右。这种氢铀弹爆炸后的放射性产物污染严重，称为"肮脏"氢弹。如1954年3月1日美国在马绍尔群岛中进行的第一次氢铀弹爆炸，当时远离爆炸中心200km处的一艘日本渔船上有23人全部由于放射性尘埃的污染而得了放射病，其中一人半年后死亡。

科学家发明了核武器，但又为自己的发明忧心忡忡。爱因斯坦就曾发出警告："普遍的屠杀灭绝正向人类招手"。因为一颗氢弹的当量几乎等于第二次世界大战所用炸药总当量的2倍还多，这怎能不引起人们的担忧呢？

10.3.4 中子弹

原子弹、氢弹爆炸时，不仅杀伤人员，而且对建筑物、工厂设备等的破坏也很大，同时还会造成严重的放射性污染。那么，当一个国家面对敌人高度机械化、装甲化部队的入侵时应如何对付？有什么办法既能挫败敌方集群坦克的进攻，又不殃及自己的家园，毁伤自己的同胞呢？1977年美国专家们解决了这个问题，成功地制造出一种叫中子弹的核武器。

中子弹（neutron bomb），又称增强辐射弹，它实际上是一种靠微型原子弹引爆的特殊的超小型氢弹。一般氢弹由于加一层铀238外壳，氢核聚变时产生的中子被这层外壳大量吸收，产生了许多放射性沾染物。而中子弹去掉了外壳，核聚变产生的大量中子就可能毫无阻碍地大量辐射出去，同时，却减少了光辐射、冲击波和放射性污染等因素。

中子弹的内部构造大体分四个部分：弹体上部是一个微型原子弹、上部分的中心是一个亚临界质量的钚239，周围是高能炸药。下部中心是核聚变的心脏部分，称为储氘器，内部装有含氘氚的混合物。储氘器外围是聚苯乙烯，弹的外层用铍反射层包着，引爆时，炸药给中心钚球以巨大压力，使钚的密度剧烈增加。这时受压缩的钚球达到超临界而起爆，产生了强γ射线和X射线及超高压，强射线以光速传播，比原子弹爆炸的裂变碎片膨胀快100倍。当下部的高密度聚苯乙烯吸收了强γ射线和X射线后，便很快变成高能等离子体，使储氘器里的氘氚混合物承受高温高压，引起氘和氚的聚变反应，放出大量高能中子。铍作为反射层，可以把瞬间发生的中子反射击回去，使它充分发挥作用。同时，一个高能中子打中铍核后，会产生一个以上的中子，称为铍的中子增殖效应。这种铍反射层能使中子弹体积大为缩小，因而可使中子弹做得很小。

中子弹的核辐射是普通原子弹的10倍，一颗1000吨当量的中子弹，杀伤坦克、装甲车乘员的能力相当于一颗5万吨级当量的原子弹。与原子弹相反，中子弹的光辐射、冲击波、放射性小，只有普通原子弹的1/10。1000吨当量中子弹的破坏半径仅180m，污染很小。中子弹爆炸时所释放出来的高速中子流，可以毫不费力地穿透坦克装甲、掩体和砖墙，进入人体后能破坏人体组织细胞和神经系统，从而杀伤包括坦克乘员在内的有生力量，但又不严重破坏坦克、装备物资以及地面建筑，从而可使装备和物资成为自己的战利品，真是一举数得。中子弹也可用于阻击来袭导弹和敌空军机群。中子弹爆炸产生的大量中子，射向来袭导弹，可使核弹头的核装料发热、变形而失效，可以杀伤飞行员而造成机毁人亡，由于中、高空大气的空气密度很小，对中子的衰减能力较弱，因此中子在中、高空的作用距离很大，所以用中子弹来对付导弹和空军机群也是非常有效的。

鉴于中子弹具有的这一特性，如果广泛使用中子武器，那么战后城市也许将不会像使用原子弹、氢弹那样成为一片废墟，但人员伤亡却会更大。难怪当年美国宣布拥有这种武器时，苏联显得格外紧张不安。

10.4　化学与现代高科技武器装备

现代战争是以包括化学在内的各种高新技术为基础的战争。从武器的核心——炸药，到以化学物质为主的反装备武器，以及制造战机、导弹等现代高科技武器装备用的各种新材料，都离不开化学家的发明和贡献。

10.4.1 高能炸药

武器的威力与它自身携带的总能量有关。同等重量武器携带的总能量越高，武器的威力就越大。

第二次世界大战（二战）前，TNT 是已知威力最大的炸药。第二次世界大战期间，开发出威力更大的炸药黑索金（环三亚甲基三硝胺），以黑索金为主要成分的 B 炸药的杀伤威力比 TNT 高 35％。二战后，开发出能量更高的炸药奥克托金（环四亚甲基四硝胺），被主要用作导弹和核武器的弹药。1987 年，美国首次合成高能炸药 CL-20（六硝基六氮杂异孚兹烷）。以 CL-20 为主要成分，作为推进剂可使火箭助推装置的总冲量提高 17％，作为火炮发射药可使坦克炮的远程发射距离提高 1.2km，弹丸初速提高 50m·s^{-1}。而采用环氧乙烷、氧化丙烯组成的液体炸药的燃料空气炸弹和炮弹能使大范围的云雾发生爆炸，产生高温和强大的冲击波，不仅能有效地对付陆地目标，而且能摧毁舰艇、导弹等。

10.4.2 以化学物质为主的反装备武器

以化学物质为主的反装备武器是一类对人员不造成杀伤，专门用于对付敌方武器装备的化学武器，目前主要包括以下几种。

（1）超强润滑剂

超强润滑剂类似特氟龙（聚四氟乙烯）和它的衍生物。它可用飞机、火炮施放，也可由人手工涂刷在机场、航母甲板、铁轨乃至公路，使之成为名副其实的"滑冰场"。由于这种超滑物摩擦系数极小，又极难清洗，一旦在机场、航母甲板、铁轨、公路上使用，就使车辆无法运行，火车无法开动，飞机难以起降，无法施行战斗行为。还可以把超强润滑剂雾化喷入空气里，当坦克、飞机等的发动机吸入后，功率就会骤然下降，甚至熄火。

（2）超强黏结剂

超强黏结剂是一类黏性极强的聚合物，如化学固化剂和纠缠剂（即黏结剂）等。作战时可用飞机播撒，炮弹（炸弹）投射等方法，将黏结剂直接置于道路、飞机跑道、武器、装备、车辆或设施上。这类化学制剂的作用与超强润滑剂正好相反，具有超级黏结力，就好像粘蝇纸粘苍蝇那样，粘住车辆和装备使之寸步难行。黏结剂一旦被吸入飞机、导弹发动机，可造成发动机停车。当车辆的激光测距仪、瞄准器等部件上粘上这种黏结剂时，它们将失去作用。据悉，在索马里的摩加迪沙，美国军队就使用了一种叫"太妃糖弹""肥皂泡喷枪"的新武器，只要用挎在肩上的喷射器喷洒，就能够立即把人粘住，使之动弹不得。再如在公路上使用一种特殊的橡胶破坏剂，可逐步使车辆的轮胎变形、破碎乃至爆裂，被"钉"在沥青路上不能动弹。

（3）金属脆化剂

金属脆化剂是一种液态喷涂剂。这种液体喷涂剂一般是透明的，几乎没有什么明显的杂质，可作为喷洒剂，喷涂到金属和合金制造的物品上，使金属或合金的分子结构发生变异、脆化，桥梁等建筑物失去支撑而坍塌；舰体破裂、机翼折断、坦克脆不经击，从而达到严重损伤敌方武器的目的。

（4）超级腐蚀剂

超级腐蚀剂主要包括两类：一类是比氢氟酸强几百倍的腐蚀剂，它可破坏敌方铁路、铁桥、飞机、坦克等重武器装备，还可破坏沥青路面等。另一类是专门腐蚀、熔化轮胎的战剂，它可使汽车、飞机的轮胎即刻熔化报废。它具有极强的腐蚀性，可以"吃掉"任何一种金属、橡胶和塑料，不仅能毁坏坦克和汽车，还可破坏任何一种武器。若将此剂同金属脆化剂结合起来使用，效果更强。将超强腐蚀剂喷洒到兵器、仪表、车辆上，或喷洒在机场跑道、公路、工事上，能快速使其遭到腐蚀破坏。

（5）泡沫体

泡沫体即可膨胀的泡沫材料。将这些泡沫体以各种方式播撒在敌装甲部队和运输车队通过的地区，这些泡沫体被高速吸入坦克、装甲车、汽车的发动机内后，发动机立即熄火，成为一堆废铁。此外，将泡沫剂快速喷射在敌人通过地区，可使敌人员和车辆像"把脚泡入水泥池"一样，短时间不能行动。

（6）易爆剂和阻燃剂

易爆剂如乙炔炮弹发射到坦克群或低空飞行的机群中爆炸开来，放出特种乙炔气体，发动机吸入后，就会发生爆炸。装填 0.5kg 乙炔气体的炮弹，就可摧毁一辆坦克。与易爆剂有相反作用的则是阻燃剂，将这种化学药剂雾化喷放到空气中，当发动机吸入时，燃料就会变质，难以燃烧爆发，从而使发动机熄火。如果将这种阻燃剂布洒到敌军海港，就可使舰艇无法起航；正在飞行的飞机遭遇到这种袭击，无疑便会坠落。

10.4.3 军用新材料

武器装备的水平是一个国家国防实力的重要标志。高性能的新型武器的出现往往与军用新材料的开发应用密切相关。任何一种新武器装备系统，离开新材料的支撑都是无法制造出来的。因此，1991 年，海湾战争被看作是高技术武器和军用新材料的实验场。无论是精确制导武器、反辐射导弹，还是隐身飞机、复合装甲坦克，无一例外与新材料的应用分不开。

金属基复合材料具有高的比强度、高的比模量、良好的高温性能、低的热膨胀系数、良好的尺寸稳定性、优异的导电导热性，在军事工业中得到了广泛的应用。铝、镁、钛是金属基复合材料的主要基体。金属基复合材料可用于大口径尾翼稳定脱壳穿甲弹弹托、反直升机、反坦克多用导弹固体发动机壳体等零部件，以此来减轻战斗部质量，提高作战能力。

新型结构陶瓷具有硬度高、耐磨性好、耐高温的特点，适合作坦克及装甲车的发动机。与金属发动机相比，陶瓷发动机不需冷却系统，整机自重因陶瓷密度小可减轻 20%，节省燃料 20%～30%，提高效率 30%～50%。

以超音速歼击机、隐形飞机及航天飞机为代表的航空航天技术越来越多地应用和依靠比强度（强度与密度之比）高、比模量（模量与密度之比）高、耐高温、耐低温的塑料、纤维、合成橡胶和黏结剂及涂料。B-2隐形轰炸机就是采用了聚酰亚胺和其他高性能的合成树脂为基材、聚酰胺纤维及碳纤维增强的复合材料及特殊结构的高分子涂料等，从而实现对雷达的隐形的。在该机的尾喷管中，氯氟硫酸被喷混在尾气中，消除了发动机的目视尾迹。

防弹纤维复合材料具有优良的物理机械性能，其比强度和比模量比金属材料高，其抗声震疲劳性、减震性也大大超过金属材料。此外它具有良好的动能吸收性，且无"二次杀伤效应"，因而具有良好的防弹性能。更重要的是在抗弹性能相当的情况下，它的质量较金属装甲大大减轻，从而使武器系统具有更高的机动性。英美两国都将纤维增强树脂基复合材料作为坦克车体首选材料，其原因在于树脂基复合材料不仅具有一定的抗弹能力，还可减小雷达反射截面积，更重要的是可减轻坦克质量达30％～35％。

碳纤维复合材料具有强度高、刚度高、耐疲劳、重量轻等优点。美国采用这种材料使AV-8B垂直起降飞机的重量减轻了27％，F-18战斗机减轻了10％。采用碳纤维复合材料可以大大减轻火箭和导弹的重量，既减轻发射重量又可节省发射费用或携带更重的弹头或增加有效射程和落点精度。

军用新材料还广泛用于后勤装备方面。20世纪80年代，美军开发了一种名叫"高尔泰克斯"的军用新材料，用这种新材料制成的冬服，不仅比原冬服质量减少28％，保暖性提高20％，而且还可以使雨水进不来，人体蒸发的汗却能顺利地排出去。日本陆军研制的含有65％的芳族聚酰胺和35％的耐热处理棉纤维的混纺织物制成的新型迷彩服，在12s内能承受800℃高温，可大大减少战场烧伤事故的发生。

可见，新型的化学材料和化合物的研制对国防军事有重要意义，而这些材料的研制又建立在物质结构理论研究的基础之上。只有在原子、分子水平上认识物质的性能与组成、结构的关系，才能按军事需要去研制各种新材料、火炸药和各种化合物。化学化工技术的进步必将为现代化军事工业的发展做出更多的贡献。

炸药之父——诺贝尔

1833年10月21日，阿尔弗雷德·巴恩哈·诺贝尔出生于瑞典斯德哥尔摩一个工程师的家庭。他是家里最小的孩子，身体虚弱。他自己曾说过："诺贝尔…，这是一个虚弱不堪、奄奄一息的人，仁慈博爱的医生其实应该在他呱呱坠地之时就叫他再回到上帝那儿去"。但正是这样一个健康状况一直不佳的人，却成了著名的发明家。

1842年，诺贝尔的父亲受俄国政府的邀请去那里办工厂，于是诺贝尔便随家迁到俄国首都圣彼得堡，并在那里跟随家庭教师学习。他勤奋好学，除了学好老师布置的功课外，还着重学习化学、数学和外语，先后学会了俄、英、德、法和意大利语。1850年，诺贝尔先后到法国、德国、意大利和美国游历，随法国化学家皮劳斯学习两年之久。1853年，诺贝尔回到俄国，在父亲的工厂里工作。当时他的父亲伊曼纽尔·诺贝尔在为俄国制造战舰和水雷，因工作卓有成效而获得俄国皇室授予的金质奖章。

1859年，由于工厂破产倒闭，诺贝尔随父亲回到瑞典。诺贝尔把发明的一种气量计向瑞典政府申请专利，并得到批准。这是他的第一个发明专利。

诺贝尔立志要制造出当时工业发展大量需要的开矿和炸石的炸药。他知道，为使硝酸甘油具有实际用途，必须首先能控制它的爆炸。

1862年，诺贝尔开始了引爆实验。他把黑火药装在玻璃管内，再插上导火索，然后把它放在装有硝酸甘油的锡罐内。诺贝尔邀请他的两个哥哥一起到河边去实验。当他点燃导火索将炸药罐投入水中时，"轰"的一声巨响，水花四溅，地面震动，引爆实验成功了。这是现代炸药史上实现的第一次人工控制的爆炸。诺贝尔把这种引爆装置叫作"诺贝尔火件"；他为此申请了专利。

　　引爆实验的成功，增强了诺贝尔寻找安全制造和应用硝酸甘油的信心。经过反复的实验，他终于找到了安全制造硝酸甘油的方法。可是，在运输和使用时，硝酸甘油的爆炸事故频起：先是澳大利亚运输硝酸甘油的轮船发生爆炸，全船沉进大海；不久，德国的克鲁米尔硝酸甘油工厂在搬运中再次发生爆炸，全厂炸毁……

　　诺贝尔又反复进行实验，终于找到了安全运输硝酸甘油的方法。这种方法很安全，只是增加了运输成本。诺贝尔又尝试用固体物质吸收硝酸甘油，以便运输。他先后用黑火药、锯末粉、木炭粉、水泥、砖灰等做过大量的实验，几次爆炸事故几乎把他的实验室炸成一堆废墟。1864年9月3日，在一次引爆实验中，海伦堡实验室被炸成了碎片，他的兄弟奥斯加和4个助手被炸死，诺贝尔因不在实验室得以幸免。

　　诺贝尔虽然很悲痛，但仍坚持爆炸实验。他把实验仪器和工具搬到斯德哥尔摩郊外的玛拉湖的小船上，驶到湖中心去做实验。"有志者事竟成"，他终于在1864年制成了一种叫"硅藻土代拿迈特"的炸药。不久这种甘油炸药很快以安全和廉价而闻名于世。

　　1866年，诺贝尔在斯德哥尔摩的文特维建立了世界上第一座生产代拿迈特炸药的工厂。当年美国开凿的第一条铁路大隧洞——胡萨克隧洞，就是用这种炸药爆破施工的。不久，诺贝尔又在瑞典、德国和法国等地办起了12家工厂，大量生产硝酸甘油和"硅藻土代拿迈特"，远销欧、美、非洲和大洋洲。

　　1876年，诺贝尔发明了雷管。他冒着生命危险用雷管代替黑火药，装进铅制的管壳内，插上导火索，再插到黑火药包中，然后点燃导火索。"轰"的一声巨响，实验室立刻被滚滚的浓烟吞没了，他也被炸得浑身血淋淋，可他却高喊着"我们成功了！"，以后，他又反复实验调整管壳长度和其中雷管的装药量，终于获得了不同起爆能力的雷管。

　　雷管的发明在人类进步史上有着重要的意义。自从发明黑火药后，炸药界最大的进步就是雷管的发明。它使硝酸甘油、硝化棉等物质的爆炸力可以有控制地释放出来。如果没有雷管，这些物质就不能用作炸药，开矿、采煤和筑路等建设速度就会十分缓慢。

　　后来，诺贝尔又制造出了明胶炸药、巴里斯泰火药（又叫火棉炸药，是无烟火药的一种）、高爆速炸药、缓性炸药、特种炸药、兵工炸药、燃烧-爆炸型炸药等。他因此被誉为"炸药之父"。

　　1895年，诺贝尔在巴黎立下遗嘱，把他价值3150万瑞士克朗的遗产捐赠给瑞典皇家科学院等单位，作为诺贝尔奖奖金的不动基金，然后用它的年利作为5个诺贝尔奖的奖金：物理学、化学、生物学（包括医学）、文学以及和平奖。前4个奖由瑞典科学院授予，而和平奖由瑞典的邻国挪威授予。今天，诺贝尔奖被认为是一项最崇高的荣誉为世人瞩目。

　　诺贝尔发明炸药，是希望在经济建设上造福人类，但是后来炸药被大量地用于战争，加重了战争的残酷性和灾难性。他设立和平奖，是为了表达他倡导和平反对战争的愿望。

　　1896年12月10日，诺贝尔在意大利的桑·瑞莫逝世，遗体火化后骨灰被送回瑞典，安葬于斯德哥尔摩市郊。

思 考 题

10-1 火药在武器内的工作过程，是通过火药燃烧将其_____转化为_____，再通过高温高压气体的_____，将_____转化为弹丸或火箭的_____。

10-2 军事上黑火药的成分是 75% 的_____，10% 的_____，15% 的_____。

10-3 "军事四弹"是指_____弹、_____弹、_____弹、_____弹。

10-4 通常，按化学毒剂的毒害作用把化学武器分为_____性毒剂、_____性毒剂、_____性毒剂、_____性毒剂、_____性毒剂和_____性毒剂。

10-5 与常规武器比较，化学武器有 6 大特点。它们分别是_____、_____、_____、_____、_____、_____。

10-6 化学武器的防护措施主要有_____、_____、_____、_____。

10-7 核武器威力的大小，用_____来表示，根据其大小分为_____级、_____级、_____级、_____级和_____级。

10-8 核武器的主要杀伤因素为_____、_____、_____、_____。

10-9 原子弹是利用_____释放出的巨大能量以达到杀伤破坏作用的一种爆炸性核武器。

10-10 氢弹是利用_____在高温下的_____反应放出巨大能量而产生杀伤破坏作用的一种爆炸性核武器。

10-11 以化学物质为主的反装备武器是一类对_____不造成杀伤，专门用于对付敌方的化学武器。

10-12 写出炸药 TNT 的结构式。

10-13 简述二元化学武器的基本原理。

10-14 为什么要禁止化学武器？

10-15 冲击波是怎样造成杀伤破坏的？

10-16 核爆炸的光辐射是怎样造成杀伤破坏的？

（西安交通大学 李亚鹏）

第11章

化学与哲学

科学和哲学都是人类在不断认识和改造自然的过程中逐渐形成和发展起来的。科学是用理性思维对人类在认识和改造自然的过程中所积累的经验和知识加以概括、总结和推演形成的；而哲学是对人类所有经验和知识的共性和本质进行总结，对人类理性认识和理性过程进行总结。正因如此，科学与哲学并不是孤立的，而是相互依存、不断交融、共同发展的。历史上科学界的每一次重大突破无不带来哲学界和思想界的深刻革命，而每一次哲学思想的完善和流行反过来又引导着科学的前进。

化学科学的发展也有着非常丰富的哲学内涵。化学科学的发展是理论和实践矛盾斗争的过程，是一个由相对真理向绝对真理逐步演变的过程。例如物质本原与构成问题，不但是化学学科本身的一个基本理论问题，也是化学哲学以及哲学的一个基本理论问题。从古希腊哲学家提出的元素学说至19世纪英国化学家道尔顿提出的近代科学原子论，化学都与哲学紧密联系在一起。用哲学观点对化学中的概念、规律、理论进行深入分析和研究，有助于更深刻地理解和揭示其本质。今天，我们还从社会科学的角度来观察、分析和认识化学，探讨化学理论的哲学价值、化学研究中的思维与方法，从而能更好地掌握化学，对促进化学和社会科学的发展，促进唯物主义哲学观的发展，具有重要的现实意义。

11.1 物质的化学组成

关于物质本原与构成问题，不仅是化学学科本身的一个基本理论问题，也是哲学的一个基本理论问题。自从有人类以来，人类就同形形色色的物质打交道，面对千姿百态、丰富多彩的物质世界，人类免不了要发出疑问：这些千变万化的物质世界有没有一个基本的组成成分？千百年来，人们对这个问题不断思索着，并提出了各种各样的假设。

物质的化学组成是反映物质内化学元素的质与量的范畴，是人们认识化学结构和化学反应的出发点。其基本理论主要是元素学说和原子分子论。

11.1.1　元素学说

元素学说是人类认识物质组成过程中最早提出的学说，是化学组成理论的基础，也是哲学探讨的重要课题。

自然界复杂繁多的万物是否是由少数基本物质即元素构成的，万物是否统一于少数几种元素？古代哲学家最早提出了这一问题。人类第一位哲学家——古希腊哲学家泰勒斯（Thales）认为，水生万物，万物统一于水。阿拉克西美尼（Anaximenes）则认为气是万物之源，而赫拉克利特（Heraclitus）却认为火才是万物之源。亚里士多德（A. G. P. Aristotle）明确提出了构成万物的"四元素说"，他把元素看作是性质的载体，指出任一物质的性质皆可以归结为冷和热、干和湿四种原性，这些性质两两结合就形成了四种元素。亚里士多德还用人们最常见的自然现象和物质变化的事实来解释理论，因而在当时几乎获得了普遍的认可，并且这一影响一直延续了近两千年，并对后来的炼金术和炼丹术有重要的影响。古代中国哲学提出了类似的五行说。《国语·郑语》有云："故先王以土与金、木、水、火杂，以成万物。"五行说产生的同时又产生了阴阳说，它认为世界万物都体现了对立统一的方面——阴和阳。上述提出的元素思想，虽然缺乏科学依据，只是主观臆测，而且还远远不是今天的科学的元素概念，然而毕竟是从自然界中选取一种或几种物质元素来说明世界万物的成因，是从物质世界本身来说明物质世界和寻找统一物，从而体现了一种朴素的唯物主义思想。

17 世纪 50 年代，英国化学家波义耳继承了古代朴素思想，并依靠化学试验研究了组成物质的元素。因此他认为，元素并不是水、火、土等复杂物质或现象，更不是冷、热、干、湿等性质，也不是柏拉图（Platon）所强调的理念等非物质的精神，而是那些原始的、简单的或是丝毫没有杂质的物质，从而第一次提出了具有科学性质的元素概念。这也是化学科学中出现的第一个化学基本概念，并成为近代化学科学诞生的标志。波义耳之所以能够提出科学的元素概念，从根本上看是因为他接受了当时刚刚兴起的微粒哲学，使他能够用物质微粒及其运动的观点对化学现象做出机械论的解释，而无须诉诸超自然的、人格化的因素，冲破了长期居于统治地位神秘主义哲学的束缚。此外，他具有超出古代哲学家的思维方式，不依靠主观臆断，而是依靠科学实验来剖析物质，寻找和确定元素，进而建立起科学的元素观。因此，恩格斯说："波义耳把化学确立为科学"。

但是，由于当时化学实验水平的限制，波义耳的元素概念还只是一种缺乏具体内容的抽象概念，还有待充实。18 世纪中叶，法国化学家拉瓦锡开始对该工作进行进一步的探索。他在化学实验分析的基础上终于确定了 Au、Ag、Cu、Fe、Sn、O、H、S、P、C 等 33 种简单物质为化学元素，并列出了化学上第一个元素系统分类表。其中虽然也把石灰、镁土、盐酸等化合物误当成了元素，但是他毕竟把波义耳的抽象元素概念具体化了，并有力地推动了化学家到具体物质中去寻找、发现化学元素的工作。到 19 世纪末，已经发现了 79 种化学元素。期间，在 1868 年，俄罗斯化学家门捷列夫又把看似互不相干的化学元素，依照原子量的变化联系起来，发现了自然界的重要基本定律——元素周期律，从而把化学元素及其相关知识纳入一个严整的序列规律之中，既提高了人们学习、掌握化学知识的效率，又从理论上指导了化学元素的发现工作。到 20 世纪 40 年代，人们已经发现了自然界存在的全部 92 种元素。与此同时，人们又开始用粒子高能加速器来人工制造化学元素，截至 2019 年 7 月已发现的 118 种元素。

现代化学元素思想的形成和化学元素的发现，进一步证实了辩证唯物主义自然观的科学性。它表明，自然界中居于分子层次以上的物体，从宏观的天体到微观的分子，从有生命的动植物到无生命的矿物质几乎都是由化学元素组成的。例如火星的土壤是由 Fe，Si，Ca，Al，S 等化学元素组成；生命体是由 C，H，O，N，S，P 等化学元素组成，体现了辩证唯物主义的物质统一观。此外，人们认识了化学元素，还为化学知识的化繁为简，促进物质的加工转化创造了有利条件。例如地球上的生物和非生物多达 400 多万种，然而从化学元素的观点看来，却超不出已知 100 多种化学元素，只是元素组成和组成方式不同而已。由此还可以利用化学反应使物质发生转化。例如在原料和产品都具有 C、H、O、N 4 种化学元素的基础上，可以把煤、水、空气转化成为化肥和炸药；在具有 C、H、O、N、P、S 6 种元素的基础上，可以把 H_2O、CO_2、NH_3、H_3PO_4 等物质转化成蛋白质和核酸等生物体内的物质。

11.1.2　原子分子论

原子分子论是化学理论的又一基石。它是历经了千百年由化学家和哲学家共同创立的理论，现已成为化学和哲学研究的重要思想工具。

(1) 原子论

元素是以何种方式组成万物的，是连续的可分方式，还是间断的不可分的方式？这既是一个化学问题，也是一个哲学问题。最早给予回答的是公元前 5 世纪的古希腊哲学家留基波（Leucippus）和他的学生德谟克里特（Demokritos）。他们认为，万物都是以间断的、不可分的微粒即原子构成的，原子的结合和分离是万物变化的根本原因，而不是理念或精神。但是，他们所提出的原子性质是相同的，但形状和大小多种多样。这种不确定的多样性导致了这种原子论的复杂化和隐含的唯心主义色彩。我国春秋时期墨翟提出的"端"的思想，也是一种朴素的原子论。这些原子论只是在观察自然现象的基础上臆测出的学说，缺乏科学实验依据，还未能在哲学和科学上发挥更大作用。

19 世纪初，英国化学家道尔顿在此基础上提出了近代科学原子论。他的《化学哲学新体系》，详尽地阐述了原子论的由来和发展。其原子论的主要内容是：化学元素由非常微小、不可再分的物质粒子——原子组成，原子在化学变化中保持自己的独特性质；同一元素的所有原子，各方面性质，尤其是质量，都完全相同。不同元素的原子的质量不同，原子的质量是由每一元素的特性所决定；不同元素的原子以简单数目的比例相结合，形成化学中的化合现象，化合物的原子称为复杂原子，复杂原子的质量为所含组分的原子的质量之和。这样道尔顿就把古代哲学的原子论发展成为近代科学的原子论，促进了化学和哲学的发展。

从化学角度看，把元素和原子两个基本概念结合起来，使化学元素具有了明确的概念，这对于同一类原子总称是前所未有的。它合理地解释了当时几乎所有的化学现象和经验定律，揭示了它们的内在含义。例如定比定律，由于不同原子化合时所需的原子数目一定，而各原子又均有一定质量，所以化合物的组成也就有一定的质量比了。

从哲学角度看，它给古代哲学思辨的原子论思想赋予了可检验的具体属性内容，得到了科学实验的证明，从而复活了 2000 年来长期遭受宗教势力压制的古希腊原子论，促进了唯物主义哲学的发展。此外，它在原子量的差异上找到了元素的差异的根源，已经不自觉地运用了量质互变的辩证法规律。同时，化学原子论作为一种物质观，不仅是化学研究物质组成的一种主导理论，而且也为哲学研究提供了一种新的认识论和方法论，即把复杂的宏观现象归结为简单的微观要素的认识方法。19世纪马克思建立的关于资本主义社会的政治经济学，人们把它看作是一种社会原子论的成果。由于道尔顿运用概念、判断、推理的理论思维方法确认了当时尚不能观察到的、不可见的原子的存在，即运用科学抽象的方法发现了隐藏在现象背后的原子本质，从而促进了理论思维方法的应用，充实了方法论的内容。

(2) 分子论

1811年，意大利化学家阿伏伽德罗（A. Avogadro）根据气体反应体积简比关系定律，即"同温同压下参加化学反应的各气体体积互成简单整数比"的经验事实，大胆预言了原子复合体——分子的存在，提出了著名的阿伏伽德罗分子假说。他认为，包含在一个单位体积内的气体物质，并不是独立的原子，而是由原子构成的复合体，即分子。然而由于当时还缺乏更直接的实验证据而未被承认，直到19世纪中叶才被确认，从分子假说提升为分子论。

分子论的建立，阐明了原子和分子间的联系与差别，认识到原子在化学反应中基本保持不变，只是分子的拆分、破坏、变化，即化学反应的实质主要是分子的"质"的变化。这样就使人们在认识物质层次和化学反应的深度上有了新的突破。同时也解决了长期以来在原子量测定等问题上出现的矛盾和混乱，推动了化学的迅速发展。此外，分子论的建立也表明，假说方法是在已知一定科学事实基础上超出经验领域的认识，对未知现象做出的定性说明，是人们从经验到理论发展过程中不可缺少的重要思维形式和科学方法，应当给予足够重视。人类对自然界物质组成及其结构的认识经历了一个否定之否定的过程。人们对物质组成及其结构的认识过程也是唯物主义的一个不断辩证否定的发展过程，在这个过程中，唯物主义历经了朴素唯物主义、机械唯物主义和辩证唯物主义三个发展阶段。正如恩格斯所概述的，只要自然科学在发展，它的发展形式就是假说。然后进一步的观察材料会使这些假说纯化，取消一些，修正一些，直到最后构成定律。

11.2　物质结构

物质的化学结构是反映物质分子内部各元素原子的秩序，即原子的连接方式和顺序的范畴，是认识和掌握物质化学性质和化学反应规律的基础。这里拟从哲学角度并结合化学家认识结构的历史过程做一简单讨论。

11.2.1　局部的有机物结构

19世纪中叶，在原子论、分子论建立以后，一些物质的分子式也逐步明确。这样，分子内原子间是怎样结合的问题也就成为化学家关注的焦点，从而开展了化学结构研究。这首先是从有机物结构开始的。

1861 年，俄国化学家布特列洛夫（A. M. Butlerov）综合了当时化学家在原子价、碳四价学说、碳链学说等理论成果的基础上，形成了有机物结构学说。他指出，分子的性质不仅仅取决于其化学组成即原子的种类和数目，而且取决于其化学结构即原子的结合顺序，从而首次强调了化学结构概念。他还指出，有机物的化学性质与化学结构存在着一定的依赖关系，因此人们可以依据分子的化学结构推测分子的化学性质。反之，也可以依据分子的化学性质推测分子的化学结构，从而肯定了化学结构的可知性和化学性质的可预见性。这一学说的提出，阐明了化学现象与本质、化学功能与结构、宏观表现与微观结构间的内在联系，促进了化学理论与合成技术的发展。

1858 年，德国化学家凯库勒着手研究了当时重要的化学工业原料煤焦油中苯的结构。化学家感到苯的性质很难用碳链结构学说给予说明，成了困扰当时化学家的难题。为此凯库勒进行了不懈的探索。他先后提出了苯中 6 个碳原子距离更短、存在重键、香肠型结构等尝试性看法。直到 1864 年冬，他终于悟出碳链两端相连成环的道理，发现了苯结构的关键，提出了 6 个碳原子以单双键交替结合成环的结构，解决了有机物结构的一大难题。有趣的是，他的发现是在梦中意识到的：似乎看见了碳原子组成的长链像蛇一样盘绕旋转，忽然看见有一条蛇衔起了自己的尾巴，他像被电击一样猛醒过来，立即思考并写出了第一个苯环结构式。这一发现，使一系列芳香族有机物的结构问题迎刃而解，推动了有机合成和煤焦油加工业的发展。

应当看到，凯库勒之所以能够梦见苯环，并非偶然。而是他在长期科学实践、潜心研究、艰苦思索的基础上、认识上的质的飞跃。其特点是认识上的直接和迅速，不受逻辑规律的约束，且往往是对原有逻辑程序的简化、压缩乃至违反，从而表现为一种灵感或机遇，一种偶然中的必然，一种以某种形象思维形式对未知世界进行创建性思索的创造性思维方法。因此人们应当积极运用这种思维方法进行创造性探索工作。这就需要加倍的勤奋努力，锲而不舍的追求，反复实践，从而创造出灵感和机遇，取得成功。

11.2.2 分子结构

布特列洛夫论述了有机物的分子结构，尚未涉及所有分子的结构。此外，他也未能说明分子中化学键的本质，这就需要建立更具有普遍性的分子结构理论。

自 1897 年发现电子，特别是发现电子波粒二象性并建立量子力学，揭示了原子结构以后，人们逐步对化学键的本质有了比较深刻的认识。1916 年德国化学家科塞尔（A. Kossel）提出了电价理论，认为分子内原子间由于发生电子转移形成了阴、阳离子，并产生了静电引力而结合成分子。这一理论很好地解释了离子型化合物的结构与性质，但无法说明氢气、氧气等相同元素原子间的结合力。同年，美国化学家路易斯提出共价论进行补充说明。他指出，分子内原子也可以通过共享电子对结合，形成稳定分子。至此，经典价键理论的电子学说已经日臻成熟。但是其弱点是把电子看成为静态，未能反映出动态电子的化学键本质，因而很难解释共价键具有方向性等问题。这样，如何进一步深入探讨化学键的本质，建立相应的化学理论，就成为 20 世纪初期化学家面临的一个重要任务。

1927 年，英国化学家海特勒和伦敦二人完成了这一任务。他们把量子力学引进化学，讨论了化学中最简单的氢分子结构，即氢分子中核-电子相互作用的体系，初步揭示了化学键的本质——氢分子中两个氢原子成键是由于电子密度分布集中在两个原子核之间使系统能量降低。或者说，由于电子密度分布集中在原子核之间并发生了重叠而形成了化学键。由此计算得到的破坏氢分子化学键所需要的能量为 $454.8kJ \cdot mol^{-1}$，核间距为74nm，同实验数值相差无几。这样就可以运用量子力学解决化学分子结构问题，并创立了新的化学理论——量子化学。它反映了化学家对分子结构的认识已经深入到电子波粒二象性的层次，并使价键理论的观念、研究方法发生了深刻变化，它对化学键的认识和牛顿引力、凯库勒的亲和力、科塞尔的静电引力、路易斯的静态电子对的观念不同，是以电子概率波的重叠来揭示其本质的，并对各种化学键做出了统一解释，实现了一次辩证统一。量子化学的诞生，开始把化学从经验或半经验的科学阶段推进到理论性科学的发展阶段，使化学成为一门更为严谨的学科。同时也推进了科学思维方法的发展。

化学家把量子力学引入化学，成功地探讨了分子结构并创立了量子化学。从方法论的角度看，是运用了一系列的科学思维方法。首先是化学移植法，即借助于其他学科的理论与方法研究化学对象的一种思维方法。显然，量子化学正是借助物理学科的量子力学理论与方法研究作为重要化学研究对象的分子结构而形成和建立的，是化学移植法运用的结果。其特点是能够为化学提供一个前所未有的认识化学键的概率波、电子云的研究方法，深入地揭示了化学运动的本质和规律，导致了新的边缘学科——量子化学的的诞生，促进化学发展。运用这一移植法的客观依据是自然界物理运动和化学运动形式之间的相互联系与统一。作为物理学研究对象的原子结构和作为化学研究对象的分子结构，尽管二者的复杂程度有所不同，然而就其本质来说都是一种核-电子系统，从而构成了量子力学移植于化学领域并取得成功的基础。一般说来，研究较低级运动形式的学科理论与方法，都可以移植于研究高级运动形式的学科领域，以建立更精密、定量化的理论。

其次是化学演绎法，即从科学的一般性认识到化学的个别性的一种推理形式或思维方法。既然量子力学是描述微观粒子一般性运动规律的理论，当然也就可以用来描述化学中分子内微观粒子（核与电子）的特殊性运动规律。海特勒和伦敦二人就把量子力学的一般性理论演绎到化学领域进行逻辑推理，从而在化学史上第一次用量子力学理论阐明了两个氢原子构成氢分子的化学键本质，显示了理论演绎的解释功能，为认识分子结构开拓了道路。

最后是化学分析与化学综合方法，即先把化学事物的整体分解为部分、单元或要素，暂时割裂开来加以考察；然后再把化学分析的结果联结起来，复原为整体认识的一种方法。量子化学在处理分子中的多电子体系时就是这样，在描述一个电子时暂时把其他电子"凝固"起来，并将它们按一定方式"涂抹"成电子云，然后再把这一电子看成是在这种电子云和核所形成的势场中运动，最后再通过叠加过程，逐步把一个个电子的行为合为一体。具体方法是先求第一个电子的波函数，然后再求第二个电子的波函数。可以看出，用量子化学方法处理分子的过程体现了分析与综合的统一，化学分析方法与化学综合方法的统一。

11.3 化学反应

化学反应是物质分子的组成或结构的变化。掌握化学反应规律是化学研究的根本任务，是研究化学组成和化学结构的最终归宿。这里仅从哲学角度对化学反应中的燃烧反应和自组织反应两个具有代表性的化学反应进行讨论。

11.3.1 燃烧反应

燃烧反应是人类最早认识的一种化学反应。燃烧反应理论是化学家最早建立的一种能够统一解释化学现象的化学理论。17世纪中叶出现了燃素学说。它引起了化学家对化学反应过程的研究，导致了许多化学发现。然而所谓燃素实际上是一种并不存在的，臆想出来的虚假物质，因而燃素学说也是一种错误学说，以致越来越阻碍化学的发展。直到18世纪中叶，在燃素学说统治化学界达百年之久以后，终于被新兴的氧化学说推翻，实现了一场化学革命。这一过程具有重要的科学意义和哲学意义。

1774年英国化学家普利斯特利（J. Priestley）用凸透镜把阳光聚在三仙丹（氧化汞）上，发现有一种气体产生，能使燃烧变旺，人的呼吸畅快，从而发现了具有重要理论和实际价值的氧气。但是由于长期受到燃素学说思想的束缚，使这个能发生化学革命的元素，在他手中非但没有引起推翻燃素学说的化学革命，反而为他所相信的燃素学说似乎找到了又一个论据。他认为氧气是由于能够脱除物质中的燃素而助燃，从而把氧气命名为脱燃素空气。结果就做了实践上和理论上的蠢事。这就说明，在科学研究中不能只注重实验事实而忽视理论思维。有时，理论思维要比许多具体实验更加重要。正如诺贝尔奖获得者汤川秀树（日本）所说，人们只在一个固定框架内思考问题，就不会有创造力。这正是普利斯特利所犯错误的根源。相反，一切重大的创造都从打破这种固定框架开始，或是从改变这种框架本身开始。推翻燃素学说的过程就是明证。

1777年，法国化学家拉瓦锡深入研究了普利斯特利的发现，并反复从量上加以精准测定。他发现汞煅烧后形成的汞渣（三仙丹）所增加的质量，恰与汞渣加热分解所放出的那部分"空气"的质量完全相等。他认为，燃烧是可燃物同这种"空气"的结合，而不是燃素的放出；可燃物燃烧时质量的变化是由这种"空气"造成的，而与燃素无关。它把这种"空气"命名为氧气，从而成为真正认识氧气的第一位科学家。同时，他彻底推翻了统治化学界达百年之久的燃素学说，建立了燃烧的氧化学说，实现了一场深刻的化学革命。这是化学学科中第一个科学的化学反应理论。它不仅仅是对燃烧理论的革新，而且也是对过去整个化学学科的一次系统总结，促进了化学的迅速发展。由此，拉瓦锡还以科学实验第一次证明了化学反应前后物质总质量不变的物质质量守恒定律，为精密、定量的化学发展奠定了科学基础。实际上，也为唯物主义哲学的物质不灭原理，第一次提供了科学证明，促进了哲学的发展。

拉瓦锡实现了化学革命的一个重要原因是运用了正确的科学思维方法，这给了后人深刻的启示。他的座右铭是：不靠猜想，而要根据事实。他认为燃素论者的根本错误是在于凭空想象，不是从观察出发，而是从推测到推测，引出那些并非直接源于事实的各种结论，并把它们当作基本真理来接受，以至在一大堆错误中把自己给弄糊涂了。因此，他强调，若非有观察和实验的直接结果，决不构造任何结论；并且总是分析整理事实，从中得出结论。他指出，在一切情况下都应当让我们的推理受到实验的检验，而除了通过实验和观察自然之路外，探寻真理别无他途。拉瓦锡所遵循的这一认识途径是比较符合唯物主义认识论的。这正是他高于燃素论者而取得成功的根本所在。他确信自然界规律的统一，物理规律与化学规律的统一，质与量的统一。他把建立在质量不变基础上的牛顿力学应用于化学，认识到尽管物质在化学反应中其性质与状态会发生改变，然而反应前后的物质总量却是相同的。其中既然算不出燃素的量，也就说明并不存在燃素的质。正是由于他的这一理论框架和哲学观念才促使他决心同传统的燃素理论决裂，取得成功。他的以量定质的思维方法，体现了辩证唯物主义关于物质不灭与量质统一的规律性。

11.3.2　化学反应的方向和限度

系统内各物质的微观粒子都在不停地运动和相互作用，以各种形式的能量表现出来，如分子平动能、分子转动能、分子振动能、分子间势能、原子间键能、电子运动能、核内基本粒子间核能等。系统内部这些能量的总称为内能。

在化学反应中，分子内各种能量存在着相互转化。热和功是能量转化的一种形式。根据能量守恒定律，内能（U）、热（Q）、功（W）应遵守如下关系：

$$\Delta U = U_2 - U_1 = Q + W$$

若在等压条件下：

$$U_2 - U_1 = Q_p - p(V_1 - V_2)$$
$$Q_p = U_2 + pV_2 - (U_1 + pV_1)$$

令

$$H = U + pV$$
$$Q_p = \Delta H = H_2 - H_1$$

式中，H 称为系统的焓（enthalpy）；ΔH 称为焓变。

在对大量的化学反应或物理过程的焓变进行研究时，人们发现许多自发进行的反应或过程其焓变为负值。所谓自发进行，就是过程一旦发生，不需要外界系统做功，即可进行。如铁生锈，甲烷燃烧，水从高处流向低处，热从高温物体传向低温物体等。鉴于此，曾经有人提出，在恒温、恒压下，反应的 ΔH 若为负值，反应就能自发进行。

人们在进一步的研究中发现，有一些反应或过程的 ΔH 若为正值时（吸热），也可自发进行。如：

$$N_2O_5(g) = 2NO_2(g) + 1/2 O_2(g)$$
$$H_2O(s) = H_2O(l)$$

为什么这些能量升高的过程也能自发进行呢？研究发现上述过程都有一个共同的特点，即系统的混乱度增大。这表明系统还有一种自发趋势，就是从有序变为无序，从混乱度小变为混乱度大。用来表示系统内部质点混乱程度或无序程度的度量称为熵（S）。任何系统或过程都是自发地向着混乱度增大的方向进行。熵值大小实质上代表混乱度的大小，热力学规定：在绝对零度时，任何纯净的完整晶态物质的熵值等于零。

1876 年，美国科学家吉布斯（J. W. Gibbs）在总结焓变、熵变的基础上，提出一个新的热力学函数，称为吉布斯函数，从而把两者联系：

$$G = H - TS$$
$$\Delta G_T = \Delta H_T - T\Delta S_T$$

吉布斯函数 $\Delta G_T = \Delta H_T - T\Delta S_T$ 综合反映了影响反应焓效应和熵效应的因素。同时考虑系统所处的低温条件。对在恒温、恒压条件下只做体积功的一般反应来说：$\Delta G < 0$，自发过程，过程能向正方向进行；$\Delta G = 0$，平衡状态；$\Delta G > 0$，非自发过程，过程能向逆方向进行。从而解决了反应方向和限度的问题。

11.3.3 自组织反应

随着对物质世界认识的不断深入，人们越来越意识到物质世界的复杂性、多样性、同一性。就化学而言，量子化学、耗散结构理论、非平衡态热力学、生物化学等新领域的出现，又不断地引起许多人的新的哲学思考。

一个开放、远离平衡的化学体系，在一定条件下可以自发地组织成有序的时间和空间结构，呈现出类似于生命特征的自组织现象。这一发现及其耗散结构理论的建立，具有重要的科学意义和哲学意义，是当代化学发展的重要前沿领域。

(1) 化学振荡现象

化学家自 19 世纪以后陆续发现，有一些化学反应中的某些组分或中间产物的浓度随时间发生有序的周期性变化，即所谓化学振荡现象。由于当时这些现象都是在非均相体系中发现的，因此曾误以为只有在非均相条件下才能产生，以致未能真正揭示出反应的实质。

1959 年在均相系统中发现的化学振荡现象，使人们的认识发生了根本性转变。当时苏联化学家别洛索夫（B. P. Belousov）用硫酸铈盐（Ce^{3+} 和 Ce^{4+}）的溶液为催化剂，在 25℃时，以溴酸钾氧化柠檬酸。当把反应物和生成物的浓度控制在远离平衡态的浓度时发现，溶液中四价铈离子的黄色时而出现，时而消失。在两种状态之间振荡，时间也极准确，周期为 30s，呈现出具有一定节奏的"化学钟"现象。如果不断加入反应物和排出生成物即保持体系的远离平衡态，则"化学钟"可长期保持，否则只能维持 50min，在达到化学平衡后消失。

1964 年，苏联化学家扎鲍京斯基（A. M. Zhabotinsky）改进了这一实验，用铁盐代替铈盐为催化剂，以丙二酸代替柠檬酸，当用溴酸钾氧化时，从而出现了时而变蓝、时而变红的更加鲜明的化学振荡现象。特别是还发现在容器中不同部位溶液浓度不均匀的空间有序结构，展现出同心圆形或螺旋状的卷曲花纹波，且由里向外"喷涌"，呈现出一幅幅彩色壮观的动力学画面（见图 11-1）。别洛索夫和扎鲍京斯基发现的化学振荡反应，简称为贝-扎反应或 B-Z 反应。

当 B-Z 反应物被放在浅盘中时，可呈现出螺旋状的化学波。该波可以自发地出现，也可用使其表面与热灯丝接触的方法启动，如图 11-1 是在反应的 1.5s 和 3.5s 时分别拍摄的。

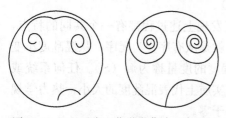

图 11-1　B-Z 反应（化学卷曲波示意图）

B-Z 反应不仅在非均相系统中而且在均相系统中也能产生化学振荡现象，即系统的某些组分或若干组分的浓度随时间、空间而发生周期性变化的现象。传统理论认为，参加化学反应的亿万分子只能以混沌无序的形式随机相互碰撞，进行无规则的热运动；反应后各种生成物的分子也只能是无序均匀混杂着，混沌一片。此外，依照过去对热力学第二定律的理解，一个开放系统就意味着存在一个不断破坏平衡的不可逆过程，应该朝着无序度增大的方向不断进行，不可能出现时空有序结构。因此，在化学振荡反应发现的初期，人们感到难以理解。他们认为，这种魔术一般的"古怪行为"是在跟热力学第二定律开玩笑，是由实验条件的错误安排或某种干扰所致，从而认为所谓的发现是不可能的。由此，别洛索夫的发现长期未被承认，其论文也未能及时发表，被搁置达 6 年之久。此前，美国加利福尼亚州大学伯克利分校的布雷（W. Bray）于 1921 年在过氧化氢转化为水的过程当中也发现了化学振荡反应，然而也被认为是由于实验操作低劣而产生的人为现象而未被接受。直到 20 世纪 60 年代以后，由于发现的事实越来越多，化学振荡的存在已不容置疑才逐渐被承认，并日益引起广大化学家的注目。

(2) 体系的自组织过程

化学振荡反应表现的宏观有序现象，实质上是微观分子运动有序本质的反映，是亿万分子从无序自发地"组织"起来协同一致动作的结果。正像一个大城市的千百万居民都能在同一时间做同一个体操动作一样，令人不可思议。这表明，好像亿万分子都得到了"指令"或"暗示"一般，进行着"信息交流"，具有了统一的"时间感"，从而能够"齐步运行"，协同动作，使一些组分的浓度能够在特定时空领域内一致增多或减少，形成宏观有序的结构。这种自组织性，可以说是一种新的相干性，一种分子之间的"通信"机制产生的结果。过去认为这种形式的通信似乎是生物世界的惯例，然而现在在非生命物质的化学体系中也实现了，不能不使人感到诧异，以致认为很可能是一种生命的前驱或是一种"前生物"的适应机制。因此，超循环的创始人艾根（M. Eigen）认为：在生命起源发展中的化学进展阶段和生物学进化阶段之间有一个分子自组织过程或分子自组织进化阶段。

实际上，物质世界的一切系统，从基本粒子、原子、分子到微生物、动物、植物、人类和人类社会，不论是生命系统还是非生命系统，在由低级到高级的进化和发展过程中都存在着这种自组织的共同特征，这是世界物质统一的又一佐证。

无序怎么会自发地走向有序？自 20 世纪 60 年代以来人们对提出的自催化振荡、产物活化、环境温度起伏和反应序列存在反馈等理论模型试图进行解释，然而均未能全面和深入地揭示出自组织过程的本质，直到耗散结构理论的提出，才得以圆满解决。

(3) 化学耗散结构体系

1968 年，比利时化学家普里戈金（I. R. Prigogine）在经历了近 20 年的探索后，提出了耗散结构理论。他指出：一个开放系统在达到远离平衡的非线性区域时，一旦系统的某一个参量达到一定阈值后，通过涨落就可以使体系发生突变，从无序走向有序，产生化学振荡一类的自组织现象。这里，实质上是提出了产生有序结构的以下四个必要条件：

① 开放系统　这样才可能同外界交换物质与能量形成有序结构。具体说来，这样才可能从外界向系统输入反应物等来使系统的自由能或有效能量不断增加，即有序不断增加；同时，才可能从系统向外界输出生成物等来使系统无效能不断减少，即无序度或熵不断减少。前者是向系统输入负熵，后者是从系统输入正熵，从而使系统的总熵增加为零或为负值，以形成或保持有序结构。输入负熵是消耗外界有效物质与能量的过程；输入正熵，是发散出体系的无效物质与能量的过程。这一耗一散，也就成了产生自组织理论有序结构的必要条件。因此，自组织有序结构也就可以称为耗散结构。显然，耗散结构在非开放系统中是不可能形成或保持的。

② 远离平衡态　这样才可能使系统具有足够的反应动力，推进无序转化为有序，形成耗散结构。例如在恒温恒压条件下，可以使反应物浓度远高于平衡浓度，生成物浓度远低于平衡浓度，从而在实际浓度与平衡浓度间造成巨大浓度差，以推进化学振荡反应的产生。相

反，如果在平衡态，则实际浓度与平衡浓度相等，二者之差为零，反应推动力为零，反应已经达到极限，反应系统的浓度已经不再随时间发生任何变化，即已经达到"时间终点"。因此，也就不可能产生浓度随时间、空间而发生周期性变化的化学振荡现象。此外，在平衡态，系统的熵已经增至极大，无序度已经增至极大，从而也不可能产生有序。所以普里戈金说，非平衡是有序之源。形象地看，这好比是往咖啡里面加牛奶，达到平衡时的最后状态只能是一碗混沌无序的灰色浑汤。但是在达到那个状态以前的非平衡态，则是白牛奶在黑咖啡里排演了瞬息万变的漩涡花样和结构。可见，有序的生机是在远离平衡态时萌动的。普里戈金的非平衡态热力学指出，只有在远离平衡态的条件下系统才有可能形成有序结构。如果系统处于平衡态，那么最终只能形成相对静止的混沌状态。在生物化学当中，蛋白质、DNA分子等都是高度有序的结构，这是因为生物体是个开放系统，而且永远处于非平衡的状态，从而避免了生物分子处于平衡无序的状态。有序和非对称也有关联。例如在晶体中，其结构的有序性导致了其物理性质的不对称性——各向同性，而非晶体结构的无序性导致了其物理性质的对称性——各向异性。另外，生物分子也是高度有序的，有人认为这是由生命物质在其演化过程中丧失了大量的对称性所致，这正如皮埃尔·居里（P. Curie）所说的："非对称创造了世界。"

③ 非线性作用　系统内各要素之间具有超出整体局部现行叠加效果的非线性作用，是一种异常的非线性因果关系，即一个小的输入就能产生巨大而惊人的效果。这样才可能使系统具有自我放大的变化机制，产生突变行为和相干效应、协同动作，以异乎寻常的方式重新组织自己，实现有序。相反，如果只是具有线性作用，要素间的作用只能是线性叠加即量的增长而不能产生质的飞跃，也就不能实现有序。

这种非线性作用，在化学系统中是体现在反应链上存在着自催化或交叉催化的环节，即某些反应物分子的一个生成物正是它们自身所需要的催化剂，从而使反应速率达到雪崩似的加快（自催化）；或属于两个不同反应链上的两个产物能各自催化对方的反应（交叉催化），其结果是可以产生一种难以控制的剧变行为。这种自催化或交叉催化产生的剧变行为，在技术控制论中被称为正反馈，即某种对于指定参考值的偏差不仅未能消除反而得到加强的行为。在化学振荡反应中，正是由于有了正反馈，才使系统得以造成失稳、活化、放大成"化学钟"里的前后呼应的颜色变化，产生周期性的振荡。实际上，正反馈是一种自我复制、自我放大的变化机制，因此才能使亿万分子的微观行为像得到指令般地协同动作并在宏观上实现有序。可见，正反馈、自催化、交叉催化、非线性的相互作用，是产生化学耗散结构不可缺少的动力条件。

④ 涨落作用　即系统中温度、压力、浓度等某个变量或行为与其平均值发生偏差的作用。系统具有涨落或起伏的变化，才能启动非线性的相互作用，使系统离开原来的状态，发生质的变化，跃迁到一个新的稳定的有序状态，形成耗散结构。因此，涨落是一种推动力，涨落导致有序。涨落主要是由于受到系统内部或外部的一些难以控制的复杂因素干扰，带有随机的偶然性，然而却可以导致必然的有序。这就再一次证明，必然性要通过偶然性来表现，偶然性是必然性的补充。

耗散结构理论不仅存在于化学领域，而且也普遍存在于整个自然界乃至人类社会的各个领域。因此，耗散结构理论也就是一种横跨化学科学及整个自然科学和社会科学的理论工具，是一门普遍性热力学或普适性理论，具有广泛的重要的科学意义。

在化学方面，耗散结构理论除了在化学工业中连续化生产的不平衡体系中得到广泛应用外，还使化学家在理论认识上产生了一个飞跃，即化学自组织反应中与外界进行物质与能量交换的"新陈代谢"，也和生物系统一样，是其存在的不可缺少的条件，从而使化学系统"活化"了。这就进一步消除了生命与非生命系统的森严壁垒。同时，对于化学中物质的认识，也不再是机械论世界观所描述的那种被动的实体，而是与自发的活性相连的客体。由此，普里戈金认为，"这个转变是如此深远"，以致可以说是一种"人与自然的新的对话"。所以，现代化学研究已经日益明显地把注意力从平衡态转向非平衡态，从简单的线性关系转向复杂的非线性关系，并成为化学发展的一个重要前沿。耗散结构理论也被誉为 20 世纪 70 年代化学领域的一项辉煌成就。研究化学耗散结构中亿万分子协同动作的通信手段，则可能为物理学和神经生理学的通信过程找到一种更简单的机制；研究具有完全振荡周期的"化学钟"，则可能研制出比机械振荡的弹簧更加可靠的计时器；研究化学振荡螺旋波与太空星体的漩涡星系、飓风形成的气旋涡和心脏病发作时的心电波动等的相似之处，则可能有利地促进天文学、气象学和医学的发展。

在社会领域，由于社会中的各种团体、组织、机构、单位等都可以认为是具有不同层次耗散结构的系统，都可以运用耗散结构理论来加以研究，以形成和保持自组织的有序结构。例如需要提供良好的开放条件，加强与外界物质、能量和信息的交流以提高系统的有序度，应当保持系统的不平衡态来不断产生新的发展动力，争取发挥整体大于部分之和的非线性放大作用，实现新的飞跃，从而可以促进整个社会的稳定、有序和进化，形成高度有效的自组织结构。

普里戈金认为，社会进化固然有其自身的特点，然而从根本上说也是物理宇宙进化的一个方面。因此物理、化学上的耗散理论也应适用于社会进化的研究。所以《化学科学发展战略》指出，今后进一步开展非平衡热力学的理论与实验研究，是一个一旦有所突破就会对科学、经济或社会的发展产生重大影响的研究方向。

化学耗散结构理论的建立，在思想方法上给人以深刻启迪，突破了传统观念，获得了更为全面的科学认识，促进了科学思维方法的发展。

（4）物理学和生物学规律的统一

过去认为，克劳修斯（R. J. E. Clausius）的热力学第二定律和达尔文的进化论在反映自然规律方面是相互矛盾的。前者认为一个孤立的物理系统总是趋于熵值增加的方向，即从有序趋向无序，从高级趋向低级，不断退化；后者认为生物体系居于主导地位的方向总是从无序趋向有序，从低级趋向高级，不断进化。现在耗散结构理论告诉我们，二者并不矛盾，达尔文进化论也符合热力学第二定律。因为生物体系之所以能从无序趋向有序，根本的原因在于它是一个开放系统，能够不断地从环境向系统输入有效的物质和能量即负熵流，从而抵消了系统内无效能即正熵量的增加，直至实现有序。这里不仅没有违背热力学第二定律的熵增加原理，相反，却是以负熵增加的观点，补充、丰富和扩大了它的应用范围，即从孤立系统扩大到了开放系统，从平衡态扩大到了非平衡状态，从正熵增加扩大到了负熵增加，从而能够用热力学第二定律的熵增加原理统一揭示物理系统退化和生物系统进化过程的机制和条件，解决了两个规律之间长期以来存在的矛盾。此外，从环境向系统输入负熵，实际也是消耗环境负熵而增大正熵的过程，同时还由于输入和摄取负熵过程中出现的不可避免的热散失，而进一步增大了环境的正熵，给环境造成了更大的混乱和无序。这就是说，系统内熵的减少，是以环境熵的更大增加为代价取得的。因此尽管系统内的变化是趋于熵的减少，从无序趋向有序，而就环境和体系的系统变化来说，则仍然趋向于熵增加的方向即从有序趋向无序，仍然符合热力学第二定律。这样，人们对于热力学理论就可以有一个更广泛和全面的理解，并大体上说明了为什么在一个熵递增的环境里，像人类这样具有高度有序结构的生物能够从混乱中出现，从而打破了百年来人们认为热力学第二定律只能破坏有序的传统观念，或只能是朝着有序状态单调退化的不全面认识。这是普里戈金为耗散结构理论做出的重大贡献，为此他获得了 1977 年诺贝尔化学奖。

(5) 平衡态和非平衡态的并重

过去人们多侧重于平衡态的研究，诸如对于热平衡、相平衡、解离平衡等平衡规律的研究，似乎只有平衡态才能体现出事物的规律性，而对于非平衡态研究则有所忽视。现在，耗散结构理论告诉我们，非平衡态却恰恰正是产生自组织有序结构的一个不可缺少的必要条件，非平衡态才是有序之源，必须给予足够重视。此外，宇宙中各种生动诱人的现象绝大多数都是处于非平衡态而不是平衡态。因此，在重视平衡态研究的同时也要重视非平衡态研究，这样才能更加接近自然界，取得更好的效果。总之，耗散结构理论的建立和非平衡态热力学的诞生，打破了长期以来忽视非平衡态研究的传统观念，为非平衡态的研究奠定了基础。

(6) 无序自发向有序的转化

过去认为，从无序到有序是不能自发转化的，否则就违背了热力学第二定律。现在耗散结构理论告诉我们，这种自发转化是可能的，而转化条件实际上也就是依照开放系统从环境向系统输入的负熵流等形成自组织有序结构的四个条件。它们能把系统内亿万个分子一一准确地安排在特定位置上，并按照确定的时空变化协同动作，发挥作用。这样，耗散结构理论就找到了从无序自发转化为有序的转化机制与条件，第一次全面掌握了无序和有序之间的双向转化规律。具体说就是在一定条件下，在封闭的平衡系统中将自发地从有序趋向无序；在开放的非平衡体系中将自发地从无序趋向有序，从而揭示了无序和有序转化同系统的封闭与开放、平衡与不平衡等条件的联系，建立了更为全面的自然观和科学观，促进了科学和哲学的发展。此外，宇宙的未来，是依靠远离平衡的开放系统的条件，正如恩格斯描述的那样：放射到宇宙空间中去的热，能够重新集结和活动起来。从无序趋向有序，使体系重新得到"活性"。这就进一步批判了克劳修斯从热力学第二定律片面地推导出的热寂说，即宇宙不会导致完全热静止或完全无序，从而有力地捍卫了辩证唯物主义的自然观。

总而言之，化学的发展既有连续性，又有阶段性。化学的发展历史证明，化学知识的增加和发展过程是理论和实践的矛盾斗争过程，是化学概念、原理的更迭和发展过程，是用包含较少谬误的理论代替较多谬误理论的一个曲折的历史发展过程，是一个由相对真理向绝对真理逐步演变的过程。化学的哲学问题在化学发展中扮演着重要的角色，化学家从事化学研究，在许多问题上，尤其是涉及概念和理论问题上，需要从哲学方面进行思考；哲学家从事哲学研究应当了解自然科学（其中包括化学）的发展及其成果。因此，无论对于研究化学还是研究化学哲学或哲学的学者来说，化学发展的历史都是一个大宝库，我们可以根据自己的研究需要在其中借鉴。

11-1　波义耳是运用何种哲学思想提出科学元素概念的?

11-2　掌握现代化学元素思想对于人们认识自然界有何重要意义?

11-3　道尔顿原子论的建立对于哲学发展有何作用?

11-4　化学家是运用什么思想方法提出分子学说的,为什么?

11-5　试述凯库勒发现苯结构过程中偶然性与必然性的统一。

11-6　试述量子化学建立的科学方法。

11-7　试述普利斯特利发现氧而未推翻燃素说的教训,对于你正确认识事物有何借鉴?

11-8　从思想方法上看,拉瓦锡为什么能实现一场化学革命?

11-9　试从耗散结构理论说明物理学和生物学规律的统一。

11-10　如何由吉布斯函数值来判断化学反应的方向性。

(西安交通大学　徐四龙)

参 考 文 献

[1] 王镜岩，朱圣庚，徐长法.生物化学 [M].3 版.北京：高等教育出版社，2002.

[2] 姜汤明.生物固氮的秘密 [M].北京：科学出版社，1981.

[3] 丁勇，吴乃虎.基因工程与农业 [M].北京：科学技术文献出版社，1994.

[4] Nelson D L，Cox M M Lehninger. Principles of Biochemistry [M].3rd ed.，New York：Worth Publishers，2000.

[5] 唐有祺，王夔.化学与社会 [M].北京：高等教育出版社，1997.

[6] 唐玉海.大学化学 [M].西安：西安交通大学出版社，2008.

[7] 仁仁.化学与环境 [M].北京：化学工业出版社，2002.

[8] 唐玉海.医用有机化学 [M].北京：高等教育出版社，2003.

[9] 温熙森，匡兴华.国防科学技术论 [M].长沙：国防科技大学出版社，1997.

[10] 王彦广.化学与人类文明 [M].杭州：浙江大学出版社，2001.

[11] 陈虎.现代战争所展现的新式武器 [M].北京：科学出版社/金盾出版社，1998.

[12] 周公度，郭可信.晶体和准晶体的衍射 [M].北京：北京大学出版社，1999.

[13] 林国强，陈耀全，陈新滋.手性合成——不对称反应及其应用 [M].北京：科学出版社，2000.

[14] 尤田耙.手性化合物的现代研究方法 [M].合肥：中国科学技术大学出版社，1993.

[15] 吴兑.霾与雾的识别和资料分析处理.[J] 环境化学，2008，27（3）：327～330.

[16] 杨柳，蒙生儒.土壤污染：隐藏的现实.[J] 生态经济，2018，34（7）：6～9.

[17] 郑喜珅，鲁安怀，高翔，等.土壤中重金属污染现状与防治方法.[J] 土壤与环境，2002，11（1）：79～84.

[18] 崔德杰，张玉龙.土壤重金属污染现状与修复技术研究进展.[J] 土壤通报，2004，35（3）：366～370.

[19] 李天杰.土壤环境化学 [M].北京：高等教育出版社，1995.

[20] 王静怡.绿色有机化学合成技术应用探讨.[J] 科技创新导报，2018，15（33）：89，91.

[21] 李铭俊.循环经济与技术创新 [M].上海大学出版社，2011.

[22] 陈惜明，刘娟.绿色反应技术的现状与研究进展.[J] 淮北师范大学学报（自然科学版），2006，27（1）：34～39.

[23] 陈志周，封晴霞，要志雯，等.绿色印刷及应用研究进展.[J] 包装工程，2018，39（1）：207～211.